2023年版全国二级建造师执业资格考试用书

市政公用工程管理与实务

全国二级建造师执业资格考试用书编写委员会　编写

中国建筑工业出版社

图书在版编目（CIP）数据

市政公用工程管理与实务／全国二级建造师执业资格考试用书编写委员会编写．—北京：中国建筑工业出版社，2022.11

2023年版全国二级建造师执业资格考试用书

ISBN 978-7-112-27929-6

Ⅰ.①市…　Ⅱ.①全…　Ⅲ.①市政工程—工程管理—资格考试—自学参考资料　Ⅳ.①TU99

中国版本图书馆CIP数据核字（2022）第174328号

责任编辑：余　帆　牛　松

责任校对：党　蕾

2023年版全国二级建造师执业资格考试用书

市政公用工程管理与实务

全国二级建造师执业资格考试用书编写委员会　编写

*

中国建筑工业出版社出版、发行（北京海淀三里河路9号）

各地新华书店、建筑书店经销

北京中科印刷有限公司印刷

*

开本：787毫米×1092毫米　1/16　印张：$23\frac{1}{2}$　字数：582千字

2022年12月第一版　2022年12月第一次印刷

定价：**75.00**元（含增值服务）

ISBN 978-7-112-27929-6

（39979）

如有印装质量问题，可寄本社图书出版中心退换

（质量联系电话：010-58337318，QQ：1193032487）

（邮政编码 100037）

全国二级建造师执业资格考试用书

审 定 委 员 会

（按姓氏笔画排序）

丁士昭　　毛志兵　　任　虹　　李　强　　杨存成
张　锋　　张祥彤　　徐永田　　陶汉祥

编 写 委 员 会

主　　编： 丁士昭

委　　员： 王清训　毛志兵　刘志强　吴进良
张鲁风　唐　涛　潘名先

序

为了加强建设工程项目管理，提高工程项目总承包及施工管理专业技术人员素质，规范施工管理行为，保证工程质量和施工安全，根据《中华人民共和国建筑法》《建设工程质量管理条例》《建设工程安全生产管理条例》和国家有关执业资格考试制度的规定，2002年原人事部和建设部联合颁发了《建造师执业资格制度暂行规定》（人发〔2002〕111号），对从事建设工程项目总承包及施工管理的专业技术人员实行建造师执业资格制度。

注册建造师是以专业技术为依托、以工程项目管理为主业的注册执业人士。注册建造师可以担任建设工程总承包或施工管理的项目负责人，从事法律、行政法规或标准规范规定的相关业务。实行建造师执业资格制度后，我国大中型工程施工项目负责人由取得注册建造师资格的人士担任，以提高工程施工管理水平，保证工程质量和安全。建造师执业资格制度的建立，将为我国拓展国际建筑市场开辟广阔的道路。

按照原人事部和建设部印发的《建造师执业资格制度暂行规定》（人发〔2002〕111号）、《建造师执业资格考试实施办法》（国人部发〔2004〕16号）和《关于建造师资格考试相关科目专业类别调整有关问题的通知》（国人厅发〔2006〕213号）的规定，本编委会组织全国具有较高理论水平和丰富实践经验的专家、学者，编写了“2023年版全国二级建造师执业资格考试用书”（以下简称“考试用书”）。在编撰过程中，编写人员按照“二级建造师执业资格考试大纲”（2019年版）要求，遵循“以素质测试为基础、以工程实践内容为主导”的指导思想，坚持“与工程实践相结合，与考试命题工作相结合，与考生反馈意见相结合”的修订原则，力求在素质测试的基础上，进一步加强对考生实践能力的考核，切实选拔出具有较好理论水平和施工现场实际管理能力的人才。

本套考试用书共9册，书名分别为《建设工程施工管理》《建设工程法规及相关知识》《建筑工程管理与实务》《公路工程管理与实务》《水利水电工程管理与实务》《矿业工程管理与实务》《机电工程管理与实务》《市政公用工程管理与实务》《建设工程法律法规选编》。本套考试用书既可作为全国二级建造师执业资格考试学习用书，也可供其他从事工程管理的人员使用和高等学校相关专业师生教学参考。

考试用书编撰者为高等学校、行政管理、行业协会和施工企业等方面的专家和学者。在此，谨向他们表示衷心感谢。

在考试用书编写过程中，虽经反复推敲核证，仍难免有不妥甚至疏漏之处，恳请广大读者提出宝贵意见。

全国二级建造师执业资格考试用书编写委员会

2022年12月

《市政公用工程管理与实务》

前　言

本书是在2022年版考试用书基础上，依据《二级建造师执业资格考试大纲（市政公用工程）》（2019年版）要求与住房和城乡建设部关于建造师执业资格考试工作的指导意见系统修订而成。

书中内容以考试大纲为依据，按照相关专业技术知识、工程项目管理知识以及相关法律法规知识的顺序，针对考试大纲中各知识点进行简明、扼要和适度的论述。本书与2022年版考试用书相比较，主要修订了不符合新标准、新规范、新法规、新行业文件精神的内容。本次修订涉及的主要新法规、新行业文件、新规范、新标准名录如下：

（1）《中华人民共和国噪声污染防治法》；

（2）《住房和城乡建设部办公厅关于全面加强房屋市政工程施工工地新冠肺炎疫情防控工作的通知》（建办质电〔2021〕45号）；

（3）《住房和城乡建设部关于发布〈房屋建筑和市政基础设施工程危及生产安全施工工艺、设备和材料淘汰目录（第一批）〉的公告》（中华人民共和国住房和城乡建设部公告2021年第214号）；

（4）《混凝土结构通用规范》GB 55008—2021；

（5）《工程测量通用规范》GB 55018—2021；

（6）《住房和城乡建设部办公厅关于印发〈城市轨道交通工程基坑、隧道施工坍塌防范导则〉的通知》（建办质〔2021〕42号）；

（7）《关于印发〈工程建设领域农民工工资保证金规定〉的通知》（人社部发〔2021〕65号）；

（8）《住房和城乡建设部办公厅关于印发〈危险性较大的分部分项工程专项施工方案编制指南〉的通知》（建办质〔2021〕48号）；

（9）《城镇地道桥顶进施工及验收标准》CJJ/T 74—2020。

本书共分技术、管理和法律法规三章，每章均与市政公用工程的专业技术紧密结合，体现了考试大纲主要用于检验具备一定专业技术知识、熟悉法律法规的工程项目管理人员管理能力的宗旨。书中2K310000市政公用工程施工技术由谢铜华、潘名先、王洪新、朱蕴辉、焦猛编写，2K320000市政公用工程项目施工管理、2K330000市政公用工程项目施工相关法规与标准由罗来春、张良予以及参与2K310000市政公用工程施工技术的编写同志一并完成。全书由本书审定委员会审定。

本书既可作为二级建造师考试的考前指导用书，亦可作为施工管理者的便携参考手册。

限于编者水平，书中难免存在不为编者所识的错误和不足，希望广大读者批评指正。

网上免费增值服务说明

为了给二级建造师考试人员提供更优质、持续的服务，我社为购买正版考试图书的读者免费提供网上增值服务，增值服务分为文档增值服务和全程精讲课程，具体内容如下：

☞ **文档增值服务**：主要包括各科目的备考指导、学习规划、考试复习方法、重点难点内容解析、应试技巧、在线答疑，每本图书都会提供相应内容的增值服务。

☞ **全程精讲课程**：由权威老师进行网络在线授课，对考试用书重点难点内容进行全面讲解，旨在帮助考生掌握重点内容，提高应试水平。2023 年涵盖**全部考试科目**。

更多免费增值服务内容敬请关注"建工社微课程"微信服务号，网上免费增值服务使用方法如下：

1. 计算机用户

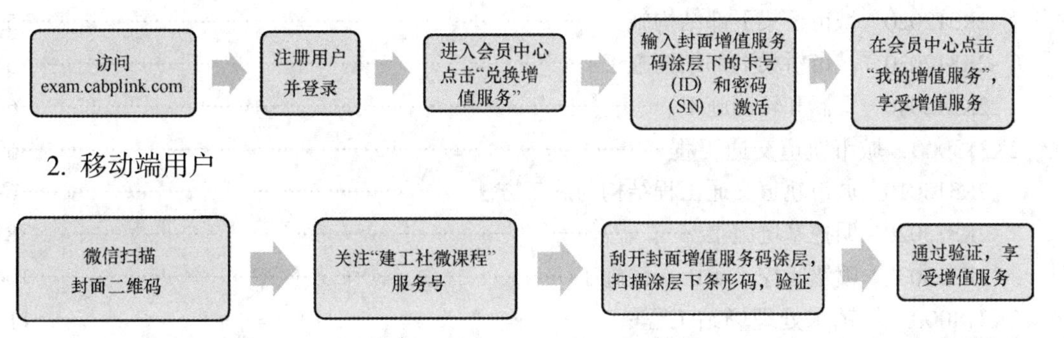

2. 移动端用户

注：增值服务从本书发行之日起开始提供，至次年新版图书上市时结束，提供形式为在线阅读、观看。如果输入卡号和密码或扫码后无法通过验证，请及时与我社联系。

客服电话：4008-188-688（周一至周五 9：00—17：00）

Email：jzs@cabp.com.cn

防盗版举报电话：010-58337026，举报查实重奖。

网上增值服务如有不完善之处，敬请广大读者谅解。欢迎提出宝贵意见和建议，谢谢！

读者如果对图书中的内容有疑问或问题，可关注微信公众号【建造师应试与执业】，与图书编辑团队直接交流。

建造师应试与执业

目　录

2K310000　市政公用工程施工技术

2K310000
看本章精讲课
配套章节自测

2K311000　城镇道路工程

2K311010　城镇道路工程结构与材料

2K311011　城镇道路分类

一、城镇道路分级

城镇道路按道路在道路网中的地位、交通功能以及对沿线的服务功能等，分为快速路、主干路、次干路和支路四个等级。

（1）快速路必须设置中央分隔，全部控制出入并控制出入口间距及形式，应实现交通连续通行；单向设置不应少于两条车道，并应设有配套的交通安全与管理设施。快速路两侧不应设置吸引大量车流、人流的公共建筑物的出入口。

（2）主干路应连接城市各主要分区，以交通功能为主。主干路两侧不宜设置吸引大量车流、人流的公共建筑物的出入口。

（3）次干路应与主干路结合组成干路网，以集散交通的功能为主，兼有服务的功能。

（4）支路宜与次干路和居住区、工业区、交通设施等内部道路相连接，以解决局部地区交通，服务功能为主。

二、城镇道路技术标准

我国城镇道路分级及主要技术指标见表 2K311011–1。

我国城镇道路分级及主要技术指标　　　　**表 2K311011–1**

等级	设计车速（km/h）	双向机动车道数（条）	机动车道宽度（m）	分隔带设置	横断面采用形式	设计使用年限（年）
快速路	60～100	≥ 4	3.50～3.75	必须设	双、四幅路	20
主干路	40～60	≥ 4	3.25～3.50	应设	三、四幅路	20
次干路	30～50	2～4	3.25～3.50	可设	单、双幅路	15
支路	20～40	2	3.25～3.50	不设	单幅路	10～15

三、城镇道路路面分类

（一）按路面结构类型分类（见表 2K311011–2）

道路路面可分为沥青路面、水泥混凝土路面和砌块路面三大类：

（1）沥青路面结构类型包括沥青混合料、沥青贯入式和沥青表面处治。沥青混合料适用于各交通等级道路；沥青贯入式与沥青表面处治路面适用于支路、停车场。

（2）水泥混凝土路面结构类型包括普通混凝土、钢筋混凝土、连续配筋混凝土与钢纤维混凝土，适用于各交通等级道路。

（3）砌块路面适用于支路、广场、停车场、人行道与步行街。

路面结构的设计工作年限（年）　　表 2K311011-2

道路等级	路面结构类型		
	沥青路面	水泥混凝土路面	砌块路面
快速路	15	30	—
主干路	15	30	—
次干路	15	20	—
支路	10	20	10（20）

注：砌块路面采用混凝土预制块时，设计年限为10年；采用石材时，为20年。

（二）按力学特性分类

（1）柔性路面：荷载作用下产生的弯沉变形较大、抗弯强度小，在反复荷载作用下产生累积变形，它的破坏取决于极限垂直变形和弯拉应变。柔性路面主要代表是各种沥青类面层，包括沥青混凝土（英国标准称压实后的混合料为混凝土）面层、沥青碎石面层、沥青贯入式碎（砾）石面层等。

（2）刚性路面：荷载作用下产生的弯拉强度大、弯沉变形很小，呈现出较大的刚性，它的破坏取决于极限弯拉强度。刚性路面主要代表是水泥混凝土路面，包括接缝处设传力杆、不设传力杆及设补强钢筋网的水泥混凝土路面。

2K311012　沥青路面结构组成及性能要求

一、沥青路面结构组成

城镇道路的沥青路面由面层、基层、垫层组成。

（一）垫层

垫层是介于基层和土基之间的层位，其作用为改善土基的湿度和温度状况（在干燥地区可不设垫层），保证面层和基层的强度稳定性和抗冻胀能力，扩散由基层传来的荷载应力，以减小土基所产生的变形。

（二）基层

基层是路面结构中的承重层，主要承受车辆荷载的竖向力，并把由面层下传的应力扩散到垫层或土基。

（三）面层

面层是直接同行车和大气相接触的层位，承受行车荷载（较大的竖向力、水平力和冲击力）的作用，同时又受降水的侵蚀作用和温度变化的影响。因此，面层应具有较高的结构强度、刚度、耐磨、不透水和高低温稳定性，并且其表面层还应具有良好的平整度和粗糙度。面层可由一层或数层组成，高等级路面可包括磨耗层、面层上层、面层下层，或称上（表）面层、中面层、下（底）面层。

二、沥青路面性能要求

（一）垫层的性能要求

垫层主要改善土基的湿度和温度状况，通常在土基湿、温状况不良时设置。垫层材料的强度要求不一定高，但其水稳定性必须要好。

（二）基层的性能要求

（1）基层应具有足够的、均匀一致的承载力和较大的刚度；有足够的抗冲刷能力和抗变形能力，坚实、平整、整体性好。

（2）不透水性好。

（3）抗冻性满足设计要求。

（三）面层的性能要求

面层直接承受行车的作用。设置面层结构可以改善汽车的行驶条件，提高道路服务水平（包括舒适性和经济性），以满足汽车运输的要求。面层的使用要求指标是：

1. 平整度

平整的路表面可减小车轮对路面的冲击力，减少行车产生附加振动，避免车辆颠簸，提高行车速度和舒适性。

2. 承载能力

行驶车辆把荷载传给面层，使面层结构内产生不同量的应力和应变。如果面层结构整体或某结构层的强度或抗变形能力不足以抵抗这些应力和应变时，面层便出现开裂或变形（沉陷、车辙等），降低其服务水平。面层结构暴露在大气中，受到温度和湿度的周期性影响，也会使其承载能力下降。面层在长期使用中会出现疲劳损坏和塑性累积变形，需要维修养护，但频繁维修养护势必会干扰正常的交通运营。为此，面层必须满足设计年限的使用需要，具有足够的抗疲劳破坏和塑性变形的能力，即具备相当高的强度和刚度。沥青混凝土面层的常用厚度及适宜层位见表 2K311012，可按使用要求结合各城市经验选用。

沥青混凝土面层常用厚度及适宜层位　　表 2K311012

<table>
<tr><th>面层类别</th><th>公称最大粒径（mm）</th><th>常用厚度（mm）</th><th>适宜层位</th></tr>
<tr><td>特粗式沥青混凝土</td><td>37.50</td><td>80～100</td><td>二层或三层式面层的下面层</td></tr>
<tr><td rowspan="2">粗粒式沥青混凝土</td><td>31.5</td><td rowspan="2">60～80</td><td rowspan="2">二层或三层式面层的下面层</td></tr>
<tr><td>26.5</td></tr>
<tr><td rowspan="2">中粒式沥青混凝土</td><td>19</td><td rowspan="2">40～60</td><td>三层式面层的中面层或二层式的下面层</td></tr>
<tr><td>16</td><td>二层或三层式面层的上面层</td></tr>
<tr><td rowspan="2">细粒式沥青混凝土</td><td>13.2</td><td>25～40</td><td>二层或三层式面层的上面层</td></tr>
<tr><td>9.5</td><td>15～20</td><td>（1）沥青混凝土面层的磨耗层（上层）；
（2）沥青碎石等面层的封层和磨耗层</td></tr>
<tr><td>砂粒式沥青混凝土</td><td>4.75</td><td>10～20</td><td>自行车道与人行道的面层</td></tr>
</table>

3. 温度稳定性

路面的面层材料，长期受到水文、温度、大气因素的作用，结构强度会下降，材料性状会变化，如沥青面层老化，弹性、粘性、塑性逐渐丧失，最终路况恶化，并导致车辆运行质量下降。为此，面层必须保持较高的稳定性，即具有高温稳定性、低温抗裂性。

4. 抗滑能力

光滑的路表面使车轮缺乏足够的附着力，汽车在雨雪天行驶或紧急制动及转弯时，车轮易产生空转或溜滑，极有可能造成交通事故。因此，路表面应平整、密实、粗糙、耐磨，具有较大的摩擦系数和较强的抗滑能力。路表面抗滑能力强，可缩短汽车的制动距离，降低发生交通安全事故的频率。

5. 透水性

面层应具有不透水性，防止水分渗入道路结构层和土基，造成道路稳定性、承载能力降低，致使道路使用功能丧失。

6. 噪声量

城镇道路使用过程中产生的交通噪声，使人们出行感到不舒适，导致居民生活质量下降。应尽量使用低噪声沥青面层，为营造静谧的社会环境创造条件。

近年来，我国城镇开始修筑降噪排水路面，以提高城镇道路的使用功能和减少城镇交通噪声。降噪排水路面结构组成：上面层采用 OGFC（大孔隙开级配排水式沥青磨耗层）沥青混合料，中面层、下面层等采用密级配沥青混合料。既能满足沥青面层强度高、高低温性能好和平整、密实等路用功能，又实现了城镇道路排水降噪的环保要求。

2K311013 沥青混合料的组成与材料

一、结构组成

沥青混合料是一种复合材料，主要由沥青、粗集料、细集料、矿粉组成，有的还加入聚合物和木质素纤维；由这些不同质量和数量的材料混合形成不同的结构，并具有不同的力学性质。

按级配原则构成的沥青混合料，其结构组成可分为三类：

（1）悬浮－密实结构：这种由次级集料填充前级集料（较次级集料粒径稍大）空隙的沥青混合料，具有很大的密度，但由于各级集料被次级集料和沥青胶浆所分隔，不能直接互相嵌锁形成骨架，因此该结构具有较大的黏聚力 c，但内摩擦角 φ 较小，高温稳定性较差，如 AC 型沥青混合料。

（2）骨架－空隙结构：此结构粗集料所占比例大，细集料很少甚至没有。粗集料可互相嵌锁形成骨架；但细集料过少容易在粗集料之间形成空隙。这种结构内摩擦角 φ 较高，但黏聚力 c 较低，如沥青碎石混合料（AM）和排水沥青混合料（OGFC）等。

（3）骨架－密实结构：较多数量的粗集料形成空间骨架，相当数量的细集料填充碎石骨架间的空隙形成连续级配，这种结构不仅内摩擦角 φ 较高，黏聚力 c 也较高，如沥青玛𤧛脂碎石混合料（简称 SMA）。

三种结构的沥青混合料由于密度 ρ、空隙率 W、矿料间隙率 VMA 不同，使它们在稳定性上亦有显著差别。

二、主要材料与性能

（一）沥青

我国行业标准《城镇道路工程施工与质量验收规范》CJJ 1—2008 规定：城镇道路面层宜优先采用 A 级沥青（能适用于各种等级、任何场合和层次），不宜使用煤沥青。

其品种有道路石油沥青、软煤沥青、液体石油沥青、乳化石油沥青等。各种沥青在使用时，应根据交通量、气候条件、施工方法、沥青面层类型、材料来源等情况选用。多层面层选用沥青时，一般上层宜用较稠的沥青，下层或连接层宜用较稀的沥青。乳化石油沥青根据凝固速度可分为快凝、中凝和慢凝三种，适用于沥青表面处治、沥青贯入式路面，常温沥青混合料面层以及透层、粘层与封层。

用于沥青混合料的沥青应具有下述性能：

（1）具有适当的稠度：表征粘结性大小，即一定温度条件下的粘度。

（2）具有较大的塑性：以“延度”表示，即在一定温度和外力作用下变形又不开裂的能力。

（3）具有足够的温度稳定性：即要求沥青对温度敏感度低，夏天不软，冬天不脆裂。

（4）具有较好的大气稳定性：抗热、抗光、抗老化能力较强。

（5）具有较好的水稳性：抗水损害能力较强。

（二）粗集料

（1）粗集料应洁净、干燥、表面粗糙；质量技术要求应符合《城镇道路工程施工与质量验收规范》CJJ 1—2008 有关规定。

（2）粗集料与沥青有良好的粘附性，具有憎水性；城市快速路、主干路的集料对沥青的粘附性应大于或等于 4 级，次干路及以下道路应大于或等于 3 级。

（3）用于城镇快速路、主干路的沥青表面层粗集料的压碎值不大于 26%；吸水率不大于 2.0%。

（4）粗集料应具有良好的颗粒形状，接近立方体，多棱角，针片状含量不大于 15%。

（三）细集料

（1）细集料应洁净、干燥、无风化、无杂质；质量技术要求应符合《城镇道路工程施工与质量验收规范》CJJ 1—2008 有关规定。

（2）细集料应是中砂以上颗粒级配，含泥量小于 3%～5%，有足够的强度和耐磨性能。

（3）热拌密级配沥青混合料中天然砂用量不宜超过集料总量的 20%，SMA、OGFC 不宜使用天然砂。

（四）矿粉

（1）应采用石灰岩等憎水性石料磨成，应洁净、干燥，不含泥土成分，外观无团粒结块，细度达到要求。

（2）城镇快速路、主干路的沥青面层不宜采用粉煤灰作填料。

（3）沥青混合料用矿粉质量技术要求应符合《城镇道路工程施工与质量验收规范》CJJ 1—2008 有关规定。

（五）纤维稳定剂

（1）木质素纤维技术要求应符合《城镇道路工程施工与质量验收规范》CJJ 1—2008 有关规定。

（2）不宜使用石棉纤维。

（3）纤维稳定剂应在 250℃高温条件下不变质。

三、热拌沥青混合料主要类型

（一）普通沥青混合料

即 AC 型沥青混合料，适用于城镇次干路、辅路或人行道等场所。

（二）改性沥青混合料

（1）改性沥青混合料是指掺加橡胶、树脂、高分子聚合物、磨细的橡胶粉或其他填料等外加剂（改性剂），使沥青或沥青混合料的性能得以改善制成的沥青混合料。

（2）改性沥青混合料与AC型沥青混合料相比具有较高的高温抗车辙能力，良好的低温抗开裂能力，较高的耐磨耗能力和较长的使用寿命。

（3）改性沥青混合料面层适用于城镇快速路、主干路。

（三）沥青玛琋脂碎石混合料（简称SMA）

（1）SMA混合料是一种以沥青、矿粉及纤维稳定剂组成的沥青玛琋脂结合料，填充于间断骨架中所形成的混合料。

（2）SMA是一种间断级配的沥青混合料，5mm以上的粗集料比例高达70%～80%，矿粉用量达7%～13%（“粉胶比”超出通常值1.2的限制）；沥青用量较多，高达6.5%～7%，粘结性要求高，宜选用针入度小、软化点高、温度稳定性好的沥青。

（3）SMA是当前国内外使用较多的一种抗变形能力强，耐久性较好的沥青面层混合料，适用于城镇快速路、主干路。

（四）改性沥青玛琋脂碎石混合料

（1）采用改性沥青，材料配合比采用SMA结构形式。

（2）具有非常好的高温抗车辙能力，低温抗变形性能和水稳定性，且构造深度大，抗滑性能好、耐老化性能及耐久性等路面性能都有较大提高。

（3）适用于交通流量和行驶频度急剧增长，客运车的轴重不断增加，严格实行分车道单向行驶的城镇快速路、主干路。

2K311014 水泥混凝土路面的构造

水泥混凝土路面由垫层、基层及面层组成。

一、垫层

在温度和湿度状况不良的城镇道路上，应设置垫层，以改善路面结构的使用性能。

（一）在基层下设置垫层的条件

季节性冰冻地区，路面总厚度小于最小防冻厚度要求时，根据路基干湿类型、土质的不同，其差值即是垫层的厚度；水文地质条件不良的土质路堑，路床土湿度较大时，宜设置排水垫层；路基可能产生不均匀沉降或不均匀变形时，宜加设半刚性垫层。

（二）垫层的宽度与厚度

垫层宽度应与路基相同，其最小厚度为150mm。

（三）防冻垫层和排水垫层材料

宜采用砂、砂砾等颗粒材料；半刚性垫层宜采用低剂量水泥、石灰或粉煤灰等无机结合料稳定粒料或土。

二、基层

基层应具有足够的抗冲刷能力和较大的刚度，抗变形能力强且坚实、平整、整体性好。

（1）混凝土面层下设置基层的作用：防止或减轻唧泥、板底脱空和错台等病害；在垫层共同作用下，控制或减少路基不均匀冻胀或体积变形对混凝土面层的不利影响；为混凝土面层施工提供稳定而坚实的工作面，并改善接缝的传荷能力。

（2）基层的选用原则：根据交通等级和基层的抗冲刷能力来选择基层。特重交通宜选用贫混凝土、碾压混凝土或沥青混凝土基层；重交通宜选用水泥稳定粒料或沥青稳定碎石基层；中、轻交通宜选择水泥或石灰粉煤灰稳定粒料或级配粒料基层；湿润和多雨地区，繁重交通路段宜采用排水基层。

（3）基层的宽度应根据混凝土面层施工方式的不同，比混凝土面层每侧至少宽出300mm（小型机具施工时）、500mm（轨模式摊铺机施工时）或650mm（滑模式摊铺机施工时）。

（4）各类基层结构性能、施工或排水要求不同，厚度也不同。

（5）为防止下渗水影响路基，排水基层下应设置由水泥稳定粒料或密级配粒料组成的不透水底基层，底基层顶面宜铺设沥青封层或防水土工织物。

（6）碾压混凝土基层应设置与混凝土面层相对应的接缝。

（7）基层下未设垫层，路床为细粒土、黏土质砂或级配不良砂（承受特重或重交通时），或者为细粒土（承受中等交通时），应在基层下设置底基层。底基层可采用级配粒料、水泥稳定粒料或石灰粉煤灰稳定粒料等。

三、面层

水泥混凝土面层应具有足够的强度、耐久性（抗冻性），表面应抗滑、耐磨、平整。

面层混凝土板常分为普通（素）混凝土板、碾压混凝土板、连续配筋混凝土板、预应力混凝土板和钢筋混凝土板等。目前，我国较多采用普通（素）混凝土板。

（一）厚度

普通混凝土、钢筋混凝土、碾压混凝土或连续配筋混凝土面层所需的厚度，根据交通等级、公路等级、变异水平等级按现行规范选择并经计算确定。计算厚度产生的混凝土弯拉强度应大于最大荷载疲劳应力和最大温度疲劳应力的叠加值。

（二）混凝土弯拉强度

现行《城市道路工程设计规范》CJJ 37—2012 规定，以 28d 龄期的水泥混凝土弯拉强度控制面层混凝土的强度。面层水泥混凝土的抗弯拉强度不得低于 4.5MPa，快速路、主干路和重交通的其他道路的抗弯拉强度不得低于 5.0MPa。

（三）接缝

混凝土板在温度变化影响下会产生胀缩。为防止胀缩作用导致板体裂缝或翘曲，混凝土板设有垂直相交的纵向和横向缝，将混凝土板分为矩形板。一般相邻的接缝对齐，不错缝。每块矩形板的板长按面层类型、厚度并由应力计算确定。

纵向接缝与路线中线平行，并应设置拉杆。横向接缝可分横向缩缝、胀缝和横向施工缝，快速路、主干路的横向缩缝加设传力杆；在邻近桥梁或其他固定构筑物处与其他道路相交处、板厚改变处、小半径曲线等，应设置胀缝。

水泥混凝土面层自由边缘，承受繁重交通的胀缝、施工缝，小于 90° 的面层角隅，下穿市政管线路段，以及雨水口和地下设施的检查井周围，面层应配筋补强。

（四）抗滑性

混凝土面层应具有较大的粗糙度，即具备较高的抗滑性，以提高行车安全性。可采用刻槽、压槽、拉槽或拉毛等方法形成面层的构造深度。

2K311015　不同形式挡土墙的结构特点

一、常用挡土墙结构

在城镇道路的填土工程、城市桥梁的桥头接坡工程中常用到重力式挡土墙、衡重式挡土墙、钢筋混凝土悬臂式挡土墙和钢筋混凝土扶壁式挡土墙，其结构形式及结构特点简述见表 2K311015。

常用的挡土墙结构形式及特点　　表 2K311015

类型	结构示意图	结构特点
重力式	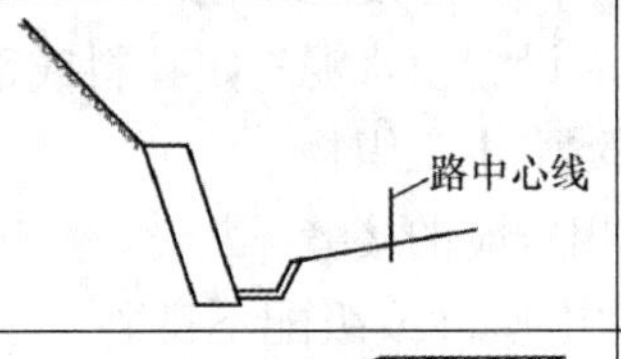 路中心线	（1）依靠墙体自重抵挡土压力作用； （2）一般用浆砌片（块）石砌筑，缺乏石料地区可用混凝土砌块或现场浇筑混凝土； （3）形式简单，就地取材，施工方便
重力式	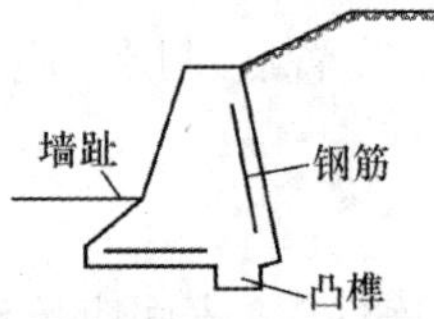 墙趾 钢筋 凸榫	（1）依靠墙体自重抵挡土压力作用； （2）在墙背设少量钢筋，并将墙趾展宽（必要时设少量钢筋）或基底设凸榫抵抗滑动； （3）可减薄墙体厚度，节省混凝土用量
衡重式	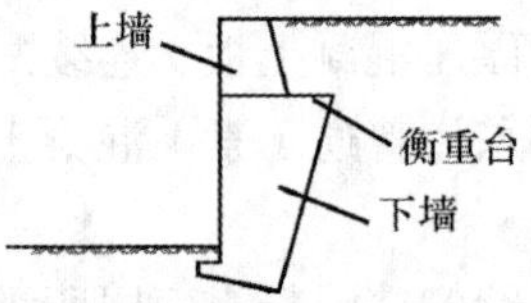 上墙 衡重台 下墙	（1）上墙利用衡重台上填土的下压作用和全墙重心的后移增加墙体稳定； （2）墙胸坡，下墙倾斜，可降低墙高，减少基础开挖
钢筋混凝土悬臂式	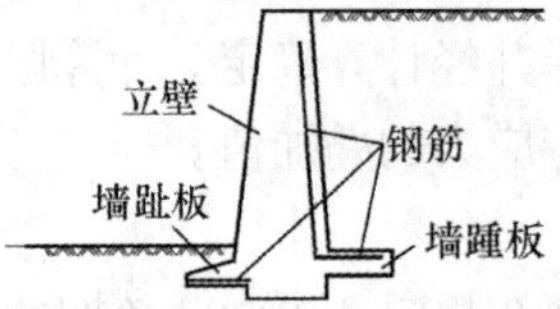 立壁 钢筋 墙趾板 墙踵板	（1）采用钢筋混凝土材料，由立壁、墙趾板、墙踵板三部分组成； （2）墙高时，立壁下部弯矩大，配筋多，不经济
钢筋混凝土扶壁式	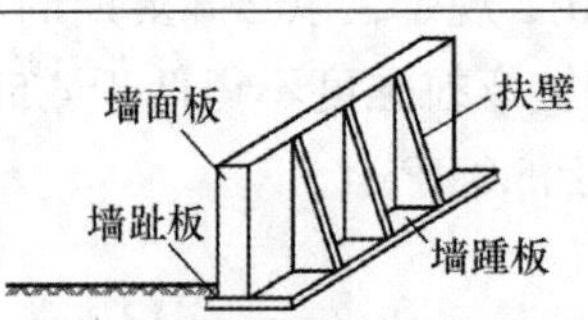 墙面板 扶壁 墙趾板 墙踵板	（1）沿墙长，隔相当距离加筑肋板（扶壁），使墙面与墙踵板连接； （2）比悬臂式受力条件好，在高墙时较悬臂式经济

重力式挡土墙是目前城镇道路常用的一种挡土墙形式。

悬臂式挡土墙和扶壁式挡土墙主要依靠墙踵板上的填土重量维持挡土构筑物的稳定。

挡土墙基础地基承载力必须符合设计要求，并经检测验收合格后方可进行后续工序施工。施工中应按设计规定铺设挡土墙的排水系统、泄水孔、反滤层和结构变形缝。挡土墙投入使用时，应进行墙体变形观测，确认合格。

二、挡土墙结构受力

挡土墙结构承受土的压力有：静止土压力、主动土压力和被动土压力。

静止土压力（见图 2K311015a）：若刚性的挡土墙保持原位静止不动，墙背土层在未受任何干扰时，作用在墙上水平的压应力称为静止土压力。其合力为 E_0（kN/m）、强度为 P_0（kPa）。

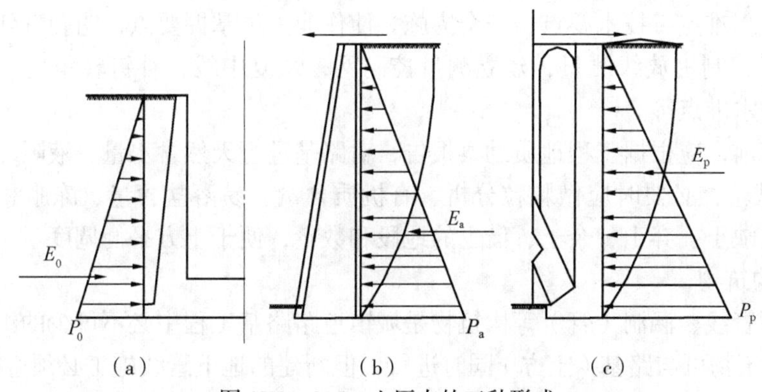

图 2K311015　土压力的三种形式

（a）静止土压力；（b）主动土压力；（c）被动土压力

主动土压力（见图 2K311015b）：若刚性挡土墙在填土压力作用下，背离填土一侧移动，这时作用在墙上的土压力将由静止压力逐渐减小，当墙后土体达到极限平衡，土体开始剪裂，并产生连续滑动面，使土体下滑。这时土压力减到最小值，称为主动土压力。合力和强度分别用 E_a（kN/m）及 P_a（kPa）表示。

被动土压力（见图 2K311015c）：若刚性挡土墙在外力作用下，向填土一侧移动，这时作用在墙上的土压力将由静止压力逐渐增大，当墙后土体达到极限平衡，土体开始剪裂，出现连续滑动面，墙后土体向上挤出隆起，这时土压力增到最大值，称为被动土压力。合力和强度分别用 E_p（kN/m）和 P_p（kPa）表示。

三种土压力中，主动土压力最小；静止土压力其次；被动土压力最大，位移也最大。

2K311020　城镇道路路基施工

2K311021　城镇道路路基施工技术

一、路基施工特点与程序

（一）施工特点

（1）城镇道路路基工程施工处于露天作业，受自然条件影响大；在工程施工区域内的专业类型多、结构物多、各专业管线纵横交错；专业之间及社会之间配合工作多、干扰多，导致施工变化多。尤其是旧路改造工程，交通压力极大，地下管线复杂，行车安全、行人安全及树木、构筑物等保护要求高。

（2）路基施工以机械作业为主，人工配合为辅；人工配合土方作业时，必须设专人指挥；采用流水或分段平行作业方式。

（二）施工项目

城镇道路路基工程包括路基（路床）本身及有关的土（石）方、沿线的涵洞、挡土墙、路肩、边坡、各类管线等项目。

（三）基本流程

1. 准备工作

（1）按照交通管理部门批准的交通导行方案设置围挡，导行临时交通。

（2）开工前，施工项目技术负责人应依据获准的施工方案向施工人员进行技术与安全交底，强调工程难点、技术要点、安全措施。使作业人员掌握要点，明确责任。

（3）施工控制桩放线测量，建立测量控制网，恢复中线，补钉转角桩、路两侧外边桩，增设临时水准点等。

（4）施工前，应根据工程地质勘察报告，对路基进行天然含水量、液限、塑限、标准击实、*CBR* 试验，必要时应做颗粒分析、有机质含量、易溶盐含量、冻胀和膨胀量等试验，弄清沿线缺土、弃土、余土、借土的地段和数量，便于土方平衡调度。

2. 附属构筑物

（1）地下管线、涵洞（管）等构筑物是城镇道路路基工程中必不可少的组成部分。涵洞（管）等构筑物可与路基（土方）同时进行，但新建的地下管线施工必须遵循“先地下，后地上”“先深后浅”的原则。

（2）既有地下管线等构筑物的拆改、加固保护。

（3）修筑地表水和地下水的排除设施，为后续的土、石方工程施工创造条件。

3. 路基（土、石方）施工

开挖路堑、填筑路堤，整平路基、压实路基、修整路床，修建防护工程等。

二、路基施工要点

（一）填土路基

当原地面标高低于设计路基标高时，需要填筑土方（即填方路基）。

（1）填方取土应不占或少占良田，尽量利用荒坡、荒地；路基填土不应使用淤泥、沼泽土、泥炭土、冻土、有机土及含生活垃圾的土；填土内不得含有草、树根等杂物，粒径超过 100mm 的土块应打碎。

（2）路基施工前，应排除原地面积水，清除树根、杂草、淤泥等。应妥善处理坟坑、井穴，并分层填实至原地面高。

（3）当原地面横坡陡于 1∶5 时，应修成台阶形式，每级台阶宽度不得小于 1.0m，台阶顶面应向内倾斜。

（4）根据测量中心线桩和下坡脚桩，从最低处起分层填筑，逐层压实。路基填方高度应按设计标高增加预沉量值。预沉量值应与建设单位、监理工程师、设计单位共同商定确认。

（5）碾压前检查铺筑土层的宽度、厚度与含水量，合格后即可碾压，碾压“先轻后重”，最后碾压应采用不小于 12t 级的压路机。

（6）填方高度内的管涵顶面，填土 500mm 以上才能用压路机碾压。若过街雨水支管的覆土厚度小于 500mm，则应用素混凝土将过街雨水支管包裹。

（7）性质不同的填料应分类、分层填筑、压实；路基高边坡施工应制定专项施工方案。

（8）填土至最后一层时，应按设计断面、高程控制填土厚度，并及时碾压修整。

（二）挖土路基

当路基设计标高低于原地面标高时，需要挖土成型（即挖方路基）。

（1）路基施工前，应将现况地面上积水排除、疏干，对树根坑、坟坑等部位进行处理。

（2）根据测量中线和边桩开挖。作业中断或作业后，开挖面应做成稳定边坡。

（3）挖方段应自上而下分层开挖，严禁掏洞开挖。机械开挖作业时，必须避开构筑物、管线，在距管道 1m 范围内应采用人工开挖；在距直埋缆线 2m 范围内必须采用人工开挖。挖方段不得超挖，应留有碾压后到设计标高的压实量。

（4）压路机不小于 12t 级，碾压应自路两边向路中心进行，直至表面无明显轮迹为止。

（5）碾压时，应视土的干湿程度而采取洒水或换土、晾晒等措施。

（6）过街雨水支管沟槽及检查井周围应用石灰土或石灰粉煤灰砂砾填实。

（三）石方路基

（1）修筑填石路堤应进行地表清理，先码砌边部，然后逐层水平填筑石料，确保边坡稳定。

（2）先修筑试验段，以确定松铺厚度、压实机具组合、压实遍数及沉降差等施工参数。

（3）填石路堤宜选用 12t 以上的振动压路机、25t 以上轮胎压路机或 2.5t 的夯锤压（夯）实。

（4）路基范围内管线、构筑物四周的沟槽宜回填土料。

三、质量检查与验收

检验与验收项目：主控项目为压实度和弯沉值（0.01mm）；一般项目有路床纵断面高程、中线偏位、平整度、宽度、横坡及路堤边坡等要求。土质路基压实度应符合后文中表 2K320095-1 的规定。

2K311022 城镇道路路基压实作业要求

一、路基材料与填筑

（一）材料要求

（1）应符合设计要求和有关规范的规定。填料的强度（*CBR*）值应符合设计要求，其最小强度值应符合表 2K311022 的规定。

（2）不应使用沼泽土、泥炭土、有机土。使用房渣土、工业废渣等需经试验，确认可靠并经建设单位、设计单位同意后方可使用。

路基填料强度（*CBR*）的最小值 **表 2K311022**

填方类型	路床顶面以下深度（mm）	最小强度（%）	
		城镇快速路、主干路	其他等级道路
路床	0～300	8.0	6.0
路基	300～800	5.0	4.0
	800～1500	4.0	3.0
	＞1500	3.0	2.0

（二）填筑

（1）填土应分层进行，下层填土验收合格后，方可进行上层填筑。路基填土宽度每侧应比设计规定宽 500mm。

（2）对过湿土翻松、晾干，或对过干土均匀加水，使其含水量接近最佳含水量范围之内。

二、路基压实施工要点

（一）试验段

（1）在正式进行路基压实前，有条件时应做试验段，以便取得路基或基层施工相关的技术参数。

（2）试验目的主要有：

1）确定路基预沉量值。

2）合理选用压实机具；选用压实机具应综合考虑道路不同等级、地质条件、工程量大小、工期要求、作业环境等。

3）按压实度要求，确定压实遍数。

4）确定路基宽度内每层虚铺厚度。

5）根据土的类型、湿度、设备及场地条件，选择压实方式。

（二）路基下管道回填与压实

（1）当管道位于路基范围内时，其沟槽的回填土压实度应符合《给水排水管道工程施工及验收规范》GB 50268—2008 的规定，且管顶以上 500mm 范围内不得使用压路机。

（2）当管道结构顶面至路床的覆土厚度不大于 500mm 时，应对管道结构进行加固。

（3）当管道结构顶面至路床的覆土厚度在 500～800mm 时，路基压实时应对管道结构采取保护或加固措施。

（三）路基压实

（1）压实方法（式）：重力压实（静压）和振动压实两种。

（2）土质路基压实原则："先轻后重、先静后振、先低后高、先慢后快，轮迹重叠。"压路机最快速度不宜超过 4km/h。

（3）碾压应从路基边缘向中央进行，压路机轮外缘距路基边应保持安全距离。

（4）碾压不到的部位应采用小型夯压机夯实，防止漏夯，要求夯击面积重叠 1/4～1/3。

三、土质路基压实不足的原因及防治

（一）路基行车带压实度不足的原因及防治

1. 原因分析

路基施工中压实度不能满足质量标准要求，甚至局部出现"弹簧土"现象，主要原因是：

（1）压实遍数不合理。

（2）压路机质量偏小。

（3）填土松铺厚度过大。

（4）碾压不均匀。

（5）含水量大于最佳含水量，特别是超过最佳含水量两个百分点，造成"弹簧"现象。

（6）没有对前一层表面浮土或松软层进行处治。

（7）土场土质种类多，出现异类土壤混填；尤其是透水性差的土壤包裹透水性好的土壤，形成了水囊，造成"弹簧"现象。

（8）填土颗粒过大（粒径大于 100mm），颗粒之间空隙过大，或采用不符合要求的填料（天然稠度小于 1.1，液限大于 40，塑性指数大于 18）。

2. 治理措施

（1）清除碾压层下软弱层，换填良性土壤后重新碾压。

（2）对产生"弹簧"的部位，可将其过湿土翻晒，拌合均匀后重新碾压，或挖除换填含水量适宜的良性土壤后重新碾压。

（3）对产生“弹簧”且急于赶工的路段，可掺生石灰粉翻拌，待其含水量适宜后重新碾压。

（二）路基边缘压实度不足的原因及防治

1. 原因分析

（1）路基填筑宽度不足，未按超宽填筑要求施工。

（2）压实机械选择不当，压实机具碾压不到边。

（3）路基边缘漏压或压实遍数不够。

（4）采用三轮压路机碾压时，边缘带（0～0.75m）碾压频率低于行车带。

2. 预防措施

（1）路基施工应按设计要求进行超宽填筑。

（2）选择合适的压实机械，控制碾压工艺，保证机具碾压到边。

（3）认真控制碾压顺序，确保轮迹重叠宽度和段落搭接超压长度。

（4）提高路基边缘带压实遍数，确保边缘带碾压频率高于或不低于行车带。

3. 治理措施

校正坡脚线位置，路基填筑宽度不足时，返工至满足设计和规范要求（注意：亏坡补宽时应开蹬填筑，严禁贴坡），控制碾压顺序和碾压遍数。

四、土质路基压实质量检查

（1）主要检查各层压实度，不符合质量标准时应采取措施改进。

（2）路床应平整、坚实，无显著轮迹、翻浆、波浪、起皮等现象。

（3）路堤边坡应密实，稳定，平顺。

（4）路基顶面（路床）应进行压实度和弯沉值检测，并符合设计或相关标准要求。

2K311023 岩土分类与不良土质处理方法

一、工程用土分类

工程用土的分类方法有很多种，通常采用坚实系数分类方法。

（一）一类土，松软土

主要包括砂土、粉土、冲积砂土层、疏松种植土、淤泥（泥炭）等，坚实系数为0.5～0.6。

（二）二类土，普通土

主要包括粉质黏土，潮湿的黄土，夹有碎石、卵石的砂，粉土混卵（碎）石；种植土、填土等，坚实系数为0.6～0.8。

（三）三类土，坚土

主要包括软及中等密实黏土，重粉质黏土，砾石土，干黄土、含有碎石卵石的黄土、粉质黏土；压实的填土等，坚实系数为0.8～1.0。

（四）四类土，砂砾坚土

主要包括坚实密实的黏性土或黄土，含有碎石卵石的中等密实的黏性土或黄土，粗卵石；天然级配砂石，软泥灰岩等，坚实系数为1.0～1.5。

（五）五类土～八类土

都是岩石类，不一一介绍。

二、常用路基土的主要性能参数

（1）含水量 ω：土中水的质量与干土粒质量之比。

（2）天然密度 ρ：土的单位体积的质量。

（3）孔隙比 e：土的孔隙体积与土粒体积之比。

（4）孔隙率 n：土的孔隙体积与土的体积之比。

（5）塑限 ω_P：土由可塑状态转为半固体状态时的界限含水量为塑性下限，称为塑性界限，简称塑性。

（6）液限 ω_L：土由可塑状态转为流体状态时的界限含水量为液性上限，称为液性界限，简称液性。

（7）塑性指数 I_P：土的液限与塑限之差值，$I_P = \omega_L - \omega_P$。

（8）液限指数 I_L：土的天然含水量与塑性之差值对塑性指数之比值，$I_L = (\omega - \omega_P) / I_P$，$I_L$ 可用以判别土的软硬程度；$I_L < 0$ 坚硬、半坚硬状态，$0 \leqslant I_L < 0.5$ 硬塑状态，$0.5 \leqslant I_L < 1.0$ 软塑状态，$I_L \geqslant 1.0$ 流塑状态。

三、不良土质路基处理

（一）不良土质路基处理的分类

按路基处理的作用机理，大致分为：土质改良、土的置换、土的补强三类。土质改良是指用机械（力学）的、化学、电、热等手段增加路基土的密度，或使路基土固结，这一方法是尽可能地利用原有路基。土的置换是将软土层换填为良质土如砂垫层等。土的补强是采用薄膜、绳网、板桩等约束住路基土，或者在土中放入抗拉强度高的补强材料形成复合路基以加强和改善路基土的剪切特性。

（二）路基处理的方法

路基处理的方法，根据其作用和原理大致分为六类，如表 2K311023 所示。表中所列各种方法是根据软弱土的特点和所需处理的目的而发展起来的，各种方法的具体选用，应从路基条件、处理的指标及范围、工程费用、工程进度及材料来源、当地环境等多方面进行考虑和研究，切忌只要一种方法在某地应用成功，便一概予以肯定，也不考虑其他种种条件便加以采用。

路基处理方法分类　　表 2K311023

序号	分类	处理方法	原理及作用	适用范围
1	碾压及夯实	重锤夯实、机械碾压、振动压实、强夯（动力固结）	利用压实原理，通过机械碾压、夯击，把表层地基压实；强夯则利用强大的夯击能，在地基中产生强烈的冲击波和动应力，迫使土动力固结密实	适用于碎石土、砂土、粉土、低饱和度的黏性土、杂填土等，对饱和黏性土应慎重采用
2	换土垫层	砂石垫层、素土垫层、灰土垫层、矿渣垫层	以砂石、素土、灰土和矿渣等强度较高的材料，置换地基表层软弱土，提高持力层的承载力，扩散应力，减小沉降量	适用于暗沟、暗塘等软弱土的浅层处理
3	排水固结	天然地基预压、砂井预压、塑料排水板预压、真空预压、降水预压	在地基中设竖向排水体，加速地基的固结和强度增长，提高地基的稳定性；加速沉降发展，使基础沉降提前完成	适用于处理饱和软弱土层，对于渗透性极低的泥炭土，必须慎重对待

续表

序号	分类	处理方法	原理及作用	适用范围
4	振密、挤密	振冲挤密、灰土挤密桩、砂桩、石灰桩、爆破挤密	采用一定的技术措施，通过振动或挤密，使土体的孔隙减少，强度提高；必要时，在振动挤密过程中，回填砂、砾石、灰土、素土等，与地基土组成复合地基，从而提高地基的承载力，减少沉降量	适用于处理松砂、粉土、杂填土及湿陷性黄土
5	置换及拌入	振冲置换、深层搅拌、高压喷射注浆、石灰桩等	采用专门的技术措施，以砂、碎石等置换软弱土地基中的部分软弱土，或在部分软弱土地基中掺入水泥、石灰或砂浆等形成加固体，与未处理部分土组成复合地基，从而提高地基承载力，减少沉降量	黏性土、冲填土、粉砂、细砂等；振冲置换法对于不排水剪切强度 c_u ＜ 20kPa 时慎用
6	加筋	土工聚合物加筋、锚固、树根桩、加筋土	在地基或土体中埋设强度较大的土工聚合物、钢片等加筋材料，使地基或土体能承受抗拉力，防止断裂，保持整体性，提高刚度，改变地基土体的应力场和应变场，从而提高地基的承载力，改善变形特性	软弱土地基、填土及陡坡填土、砂土

2K311030 城镇道路基层施工

2K311031 常用无机结合料稳定基层的特性

无机结合料稳定基层是一种半刚性基层，基层的材料与施工质量是影响路面使用性能和使用寿命的最关键因素。

一、无机结合料稳定基层

（一）定义

目前大量采用的结构较密实、孔隙率较小、透水性较小、水稳性较好、适宜于机械化施工、技术经济较合理的水泥、石灰及工业废渣稳定材料做路面基层，这类基层通常被称为无机结合料稳定基层。

（二）分类

（1）在粉碎的或原状松散的土（包括各种粗、中、细粒土）中，按配合比要求掺入一定量的水泥或石灰等无机结合料和水拌合而成的混合料，被称为水泥或石灰稳定材料。视所用的材料，分别称为水泥（石灰）稳定土、水泥（石灰）稳定粒料等。

（2）当用一定量的石灰和粉煤灰与其他集料相配合并加入适量的水，拌合而成的混合料被称为石灰粉煤灰稳定土或稳定粒料。

二、常用的基层材料

（一）石灰稳定土类基层

（1）石灰稳定土有良好的板体性，但其水稳性、抗冻性以及早期强度不如水泥稳定土。石灰土的强度随龄期增长，并与养护温度密切相关，温度低于 5℃时强度几乎不增长。

（2）石灰稳定土的干缩和温缩特性均十分明显，且都会导致裂缝。与水泥土一样，由于其收缩裂缝严重，强度未充分形成时表面会遇水软化，并容易产生唧浆冲刷等损坏，石灰土已被严格禁止用于高级路面的基层，只能用作高级路面的底基层。

（二）水泥稳定土基层

（1）水泥稳定土有良好的板体性，其水稳性和抗冻性都比石灰稳定土好。水泥稳定土的初期强度高，其强度随龄期增长。水泥稳定土在暴露条件下容易干缩，低温时会冷缩，从而导致裂缝。

（2）水泥稳定细粒土（简称水泥土）的干缩系数、干缩应变以及温缩系数都明显大于水泥稳定粒料，水泥土产生的收缩裂缝会比水泥稳定粒料的裂缝严重得多；水泥土强度没有充分形成时，表面遇水会软化，导致沥青面层龟裂破坏；水泥土的抗冲刷能力低，当水泥土表面遇水后，容易产生唧浆冲刷，导致路面裂缝、下陷，并逐渐扩展。为此，水泥土只用作高级路面的底基层。

（三）石灰工业废渣稳定土基层

（1）石灰工业废渣稳定土中，应用最多、最广的是石灰粉煤灰类的稳定土（砾石、碎石）类，简称二灰稳定土（粒料），其特性在石灰工业废渣稳定土中具有典型性。

（2）二灰稳定土有良好的力学性能、板体性、水稳性和一定的抗冻性，其抗冻性能比石灰土高很多。

（3）二灰稳定土早期强度较低，随龄期增长，并与养护温度密切相关，温度低于4℃时强度几乎不增长；二灰中的粉煤灰用量越多，早期强度越低，3个月后龄期的强度增长幅度也越大。

（4）二灰稳定土也具有明显的收缩特性，但小于水泥土和石灰土，也被禁止用于高级路面的基层，而只能做底基层。二灰稳定粒料可用于高级路面的基层与底基层。

2K311032 城镇道路基层施工技术

本条介绍了石灰稳定土、水泥稳定土、石灰粉煤灰稳定砂砾等半刚性基层的施工技术，同时也介绍了级配碎石、级配砾石等柔性基层的施工技术要点。

一、石灰稳定土基层与水泥稳定土基层

（一）材料与拌合

（1）石灰、水泥、土、集料、拌合用水等原材料应进行检验，符合要求后方可使用，并严格按照标准规定进行材料配合比设计。

（2）城区施工应采用厂拌（异地集中拌合）方式，不得使用路拌方式；以保证配合比准确，且达到文明施工要求。

（3）应根据原材料含水量变化、集料的颗粒组成变化，及时调整拌合用水量。

（4）稳定土拌合前，应先筛除集料中不符合要求的粗颗粒。

（5）宜用强制式拌合机进行拌合，拌合应均匀。

（二）运输与摊铺

（1）拌成的稳定土类混合料应及时运送到铺筑现场。水泥稳定土自搅拌至摊铺完成，不应超过3h。

（2）运输中应采取防止水分蒸发和防扬尘措施。

（3）宜在春末和气温较高季节施工，施工最低气温为5℃。

（4）厂拌石灰土类混合料摊铺时路床应湿润。

（5）雨期施工应防止石灰、水泥和混合料淋雨；降雨时应停止施工，已摊铺的应尽快碾压密实。

（三）压实与养护

（1）压实系数应经试验确定。

（2）摊铺好的稳定土类混合料应当天碾压成型，碾压时的含水量宜在最佳含水量的 ±2% 范围内。水泥稳定土宜在水泥初凝前碾压成型。

（3）直线和不设超高的平曲线段，应由两侧向中心碾压；设超高的平曲线段，应由内侧向外侧碾压。纵、横接缝（槎）均应设直槎。

（4）纵向接缝宜设在路中线处，横向接缝应尽量减少。

（5）压实成型后应立即洒水（或覆盖）养护，保持湿润，直至上部结构施工为止。

（6）稳定土养护期应封闭交通。

二、石灰工业废渣（石灰粉煤灰）稳定砂砾（碎石）基层（也可称二灰混合料）

（一）材料与拌合

（1）对石灰、粉煤灰等原材料应进行质量检验，符合要求后方可使用。

（2）按规范要求进行混合料配合比设计，使其符合设计与检验标准的要求。

（3）采用厂拌（异地集中拌合）方式，且宜采用强制式拌合机拌制，配料应准确，拌合应均匀。

（4）拌合时应先将石灰、粉煤灰拌合均匀，再加入砂砾（碎石）和水均匀拌合。

（5）混合料含水量宜略大于最佳含水量。混合料含水量应视气候条件适当调整，使运到施工现场的混合料含水量接近最佳含水量。

（二）运输与摊铺

（1）运输中应采取防止水分蒸发和防扬尘措施。

（2）应在春末和夏季组织施工，施工期的日最低气温应在 5℃以上，并应在第一次重冰冻（−5～−3℃）到来之前 1～1.5 个月完成。

（三）压实与养护

（1）混合料摊铺时，根据试验确定的松铺系数控制虚铺厚度，混合料每层最大压实厚度为 200mm，且不宜小于 100mm。

（2）碾压时采用先轻型、后重型压路机碾压。

（3）禁止用薄层贴补法进行找平。

（4）混合料的养护采用湿养，始终保持表面潮湿，也可采用沥青乳液和沥青下封层进行养护，养护期视季节而定，常温下不宜少于 7d。

三、级配碎石（碎砾石）、级配砾石（砂砾）基层

（一）材料与拌合

（1）级配砂砾、级配砾石基层、级配碎石、级配碎砾石基层所用原材料的压碎值、含泥量及细长扁平颗粒含量等技术指标应符合规范要求，大中小颗粒范围也应符合有关规范的规定。

（2）采用厂拌方式和强制式拌合机拌制，级配符合要求。

（二）运输与摊铺

（1）运输中应采取防止水分蒸发和防扬尘措施。

（2）宜采用机械摊铺，摊铺应均匀一致，发生粗、细集料离析（“梅花”“砂窝”）现象时，应及时翻拌均匀。

（3）两种基层材料的压实系数均应通过试验段确定，每层应按虚铺厚度一次铺齐，颗粒分布应均匀，厚度一致，不得多次找补。

（三）压实与养护

（1）碾压前和碾压中应适量洒水，保持砂砾湿润，但不应导致其层下翻浆。

（2）控制碾压速度，碾压至轮迹不大于5mm，表面平整、坚实。碎石压实后及成活中适量洒水。

（3）可采用沥青乳液和沥青下封层进行养护，养护期为7～14d。

（4）未铺装上层前不得开放交通。

2K311033 土工合成材料的应用

一、定义及功能

土工合成材料——以人工合成的聚合物为原料制成的各类型产品，是城镇道路岩土工程中应用的合成材料的总称。它可置于岩土或其他工程结构内部、表面或各结构层之间，具有加筋、防护、过滤、排水、隔离等功能。应用时按照其在结构中发挥的主要功能进行选型和设计。

二、种类与用途

土工合成材料种类有：土工网、土工格栅、土工模袋、土工织物、土工复合排水材料、玻纤网、土工垫等。其用途为：

（1）路堤加筋：采用土工合成材料加筋，以提高路堤的稳定性。

（2）台背路基填土加筋：采用土工合成材料加筋，以减少路基与构造物之间的不均匀沉降。

（3）过滤与排水：土工合成材料单独或与其他材料配合，作为过滤体和排水体可用于暗沟、渗沟及坡面防护等道路工程结构中。

（4）路基防护：采用土工合成材料可以作坡面防护和冲刷防护。

三、土工布加固地基的方法及施工要求

（一）垫隔土工布加固地基法

以土工织物作为补强材料加固地基，其作用类似柔性柴排（用圆木或捆扎梢料做成柴排，铺在路堤底面，从而起到扩大基础分散荷载作用，保持路堤基底的稳定性）。

在地下水位较高、松软土基路堤中，采用垫隔土工布加固路基刚度，有利于排水。在高填路堤，可适当分层垫隔；在软基上垫隔土工布可使荷载分布均匀。

垫隔土工布加固地基应满足以下要求：

1. 材料

土工合成材料应具有质量轻、整体连续性好、抗拉强度较高、耐腐蚀、抗微生物侵蚀好、施工方便等优点，非织型的土工纤维应具备孔隙直径小、渗透性好、质地柔软、能与土很好结合的性能。

所选土工合成材料的幅宽、质量、厚度、抗拉强度、顶破强度和渗透系数应满足设计要求。

2. 施工

（1）在整平好的下承层上按路堤底宽全断面铺设，摊平时拉直平顺，紧贴下承层，不得出现扭曲、折皱、重叠。在斜坡上摊铺时，应保持一定松紧度（可用U形钉控制）。

（2）铺设土工聚合物，应在路堤每边留足够的锚固长度，回折覆盖在压实的填料面上。

（3）为保证土工合成材料的整体性，当采用搭接法连接，搭接长度宜为0.3～0.9m；采用缝接法时，粘结宽度不小于50mm，粘结强度不低于土工合成材料的抗拉强度。

（4）现场施工中，一方面注意土工合成材料破损时必须立即修补好，另一方面上下层接缝应交替错开，错开长度不小于0.5m。

（5）在土工合成材料堆放及铺设过程中，尽量避免长时间暴露和暴晒，以免性能劣化。

（6）铺设质量应符合规范要求。

（二）垫隔、覆盖土工布处理基底法

在软土、沼泽地区，地基湿软，地下水位较高的情况下，用垫隔、覆盖土工布处理会收到较好的效果。

施工用料与要求同（一）。

施工中，在基底铺垫土工布并沿边坡折起，以致覆盖堤身摊铺，既能提高基底刚度，又有利于排水，并有利地基应力再分配，从而增加路基的稳定性。

2K311040 城镇道路面层施工

2K311041 沥青混合料面层施工技术

一、施工准备

（一）透层与粘层

（1）摊铺沥青混合料面层前，应在基层表面喷洒透层油，施工中应根据基层类型选择渗透性好的液体沥青、乳化沥青作透层油。用于石灰稳定土类或水泥稳定土类基层的透层油，宜紧接在基层碾压成型后、表面稍变干燥但尚未硬化的情况下喷洒，洒布透层油后，应封闭交通。透层油洒布后的养护时间应根据透层油的品种和气候条件由试验确定。沥青路面透层油材料的规格、用量和洒布养护应符合《城镇道路工程施工与质量验收规范》CJJ 1—2008的有关规定。

（2）双层式或多层式热拌热铺沥青混合料面层之间应喷洒粘层油，而水泥混凝土路面、沥青稳定碎石基层、旧沥青路面上加铺沥青混合料时，也应在既有结构、路缘石和检查井等构筑物与沥青混合料层连接面喷洒粘层油。宜采用快裂或中裂乳化沥青、改性乳化沥青，也可采用快凝或中凝液体石油作粘层油。粘层油材料的规格、用量和洒布养护应符合《城镇道路工程施工与质量验收规范》CJJ 1—2008的有关规定。

（3）当气温在10℃及以下，风力大于5级及以上时，不应喷洒透层、粘层油。

（二）运输与布料

（1）为防止沥青混合料粘结运料车车厢板，装料前应喷洒一薄层隔离剂或防粘结剂。运输中，沥青混合料上宜用篷布覆盖保温、防雨和防污染。

（2）运料车进入摊铺现场时，轮胎上不得沾有泥土等可能污染路面的脏物，混合料不符合施工温度要求或结团成块、已遭雨淋不得使用。

（3）应按施工方案安排运输和布料，摊铺机前应有足够的运料车等候；对高等级道路，开始摊铺前等候的运料车宜在5辆以上。

（4）运料车应在摊铺机前100～300mm处空挡等候，由摊铺机缓缓顶推前进并逐步卸料，避免撞击摊铺机。每次卸料必须倒净，如有余料应及时清除，防止硬结。

二、摊铺作业

（一）机械摊铺

（1）热拌沥青混合料应采用沥青摊铺机摊铺。摊铺机的受料斗应涂刷薄层隔离剂或防粘结剂。

（2）铺筑高等级道路沥青混合料时，1台摊铺机的铺筑宽度不宜超过6m，通常采用2台或多台摊铺机前后错开10～20m呈梯队方式同步摊铺，两幅之间应有30～60mm宽度的搭接，并应避开车道轮迹带，上下层搭接位置宜错开200mm以上。

（3）摊铺机开工前应提前0.5～1h预热熨平板，使其不低于100℃。铺筑时应选择适宜的熨平板振捣或夯实装置的振动频率和振幅，以提高路面初始压实度。

（4）摊铺机必须缓慢、均匀、连续不间断地摊铺，不得随意变换速度或中途停顿，以提高平整度，减少沥青混合料的离析。摊铺速度宜控制在2～6m/min的范围内。当发现沥青混合料出现明显的离析、波浪、裂缝、拖痕时，应分析原因，予以及时消除。

（5）摊铺机应采用自动找平方式。下面层宜采用钢丝绳或路缘石、平石控制高程与摊铺厚度，上面层宜采用导梁或平衡梁的控制方式。

（6）热拌沥青混合料的最低摊铺温度应根据气温、下卧层表面温度、铺筑层厚度与沥青混合料种类经试验确定。

（7）沥青混合料的松铺系数应根据混合料类型、施工机械和施工工艺等通过试铺试压确定。施工中应随时检查铺筑层厚度、路拱及横坡，并辅以使用的沥青混合料总量与面积校验平均厚度。试铺时，松铺系数初始取值可参考表2K311041-1，在所示范围内选定。

沥青混合料的松铺系数　　　　**表2K311041-1**

种类	机械摊铺	人工摊铺
沥青混凝土混合料	1.15～1.35	1.25～1.50
沥青碎石混合料	1.15～1.30	1.20～1.45

（8）摊铺机的螺旋布料器转动速度与摊铺速度应保持均衡。为减少摊铺中沥青混合料的离析，布料器两侧应保持有不少于送料器2/3高度的混合料。摊铺的混合料，不宜用人工反复修整。

（二）人工摊铺

（1）路面狭窄部分、平曲线半径过小的匝道、小规模工程可采用人工摊铺。

（2）半幅施工时，路中一侧宜预先设置挡板；摊铺时应扣锹布料，不得扬锹远甩；边摊铺边整平，严防集料离析；摊铺不得中途停顿，并尽快碾压；低温施工时，卸下的沥青混合料应覆盖篷布保温。

（3）沥青混合料应卸在铁板上，铁锹等工具宜涂防粘结剂或加热使用。

三、压实成型与接缝

（一）压实成型

（1）沥青路面施工应配备足够数量、状态完好的压路机，选择合理的压路机组合方式，根据摊铺完成的沥青混合料温度情况严格控制初压、复压、终压（包括成型）时机。压实层最大厚度不宜大于100mm，各层应符合压实度及平整度的要求。

（2）碾压速度做到慢而均匀，压路机碾压速度应符合规范要求（见表2K311041-2）。

压路机碾压速度（km/h）　表 2K311041–2

压路机类型	初压		复压		终压	
	适宜	最大	适宜	最大	适宜	最大
钢筒式压路机	1.5～2	3	2.5～3.5	5	2.5～3.5	5
轮胎压路机	—	—	3.5～4.5	6	4～6	8
振动压路机	1.5～2（静压）	5（静压）	1.5～2（振动）	1.5～2（振动）	2～3（静压）	5（静压）

（3）碾压温度应根据沥青和沥青混合料种类、压路机、气温、层厚等因素经试压确定。规范规定的碾压温度见表 2K311041–3。

热拌沥青混合料的碾压温度（℃）　表 2K311041–3

施工工序		石油沥青的标号			
		50 号	70 号	90 号	110 号
开始碾压的混合料内部温度，不低于	正常施工	135	130	125	120
	低温施工	150	145	135	130
碾压终了的表面温度，不低于	钢轮压路机	80	70	65	60
	轮胎压路机	85	80	75	70
	振动压路机	75	70	60	55
开放交通的路表温度，不高于		50	50	50	45

（4）初压宜采用钢轮压路机静压 1～2 遍。碾压时应将压路机的驱动轮面向摊铺机，从外侧向中心碾压，在超高路段和坡道上则由低处向高处碾压。复压应紧跟初压连续进行，不得随意停顿。碾压路段长度宜为 60～80m。

（5）密级配沥青混合料复压宜优先采用重型轮胎压路机进行碾压，以增加路面不透水性，其总质量不宜小于 25t。相邻碾压带应重叠 1/3～1/2 轮宽。对粗集料为主的混合料，宜优先采用振动压路机复压（厚度宜大于 30mm），振动频率宜为 35～50Hz，振幅宜为 0.3～0.8mm。层厚较大时宜采用高频大振幅，厚度较薄时宜采用低振幅，以防止集料破碎。相邻碾压带宜重叠 100～200mm。当采用三轮钢筒式压路机时，总质量不小于 12t，相邻碾压带宜重叠后轮的 1/2 轮宽，并不应小于 200mm。

（6）终压应紧接在复压后进行。终压应选用双轮钢筒式压路机或关闭振动的振动压路机，碾压至无明显轮迹为止。

（7）为防止沥青混合料粘轮，对压路机钢轮可涂刷隔离剂或防粘结剂，严禁刷柴油；亦可向碾轮喷淋添加少量表面活性剂的雾状水。

（8）压路机不得在未碾压成型的路段上转向、掉头、加水或停留。在当天成型的路面上，不得停放各种机械设备或车辆，不得散落矿料、油料及杂物。

（二）接缝

（1）沥青混合料面层的接缝应紧密、平顺。上、下层的纵缝应错开 150mm（热接缝）或 300～400mm（冷接缝）以上。相邻两幅及上、下层的横向接缝均应错位 1m 以上。应采用 3m 直尺检查，确保平整度达到要求。

（2）采用梯队作业摊铺时应选用热接缝，将已铺部分留下 100～200mm 宽暂不碾压，作为后续部分的基准面，然后跨缝压实。如半幅施工采用冷接缝时，宜加设挡板或将先铺的沥青混合料刨出毛槎，涂刷粘层油后再铺新料，新料重叠在已铺层上 50～100mm，软化下层后铲走重叠部分，再进行跨缝压密挤紧。

（3）高等级道路的表面层横向接缝应采用垂直的平接缝，以下各层和其他等级的道路的各层均可采用斜接缝或阶梯形接缝，斜接缝的搭接长度与厚度有关，宜为 0.4～0.8m；阶梯形接缝的台阶经铣刨而成，并洒粘层沥青，搭接长度不宜小于 3m；平接缝宜采用机械切割或人工刨除层厚不足部分，使工作缝成直角连接。清除切割时留下的泥水，干燥后涂刷粘层油，铺筑新混合料接头应使接槎软化，压路机先进行横向碾压，再纵向充分压实，连接平顺。沥青面层接缝形式如图 2K311041 所示。

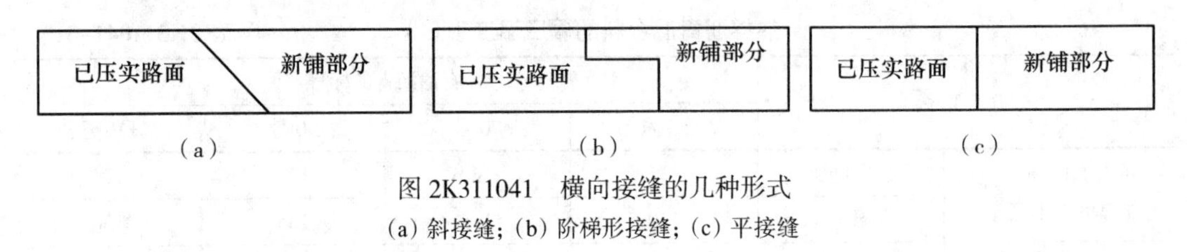

图 2K311041　横向接缝的几种形式
(a) 斜接缝；(b) 阶梯形接缝；(c) 平接缝

四、开放交通

热拌沥青混合料路面应待摊铺层自然降温至表面温度低于 50℃后，方可开放交通。

2K311042　改性沥青混合料面层施工技术

一、生产和运输

（一）生产

改性沥青混合料的生产除遵照普通沥青混合料生产要求外，尚应注意以下几点：

（1）改性沥青混合料生产温度应根据改性沥青品种、粘度、气候条件、铺装层的厚度确定。改性沥青混合料的正常生产温度根据实践经验并参照表 2K311042 选择。通常宜较普通沥青混合料的生产温度提高 10～20℃。当采用列表以外的聚合物或天然沥青改性沥青时，生产温度由试验确定。

改性沥青混合料的正常生产温度范围（℃）　　**表 2K311042**

工序	改性沥青品种		
	SBS 类	SBR 胶乳类	EVA、PE 类
基质沥青加热温度	160～165		
改性沥青现场制作温度	165～170	—	165～170
成品改性沥青加热温度，不大于	175	—	175
集料加热温度	190～220	200～210	185～195
改性沥青混合料出厂温度	170～185	160～180	165～180
混合料最高温度（废弃温度）	195		
混合料贮存温度	拌合出料后降低不超过 10		

注：SBS 为苯乙烯 - 丁二烯 - 苯乙烯嵌段共聚物；
SBR 为苯乙烯 - 丁二烯橡胶；
EVA 为乙烯 - 醋酸乙烯共聚物；
PE 为聚乙烯。

（2）改性沥青混合料宜采用间歇式拌合设备生产，这种设备除尘系统完整，能达到环保要求；给料仓数量较多，能满足配合比设计配料要求；且具有添加纤维等外掺料的装置。

（3）沥青混合料拌合时间根据具体情况经试拌确定，以沥青均匀包裹集料为度。间歇式拌合机每盘的生产周期不宜少于45s（其中干拌时间不少于5～10s）。改性沥青混合料的拌合时间应适当延长。

（4）间歇式拌合机宜备有保温性能好的成品储料仓，贮存过程中混合料温降不得大于10℃。改性沥青混合料的贮存时间不宜超过24h；改性沥青SMA混合料只限当天使用；OGFC混合料宜随拌随用。

（5）添加纤维的沥青混合料，纤维必须在混合料中充分分散，拌合均匀。拌合机应配备同步添加投料装置，松散的絮状纤维可在喷入沥青的同时或稍后采用风送装置喷入拌合锅，拌合时间宜延长5s以上。颗粒纤维可在粗集料投入的同时自动加入，经5～10s的干拌后，再投入矿粉。

（6）使用改性沥青时应随时检查沥青泵、管道、计量器是否受堵，堵塞时应及时清洗、疏通。

（二）运输

改性沥青混合料运输应按照普通沥青混合料运输要求执行，还应做到：运料车卸料必须倒净，如有粘在车厢板上的剩料，必须及时清除，防止硬结。在运输、等候过程中，如发现有沥青结合料滴漏时，应采取措施纠正。

二、施工

（一）摊铺

（1）改性沥青混合料的摊铺在满足普通沥青混合料摊铺要求外，还应做到：摊铺在喷洒有粘层油的路面上铺筑改性沥青混合料时，宜使用履带式摊铺机。摊铺机的受料斗应涂刷薄层隔离剂或防粘结剂。SMA混合料施工温度应试验确定，一般情况下，摊铺温度不低于160℃。

（2）摊铺机必须缓慢、均匀、连续不间断地摊铺，不得随意变换速度或中途停顿，以提高平整度，减少混合料的离析。改性沥青混合料的摊铺速度宜放慢至1～3m/min。当发现混合料出现明显的离析、波浪、裂缝、拖痕时，应分析原因，予以及时排除。摊铺系数应通过试验段取得，一般情况下改性沥青混合料的压实系数在1.05左右。

（3）摊铺机应采用自动找平方式，中、下面层宜采用钢丝绳或导梁引导的高程控制方式，铺筑改性沥青混合料和SMA混合料路面时宜采用非接触式平衡梁。

（二）压实与成型

（1）改性沥青混合料除执行普通沥青混合料的压实成型要求外，还应做到：初压开始温度不低于150℃，碾压终了的表面温度应不低于90℃。

（2）摊铺后应紧跟碾压，保持较短的初压区段，使混合料碾压温度不致降得过低。碾压时应将压路机的驱动轮面向摊铺机，从路外侧向中心碾压。在超高路段则由低向高碾压，在坡道上应将驱动轮从低处向高处碾压。

（3）改性沥青混合料路面宜采用振动压路机或钢筒式压路机碾压，不宜采用轮胎压路机碾压。OGFC混合料宜采用12t以上的钢筒式压路机碾压。

（4）振动压路机应遵循“紧跟、慢压、高频、低幅”的原则，即紧跟在摊铺机后面，采取高频率、低振幅的方式慢速碾压。这也是保证平整度和密实度的关键。压路机的碾压速度参照表 2K311041-2。如发现 SMA 混合料高温碾压有推拥现象，应复查其级配是否合适。不得采用轮胎压路机碾压，以防沥青混合料被搓擦挤压上浮，造成构造深度降低或泛油。

（5）施工过程中应密切注意 SMA 混合料碾压产生的压实度变化，以防止过度碾压。

（三）接缝

（1）改性沥青混合料路面冷却后很坚硬，冷接缝处理很困难，因此应尽量避免出现冷接缝。

（2）摊铺时应保证充足的运料车次，满足摊铺的需要，使纵向接缝成为热接缝。在摊铺特别宽的路面时，可在边部设置挡板。在处理横接缝时，应在当天改性沥青混合料路面施工完成后，在其冷却之前垂直切割端部不平整及厚度不符合要求的部分（先用 3m 直尺进行检查）并冲净、干燥；第 2 天，涂刷粘层油，再铺新料。其他接缝做法执行普通沥青混合料路面施工要求。

三、开放交通及其他

（1）热拌改性沥青混合料路面开放交通的条件与热拌沥青混合料路面相同。

（2）改性沥青路面的雨期施工应做到：密切关注气象预报与变化，保持现场、沥青拌合厂及气象台站之间气象信息的沟通，控制施工摊铺段长度，各项工序紧密衔接。运料车和工地应备有防雨设施，并做好基层及路肩排水的准备。

（3）改性沥青面层施工应严格控制开放交通的时机。做好成品保护，保持整洁，不得造成污染，严禁在改性沥青面层上堆放施工产生的土或杂物，严禁在已完成的改性沥青面层上制作水泥砂浆等可能造成污染成品的作业。

2K311043　水泥混凝土路面施工技术

一、混凝土配合比设计、搅拌和运输

（一）混凝土配合比设计

混凝土的配合比设计在兼顾技术经济性的同时还应满足抗弯拉强度、工作性和耐久性三项指标要求。

根据《城镇道路工程施工与质量验收规范》CJJ 1—2008 的规定，并按统计数据得出的变异系数、试验样本的标准差、保证率系数确定配制 28d 弯拉强度值。不同摊铺方式混凝土最佳工作性范围及最大用水量、混凝土含气量、混凝土最大水灰比和最小单位水泥用量应符合规范要求，严寒地区路面混凝土抗冻等级不宜小于 F250，寒冷地区不宜小于 F200。混凝土外加剂的使用应符合：高温施工时，混凝土拌合物的初凝时间不得小于 3h，低温施工时，终凝时间不得大于 10h；外加剂的掺量应由混凝土试配试验确定；当引气剂与减水剂或高效减水剂等外加剂复配在同一水溶液中时，不得发生絮凝现象。

混凝土配合比参数的计算应符合下列要求：

（1）水灰比的确定应按《城镇道路工程施工与质量验收规范》CJJ 1—2008 的规定公式计算，并在满足弯拉强度计算值和耐久性两者要求的水灰比中取小值。

（2）应根据砂的细度模数和粗集料种类按设计规范查表确定砂率。

（3）根据粗集料种类和适宜的坍落度，按规范的经验公式计算单位用水量，并取计算值和满足工作性要求的最大单位用水量两者中的小值。

（4）根据水灰比计算确定单位水泥用量，并取计算值与满足耐久性要求的最小单位水泥用量中的大值。

（5）可按密度法或体积法计算砂石料用量。

（6）重要路面应采用正交试验法进行配合比优选。

按照以上方法确定的普通混凝土配合比、钢纤维混凝土配合比应在试验室内经试配检验弯拉强度、坍落度、含气量等配合比设计的各项指标，从而依据结果进行调整，并经试验段的验证。

（二）搅拌

（1）搅拌设备应优先选用间歇式拌合设备，并在投入生产前进行标定和试拌，搅拌楼配料计量偏差应符合规范规定。应按配合比要求与施工对其工作性要求经试拌确定混凝土最佳拌合时间。每盘总搅拌时间宜为 80～120s。

（2）搅拌过程中，应对拌合物的水灰比及稳定性、坍落度及均匀性、坍落度损失率、振动黏度系数、含气量、泌水率、视密度、离析等项目进行检验与控制，均应符合质量标准的要求。

（3）钢纤维混凝土的搅拌应符合《城镇道路工程施工与质量验收规范》CJJ 1—2008 的有关规定。

（三）运输

应根据施工进度、运量、运距及路况，选配车型和车辆总数。不同摊铺工艺的混凝土拌合物从搅拌机出料到运输、铺筑完毕的允许最长时间应符合表 2K311043 的规定。

混凝土拌合物出料到运输、铺筑完毕允许最长时间（h）　　表 2K311043

施工气温*（℃）	到运输完毕允许最长时间		到铺筑完毕允许最长时间	
	滑模、轨道	三辊轴、小机具	滑模、轨道	三辊轴、小机具
5～9	2.0	1.5	2.5	2.0
10～19	1.5	1.0	2.0	1.5
20～29	1.0	0.75	1.5	1.25
30～35	0.75	0.50	1.25	1.0

注：表中*指施工时间的日间平均气温，使用缓凝剂延长凝结时间后，本表数值可增加 0.25～0.5h。

二、混凝土面板施工

（一）模板

（1）模板应与混凝土摊铺机械相匹配。模板高度应为混凝土板设计厚度。

（2）宜使用钢模板，钢模板应直顺、平整，每 1m 设置 1 处支撑装置。如采用木模板，应质地坚实，变形小，无腐朽、扭曲、裂纹，且用前须浸泡，木模板直线部分板厚不宜小于 50mm，每 0.8～1m 设 1 处支撑装置；弯道部分板厚宜为 15～30mm，每 0.5～0.8m 设 1 处支撑装置，模板与混凝土接触面及模板顶面应刨光。模板制作偏差应符合《城镇道路工程施工与质量验收规范》CJJ 1—2008 的有关规定要求。

（3）模板安装应符合：支模前应核对路面标高、面板分块、胀缝和构造物位置；模板应安装稳固、顺直、平整，无扭曲，相邻模板连接应紧密、平顺，不得错位；严禁在基层上挖槽嵌入模板；使用轨道摊铺机应采用专用钢制轨模；模板安装完毕，应进行检验合格方可使用；模板安装检验合格后表面应涂隔离剂，接缝处应粘贴胶带或塑料薄膜等密封。

（二）钢筋设置

钢筋安装前应检查其原材料品种、规格与加工质量，确认符合设计要求与规范规定；钢筋网、角隅钢筋等安装应牢固、位置准确。钢筋安装后应进行检查，合格后方可使用；传力杆安装应牢固、位置准确；胀缝传力杆应与胀缝板、提缝板一起安装。

（三）摊铺与振动

（1）三辊轴机组铺筑混凝土面层时，辊轴直径应与摊铺层厚度匹配，且必须同时配备一台安装插入式振捣器组的排式振捣机；当面层铺装厚度小于150mm时，可采用振捣梁；当一次摊铺双车道面层时应配备纵缝拉杆插入机，并配有插入深度控制和拉杆间距调整装置。

铺筑时卸料应均匀，布料应与摊铺速度相适应；设有纵缝、缩缝拉杆的混凝土面层，应在面层施工中及时安设拉杆；三辊轴整平机分段整平的作业单元长度宜为20～30m，振捣机振实与三辊轴整平工序之间的时间间隔不宜超过15min；在一个作业单元长度内，应采用前进振动、后退静滚方式作业，最佳滚压遍数应经过试铺段确定。

（2）采用轨道摊铺机铺筑时，最小摊铺宽度不宜小于3.75m，并选择适宜的摊铺机；坍落度宜控制在20～40mm，根据不同坍落度时的松铺系数计算出松铺高度；轨道摊铺机应配备振捣器组，当面板厚度超过150mm、坍落度小于30mm时，必须插入振捣；轨道摊铺机应配备振动梁或振动板对混凝土表面进行振捣和修整，使用振动板振动提浆饰面时，提浆厚度宜控制在（4±1）mm；面层表面整平时，应及时清除余料，用抹平板完成表面整修。

（3）采用人工摊铺混凝土施工时，松铺系数宜控制在1.10～1.25；摊铺厚度达到混凝土板厚的2/3时，应拔出模内钢钎并填实钎洞；混凝土面层分两次摊铺时，上层混凝土的摊铺应在下层混凝土初凝前完成，且下层厚度宜为总厚的3/5；混凝土摊铺应与钢筋网、传力杆及边缘角隅钢筋的安放相配合；一块混凝土板应一次连续浇筑完毕。混凝土使用插入式振捣器振捣时，不应过振，且振动时间不宜少于30s，移动间距不宜大于500mm。使用平板振动器振捣时应重叠100～200mm，振动器行进速度应均匀一致。

（四）接缝

（1）普通混凝土路面的胀缝应设置胀缝补强钢筋支架、胀缝板和传力杆。胀缝应与路面中心线垂直；缝壁必须垂直；缝宽必须一致，缝中不得连浆。缝上部灌填缝料，下部安装胀缝板和传力杆。当一次铺筑宽度小于面层宽度时，应设置纵向施工缝，纵向施工缝宜采用平缝加拉杆形式。

（2）传力杆的固定安装方法有两种。一种是端头木模固定传力杆安装方法，宜用于混凝土板不连续浇筑时设置的胀缝。传力杆长度的一半应穿过端头挡板，固定于外侧定位模板中。混凝土拌合物浇筑前应检查传力杆位置；浇筑时，应先摊铺下层混凝土拌合物并用插入式振捣器振实，在校正传力杆位置后，再浇筑上层混凝土拌合物。浇筑邻板时应拆除端头木模，并应设置胀缝板、木制嵌条和传力杆套管。胀缝宽20～25mm，使用沥青或塑料薄膜滑动封闭层时，胀缝板及填缝宽度宜加宽到25～30mm。传力杆一半以上长度的表面应涂防粘涂层。另一种是支架固定传力杆安装方法，宜用于混凝土板连续浇筑时设置的胀缝。传力杆长度的一半应穿过胀缝板和端头挡板，并应采用钢筋支架固定就位。浇筑时应先检查传力杆位置，再在胀缝两侧前置摊铺混凝土拌合物至板面，振捣密实后，抽出端头挡板，空隙部分填补混凝土拌合物，并用插入式振捣器振实。宜在混凝土未硬化时，剔除胀缝板上的混凝土，嵌入（20～25）mm×20mm的木条，整平表面。胀缝板应连续贯通整个路面板宽度。

（3）横向缩缝采用切缝机施工，宜在水泥混凝土强度达到设计强度25%～30%时进行，宽度控制在4～6mm，切缝深度：设传力杆时，不应小于面层厚度的1/3，且不得小于70mm；不设传力杆时，不应小于面层厚度的1/4，且不应小于60mm。混凝土板养护期满后应及时灌缝。

（4）灌填缝料前，清除缝中砂石、凝结的泥浆、杂物等，并将接缝处冲洗干净。缝壁必须干燥、清洁。缝料充满度应根据施工季节而定，常温施工时缝料宜与板面平，冬期施工时缝料应填为凹液面，中心宜低于板面1～2mm。填缝必须饱满均匀、厚度一致、连续贯通，填缝料不得缺失、开裂、渗水。填缝料养护期间应封闭交通。

（五）养护

混凝土浇筑完成后应及时进行养护，可采取喷洒养护剂或保湿覆盖等方式；在雨天或养护用水充足的情况下，可采用保湿膜、土工毡、麻袋、草袋、草帘等覆盖物洒水湿养护方式，不宜使用围水养护；昼夜温差大于10℃以上的地区或日均温度低于5℃施工的混凝土板应采用保温养护措施。养护时间应根据混凝土弯拉强度增长情况而定，不宜小于设计弯拉强度的80%，一般宜为14～21d。应特别注重前7d的保湿（温）养护。

（六）开放交通

在混凝土达到设计弯拉强度40%以后，可允许行人通过。在面层混凝土完全达到设计弯拉强度且填缝完成前，不得开放交通。

2K311044　城镇道路养护、大修、改造技术

一、稀浆罩面

分稀浆封层和微表处两种。

（一）定义

1. 稀浆封层

采用机械设备将乳化沥青或改性乳化沥青、粗细集料、填料、水和添加剂等按照设计配合比拌合成稀浆混合料，及时均匀地摊铺在原路面上，经养护后形成的薄层。

2. 微表处

采用机械设备将改性乳化沥青、粗细集料、填料、水和添加剂等按照设计配合比拌合成稀浆混合料并摊铺到原路面上的薄层。

（二）稀浆封层及微表处类型、功能及适用范围

稀浆封层混合料按矿料级配的不同，可分为细封层、中封层和粗封层，分别以ES-1、ES-2、ES-3表示；微表处混合料按矿料级配的不同，可分为Ⅱ型和Ⅲ型，分别以MS-2和MS-3表示。稀浆封层及微表处类型、功能及适用范围应符合表2K311044的规定。

稀浆封层及微表处类型、功能及适用范围 **表 2K311044**

稀浆混合料类型	混合料规格	功能	适用范围
稀浆封层	ES-1	封水、防滑和改善路表外观	适用于支路、停车场的罩面
	ES-2		次干路以下的罩面，以及新建道路的下封层
	ES-3		次干路的罩面，以及新建道路的下封层
微表处	MS-2	封水、防滑、耐磨和改善路表外观	中等交通等级快速路和主干路的罩面
	MS-3	封水、防滑、耐磨、改善路表外观和填补车辙	快速路、主干路的罩面

（三）施工要求

（1）稀浆封层和微表处施工应按下列步骤进行：

1）修补、清洁原路面。

2）放样画线。

3）湿润原路面或喷洒乳化沥青。

4）拌合、摊铺稀浆混合料。

5）手工修补局部施工缺陷。

6）成型养护。

7）开放交通。

（2）稀浆封层和微表处施工前，应对原路面进行检测与评定。原路面应符合强度、刚度和整体稳定性的要求，且表面应平整、密实、清洁。

（3）当原路面不符合要求时，应对原路面进行修补，壅包应铲平，坑槽应填补，保持路面完整；应清扫铲除原路面上的所有杂物、尘土及松散粒料，对大块油污应采用去污剂清除干净。

（4）当原路面为沥青路面，天气过于干燥或炎热时，在稀浆混合料摊铺前，应对原路面预先洒水，洒水量应以路面湿润为准，不得有积水现象，湿润后应立即施工；当原路面为非沥青路面时，宜预先喷洒粘层油；对用于半刚性基层沥青路面的下封层时，应首先在半刚性基层上喷洒透层油。

（5）正式施工前应对井盖、井箅、路缘石等道路附属设施采取保护措施。

（6）稀浆封层和微表处正式施工前，应选择合适的路段摊铺试验段。试验段长度不宜小于 200m。

（7）稀浆封层和微表处施工前，应进行混合料配合比设计，符合技术要求后方可施工。

（8）稀浆封层和微表处应采用专用机械施工。

（9）稀浆封层和微表处施工期及养护期内的气温应高于 10℃。

（10）路面过湿或有积水时，严禁进行施工；在雨天及空气湿度大、混合料成型困难的天气时，不得施工；施工中遇雨或施工后混合料尚未成型遇雨时，严禁开放交通，并应在雨后将无法正常成型的材料铲除重做。

（11）施工中应遵守有关操作规程，确保作业安全。

（12）初期养护应符合下列要求：

1）在开放交通前严禁车辆和行人通行。

2）对交叉路口、单位门口等摊铺后需尽快开放交通的路段，应采用铺撒一层薄砂等保护措施，撒砂时间应在破乳之后，并应避免急刹车和急转弯等。

3）稀浆混合料摊铺后可不采用压路机碾压，通车后可采用交通车辆自然压实。在特殊情况下，可采用轮重6～10t轮胎压路机压实，压实应在混合料初凝后进行。

4）当稀浆封层用于下封层时，宜使用6～10t轮胎压路机对初凝后的稀浆混合料进行碾压。

5）当混合料能满足开放交通的要求时，应尽快开放交通，初期行车速度不宜超过30km/h。

6）当混合料粘结力达到2.0N·m时，可结束初期养护。

（四）质量验收

（1）施工前必须检查原材料的检测报告、稀浆混合料设计报告、摊铺车标定报告，并应确认符合要求。

（2）工程完工后，应将施工全线以1km作为一个评价路段按《路面稀浆罩面技术规程》CJJ/T 66—2011规定进行质量检查和验收。

（3）主控项目：抗滑性能、渗水系数、厚度。

一般项目：表观质量（应平整、密实、均匀，无松散、花白料、轮迹和划痕）、横向接缝、纵向接缝和边线质量。

二、城镇道路旧路大修技术

（一）旧沥青路面作为基层加铺沥青混合料面层

（1）旧沥青路面作为基层加铺沥青混合料面层时，应对原有沥青路面进行调查处理、整平或补强，符合设计要求。

（2）施工要点：

1）符合设计强度、基本无损坏的旧沥青路面经整平后可作基层使用。

2）旧沥青路面有明显的损坏，但强度能达到设计要求的，应对损坏部分进行处理。

3）填补旧沥青路面凹坑，应按高程控制、分层摊铺，每层最大厚度不宜超过100mm。

（二）旧水泥混凝土路作为基层加铺沥青混合料面层

（1）旧水泥混凝土路作为基层加铺沥青混合料面层时，应对原有水泥混凝土路面进行处理、整平或补强，符合设计要求。

（2）施工要点：

1）对旧水泥混凝土路做综合调查，符合基本要求，经处理后可作基层使用。

2）对旧水泥混凝土路面层与基层间的空隙，应作填充处理。

3）对局部破损的原水泥混凝土路面层应剔除，并修整完好。

4）对旧水泥混凝土路面层的胀缝、缩缝、裂缝应清理干净，并应采取防反射裂缝措施。

三、旧路加铺沥青面层技术要点

（一）面层水平变形反射裂缝预防措施

（1）水平变形反射裂缝的产生原因是旧水泥混凝土路板上存在接缝和裂缝，如果直接加铺沥青混凝土，在温度变化和行车荷载的作用下，水泥混凝土路面沿着接缝和裂缝处伸缩，当沥青混凝土路面的伸缩变形与其不一致时，就会在这些部位开裂，这就是产生反射裂缝的机理。因此，在旧水泥混凝土路面上加铺沥青混凝土必须处理好反射裂缝，尽可能减少或延缓反射裂缝的出现。

（2）在沥青混凝土加铺层与旧水泥混凝土路面之间设置应力消减层，具有延缓和抑制反射裂缝产生的效果。

（二）面层垂直变形破坏预防措施

（1）在大修前将局部破损部位彻底剔除并重新修复；不需要将板块整块凿除重新浇筑，采用局部修补的方法即可。

（2）使用沥青密封膏处理旧水泥混凝土板缝。沥青密封膏具有很好的粘结力和抗水平和垂直变形能力，可以有效防止雨水渗入结构而引发冻胀。施工时首先采用切缝机结合人工剔除缝内杂物，破除所有的破碎边缘，按设计要求剔除到足够的深度；其次用高压空气清除缝内灰尘，保证其洁净；再次用 M7.5 水泥砂浆灌注板体裂缝或用防腐麻绳填实板缝下半部，上部预留 70～100mm 空间，待水泥砂浆初凝后，在砂浆表面及接缝两侧涂抹混凝土接缝粘合剂后，填充密封膏，厚度不小于 40mm。

（三）基底处理要求

基底的不均匀垂直变形导致原水泥混凝土路面板局部脱空，严重脱空部位的路面局部断裂或碎裂。为保证水泥混凝土路面板的整体刚性，加铺沥青混合料面层前，对脱空和路面板破裂处的基底进行处理，并对破损的路面板进行修复。基底处理方法有两种：一种是换填基底材料；另一种是非开挖式基底处理，即注浆填充脱空部位的空洞。

（1）开挖式基底处理。对于原水泥混凝土路面局部断裂或碎裂部位，将破坏部位凿除，换填基底并压实后，重新浇筑混凝土。这种常规的处理方法工艺简单，修复也比较彻底，但对交通影响较大，适合交通不繁忙的路段。

（2）非开挖式基底处理。对于脱空部位的空洞，采用注浆的方法进行基底处理，通过试验确定注浆压力、初凝时间、注浆流量、浆液扩散半径等参数。这是城镇道路大修工程中使用比较广泛和成功的方法。处理前应采用探地雷达进行详细探查，测出路面板下松散、脱空和既有管线附近沉降区域。

四、城镇道路路面改造技术

水泥混凝土路面改造加铺沥青混合料面层：

当原有水泥混凝土路面强度足够且断板和错台病害少时，可直接在原有旧路面上加铺沥青混凝土。在改造设计时，需要对原路面进行调查，调查一般采用地质雷达、弯沉或者取芯检测等手段，并依据《城镇道路养护技术规范》CJJ 36—2016 进行评估；而原有水泥混凝土路面作为道路基层强度是否符合设计要求，须由设计方给出评价结果并提出补强方案。

（一）病害处理

大部分的水泥混凝土路面在板缝处都有破损，如不进行修补就直接作为道路基层会使沥青路面产生反射裂缝；需采用人工剔除的办法，将酥空、空鼓、破损的部分清除、露出坚实部分。修补范围内的剔凿深度依据水泥混凝土路面的破损程度确定，为保证修补质量，剔除深度 50mm 以上。基面清理后可涂刷界面剂增加粘结强度，并采用不低于原道路混凝土强度的早强补偿收缩混凝土进行灌注。

对原水泥混凝土路面板边角破损也可参照上述方法进行修补。凿除部分如有钢筋应保留，不能保留时应植入钢筋。新、旧路面板间应涂刷界面剂。

以上做法都是为保证原有水泥混凝土路面改造后能作为道路基层使用而进行修补。如果原有水泥混凝土路面发生错台或网状开裂，应将整个板块全部凿除，重新夯实道路路基。

（二）加铺沥青混凝土面层

原有水泥混凝土路面作为道路基层加铺沥青混凝土面层时，应注意原有雨水管以及检查井的位置和高程，为配合沥青混凝土加铺应将检查井高程进行调整。

新铺道路沥青混凝土路面要根据原路面调查结果综合考虑交通特性、环境保护、节能减排等要求进行结构设计，整体加铺一层或两层沥青混凝土。加铺前，可以采用洒布沥青粘层油、摊铺土工布等柔性材料的方式对旧路面进行处理。

2K312000　城市桥梁工程

2K310000
看本章精讲课
配套章节自测

2K312010　城市桥梁结构形式及通用施工技术

2K312011　城市桥梁结构组成与类型

一、桥梁基本组成与常用术语

（一）桥梁的定义

桥梁是在道路路线遇到江河湖泊、山谷深沟以及其他线路（铁路或公路）等障碍时，为了保持道路的连续性而专门建造的人工构造物。桥梁既要保证桥上的交通运行，也要保证桥下水流的宣泄、船只的通航或车辆的通行。

（二）桥梁的基本组成

1. 上部结构

桥跨结构：线路跨越障碍（如江河、山谷或其他线路等）的结构物。

2. 下部结构

（1）桥墩：是在河中或岸上支承桥跨结构的结构物。

（2）桥台：设在桥的两端；一边与路堤相接，以防止路堤滑塌；另一边则支承桥跨结构的端部。为保护桥台和路堤填土，桥台两侧常做锥形护坡、挡土墙等防护工程。

（3）墩台基础：是保证桥梁墩台安全并将荷载传至地基的结构。

3. 支座系统

在桥跨结构与桥墩或桥台的支承处所设置的传力装置。它不仅要传递很大的荷载，并且还要保证桥跨结构能产生一定的变位。

4. 附属设施

（1）桥面铺装（或称行车道铺装）：铺装的平整性、耐磨性、不翘曲、不渗水是保证行车舒适的关键。特别是在钢箱梁上铺设沥青路面时，其技术要求甚严。

（2）排水防水系统：应能迅速排除桥面积水，并使渗水的可能性降至最小限度。城市桥梁排水系统应保证桥下无滴水和结构上无漏水现象。

（3）栏杆（或防撞栏杆）：既是保证安全的构造措施，又是有利于观赏的最佳装饰件。

（4）伸缩缝：桥跨上部结构之间或桥跨上部结构与桥台端墙之间所设的缝隙，以保证结构在各种因素作用下的变位。为使行车顺适、不颠簸，桥面上要设置伸缩缝构造。

（5）灯光照明：现代城市中，大跨桥梁通常是一个城市的标志性建筑，大多装置了灯光照明系统，构成了城市夜景的重要组成部分。

（三）相关常用术语

（1）净跨径：相邻两个桥墩（或桥台）之间的净距。对于拱式桥是每孔拱跨两个拱脚截面最低点之间的水平距离。

（2）计算跨径：对于具有支座的桥梁，是指桥跨结构相邻两个支座中心之间的距离；对于拱式桥，是指两相邻拱脚截面形心点之间的水平距离，即拱轴线两端点之间的水平距离。

（3）拱轴线：拱圈各截面形心点的连线。

（4）桥梁高度：指桥面与低水位之间的高差，或指桥面与桥下线路路面之间的距离，简称桥高。

（5）桥下净空高度：设计洪水位、计算通航水位或桥下线路路面至桥跨结构最下缘之间的距离。

（6）建筑高度：桥上行车路面（或轨顶）标高至桥跨结构最下缘之间的距离。

（7）容许建筑高度：公路或铁路定线中所确定的桥面或轨顶标高，对通航净空顶部标高之差。

（8）净矢高：从拱顶截面下缘至相邻两拱脚截面下缘最低点之连线的垂直距离。

（9）计算矢高：从拱顶截面形心至相邻两拱脚截面形心之连线的垂直距离。

（10）矢跨比：计算矢高与计算跨径之比，也称拱矢度，它是反映拱桥受力特性的一个重要指标。

（11）涵洞：用来宣泄路堤下水流的构造物。通常在建造涵洞处路堤不中断。凡是多孔跨径全长不到 8m 和单孔跨径不到 5m 的泄水结构物，均称为涵洞。

（12）总跨径：多孔桥梁中各孔净跨径的总和，也称桥梁孔径。

（13）桥梁全长：是桥梁两端两个桥台的侧墙或八字墙后端点之间的距离，简称桥长。

二、桥梁的主要类型

桥梁分类的方式很多，通常从受力特点、建桥材料、适用跨度、施工条件等方面来划分。

（一）按受力特点分

结构工程上的受力构件，总离不开拉、压、弯三种基本受力方式，由基本构件组成的各种结构物，在力学上也可归结为梁式、拱式、悬吊式三种基本体系以及它们之间的各种组合。

1. 梁式桥

梁式桥是一种在竖向荷载作用下无水平反力的结构。由于外力（恒载和活载）的作用方向与承重结构的轴线接近垂直，故与同样跨径的其他结构体系相比，梁内产生的弯矩最大，通常需用抗弯能力强的材料（钢、木、钢筋混凝土、预应力钢筋混凝土等）来建造。

2. 拱式桥

拱式桥的主要承重结构是拱圈或拱肋。这种结构在竖向荷载作用下，桥墩或桥台将承受水平推力，同时这种水平推力将显著抵消荷载所引起的在拱圈（或拱肋）内的弯矩作用。拱桥的承重结构以受压为主，通常用抗压能力强的圬工材料（砖、石、混凝土）和钢筋混凝土等来建造。

3. 刚架桥

刚架桥的主要承重结构是梁或板和立柱或竖墙整体结合在一起的刚架结构。梁和柱的连接处具有很大的刚性，在竖向荷载作用下，梁部主要受弯，而在柱脚处也具有水平反力，其受力状态介于梁桥和拱桥之间。同样的跨径在相同荷载作用下，刚架桥的正弯矩比梁式桥要小，刚架桥的建筑高度就可以降低。但刚架桥施工比较困难，用普通钢筋混凝土修建，梁柱刚结处易产生裂缝。

4. 悬索桥

悬索桥以悬索为主要承重结构，结构自重较轻，构造简单，受力明确，能以较小的建筑高度经济合理地修建大跨度桥。由于这种桥的结构自重轻，刚度差，在车辆动荷载和风荷载作用下有较大的变形和振动。

5. 组合体系桥

组合体系桥由几个不同体系的结构组合而成，最常见的为连续刚构，梁、拱组合等。斜拉桥也是组合体系桥的一种。

（二）其他分类方式

（1）按桥梁多孔跨径总长或单孔跨径的长度，可分为特大桥、大桥、中桥、小桥。具体分类见表 2K312011。

按桥梁多孔跨径总长或单孔跨径分类　　表 2K312011

桥梁分类	多孔跨径总长 L（m）	单孔跨径 L_0（m）
特大桥	$L > 1000$	$L_0 > 150$
大桥	$1000 \geqslant L \geqslant 100$	$150 \geqslant L_0 \geqslant 40$
中桥	$100 > L > 30$	$40 > L_0 \geqslant 20$
小桥	$30 \geqslant L \geqslant 8$	$20 > L_0 \geqslant 5$

注：① 单孔跨径系指标准跨径。梁式桥、板式桥以两桥墩中线之间桥中心线长度或桥墩中线与桥台台背前缘线之间桥中心线长度为标准跨径；拱式桥以净跨径为标准跨径。

② 梁式桥、板式桥的多孔跨径总长为多孔标准跨径的总长；拱式桥为两岸桥台起拱线间的距离；其他形式的桥梁为桥面系的行车道长度。

（2）按用途划分，有公路桥、铁路桥、公铁两用桥、农用桥、人行桥、运水桥（渡槽）及其他专用桥梁（如通过管路、电缆等）。

（3）按主要承重结构所用的材料来分，有圬工桥、钢筋混凝土桥、预应力混凝土桥、钢桥、钢－混凝土结合梁桥和木桥等。

（4）按跨越障碍的性质来分，有跨河桥、跨线桥（立体交叉桥）、高架桥和栈桥。

（5）按上部结构的行车道位置分为上承式桥（桥面结构布置在主要承重结构之上）、中承式桥、下承式桥。

2K312012　模板、支架和拱架的设计、制作、安装与拆除

一、模板、支架和拱架的设计与验算

（1）模板、支架和拱架应结构简单、制造与装拆方便，应具有足够的承载能力、刚度和稳定性，并应根据工程结构形式、设计跨径、荷载、地基类别、施工方法、施工设备和

材料供应等条件及有关标准进行施工设计。模板、支架、拱架搭设和拆除作业前，应根据工程特点编制专项施工方案，并应经审批后实施。专项施工方案应包括下列主要内容：

1）工程概况和编制依据。

2）脚手架类型选择。

3）所用材料、构（配）件类型及规格。

4）结构与构造设计施工图。

5）结构设计计算书。

6）搭设、拆除施工计划。

7）搭设、拆除技术要求。

8）质量控制措施。

9）安全控制措施。

10）应急预案。

（2）钢模板和钢支架的设计应符合现行国家标准《钢结构通用规范》GB 55006—2021、《钢结构设计标准》GB 50017—2017 的规定，采用冷弯薄壁型钢时应符合现行国家标准《钢结构通用规范》GB 55006—2021、《冷弯薄壁型钢结构技术规范》GB 50018—2002 的规定；采用定型组合钢模板时应符合现行国家标准《组合钢模板技术规范》GB/T 50214—2013 的规定。木模板和木支架的设计应符合现行国家标准《木结构通用规范》GB 55005—2021、《木结构设计标准》GB 50005—2017 的规定。采用定型钢管脚手架作为支架材料时，支架的设计应分别符合现行行业标准《建筑施工碗扣式钢管脚手架安全技术规范》JGJ 166—2016、《建筑施工扣件式钢管脚手架安全技术规范》JGJ 130—2011 及《建筑施工承插型盘扣式钢管脚手架安全技术标准》JGJ/T 231—2021 的规定。采用滑模应遵守现行国家标准《滑动模板工程技术标准》GB/T 50113—2019 的规定。采用其他材料的模板和支架的设计应符合其相应的专门技术规定；各类模板、支架、拱架设计必须遵守《施工脚手架通用规范》GB/T 55023—2022 的规定。

（3）设计模板、支架和拱架时应按表 2K312012 进行荷载组合。

设计模板、支架和拱架的荷载组合表　　表 2K312012

模板构件名称	荷载组合	
	计算强度用	验算刚度用
梁、板和拱的底模及支承板、拱架、支架等	①+②+③+④+⑦+⑧	①+②+⑦+⑧
缘石、人行道、栏杆、柱、梁板、拱等的侧模板	④+⑤	⑤
基础、墩台等厚大结构物的侧模板	⑤+⑥	⑤

注：表中代号意思如下：

① 模板、拱架和支架自重；

② 新浇筑混凝土、钢筋混凝土或圬工、砌体的自重力；

③ 施工人员及施工材料机具等行走运输或堆放的荷载；

④ 振捣混凝土时的荷载；

⑤ 新浇筑混凝土对侧面模板的压力；

⑥ 倾倒混凝土时产生的水平向冲击荷载；

⑦ 设于水中的支架所承受的水流压力、波浪力、流冰压力、船只及其他漂浮物的撞击力；

⑧ 其他可能产生的荷载，如风雪荷载、冬期施工保温设施荷载等。

（4）验算模板、支架和拱架的抗倾覆稳定时，各施工阶段的稳定系数均不得小于 1.3。

（5）验算模板、支架和拱架的刚度时，其变形值不得超过下列规定：

1）结构表面外露的模板挠度为模板构件跨度的 1/400。

2）结构表面隐蔽的模板挠度为模板构件跨度的 1/250。

3）拱架和支架受载后挠曲的杆件，其弹性挠度为相应结构跨度的 1/400。

4）钢模板的面板变形值为 1.5mm。

5）钢模板的钢楞、柱箍变形值为 $L/500$ 及 $B/500$（L——计算跨度，B——柱宽度）。

（6）模板、支架和拱架的设计中应设施工预拱度。施工预拱度应考虑下列因素：

1）设计文件规定的结构预拱度。

2）支架和拱架承受全部施工荷载引起的弹性变形。

3）受载后由于杆件接头处的挤压和卸落设备压缩而产生的非弹性变形。

4）支架、拱架基础受载后的沉降。

（7）设计预应力混凝土结构模板时，应考虑施加预应力后构件的弹性压缩、上拱及支座螺栓或预埋件的位移等。

（8）支架的地基与基础设计应符合所在地现行地标的规定，并应对地基承载力进行计算。

二、模板、支架和拱架的制作与安装

（1）支架和拱架搭设之前，应按《钢管满堂支架预压技术规程》JGJ/T 194—2009 要求，预压地基合格并形成记录。

（2）支架立柱必须落在有足够承载力的地基上，立柱底端必须放置垫板或混凝土垫块。支架地基严禁被水浸泡，冬期施工必须采取防止冻胀的措施。

（3）支架通行孔的两边应加护桩，夜间应设警示灯。施工中易受漂流物冲撞的河中支架应设牢固的防护设施。

（4）安设支架、拱架过程中，应随安装随架设临时支撑。采用多层支架时，支架的横垫板应水平，立柱应铅直，上下层立柱应在同一中心线上。

（5）支架或拱架不得与施工脚手架、便桥相连，施工脚手架禁止采用竹（木）材料搭设。

（6）门式钢管支撑架不得用于搭设满堂承重支撑架体系，钢管满堂支架搭设完毕后，应按《钢管满堂支架预压技术规程》JGJ/T 194—2009 要求，预压支架合格并形成记录。

（7）支架、拱架安装完毕，经检验合格后方可安装模板；安装模板应与钢筋工序配合进行，妨碍绑扎钢筋的模板，应待钢筋工序结束后再安装；安装墩台模板时，其底部应与基础预埋件连接牢固，上部应采用拉杆固定；模板在安装过程中，必须设置防倾覆设施。

（8）模板与混凝土接触面应平整、接缝严密。组合钢模板的制作、安装应符合现行国家标准《组合钢模板技术规范》GB/T 50214—2013 的规定；钢框胶合板模板的组配面板宜采用错缝布置；高分子合成材料面板、硬塑料或玻璃钢模板，应与边肋及加强肋连接牢固。

（9）浇筑混凝土和砌筑前，应对模板、支架和拱架进行检查和验收，合格后方可施工。

（10）模板工程及支撑体系施工属于危险性较大的分部分项工程，施工前应编制专项方案；超过一定规模时（详见 2K320053 条）还应对专项施工方案进行专家论证。

三、模板、支架和拱架的拆除

（1）模板、支架和拱架拆除应符合下列规定：

1）非承重侧模应在混凝土强度能保证结构棱角不损坏时方可拆除，混凝土强度宜为 2.5MPa 及以上。

2）芯模和预留孔道内模应在混凝土抗压强度能保证结构表面不发生塌陷和裂缝时，方可拆除。

3）钢筋混凝土结构的承重模板、支架，应在混凝土强度能承受其自重荷载及其他可能的叠加荷载时，方可拆除。

（2）浆砌石、混凝土砌块拱桥拱架的卸落应遵守下列规定：

1）浆砌石、混凝土砌块拱桥应在砂浆强度达到设计要求强度后卸落拱架，设计未规定时，砂浆强度应达到设计标准值的 80% 以上。

2）跨径小于 10m 的拱桥宜在拱上结构全部完成后卸落拱架；中等跨径实腹式拱桥宜在护拱完成后卸落拱架；大跨径空腹式拱桥宜在腹拱横墙完成（未砌腹拱圈）后卸落拱架。

3）在裸拱状态卸落拱架时，应对主拱进行强度及稳定性验算并采取必要的稳定措施。

（3）模板、支架和拱架拆除应遵循“先支后拆、后支先拆”的原则。支架和拱架应按几个循环卸落，卸落量宜由小渐大。每一循环中，在横向应同时卸落、在纵向应对称均衡卸落。简支梁、连续梁结构的模板应从跨中向支座方向依次循环卸落；悬臂梁结构的模板宜从悬臂端开始顺序卸落。

（4）预应力混凝土结构的侧模应在预应力张拉前拆除；底模应在结构建立预应力后拆除。

2K312013　钢筋施工技术

一、一般规定

（1）钢筋混凝土结构所用钢筋的品种、规格、性能等均应符合设计要求和现行国家标准《钢筋混凝土用钢 第 1 部分：热轧光圆钢筋》GB/T 1499.1—2017、《钢筋混凝土用钢 第 2 部分：热轧带肋钢筋》GB/T 1499.2—2018、《钢筋混凝土用余热处理钢筋》GB 13014—2013、《冷轧带肋钢筋》GB/T 13788—2017 和《钢筋混凝土用环氧涂层钢筋》GB/T 25826—2010 等的规定；其他特殊钢筋应符合其相应产品标准的规定。

（2）钢筋应按不同钢种、等级、牌号、规格及生产厂家分批验收，确认合格后方可使用。

（3）钢筋在运输、储存、加工过程中应防止锈蚀、污染和变形。在工地存放时应按不同品种、规格，分批分别堆置整齐，不得混杂，并应设立识别标志，存放的时间宜不超过 6 个月；存放场地应有防、排水设施，且钢筋不得直接置于地面，应垫高或堆置在台座上，顶部应采用合适的材料覆盖，防水浸、雨淋。

（4）钢筋的级别、种类和直径应按设计要求采用。当需要代换时，应由原设计单位作变更设计。

（5）预制构件的吊环必须采用未经冷拉的热轧光圆钢筋制作，不得以其他钢筋替代，且其使用时的计算拉应力应不大于 65MPa。

（6）浇筑混凝土前应对钢筋进行隐蔽工程验收，确认符合设计要求并形成记录。

二、钢筋加工

（1）钢筋弯制前应先调直。应用调直机械调直，禁止利用卷扬机拉直钢筋。

（2）钢筋下料前，应核对钢筋品种、规格、等级及加工数量，并应根据设计要求和钢筋长度配料；下料后应按种类和使用部位分别挂牌标明。

（3）受力钢筋弯制和末端弯钩均应符合设计要求或规范规定。

（4）箍筋末端弯钩形式应符合设计要求或规范规定。箍筋弯钩的弯曲直径应大于被箍主钢筋的直径，且 HPB300 不得小于箍筋直径的 2.5 倍，HRB400 不得小于箍筋直径的 5 倍；弯钩平直部分的长度，一般结构不宜小于箍筋直径的 5 倍，有抗震要求的结构不得小于箍筋直径的 10 倍。

（5）钢筋宜在常温状态下弯制，不宜加热。钢筋宜从中部开始逐步向两端弯制，弯钩应一次弯成。

（6）钢筋加工过程中，应采取防止油渍、泥浆等物污染和防止受损伤的措施。

三、钢筋连接

（一）热轧钢筋接头

热轧钢筋接头应符合设计要求。当设计无要求时，应符合下列规定：

（1）钢筋接头宜采用焊接接头或机械连接接头。

（2）焊接接头应优先选择闪光对焊，但在非固定的专业预制厂（场）或钢筋加工厂（场）内，对直径大于或者等于 22mm 的钢筋进行连接作业时，不得使用钢筋闪光对焊工艺。焊接接头应符合国家现行标准《钢筋焊接及验收规程》JGJ 18—2012 的有关规定。

（3）机械连接接头的适用范围、工艺要求、套筒材料及质量要求等应符合现行行业标准《钢筋机械连接技术规程》JGJ 107—2016 的有关规定。钢筋连接用套筒应符合现行行业标准《钢筋机械连接用套筒》JG/T 163—2013 的有关规定。

（4）当普通混凝土中钢筋直径等于或小于 22mm，在无焊接条件时，可采用绑扎连接，但受拉构件中的主钢筋不得采用绑扎连接。

（5）钢筋骨架和钢筋网片的交叉点焊接宜采用电阻点焊。

（6）钢筋与钢板的 T 形连接，宜采用埋弧压力焊或电弧焊。

（二）钢筋接头设置

钢筋接头设置应符合下列规定：

（1）在同一根钢筋上宜少设接头。

（2）钢筋接头应设在受力较小区段，不宜位于构件的最大弯矩处。

（3）在任一焊接或绑扎接头长度区段内，同一根钢筋不得有两个接头，在该区段内的受力钢筋，其接头的截面面积占总截面积的百分率应符合规范规定。

（4）接头末端至钢筋弯起点的距离不得小于钢筋直径的 10 倍。

（5）施工中钢筋受力分不清受拉、受压的，按受拉处理。

（6）钢筋接头部位横向净距不得小于钢筋直径，且不得小于 25mm。

四、钢筋骨架和钢筋网的组成与安装

施工现场可根据结构情况和现场运输起重条件，先分部预制成钢筋骨架或钢筋网片，入模就位后再焊接或绑扎成整体骨架。为确保分部钢筋骨架具有足够的刚度和稳定性，可在钢筋的部分交叉点处施焊或用辅助钢筋加固；运输时应采用适宜的装载工具，并应采取增加刚度、防止其扭曲变形的措施。

（一）钢筋骨架制作和组装

钢筋骨架制作和组装应符合下列规定：

（1）钢筋骨架的焊接应在坚固的工作台上进行。

（2）组装时应按设计图纸放大样，放样时应考虑骨架预拱度。简支梁钢筋骨架预拱度应符合设计和规范规定。

（3）组装时应采取控制焊接局部变形措施。

（4）骨架接长焊接时，不同直径钢筋的中心线应在同一平面上。

（二）钢筋网片电阻点焊

钢筋网片采用电阻点焊应符合下列规定：

（1）当焊接网片的受力钢筋为HPB300钢筋时，如焊接网片只有一个方向受力，受力主筋与两端的两根横向钢筋全部交叉点必须焊接；如焊接网片为两个方向受力，则四周边缘的两根钢筋的全部交叉点必须焊接，其余交叉点可间隔焊接或绑、焊相间（即：单向双边焊、双向四边焊）。

（2）当焊接网片的受力钢筋为冷拔低碳钢丝，而另一方向的钢筋间距小于100mm时，除受力主筋与两端的两根横向钢筋的全部交叉点必须焊接外，中间部分的焊点距离可增大至250mm。

（三）钢筋现场绑扎

现场绑扎钢筋应符合下列规定：

（1）钢筋的交叉点应采用0.7～2mm铁丝绑牢，必要时可辅以点焊；铁丝丝头不应进入混凝土保护层内。

（2）钢筋网的外围两行钢筋交叉点应全部扎牢，中间部分交叉点可间隔交错扎牢，但双向受力的钢筋网，钢筋交叉点必须全部扎牢。

（3）梁和柱的箍筋，除设计有特殊要求外，应与受力钢筋垂直设置；箍筋弯钩叠合处，应位于梁和柱角的受力钢筋处，并错开设置（同一截面上有两个以上箍筋的大截面梁和柱除外）；螺旋形箍筋的起点和终点均应绑扎在纵向钢筋上，有抗扭要求的螺旋箍筋，钢筋应伸入核心混凝土中。

（4）矩形柱角部竖向钢筋的弯钩平面与模板面的夹角应为45°；多边形柱角部竖向钢筋弯钩平面应朝向断面中心；圆形柱所有竖向钢筋弯钩平面应朝向圆心。小型截面柱当采用插入式振捣器时，弯钩平面与模板面的夹角不得小于15°。

（5）绑扎接头搭接长度范围内的箍筋间距：当钢筋受拉时应小于5d，且不得大于100mm；当钢筋受压时应小于10d，且不得大于200mm。

（6）钢筋骨架的多层钢筋之间，应用短钢筋支垫，确保位置准确。

（四）钢筋的混凝土保护层厚度

钢筋的混凝土保护层厚度，必须符合设计要求。设计无要求时应符合下列规定：

（1）普通钢筋和预应力直线形钢筋的最小混凝土保护层厚度不得小于钢筋公称直径，后张法构件预应力直线形钢筋不得小于其管道直径的1/2。

（2）当受拉区主筋的混凝土保护层厚度大于50mm时，应在保护层内设置直径不小于6mm、间距不大于100mm的钢筋网。

（3）钢筋机械连接件的最小保护层厚度不得小于20mm。

（4）应在钢筋与模板之间设置垫块，确保钢筋的混凝土保护层厚度，垫块应与钢筋绑扎牢固、错开布置。混凝土浇筑前，应对垫块的位置、数量和紧固程度进行检查。

（5）禁止在施工现场采用拌制砂浆，通过切割成型等方法制作钢筋保护层垫块。

2K312014 混凝土施工技术

一、混凝土的抗压强度

（1）在进行混凝土强度试配和质量评定时，混凝土的抗压强度应以边长为150mm的立方体标准试件测定。试件以同龄期者3块为一组，并以同等条件制作和养护。

（2）现行国家标准《混凝土强度检验评定标准》GB/T 50107—2010中规定了评定混凝土强度的方法，包括标准差已知统计法、标准差未知统计法以及非统计法三种。工程中可根据具体条件选用，但应优先选用统计方法。

（3）对C60及以上的高强度混凝土，当混凝土方量较少时，宜留取不少于10组的试件，采用标准差未知的统计方法评定混凝土强度。

二、混凝土原材料

（1）混凝土原材料包括水泥、粗细骨料、矿物掺合料、外加剂和水。对预拌混凝土的生产、运输等环节应执行现行国家标准《预拌混凝土》GB/T 14902—2012。配制混凝土用的水泥等各种原材料，其质量应分别符合相应标准。

（2）配制高强度混凝土的矿物掺合料可选用优质粉煤灰、磨细矿渣粉、硅粉和磨细天然沸石粉。

（3）常用的外加剂有减水剂、早强剂、缓凝剂、引气剂、防冻剂、膨胀剂、防水剂、混凝土泵送剂、喷射混凝土用的速凝剂（禁止采用氧化钠当量含量大于1.0%且小于生产厂控制值的速凝剂）等。

三、混凝土配合比设计步骤

（1）初步配合比设计阶段，根据配制强度和设计强度相互间关系，用水胶比计算方法，水量、砂率查表方法以及砂石材料计算方法等确定计算初步配合比。

（2）试验室配合比设计阶段，根据施工条件的差异和变化、材料质量的可能波动调整配合比。

（3）基准配合比设计阶段，根据强度验证原理和密度修正方法，确定每立方米混凝土的材料用量。

（4）施工配合比设计阶段，根据实测砂石含水率进行配合比调整，提出施工配合比。

在施工生产中，对首次使用的混凝土配合比（施工配合比）应进行开盘鉴定，开盘鉴定时应检测混凝土拌合物的工作性能，并按规定留取试件进行检测，其检测结果应满足配合比设计要求。

四、混凝土施工

混凝土的施工包括原材料的计量，混凝土的搅拌、运输、浇筑和混凝土养护等内容。

（一）原材料计量

各种计量器具应按计量法的规定定期检定，保持计量准确。在混凝土生产过程中，应注意控制原材料的计量偏差。对砂石料的含水率检测，每一工作班不应少于一次。雨期施工应增加测定次数，根据砂石料实际含水量调整砂石料和水的用量。

（二）混凝土搅拌、运输和浇筑

1. 混凝土搅拌

混凝土拌合物应均匀，颜色一致，不得有离析和泌水现象。搅拌时间是混凝土拌合时的重要控制参数，使用机械搅拌时，自全部材料装入搅拌机开始搅拌起，至开始卸料时止，延续搅拌的最短时间应符合表 2K312014 的规定。

混凝土最短搅拌时间表　　表 2K312014

搅拌机类型	搅拌机容量（L）	混凝土坍落度（mm）		
		＜30	30～70	＞70
		混凝土最短搅拌时间（min）		
强制式	≤400	1.5	1.0	1.0
	≤1500	2.5	1.5	1.5

注：① 当掺入外加剂时，外加剂应调成适当浓度的溶液再掺入，搅拌时间宜延长；
② 采用分次投料搅拌工艺时，搅拌时间应按工艺要求办理；
③ 当采用其他形式的搅拌设备时，搅拌的最短时间应按设备说明书的规定办理，或经试验确定。

混凝土拌合物的坍落度应在搅拌地点和浇筑地点分别随机取样检测。每一工作班或每一单元结构物不应少于两次。评定时应以浇筑地点的测值为准。如混凝土拌合物从搅拌机出料起至浇筑入模的时间不超过 15min 时，其坍落度可仅在搅拌地点检测。在检测坍落度时，还应观察混凝土拌合物的黏聚性和保水性。

2. 混凝土运输

（1）混凝土的运输能力应满足混凝土凝结速度和浇筑速度的要求，使浇筑工作不间断。

（2）运送混凝土拌合物的容器或管道应不漏浆、不吸水，内壁光滑、平整，能保证卸料及输送畅通。

（3）混凝土拌合物在运输过程中，应保持均匀性，不产生分层、离析等现象，如出现分层、离析现象，则应对混凝土拌合物进行二次快速搅拌。

（4）混凝土拌合物运输到浇筑地点后，应按规定检测其坍落度，坍落度应符合设计要求和施工工艺要求。

（5）预拌混凝土在卸料前需要掺加外加剂时，外加剂的掺量应按配合比通知书执行。掺入外加剂后应快速搅拌，搅拌时间应根据试验确定。

（6）严禁在运输过程中向混凝土拌合物中加水。

（7）采用泵送混凝土时，应保证混凝土泵连续工作，受料斗应有足够的混凝土。泵送间歇时间不宜超过 15min。

3. 混凝土浇筑

（1）浇筑前的检查：

浇筑混凝土前，应检查模板、支架的承载力、刚度、稳定性，检查钢筋及预埋件的位置、规格并做好记录，符合设计要求后方可浇筑。在原混凝土面上浇筑新混凝土时，相接面应凿毛并清洗干净，表面湿润但不得有积水。

（2）混凝土浇筑：

1）混凝土一次浇筑量要适应各施工环节的实际能力，以保证混凝土的连续浇筑。对于大方量混凝土浇筑，应事先制定浇筑方案。

2）混凝土运输、浇筑及间歇的全部时间不应超过混凝土的初凝时间。同一施工段的混凝土应连续浇筑，并应在底层混凝土初凝之前将上一层混凝土浇筑完毕。

3）采用振捣器振捣混凝土时，每一振点的振捣延续时间，应以混凝土表面呈现浮浆、不出现气泡和不再沉落为准。

（三）混凝土养护

（1）一般混凝土浇筑完成后，应在收浆后尽快予以覆盖和洒水养护。对干硬性混凝土、炎热天气浇筑的混凝土、大面积裸露的混凝土，有条件的可在浇筑完成后立即加设棚罩，待收浆后再予以覆盖和养护。

（2）洒水养护的时间，采用硅酸盐水泥、普通硅酸盐水泥或矿渣硅酸盐水泥的混凝土，不得少于7d。掺用缓凝型外加剂或有抗渗等要求以及高强度混凝土，不少于14d。使用真空吸水的混凝土，可在保证强度条件下适当缩短养护时间。采用涂刷薄膜养护剂养护时，养护剂应通过试验确定，并应制定操作工艺。采用塑料膜覆盖养护时，应在混凝土浇筑完成后及时覆盖严密，保证膜内有足够的凝结水。

（3）当气温低于5℃时，应采取保温措施，不得对混凝土洒水养护。

2K312015 预应力混凝土施工技术

一、预应力筋及管道

（一）预应力筋

（1）预应力混凝土结构所采用预应力筋的质量应符合《预应力混凝土用钢丝》GB/T 5223—2014、《预应力混凝土用钢绞线》GB/T 5224—2014、《无粘结预应力钢绞线》JG/T 161—2016等规范的规定。每批钢丝、钢绞线、钢筋应由同一牌号、同一规格、同一生产工艺的产品组成。

（2）新产品及进口材料的质量应符合相应现行国家标准的规定。

（3）预应力筋进场时，应对其质量证明文件、包装、标志和规格进行检验，并应符合下列规定：

1）钢丝检验每批重量不得大于60t；对每批钢丝逐盘进行外形、尺寸和表面质量检查。从检查合格的钢丝中抽查3盘，在每盘钢丝的任一端取样进行力学性能试验及其他试验。试验结果有一项不合格则该盘钢丝报废，并从同批次未试验过的钢丝盘中取双倍数量的试样进行该不合格项的复验，如仍有一项不合格，应逐盘检验，合格者接收。

2）钢绞线检验每批重量不得大于60t；逐盘检验表面质量和外形尺寸；再从每批钢绞线中任取3盘，并从每盘所选的钢绞线任一端截取一根试样，进行力学性能试验及其他试验。如每批少于3盘，应全数检验。检验结果如有一项不合格时，则不合格盘报废，并再从该批未试验过的钢绞线中取双倍数量的试样进行该不合格项的复验。如仍有一项不合格，则该批钢绞线应实施逐盘检验，合格者接收。

3）精轧螺纹钢筋检验每批重量不得大于60t；对其表面质量应逐根进行外观检查，外观检查合格后每批中任选2根钢筋截取试件进行拉伸试验。试验结果有一项不合格，则取双倍数量的试样重做试验。如仍有一项不合格，则该批钢筋为不合格。

（4）预应力筋必须保持清洁。在存放、搬运、施工操作过程中应避免机械损伤和有害的锈蚀。如长时间存放，必须安排定期的外观检查。

（5）存放的仓库应干燥、防潮、通风良好、无腐蚀气体和介质。存放在室外时不得直接堆放在地面上，必须垫高、覆盖、防腐蚀、防雨露，时间不宜超过6个月。

（6）预应力筋的制作：

1）预应力筋下料长度应通过计算确定，计算时应考虑结构的孔道长度或台座长度、锚（夹）具长度、千斤顶长度、镦头预留量、冷拉伸长值、弹性回缩值、张拉伸长值和外露长度等因素。

2）预应力筋宜使用砂轮锯或切断机切断，不得采用电弧切割。

3）预应力筋采用镦头锚固时，高强度钢丝宜采用液压冷镦；冷拔低碳钢丝可采用冷冲镦粗；钢筋宜采用电热镦粗，但HRB500级钢筋镦粗后应进行电热处理。冷拉钢筋端头的镦粗及热处理工作，应在钢筋冷拉之前进行，否则应对镦头逐个进行张拉检查，检查时的控制应力应不小于钢筋冷拉时的控制应力。

4）预应力筋由多根钢丝或钢绞线组成时，在同束预应力钢筋内，应采用强度相等的预应力钢材。编束时，应逐根梳理直顺不扭转，绑扎牢固（用火烧丝绑扎，每隔1m一道），不得互相缠绕。编束后的钢丝和钢绞线应按编号分类存放。钢丝和钢绞线束移运时支点距离不得大于3m，端部悬出长度不得大于1.5m。

（二）管道与孔道

（1）后张有粘结预应力混凝土结构中，预应力筋的孔道一般由浇筑在混凝土中的刚性或半刚性管道构成。一般工程可由钢管抽芯、胶管抽芯或金属伸缩套管抽芯预留孔道。浇筑在混凝土中的管道应具有足够的强度和刚度，不允许有漏浆现象，且能按要求传递粘结力。

（2）常用管道为金属螺旋管或塑料（化学建材）波纹管。管道应内壁光滑，可弯曲成适当的形状而不出现卷曲或被压扁。金属螺旋管的性能应符合《预应力混凝土用金属波纹管》JG/T 225—2020的规定，塑料管性能应符合《预应力混凝土桥梁用塑料波纹管》JT/T 529—2016的规定。

（3）金属管道在室外存放时，时间不宜超过6个月。

（4）管道的检验：

1）管道进场时，应检查出厂合格证和质量保证书，核对其类别、型号、规格及数量，应对外观、尺寸、径向刚度和抗渗漏性能进行检验。检验方法应按有关规范、标准进行。

2）管道按批进行检验。金属螺旋管每批由同一生产厂家，同一批钢带所制作的产品组成，累计半年或50000m生产量为一批。塑料管每批由同配方、同工艺、同设备稳定连续生产的产品组成，每批数量不应超过10000m。

（5）管（孔）道的其他要求：

1）在桥梁的某些特殊部位，设计无要求时，可采用符合要求的平滑钢管或高密度聚乙烯管，其管壁厚不得小于2mm。

2）管道的内横截面积至少应是预应力筋净截面积的2.0倍。不足这一面积时，应通过试验验证其可否进行正常压浆作业。超长钢束的管道也应通过试验确定其面积比。

二、锚具、夹具和连接器

（一）基本要求

（1）后张预应力锚具和连接器按照锚固方式不同，可分为夹片式（单孔和多孔夹片锚具）、支承式（镦头锚具、螺母锚具）、握裹式（挤压锚具、压花锚具）和组合式（热铸锚具、冷铸锚具）。

（2）预应力锚具、夹具和连接器应具有可靠的锚固性能、足够的承载能力和良好的适用性，并应符合《预应力筋用锚具、夹具和连接器》GB/T 14370—2015和《预应力筋用锚具、夹具和连接器应用技术规程》JGJ 85—2010的规定。

（3）适用于高强度预应力筋的锚具（或连接器），也可以用于较低强度的预应力筋；仅能适用于低强度预应力筋的锚具（或连接器），不得用于高强度预应力筋。

（4）锚具应满足分级张拉、补张拉和放松预应力的要求。锚固多根预应力筋的锚具，除应有整束张拉的性能外，尚宜具有单根张拉的可能性。

（5）用于后张法的连接器，必须符合锚具的性能要求。

（6）当锚具下的锚垫板要求采用喇叭管时，喇叭管宜选用钢制或铸铁产品。锚垫板应设置足够的螺旋钢筋或网状分布钢筋。

（7）锚垫板与预应力筋（或孔道）在锚固区及其附近应相互垂直。后张构件锚垫板上宜设灌浆孔。

（8）预应力筋用锚具、夹具、连接器和锚垫板表面应无污物、锈蚀、机械损伤和裂纹。

（二）验收规定

（1）锚具、夹具及连接器进场验收时，应按出厂合格证和质量证明书核查其锚固性能类别、型号、规格、数量，确认无误后进行外观检查、硬度检验和静载锚固性能试验。

（2）验收应分批进行，批次划分时，同一种材料和同一生产工艺条件下生产的产品可列为同一批次。锚具、夹片应以不超过1000套为一个验收批。连接器的每个验收批不宜超过500套。

1）外观检查：

从每批锚具（夹片或连接器）中抽取10%且不少于10套，进行外观质量和外形尺寸检查。所抽全部样品表面均不得有裂纹，尺寸偏差不能超过产品标准及设计图纸规定的尺寸允许偏差。当有一套不合格时，另取双倍数量的锚具重做检查，如仍有一套不符合要求时，则逐套检查，合格者方可使用。

2）硬度检验：

从每批锚具（夹片或连接器）中抽取5%且不少于5套进行硬度检验。对硬度有要求的零件做硬度试验，对多孔夹片式锚具的夹片，每套至少抽取5片，每个零件测试3点，其硬度应在产品设计要求范围内。有一个零件不合格时，则应另取双倍数量的零件重做检验，仍有一件不合格时，则应对该批产品逐个检查，合格者方可使用。

（3）静载锚固性能试验：对大桥、特大桥等重要工程、质量证明资料不齐全、不正确或质量有疑点的锚具，在通过外观和硬度检验的同批中抽取6套锚具（夹片或连接器），组成3个预应力筋锚具组装件，由具有相应资质的专业检测机构进行静载锚固性能试验。

如有一个试件不符合要求时，则应另取双倍数量的锚具（夹具或连接器）重做试验，如仍有一个试件不符合要求时，则该批产品视为不合格品。

对用于中小桥梁的锚具（夹片或连接器）进场验收，其静载锚固性能可由锚具生产厂提供试验报告。

三、预应力混凝土配制与浇筑

（一）配制

（1）预应力混凝土应优先采用硅酸盐水泥、普通硅酸盐水泥，不宜使用矿渣硅酸盐水泥，不得使用火山灰质硅酸盐水泥及粉煤灰硅酸盐水泥。粗骨料应采用碎石，其粒径宜为5～25mm。

（2）混凝土中的水泥用量不宜大于550kg/m^3。

（3）混凝土中严禁使用含氯化物的外加剂及引气剂或引气型减水剂。

（4）从各种材料引入混凝土中的水溶性氯离子最大含量不应超过胶凝材料用量的0.06%。

（二）浇筑

（1）浇筑混凝土时，对预应力筋锚固区及钢筋密集部位，应加强振捣。

（2）对先张构件应避免振动器碰撞预应力筋，对后张构件应避免振动器碰撞预应力筋的管道。

（3）混凝土施工尚应符合2K312014条的有关规定。

四、预应力张拉施工

（一）基本规定

（1）预应力筋的张拉控制应力必须符合设计规定。

（2）预应力筋采用应力控制方法张拉时，应以伸长值进行校核。实际伸长值与理论伸长值的差值应符合设计要求；设计无要求时，实际伸长值与理论伸长值之差应控制在6%以内。否则应暂停张拉，待查明原因并采取措施后，方可继续张拉。

（3）预应力张拉时，应先调整到初应力（σ_0），该初应力宜为张拉控制应力（σ_{con}）的10%～15%，伸长值应从初应力时开始量测。

（4）预应力筋的锚固应在张拉控制应力处于稳定状态下进行，锚固阶段张拉端预应力筋的内缩量，不得大于设计要求或规范规定。

（5）应对张拉力、压力表读数、伸长值、锚固回缩量及异常情况处理等作出详细记录。

（二）先张法预应力施工

（1）张拉台座应具有足够的强度和刚度，其抗倾覆安全系数不得小于1.5，抗滑移安全系数不得小于1.3。张拉横梁应有足够的刚度，受力后的最大挠度不得大于2mm。锚板受力中心应与预应力筋合力中心一致。

（2）预应力筋连同隔离套管应在钢筋骨架完成后一并穿入就位。就位后，严禁使用电弧焊对梁体钢筋及模板进行切割或焊接。隔离套管内端应堵严。

（3）同时张拉多根预应力筋时，各根预应力筋的初始应力应一致。张拉过程中应使活动横梁与固定横梁始终保持平行。

（4）张拉程序应符合设计要求，设计未要求时，其张拉程序应符合表2K312015-1的规定。

先张法预应力筋张拉程序 表 2K312015–1

预应力筋种类	张拉程序
钢筋	0 →初应力→ 1.05σ_{con} → 0.9σ_{con} → σ_{con}（锚固）
钢丝、钢绞线	0 →初应力→ 1.05σ_{con}（持荷 2min）→ 0 → σ_{con}（锚固） 对于夹片式等具有自锚性能的锚具： 普通松弛力筋 0 →初应力→ 1.03σ_{con}（锚固） 低松弛力筋 0 →初应力→ σ_{con}（持荷 2min 锚固）

注：① 表中 σ_{con} 为张拉时的控制应力值，包括预应力损失值；

② 张拉钢筋时，为保证施工安全，应在超张拉放张至 0.9σ_{con} 时安装模板、普通钢筋及预埋件等。

（5）张拉过程中，预应力筋不得断丝、断筋或滑丝。

（6）放张预应力筋时混凝土强度必须符合设计要求，设计未要求时，不得低于强度设计值的 75%。放张顺序应符合设计要求，设计未要求时，应分阶段、对称、交错地放张。放张前，应将限制位移的模板拆除。

（三）后张法预应力施工

（1）预应力管道安装应符合下列要求：

1）管道应采用定位钢筋牢固地定位于设计位置。

2）金属管道接头应采用套管连接，连接套管宜采用大一个直径型号的同类管道，且应与金属管道封裹严密。

3）管道应留压浆孔与溢浆孔；曲线孔道的波峰部位应留排气孔；在最低部位宜留排水孔。

4）管道安装就位后应立即通孔检查，发现堵塞应及时疏通。管道经检查合格后应及时将其端面封堵，防止杂物进入。

5）管道安装后，需在其附近进行焊接作业时，必须对管道采取保护措施。

（2）预应力筋安装应符合下列要求：

1）先穿束后浇混凝土时，浇筑混凝土之前，必须检查管道并确认完好；浇筑混凝土时应定时抽动、转动预应力筋。

2）先浇混凝土后穿束时，浇筑后应立即疏通管道，确保其畅通。

3）混凝土采用蒸汽养护时，养护期内不得装入预应力筋。

4）穿束后至孔道灌浆完成应控制在下列时间以内，否则应对预应力筋采取防锈措施：

空气湿度大于 70% 或盐分过大时，7d；

空气湿度为 40%～70% 时，15d；

空气湿度小于 40% 时，20d。

5）在预应力筋附近进行电焊时，应对预应力筋采取保护措施。

（3）预应力筋张拉应符合下列要求：

1）混凝土强度应符合设计要求，设计未要求时，不得低于强度设计值的 75%；且应将限制位移的模板拆除后，方可进行张拉。

2）预应力筋张拉端的设置应符合设计要求。当设计未要求时，应符合下列规定：

曲线预应力筋或长度大于等于 25m 的直线预应力筋，宜在两端张拉；长度小于 25m

的直线预应力筋，可在一端张拉。

当同一截面中有多束一端张拉的预应力筋时，张拉端宜均匀交错地设置在结构的两端。

3）张拉前应根据设计要求对孔道的摩阻损失进行实测，以便确定张拉控制应力值，并确定预应力筋的理论伸长值。

4）预应力筋的张拉顺序应符合设计要求。当设计无要求时，可采取分批、分阶段对称张拉。宜先中间，后上、下或两侧。

5）预应力筋张拉程序应符合表 2K312015-2 的规定。

后张法预应力筋张拉程序表　　**表 2K312015-2**

预应力筋种类		张拉程序
钢绞线束	对夹片式等有自锚性能的锚具	普通松弛力筋 0 →初应力→ 1.03σ_{con}（锚固）
		低松弛力筋 0 →初应力→ σ_{con}（持荷 2min 锚固）
	其他锚具	0 →初应力→ 1.05σ_{con}（持荷 2min）→ σ_{con}（锚固）
钢丝束	对夹片式等有自锚性能的锚具	普通松弛力筋 0 →初应力→ 1.03σ_{con}（锚固）
		低松弛力筋 0 →初应力→ σ_{con}（持荷 2min 锚固）
	其他锚具	0 →初应力→ 1.05σ_{con}（持荷 2min）→ 0 → σ_{con}（锚固）
精轧螺纹钢筋	直线配筋时	0 →初应力→ σ_{con}（持荷 2min 锚固）
	曲线配筋时	0→σ_{con}（持荷2min）→0（上述程序可反复几次）→初应力→σ_{con}（持荷2min锚固）

注：① 表中 σ_{con} 为张拉时的控制应力值，包括预应力损失值；

② 梁的竖向预应力筋可一次张拉到控制应力，持荷 5min 锚固。

6）张拉过程中预应力筋不得出现断丝、滑丝、断筋。

（4）张拉控制应力达到稳定后方可锚固。锚具应用封端混凝土保护，当需较长时间外露时，应采取防锈蚀措施。锚固完毕经检验合格后，方可切割端头多余的预应力筋。

（5）在二类以上市政工程项目预制场内进行后张法预应力构件施工不得使用非数控孔道预应力张拉设备（采用人工手动操作张拉油泵、从压力表读取张拉力，伸长量靠尺量测的张拉设备）。

（四）孔道压浆

（1）预应力筋张拉后，应及时进行孔道压浆，多跨连续有连接器的预应力筋孔道，应张拉完一段灌注一段。孔道压浆宜采用水泥浆。水泥浆的强度应符合设计要求，设计无要求时不得低于 30MPa。

（2）压浆后应从检查孔抽查压浆的密实情况，如有不实，应及时处理。压浆作业，每一工作班应留取不少于 3 组试块，标养 28d，以其抗压强度作为水泥浆质量的评定依据。

（3）压浆过程中及压浆后 48h 内，结构混凝土的温度不得低于 5℃，否则应采取保温措施。当白天气温高于 35℃时，压浆宜在夜间进行。

（4）埋设在结构内的锚具，压浆后应及时浇筑封锚混凝土。封锚混凝土的强度等级应符合设计要求，不宜低于结构混凝土强度等级的 80%，且不低于 30MPa。

（5）孔道内的水泥浆强度达到设计要求后方可吊移预制构件；设计未要求时，应不低于水泥浆设计强度的 75%。

（6）在二类以上市政工程项目预制场内进行后张法预应力构件施工时不得使用采取人工手动操作进行孔道压浆的设备。

2K312016 桥面防水系统施工技术

以下简要介绍桥面防水系统施工技术要求，包括基层要求及处理、防水卷材施工、防水涂料施工、其他相关要求和桥面防水质量验收。

一、基层要求

（1）基层混凝土强度应达到设计强度的 80% 以上，方可进行防水层施工。

（2）当采用防水卷材时，基层混凝土表面的粗糙度应为 1.5～2.0mm；当采用防水涂料时，基层混凝土表面的粗糙度应为 0.5～1.0mm。对局部粗糙度大于上限值的部位，可在环氧树脂上撒布粒径为 0.2～0.7mm 的石英砂进行处理，同时应将环氧树脂上的浮砂清除干净。

（3）混凝土的基层平整度应小于或等于 1.67mm/m。

（4）当防水材料为卷材及聚氨酯涂料时，基层混凝土的含水率应小于 4%（质量比）。当防水材料为聚合物改性沥青涂料和聚合物水泥涂料时，基层混凝土的含水率应小于 10%（质量比）。

（5）基层混凝土表面粗糙度处理宜采用抛丸打磨。基层表面的浮灰应清除干净，并不应有杂物、油类物质、有机质等。

（6）水泥混凝土铺装及基层混凝土的结构缝内应清理干净，结构缝内应嵌填密封材料。嵌填的密封材料应粘结牢固、封闭防水，并应根据需要使用底涂。

（7）当防水层施工时，因施工原因需在防水层表面另加设保护层及处理剂时，应在确定保护层及处理剂的材料前，进行沥青混凝土与保护层及处理剂间、保护层及处理剂与防水层间的粘结强度模拟试验，试验结果满足规程要求后，方可使用与试验材料完全一致的保护层及处理剂。

二、基层处理

（1）基层处理剂可采用喷涂法或刷涂法施工，喷涂应均匀，覆盖完全，待其干燥后应及时进行防水层施工。

（2）喷涂基层处理剂前，应采用毛刷对桥面排水口、转角等处先行涂刷，然后再进行大面积基层面的喷涂。

（3）基层处理剂涂刷完毕后，其表面应进行保护，且应保持清洁。涂刷范围内，严禁各种车辆行驶和人员踩踏。

（4）防水基层处理剂应根据防水层类型、防水基层混凝土龄期及含水率、铺设防水层前对处理剂的要求按《城市桥梁桥面防水工程技术规程》CJJ 139—2010 表 5.2.4 选用。

三、防水卷材施工

（1）卷材防水层铺设前应先做好节点、转角、排水口等部位的局部处理，然后再进行大面积铺设。

（2）当铺设防水卷材时，环境气温和卷材的温度应高于 5℃，基面层的温度必须高于 0℃；当下雨、下雪和风力大于或等于 5 级时，严禁进行桥面防水层体系的施工。当施工中途下雨时，应做好已铺卷材周边的防护工作。

（3）铺设防水卷材时，任何区域的卷材不得多于3层，搭接接头应错开500mm以上，严禁沿道路宽度方向搭接形成通缝。接头处卷材的搭接宽度沿卷材的长度方向应为150mm，沿卷材的宽度方向应为100mm。

（4）铺设防水卷材应平整、顺直，搭接尺寸应准确，不得扭曲、皱褶。卷材的展开方向应与车辆的运行方向一致，卷材应采用沿桥梁纵、横坡从低处向高处的铺设方法，高处卷材应压在低处卷材之上。

（5）当采用热熔法铺设防水卷材时，应满足下列要求：

1）应采取措施保证均匀加热卷材的下涂盖层，且应压实防水层。多头火焰加热器的喷嘴与卷材的距离应适中，并以卷材表面熔融至接近流淌为度，防止烧熔胎体。

2）卷材表面热熔后应立即滚铺卷材，滚铺时卷材上面应采用滚筒均匀辊压，并应完全粘贴牢固，且不得出现气泡。

3）搭接缝部位应将热熔的改性沥青挤压溢出，溢出的改性沥青宽度应在20mm左右，并应均匀、顺直封闭卷材的端面。在搭接缝部位，应将相互搭接的卷材压薄，相互搭接卷材压薄后的总厚度不得超过单片卷材初始厚度的1.5倍。当接缝处的卷材有铝箔或矿物粒料时，应清除干净后再进行热熔和接缝处理。

（6）当采用热熔胶法铺设防水卷材时，应排除卷材下面的空气，并应辊压粘贴牢固。搭接部位的接缝应涂满热熔胶，且应辊压粘贴牢固。搭接缝口应采用热熔胶封严。

（7）铺设自粘性防水卷材时应先将底面的隔离纸完全撕净。

（8）卷材的储运、保管应符合现行行业标准《道桥用改性沥青防水卷材》JC/T 974—2005中的相应规定。

四、防水涂料施工

（1）防水涂料严禁在雨天、雪天、风力大于或等于5级时施工。聚合物改性沥青溶剂型防水涂料和聚氨酯防水涂料施工环境气温宜为−5～35℃；聚合物改性沥青水乳型防水涂料施工环境气温宜为5～35℃；聚合物改性沥青热熔型防水涂料施工环境气温不宜低于−10℃；聚合物水泥涂料施工环境气温宜为5～35℃。

（2）防水涂料配料时，不得混入已固化或结块的涂料。

（3）防水涂料宜多遍涂布。防水涂料应保障固化时间，待涂布的涂料干燥成膜后，方可涂布后一遍涂料。涂刷法施工防水涂料时，每遍涂刷的推进方向宜与前一遍相一致。涂层的厚度应均匀且表面应平整，其总厚度应达到设计要求并应符合规程的规定。

（4）涂料防水层的收头，应采用防水涂料多遍涂刷或采用密封材料封严。

（5）涂层间设置胎体增强材料的施工，宜边涂布边铺胎体；胎体应铺贴平整，排除气泡，并应与涂料粘结牢固。在胎体上涂布涂料时，应使涂料浸透胎体，覆盖完全，不得有胎体外露现象。

（6）涂料防水层内设置的胎体增强材料，应顺桥面行车方向铺贴。铺贴顺序应自最低处开始向高处铺贴并顺桥宽方向搭接，高处胎体增强材料应压在低处胎体增强材料之上。沿胎体的长度方向搭接宽度不得小于70mm、沿胎体的宽度方向搭接宽度不得小于50mm，严禁沿道路宽度方向胎体搭接形成通缝。采用两层胎体增强材料时，上下层应顺桥面行车方向铺设，搭接缝应错开，其间距不应小于幅宽的1/3。

（7）防水涂料施工应先做好节点处理，然后再进行大面积涂布。转角及立面应按设计要求做细部增强处理，不得有削弱、断开、流淌和堆积现象。

（8）道桥用聚氨酯类涂料应按配合比准确计量、混合均匀，已配成的多组分涂料应及时使用，严禁使用过期材料。

（9）防水涂料的储运、保管应符合现行行业标准《道桥用防水涂料》JC/T 975—2005 中的相应规定。

五、其他相关要求

（1）防水层铺设完毕后，在铺设桥面沥青混凝土之前严禁车辆在其上行驶和人员踩踏，并应对防水层进行保护，防止潮湿和污染。

（2）涂料防水层在未采取保护措施的情况下，不得在防水层上进行其他施工作业或直接堆放物品。

（3）防水层上沥青混凝土的摊铺温度应与防水层材料的耐热度相匹配。卷材防水层上沥青混凝土的摊铺温度应高于防水卷材的耐热度，但同时应小于 170℃；涂料防水层上沥青混凝土的摊铺温度应低于防水涂料的耐热度。

（4）当沥青混凝土的摊铺温度有特殊需求时，防水层应另行设计。

六、桥面防水质量验收

（一）一般规定

（1）桥面防水施工应符合设计文件的要求。

（2）从事防水施工验收检验工作的人员应具备规定的资格。

（3）防水施工验收应在施工单位自行检查评定的基础上进行。

（4）施工验收应按施工顺序分阶段验收。

（5）检测单元应符合下列要求：

1）选用同一型号规格防水材料、采用同一种方式施工的桥面防水层且小于或等于 10000m^2 为一检验单元。

2）对选用同一型号规格防水材料、采用同一种方式施工的桥面，当一次连续浇筑的桥面混凝土基层面积大于 10000m^2 时，以 10000m^2 为单位划分后，剩余的部分单独作为一个检测单元；当一次连续浇筑的桥面混凝土基层面积小于 10000m^2 时，以一次连续浇筑的桥面混凝土基层面积为一个检测单元。

3）每一检测单元各项目检测数量应按表 2K312016 的规定确定。

检测单元的检测数量 **表 2K312016**

防水等级 检测单元（m^2）	Ⅰ	Ⅱ
1000	5	3
1000～5000	5～10	3～7
5000～10000	10～15	7～10

（二）混凝土基层

（1）混凝土基层检测主控项目是含水率、粗糙度、平整度。

（2）混凝土基层检测一般项目是外观质量，应符合下列要求：

1）表面应密实、平整。

2）蜂窝、麻面面积不得超过总面积的0.5%，并应进行修补。

3）裂缝宽度不大于设计规范的有关规定。

4）表面应清洁、干燥，局部潮湿面积不得超过总面积的0.1%，并应进行烘干处理。

（三）防水层

（1）防水层检测应包括材料到场后的抽样检测和施工现场检测。

（2）防水层材料到场后应按材料的产品标准进行抽样检测。

（3）防水层施工现场检测主控项目为粘结强度和涂料厚度。

（4）防水层施工现场检测一般项目为外观质量。

1）卷材防水层的外观质量要求：

① 基层处理剂：涂刷均匀，漏刷面积不得超过总面积的0.1%，并应补刷。

② 防水层不得有空鼓、翘边、油迹、皱褶。

③ 防水层和雨水口、伸缩缝、缘石衔接处应密封。

④ 搭接缝部位应有宽为20mm左右溢出热熔的改性沥青痕迹，且相互搭接卷材压薄后的总厚度不得超过单片卷材初始厚度的1.5倍。

2）涂料防水层的外观质量要求：

① 涂刷均匀，漏刷面积不得超过总面积的0.1%，并应补刷。

② 不得有气泡、空鼓和翘边。

③ 防水层和雨水口、伸缩缝、缘石衔接处应密封。

3）特大桥、桥梁坡度大于3%等对防水层有特殊要求的桥梁可选择进行防水层与沥青混凝土层粘结强度、抗剪强度检测。

（四）沥青混凝土面层

在沥青混凝土摊铺之前，应对到场的沥青混凝土温度进行检测。

摊铺温度应高于卷材防水层的耐热度10～20℃，低于170℃；应低于防水涂料的耐热度10～20℃。

2K312017 桥梁支座、伸缩装置安装技术

一、桥梁支座安装技术

（一）桥梁支座的作用

桥梁支座是连接桥梁上部结构和下部结构的重要结构部件，位于梁体和垫石之间，它能将桥梁上部结构承受的荷载和变形（位移和转角）可靠地传递给桥梁下部结构，是桥梁的重要传力装置。

桥梁支座的功能要求：首先，支座必须具有足够的承载能力，以保证可靠地传递支座反力（竖向力和水平力）；其次，支座对梁体变形的约束尽可能得小，以适应梁体自由伸缩和转动的需要；支座还应便于安装、养护和维修，并在必要时可以进行更换。

（二）桥梁支座的分类

（1）按支座变形可能性分类：固定支座、单向活动支座、多向活动支座。

（2）按支座所用材料分类：钢支座、聚四氟乙烯支座（滑动支座）、橡胶支座（板式、盆式）等。

（3）按支座的结构形式分类：弧形支座、摇轴支座、辊轴支座、橡胶支座、球形钢支

座、拉压支座等。

桥梁支座类型很多，主要根据支承反力、跨度、建筑高度以及预期位移量来选定，城市桥梁中常用的支座主要为板式橡胶支座和盆式支座等。

（三）常用桥梁支座施工

1. 支座施工一般规定

（1）当实际支座安装温度与设计要求不同时，应通过计算设置支座顺桥方向的预偏量。

（2）支座安装平面位置和顶面高程必须正确，不得偏斜、脱空、不均匀受力。

（3）支座滑动面上的聚四氟乙烯滑板和不锈钢板位置应正确，不得有划痕、碰伤。

（4）活动支座安装前应采用丙酮或酒精解体清洗其各相对滑移面，擦净后在聚四氟乙烯板顶面凹槽内满注硅脂。重新组装时应保持精度。

（5）墩台帽、盖梁上的支座垫石和挡块宜二次浇筑，确保其高程和位置的准确。垫石混凝土的强度必须符合设计要求。

2. 板式橡胶支座

（1）支座安装前应将垫石顶面清理干净，采用干硬性水泥砂浆抹平，顶面标高应符合设计要求。

（2）梁、板安放时应位置准确，且与支座密贴。如就位不准或与支座不密贴时，必须重新起吊，采取垫钢板等措施，并应使支座位置控制在允许偏差内，不得用撬棍移动梁、板。

3. 盆式橡胶支座

（1）现浇梁盆式支座安装：

1）支座安装前检查支座连接状况是否正常，不得松动上下钢板连接螺栓。

2）支座就位部位的垫石凿毛，清除预留锚栓孔中的杂物和积水，安装灌浆用模板，检查支座中心位置及标高后，采用重力方式灌浆。

3）灌浆材料终凝后，拆除模板，检查是否有漏浆，待箱梁浇筑完混凝土后，及时拆除各支座的上下钢板连接螺栓。

（2）预制梁盆式支座安装：

1）预制梁在生产过程中按照设计位置预先将支座上钢板预埋至梁体内。

2）在施工现场吊装前，将支座固定在预埋钢板上并用螺栓拧紧。

3）预制梁缓慢吊起，将支座下锚杆对准盖梁上预留孔，缓慢地落梁至临时支撑上，安装支座的同时，盖梁上安装支座灌浆模板，进行支座灌浆作业。

4）支座安装结束，检查是否有漏浆处，并拆除各支座上、下连接钢板及螺栓。

4. 支座安装后，支座与墩台顶钢垫板间应密贴

（四）支座施工质量检验标准

1. 主控项目

（1）支座应进行进场检验。

检查数量：全数检查。

检验方法：检查合格证、出厂性能试验报告。

（2）支座安装前，应检查跨距、支座栓孔位置和支座垫石顶面高程、平整度、坡度、坡向，确认符合设计要求。

检查数量：全数检查。

检验方法：用经纬仪、水准仪与钢尺量测。

（3）支座与梁底及垫石之间必须密贴，间隙不得大于 0.3mm。垫石材料和强度应符合设计要求。

检查数量：全数检查。

检验方法：观察或用塞尺检查、检查垫层材料产品合格证。

（4）支座锚栓的埋置深度和外露长度应符合设计要求。支座锚栓应在其位置调整准确后固结，锚栓与孔之间隙必须填捣密实。

检查数量：全数检查。

检验方法：观察。

（5）支座的粘结灌浆和润滑材料应符合设计要求。

检查数量：全数检查。

检验方法：检查粘结灌浆材料的配合比通知单、检查润滑材料的产品合格证、进场验收记录。

2. 一般项目

支座安装允许偏差应符合表 2K312017 的规定。

支座安装允许偏差　　　　**表 2K312017**

<table>
<tr><th rowspan="2">项目</th><th rowspan="2">允许偏差（mm）</th><th colspan="2">检验频率</th><th rowspan="2">检验方法</th></tr>
<tr><th>范围</th><th>点数</th></tr>
<tr><td>支座高程</td><td>±5</td><td rowspan="2">每个支座</td><td>1</td><td>用水准仪测量</td></tr>
<tr><td>支座偏位</td><td>3</td><td>2</td><td>用经纬仪、钢尺量</td></tr>
</table>

二、伸缩装置安装技术

为满足桥面变形的要求，通常在两梁端之间、梁端与桥台之间或桥梁的铰接位置上设置伸缩装置。桥梁伸缩缝的作用在于调节由车辆荷载和桥梁建筑材料所引起的上部结构之间的位移和联结。要求伸缩装置在平行、垂直于桥梁轴线的两个方向均能自由伸缩，牢固、可靠。车辆行驶过时应平顺，无突跳与噪声；要能防止雨水和垃圾泥土渗入阻塞；安装、检查、养护、消除污物都要简易、方便。在设置伸缩缝处，栏杆与桥面铺装都要断开。

桥梁伸缩装置按传力方式和构造特点可分为：对接式、钢制支承式、组合剪切式（板式）、模数支承式以及弹性装置。

（一）伸缩装置的性能要求

（1）伸缩装置应能够适应、满足桥梁纵、横、竖三向的变形要求，当桥梁变形使伸缩装置产生显著的横向错位和竖向错位时，要确定伸缩装置的平面转角要求和竖向转角要求，并进行变形性能检测。

（2）伸缩装置应具有可靠的防水、排水系统，防水性能应符合注满水 24h 无渗漏的要求。

（二）伸缩装置运输与储存

（1）伸缩装置运输中避免阳光直晒、防止雨淋雪浸、保持清洁、防止变形，且不能与其他有害物质相接触，注意防火。

（2）伸缩装置不得露天堆放，存放场所应干燥、通风，产品应远离热源1m以外，不得与地面直接接触，存放应整齐、保持清洁，严禁与酸、碱、油类、有机溶剂等接触。

（三）伸缩装置施工安装

（1）施工安装前按照设计图纸提供的尺寸，核对梁、板端部及桥台处安装伸缩装置的预留槽尺寸，并检查核对梁、板与桥台间的预埋锚固钢筋的规格、数量及位置。

（2）伸缩装置上桥安装前，按照安装时的气温调整安装时的定位值，并应由安装负责人检查签字后方可用专用卡具将其固定。

（3）伸缩装置吊装就位前，将预留槽内混凝土凿毛并清扫干净，吊装时应按照厂家标明的吊点位置起吊，必要时做适当加强。

（4）安装时，应保证伸缩装置中心线与桥梁中心线重合，伸缩装置顺桥向应对称放置于伸缩缝的间隙上，然后沿桥面横坡方向测量水平标高，并用水平尺或板尺定位，使其顶面标高与设计及规范要求相吻合后垫平。随即，将伸缩装置的锚固钢筋与桥梁预埋钢筋焊接牢固。

（5）浇筑混凝土前，应彻底清扫预留槽，并用泡沫塑料将伸缩缝间隙处填塞，然后安装必要的模板。混凝土强度等级应满足设计及规范要求，浇筑时要振捣密实。

（6）伸缩装置两侧预留槽混凝土强度在未满足设计要求前不得开放交通。

2K312020 城市桥梁下部结构施工

2K312021 各类围堰施工要求

一、围堰施工的一般规定

（1）围堰高度应高出施工期间可能出现的最高水位（包括浪高）0.5～0.7m。

（2）围堰应减少对现状河道通航、导流的影响。对河流断面被围堰压缩而引起的冲刷，应有防护措施（包括河岸与堰外边坡）。

（3）堰内平面尺寸应满足基础施工的需要。

（4）围堰应防水严密，不得渗漏。

（5）围堰应便于施工、维护及拆除。围堰材质不得对现况河道水质产生污染。

二、各类围堰适用范围

各类围堰适用范围见表2K312021。

围堰类型及适用条件　　表2K312021

围堰类型		适用条件
土石围堰	土围堰	水深≤1.5m，流速≤0.5m/s，河边浅滩，河床渗水性较小
	土袋围堰	水深≤3.0m，流速≤1.5m/s，河床渗水性较小，或淤泥较浅
	木桩竹条土围堰	水深1.5～7m，流速≤2.0m/s，河床渗水性较小，能打桩，盛产竹木地区
	竹篱土围堰	水深1.5～7m，流速≤2.0m/s，河床渗水性较小，能打桩，盛产竹木地区
	竹、铁丝笼围堰	水深4m以内，河床难以打桩，流速较大
	堆石土围堰	河床渗水性很小，流速≤3.0m/s，石块能就地取材

续表

围堰类型		适用条件
板桩围堰	钢板桩围堰	深水或深基坑，流速较大的砂类土、黏性土、碎石土及风化岩等坚硬河床。防水性能好，整体刚度较强
	钢筋混凝土板桩围堰	深水或深基坑，流速较大的砂类土、黏性土、碎石土河床。除用于挡水防水外还可作为基础结构的一部分，亦可采取拔除周转使用，能节约大量木材
套箱围堰		流速≤2.0m/s，覆盖层较薄，平坦的岩石河床，埋置不深的水中基础，也可用于修建桩基承台
双壁围堰		大型河流的深水基础，覆盖层较薄、平坦的岩石河床

三、土围堰施工要求

（1）筑堰材料宜用黏性土、粉质黏土或砂质黏土。填出水面之后应进行夯实。填土应自上游开始至下游合龙。

（2）筑堰前，必须将筑堰部位河床之上的杂物、石块及树根等清除干净。

（3）堰顶宽度可为1～2m。机械挖基时不宜小于3m。堰外边坡迎水流一侧坡度宜为1∶2～1∶3，背水流一侧可在1∶2之内。堰内边坡宜为1∶1～1∶1.5。内坡脚与基坑边的距离不得小于1m。

四、土袋围堰施工要求

（1）围堰两侧用草袋、麻袋、玻璃纤维袋或无纺布袋装土堆码。袋中宜装不渗水的黏性土，装土量为土袋容量的1/2～2/3。袋口应缝合。堰外边坡为1∶0.5～1∶1，堰内边坡为1∶0.2～1∶0.5。围堰中心部分可填筑黏土及黏性土芯墙。

（2）堆码土袋，应自上游开始至下游合龙。上下层和内外层的土袋均应相互错缝，尽量堆码密实、平稳。

（3）筑堰前，堰底河床的处理、内坡脚与基坑的距离、堰顶宽度与土围堰要求相同。

五、钢板桩围堰施工要求

（1）有大漂石及坚硬岩石的河床不宜使用钢板桩围堰。

（2）钢板桩的机械性能和尺寸应符合规定。

（3）施打钢板桩前，应在围堰上下游及两岸设测量观测点，控制围堰长、短边方向的施打定位。施打时，必须备有导向设备，以保证钢板桩的正确位置。

（4）施打前，应对钢板桩的锁口用止水材料捻缝，以防漏水。

（5）施打顺序一般从上游向下游合龙。

（6）钢板桩可用捶击、振动、射水等方法下沉，但在黏土中不宜使用射水下沉办法。

（7）经过整修或焊接后的钢板桩应用同类型的钢板桩进行锁口试验、检查。接长的钢板桩，其相邻两钢板桩的接头位置应上下错开。

（8）施打过程中，应随时检查桩的位置是否正确、桩身是否垂直，否则应立即纠正或拔出重打。

六、钢筋混凝土板桩围堰施工要求

（1）板桩断面应符合设计要求。板桩桩尖角度视土质坚硬程度而定。沉入砂砾层的板桩桩头，应增设加劲钢筋或钢板。

（2）钢筋混凝土板桩的制作，应用刚度较大的模板，榫口接缝应顺直、密合。如用中心射水下沉，板桩预制时应留射水通道。

（3）目前，钢筋混凝土板桩里空心板桩较多。空心多为圆形，用钢管作芯模。板桩的榫口一般圆形的较好。桩尖一般斜度为 1 : 2.5～1 : 1.5。

七、套箱围堰施工要求

（1）无底套箱用木板、钢板或钢丝网水泥制作，内设木、钢支撑。套箱可制成整体式或装配式。

（2）制作中应防止套箱接缝漏水。

（3）下沉套箱前，同样应清理河床。若套箱设置在岩层上时，应整平岩面。当岩面有坡度时，套箱底的倾斜度应与岩面相同，以增加稳定性并减少渗漏。

八、双壁钢围堰施工要求

（1）双壁钢围堰应作专门设计，其承载力、刚度、稳定性、锚锭系统及使用期等应满足施工要求。

（2）双壁钢围堰应按设计要求在工厂制作，其分节分块的大小应按工地吊装、移运能力确定。

（3）双壁钢围堰各节、块拼焊时，应按预先安排的顺序对称进行。拼焊后应进行焊接质量检验及水密性试验。

（4）钢围堰浮运定位时，应对浮运、就位和灌水着床时的稳定性进行验算。尽量安排在能保证浮运顺利进行的低水位或水流平稳时进行，宜在白昼无风或小风时浮运。在水深或水急处浮运时，可在围堰两侧设导向船。围堰下沉前初步锚锭于墩位上游处。在浮运、下沉过程中，围堰露出水面的高度不应小于 1m。

（5）就位前应对所有缆绳、锚链、锚锭和导向设备进行检查调整，以使围堰落床工作顺利进行，并注意水位涨落对锚锭的影响。

（6）锚锭体系的锚绳规格、长度应相差不大。锚绳受力应均匀。边锚的预拉力要适当，避免导向船和钢围堰摆动过大或折断锚绳。

（7）准确定位后，应向堰体壁腔内迅速、对称、均衡地灌水，使围堰落床。

（8）落床后应随时观测水域内流速增大而造成的河床局部冲刷，必要时可在冲刷段用卵石、碎石垫填整平，以改变河床上的粒径，减小冲刷深度，增加围堰稳定性。

（9）钢围堰着床后，应加强对冲刷和偏斜情况的检查，发现问题及时调整。

（10）钢围堰浇筑水下封底混凝土之前，应按照设计要求进行清基，并由潜水员逐片检查合格后方可封底。

（11）钢围堰着床后的允许偏差应符合设计要求。当作为承台模板使用时，其误差应符合模板的施工要求。

2K312022 桩基础施工方法与设备选择

城市桥梁工程常用的桩基础通常可分为沉入桩基础和灌注桩基础，按成桩施工方法又可分为：沉入桩、钻孔灌注桩、人工挖孔桩。

一、沉入桩基础

常用的沉入桩有钢筋混凝土桩、预应力混凝土桩和钢管桩。

（一）沉桩方式及设备选择

（1）锤击沉桩宜用于砂类土、黏性土。桩锤的选用应根据地质条件、桩型、桩的密集程度、单桩竖向承载力及现有施工条件等因素确定。

（2）振动沉桩宜用于锤击沉桩效果较差的密实的黏性土、砾石、风化岩。

（3）在密实的砂土、碎石土、砂砾的土层中用锤击法、振动沉桩法有困难时，可采用射水作为辅助手段进行沉桩施工。在黏性土中应慎用射水沉桩；在重要建筑物附近不宜采用射水沉桩。

（4）静力压桩宜用于软黏土（标准贯入度 $N < 20$）、淤泥质土。

（5）钻孔埋桩宜用于黏土、砂土、碎石土且河床覆土较厚的情况。

（二）准备工作

（1）沉桩前应掌握工程地质钻探资料、水文资料和打桩资料。

（2）沉桩前必须处理地上（下）障碍物，平整场地，并应满足沉桩所需的地面承载力。

（3）应根据现场环境状况采取降噪声措施；城区、居民区等人员密集的场所不得进行沉桩施工。

（4）对地质复杂的大桥、特大桥，为检验桩的承载能力和确定沉桩工艺应进行试桩。

（5）贯入度应通过试桩或做沉桩试验后会同监理及设计单位研究确定。

（6）用于地下水有侵蚀性的地区或腐蚀性土层的钢桩应按照设计要求做好防腐处理。

（三）施工技术要点

（1）预制桩的接桩可采用焊接、法兰连接或机械连接，接桩材料工艺应符合规范要求。

（2）沉桩时，桩帽或送桩帽与桩周围间隙应为5～10mm；桩锤、桩帽或送桩帽应和桩身在同一中心线上；桩身垂直度偏差不得超过0.5%。

（3）沉桩顺序：对于密集桩群，自中间向两个方向或四周对称施打；根据基础的设计标高，宜先深后浅；根据桩的规格，宜先大后小，先长后短。

（4）施工中若锤击有困难时，可在管内助沉。

（5）桩终止锤击的控制应视桩端土质而定，一般情况下以控制桩端设计标高为主，贯入度为辅。

（6）沉桩过程中应加强邻近建筑物、地下管线等的观测、监护。

（7）在沉桩过程中发现以下情况应暂停施工，并应采取措施进行处理：

1）贯入度发生剧变。

2）桩身发生突然倾斜、位移或有严重回弹。

3）桩头或桩身破坏。

4）地面隆起。

5）桩身上浮。

二、钻孔灌注桩基础

（一）准备工作

（1）施工前应掌握工程地质资料、水文地质资料，具备所用各种原材料及制品的质量检验报告。

（2）施工时应按有关规定，制定安全生产、保护环境等措施。

（3）灌注桩施工应有齐全、有效的施工记录。

（二）成孔方式与设备选择

依据成桩方式可分为泥浆护壁成孔、干作业成孔、沉管成孔及爆破成孔，施工机具类型及土质适用条件可参考表 2K312022。

成桩方式与适用条件　　**表 2K312022**

序号	成桩方式与设备		适用土质条件
1	泥浆护壁成孔桩	正循环回转钻	黏性土、粉砂、细砂、中砂、粗砂，含少量砾石、卵石（含量少于 20%）的土、软岩
		反循环回转钻	黏性土、砂类土、含少量砾石、卵石（含量少于 20%，粒径小于钻杆内径 2/3）的土
		冲抓钻	黏性土、粉土、砂土、填土、碎石土及风化岩层
		冲击钻	
		旋挖钻	
		潜水钻	黏性土、淤泥、淤泥质土及砂土
2	干作业成孔桩	长螺旋钻孔	地下水位以上的黏性土、砂土及人工填土非密实的碎石类土、强风化岩
		钻孔扩底	地下水位以上的坚硬、硬塑的黏性土及中密以上的砂土风化岩层
		人工挖孔	地下水位以上的黏性土、黄土及人工填土
3	沉管成孔桩	夯扩	桩端持力层为埋深不超过 20m 的中、低压缩性黏性土、粉土、砂土和碎石类土
		振动	黏性土、粉土和砂土
4	爆破成孔		地下水位以上的黏性土、黄土碎石土及风化岩

（三）泥浆护壁成孔

1. 泥浆制备与护筒埋设

（1）泥浆制备根据施工机具、工艺及穿越土层情况进行配合比设计，宜选用高塑性黏土或膨润土。

（2）护筒埋设深度应符合有关规定。护筒顶面宜高出施工水位或地下水位 2m，并宜高出施工地面 0.3m。其高度尚应满足孔内泥浆面高度的要求。

（3）灌注混凝土前，清孔后的泥浆相对密度应小于 1.10；含砂率不得大于 2%；黏度不得大于 20Pa·s。

（4）现场应设置泥浆池和泥浆循环处理设施，废弃的泥浆、钻渣应进行处理，不得污染环境。

2. 正、反循环钻孔

（1）泥浆护壁成孔时根据泥浆补给情况控制钻进速度；保持钻机稳定。

（2）钻进过程中如发生斜孔、塌孔和护筒周围冒浆、失稳等现象时，应先停钻，待采取相应措施后再进行钻进。

（3）钻孔达到设计深度，灌注混凝土之前，孔底沉渣厚度应符合设计要求。设计未要求时端承型桩的沉渣厚度不应大于 50mm。摩擦型桩的桩径不大于 1.5m 时，沉渣厚度小于等于 200mm；桩径大于 1.5m 或桩长大于 40m 或土质较差时，沉渣厚度不应大于 300mm。

3. 冲击钻成孔

（1）冲击钻开孔时应低锤密击，反复冲击造壁，保持孔内泥浆面稳定。

（2）应采取有效的技术措施防止扰动孔壁、塌孔、扩孔、卡钻和掉钻及泥浆流失等事故。

（3）每钻进4～5m应验孔一次，在更换钻头前或容易缩孔处，均应验孔并应做记录。

（4）排渣过程中应及时补给泥浆。

（5）冲孔中遇到斜孔、梅花孔、塌孔等情况时，应采取措施后方可继续施工。

（6）稳定性差的孔壁应采用泥浆循环或抽渣筒排渣，清孔后灌注混凝土之前的泥浆指标符合要求。

4. 旋挖成孔

（1）旋挖钻成孔灌注桩应根据不同的地层情况及地下水位埋深，采用不同的成孔工艺。

（2）泥浆制备的能力应大于钻孔时的泥浆需求量，每台套钻机的泥浆储备量不少于单桩体积。

（3）成孔前和每次提出钻斗时，应检查钻斗和钻杆连接销子、钻斗门连接销子以及钢丝绳的状况，并应清除钻斗上的渣土。

（4）旋挖钻机成孔应采用跳挖方式，并根据钻进速度同步补充泥浆，保持所需的泥浆面高度不变。

（5）孔底沉渣厚度控制指标符合要求。

（四）干作业成孔

1. 长螺旋钻孔

（1）钻机定位后，应进行复检，钻头与桩位点偏差不得大于20mm；开孔时下钻速度应缓慢；钻进过程中，不宜反转或提升钻杆。

（2）在钻进过程中遇到卡钻、钻机摇晃、偏斜或发生异常声响时，应立即停钻，查明原因，采取相应措施后方可继续作业。

（3）钻至设计标高后，应先泵入混凝土并停顿10～20s，再缓慢提升钻杆。提钻速度应根据土层情况确定，并保证管内有一定高度的混凝土。

（4）混凝土压灌结束后，应立即将钢筋笼插至设计深度，并及时清除钻杆及泵（软）管内残留混凝土。

2. 钻孔扩底

（1）钻杆应保持垂直稳固，位置准确，防止因钻杆晃动引起孔径扩大。

（2）钻孔扩底桩施工扩底孔部分虚土厚度应符合设计要求。

（3）灌注混凝土时，第一次应灌到扩底部位的顶面，随即振捣密实；灌注桩顶以下5m范围内混凝土时，应随灌注随振动，每次灌注高度不大于1.5m。

3. 人工挖孔

（1）人工挖孔桩必须在保证施工安全的前提下选用。存在下列条件之一的区域不得使用：

1）地下水丰富，软弱土层、流沙等不良地质条件的区域。

2）孔内空气污染物超标准。

3）机械成孔设备可以到达的区域。

（2）人工挖孔桩的孔径（不含孔壁）不得小于1.2m；挖孔深度不宜超过15m。

（3）孔口处应设置高出地面不小于300mm的护圈，并应设置临时排水沟；采用混凝土或钢筋混凝土支护孔壁技术，护壁的厚度、拉结钢筋、配筋、混凝土强度等级均应符合设计要求；井圈中心线与设计轴线的偏差不得大于20mm；上下节护壁混凝土的搭接长度不得小于50mm；每节护壁必须保证振捣密实，并应当日施工完毕；应根据土层渗水情况使用速凝剂；模板拆除应在混凝土强度大于5MPa后进行。

（4）挖孔达到设计深度后，应进行孔底处理。必须做到孔底表面无松渣。

（五）钢筋笼与灌注混凝土施工要点

（1）钢筋笼加工应符合设计要求。钢筋笼制作、运输和吊装过程中应采取适当的加固措施，防止变形。

（2）吊放钢筋笼入孔时，不得碰撞孔壁。安装钢筋骨架时，应将其吊挂在孔口的钢护筒上，或在孔口地面上设置扩大受力面积的装置进行吊挂。安装时，应采取有效的定位措施，减小钢筋骨架中心与桩中心的偏差，使钢筋骨架保护层厚度满足要求。

（3）沉管灌注桩钢筋笼外径应比套管内径小60～80mm，用导管灌注水下混凝土的桩钢筋笼内径应比导管连接处的外径大100mm以上。

（4）灌注桩采用的水下灌注混凝土宜采用预拌混凝土，其骨料粒径不宜大于40mm。

（5）灌注桩各工序应连续施工，钢筋笼放入泥浆后4h内必须浇筑混凝土。

（6）桩顶混凝土浇筑完成后应高出设计标高0.5～1m，确保桩头浮浆层凿除后桩基面混凝土达到设计强度。

（7）当气温低于0℃以下时，浇筑混凝土应采取保温措施，浇筑时混凝土的温度不得低于5℃。当气温高于30℃时，应根据具体情况对混凝土采取缓凝措施。

（8）灌注桩的实际浇筑混凝土量不得小于计算体积；套管成孔的灌注桩任何一段平均直径与设计直径的比值不得小于1.0。

（六）水下混凝土灌注

（1）桩孔检验合格，吊装钢筋笼完毕后，安置导管浇筑混凝土。

（2）混凝土配合比应通过试验确定，须具备良好的和易性，坍落度宜为180～220mm。

（3）导管应符合下列要求：

1）导管内壁应光滑、圆顺，直径宜为20～30cm，节长宜为2m。

2）导管不得漏水，使用前应试拼、试压，试压的压力宜为孔底静水压力的1.5倍。

3）导管轴线偏差不宜超过孔深的0.5%，且不宜大于10cm。

4）导管采用法兰盘接头宜加锥形活套；采用螺旋丝扣型接头时必须有防止松脱装置。

（4）使用的隔水球应有良好的隔水性能，并应保证顺利排出。

（5）开始灌注混凝土时，导管底部至孔底的距离宜为300～500mm；导管首次埋入混凝土灌注面以下不应少于1.0m；在灌注过程中，导管埋入混凝土深度宜为2～6m。

（6）灌注水下混凝土必须连续施工，中途停顿时间不宜大于30min，并应控制提拔导管速度，严禁将导管提出混凝土灌注面。灌注过程中的故障应记录备案。

2K312023 承台、桥台、墩柱、盖梁施工技术

承台、桥台、墩柱、盖梁施工涉及模板与支架、钢筋、混凝土、预应力混凝土的具体内容详见2K312012条、2K312013条、2K312014条和2K312015条。

一、承台施工

（1）承台施工前应检查基桩位置，确认符合设计要求，如偏差超过检验标准，应会同

设计、监理工程师制定措施，实施后方可施工。

（2）在基坑无水情况下浇筑钢筋混凝土承台，如设计无要求，基底应浇筑10cm厚混凝土垫层。

（3）在基坑有渗水情况下浇筑钢筋混凝土承台，应有排水措施，基坑不得积水。如设计无要求，基底可铺10cm厚碎石并浇筑5～10cm厚混凝土垫层。

（4）承台混凝土宜连续浇筑成型。分层浇筑时，接缝应按施工缝处理。

（5）水中高桩承台采用套箱法施工时，套箱应架设在可靠的支承上，并具有足够的强度、刚度和稳定性。套箱顶面高程应高于施工期间的最高水位。套箱应拼装严密，不漏水。套箱底板与基桩之间缝隙应堵严。套箱下沉就位后，应及时浇筑水下混凝土封底。

二、现浇混凝土墩台、盖梁

（一）重力式混凝土墩台施工

（1）墩台混凝土浇筑前应对基础混凝土顶面做凿毛处理，清除锚筋污锈。

（2）墩台混凝土宜水平分层浇筑，每层高度宜为1.5～2m。

（3）墩台混凝土分块浇筑时，接缝应与墩台截面尺寸较小的一边平行，邻层分块接缝应错开，接缝宜做成企口形。分块数量，墩台水平截面积在200m^{2}内不得超过2块；在300m^{2}以内不得超过3块。每块面积不得小于50m^2。

（4）明挖基础上灌注墩台第一层混凝土时，要防止水分被基础吸收或基顶水分渗入混凝土而降低强度。

（5）大体积混凝土浇筑及质量控制，详见2K320102条。

（二）柱式墩台施工

（1）模板、支架除应满足强度、刚度要求外，稳定计算中应考虑风力影响。

（2）墩台柱与承台基础接触面应凿毛处理，清除钢筋污锈。浇筑墩台柱混凝土时，应铺同配合比的水泥砂浆一层。墩台柱的混凝土宜一次连续浇筑完成。

（3）柱身高度内有系梁连接时，系梁应与柱同步浇筑。V形墩柱混凝土应对称浇筑。

（4）采用预制混凝土管做柱身外模时，预制管安装应符合下列要求：

1）基础面宜采用凹槽接头，凹槽深度不得小于50mm。

2）上下管节安装就位后，应采用四根竖方木对称设置在管柱四周并绑扎牢固，防止撞击错位。

3）混凝土管柱外模应设斜撑，保证浇筑时的稳定。

4）管节接缝应采用水泥砂浆等材料密封。

（5）钢管混凝土墩柱应采用补偿收缩混凝土，一次连续浇筑完成。钢管的焊制与防腐应符合设计要求或相关规范规定。

（三）盖梁施工

（1）在城镇交通繁华路段施工盖梁时，宜采用整体组装模板、快装组合支架，以减少占路时间。

（2）盖梁为悬臂梁时，混凝土浇筑应从悬臂端开始；预应力钢筋混凝土盖梁拆除底模时间应符合设计要求；如设计无要求，孔道压浆强度达到设计强度后，方可拆除底模板。

（3）禁止使用盖梁（系梁）无漏油保险装置的液压千斤顶卸落模板工艺。

三、预制混凝土柱和盖梁安装

（一）预制柱安装

（1）基础杯口的混凝土强度必须达到设计要求，方可进行预制柱安装。杯口在安装前应校核长、宽、高，确认合格。杯口与预制件接触面均应凿毛处理，埋件应除锈并应校核位置，合格后方可安装。

（2）预制柱安装就位后应采用硬木楔或钢楔固定，并加斜撑保持柱体稳定，在确保稳定后方可摘去吊钩。

（3）安装后应及时浇筑杯口混凝土，待混凝土硬化后拆除硬楔，浇筑二次混凝土，待杯口混凝土达到设计强度75%后方可拆除斜撑。

（二）预制钢筋混凝土盖梁安装

（1）预制盖梁安装前，应对接头混凝土面凿毛处理，预埋件应除锈。

（2）在墩台柱上安装预制盖梁时，应对墩台柱进行固定和支撑，确保稳定。

（3）盖梁就位时，应检查轴线和各部尺寸，确认合格后方可固定，并浇筑接头混凝土。接头混凝土达到设计强度后，方可卸除临时固定设施。

四、重力式砌体墩台

（1）墩台砌筑前，应清理基础，保持洁净，并测量放线，设置线杆。

（2）墩台砌体应采用坐浆法分层砌筑，竖缝均应错开，不得贯通。

（3）砌筑墩台镶面石应从曲线部分或角部开始。

（4）桥墩分水体镶面石的抗压强度不得低于设计要求。

（5）砌筑的石料和混凝土预制块应清洗干净，保持湿润。

2K312030 城市桥梁上部结构施工

2K312031 装配式梁（板）施工技术

本条适用于装配式混凝土、钢筋混凝土和预应力混凝土梁（板）桥构件的预制、移运、堆放和安装施工。

一、装配式梁（板）施工方案

（1）装配式梁（板）施工方案编制前，应对施工现场条件和拟定运输路线社会交通进行充分调研和评估。

（2）预制和吊装方案：

1）应按照设计要求，并结合现场条件确定梁板预制和吊运方案。

2）应依据施工组织进度和现场条件，选择构件厂（或基地）预制和施工现场预制。

3）依照吊装机具不同，梁、板架设方法分为起重机架梁法、跨墩龙门吊架梁法和穿巷式架桥机架梁法；每种方法选择都应在充分调研和技术经济综合分析的基础上进行。

二、装配式梁（板）的预制、场内移运和存放

（一）构件预制

（1）构件预制场的布置应满足预制、移运、存放及架设安装的施工作业要求；场地应平整、坚实。预制场地应根据地基及气候条件，设置必要的排水设施，并应采取有效措施防止场地沉陷。砂石料场的地面宜进行硬化处理。

（2）预制台座的地基应具有足够的承载力。预制台座应采用适宜材料和方式制作，且应保证其坚固、稳定、不沉陷；当用于预制后张预应力混凝土梁、板时，宜对台座两端及适当范围内的地基进行特殊加固处理。

（3）预制台座的间距应能满足施工作业要求；台座表面应光滑、平整，在2m长度上平整度的允许偏差应不超过2mm，且应保证底座或底模的挠度不大于2mm。

（4）对预应力混凝土梁、板，应根据设计单位提供的理论拱度值，结合施工的实际情况，正确预计梁体拱度的变化情况，在预制台座上按梁、板构件跨度设置相应的预拱度。当后张预应力混凝土梁预计的拱度值较大时，可考虑在预制台座上设置反拱。

（5）各种构件混凝土的浇筑除应符合2K312014条的规定外，尚应遵守如下规定：

1）腹板底部为扩大断面的T形梁，应先浇筑扩大部分并振实后，再浇筑其上部腹板。

2）U形梁可上下一次浇筑或分两次浇筑。一次浇筑时，应先浇筑底板（同时腹板部位浇筑至底板承托顶面），待底板混凝土稍沉实后再浇筑腹板；分两次浇筑时，先浇筑底板至底板承托顶面，按施工缝处理后，再浇筑腹板混凝土。

3）采用平卧重叠法支立模板、浇筑构件混凝土时，下层构件顶面应设临时隔离层；上层构件须待下层构件混凝土强度达到5.0MPa后方可浇筑。

（6）对高宽比较大的预应力混凝土T形梁和I形梁，应对称、均衡地施加预应力，并应采取有效措施防止梁体产生侧向弯曲。

（二）构件的场内移运

（1）对后张预应力混凝土梁、板，在施加预应力后可将其从预制台座吊移至场内的存放台座上后再进行孔道压浆，但必须满足下列要求：

1）从预制台座上移出梁、板仅限一次，不得在孔道压浆前多次倒运。

2）吊移的范围必须限制在预制场内的存放区域，不得移往他处。

3）吊移过程中不得对梁、板产生任何冲击和碰撞。

（2）后张预应力混凝土梁、板在孔道压浆后移运的，其压浆浆体强度应不低于设计强度的80%。

（3）梁、板构件移运时的吊点位置应按设计规定；设计无规定时，梁、板构件的吊点应根据计算决定。构件的吊环应顺直。吊绳与起吊构件的交角小于60°时，应设置吊架或起吊扁担，使吊环垂直受力。吊移板式构件时，不得吊错上、下面。

（三）构件的存放

（1）存放台座应坚固、稳定且宜高出地面200mm以上。存放场地应有相应的防水排水设施，并应保证梁、板等构件在存放期间不致因支点沉陷而受到损坏。

（2）梁、板构件存放时，其支点应符合设计规定的位置，支点处应采用垫木和其他适宜的材料支承，不得将构件直接支承在坚硬的存放台座上；存放时混凝土养护期未满的，应继续洒水养护。

（3）构件应按其安装的先后顺序编号存放，预应力混凝土梁、板的存放时间不宜超过3个月，特殊情况下不应超过5个月。

（4）当构件多层叠放时，层与层之间应以垫木隔开，各层垫木的位置应设在设计规定的支点处，上下层垫木应在同一条竖直线上；叠放高度宜按构件强度、台座地基承载力、垫木强度以及堆垛的稳定性等经计算确定。大型构件宜为2层，不应超过3层；小型构件宜为6～10层。

（5）雨期和春季融冻期间，应采取有效措施防止地面软化下沉导致的构件断裂及损坏。

三、装配式梁（板）的安装

（一）吊运方案

（1）吊运（吊装、运输）应编制专项方案，并按有关规定进行论证、批准。

（2）吊运方案应对各受力部分的设备、杆件进行验算，特别是吊车等机具安全性验算，起吊过程中构件内产生的应力验算必须符合要求。梁长25m以上的预应力简支梁应验算裸梁的稳定性。

（3）应按照起重吊装的有关规定，选择吊运工具、设备，确定吊车站位、运输路线与交通导行等具体措施。

（二）技术准备

（1）按照有关规定进行技术安全交底。

（2）对操作人员进行培训和考核。

（3）测量放线，给出高程线、结构中心线、边线，并进行清晰地标识。

（三）构件的运输

（1）板式构件运输时，宜采用特制的固定架稳定构件。小型构件宜顺宽度方向侧立放置，并应采取措施防止倾倒（如平放，在两端吊点处必须设置支搁方木）。

（2）梁的运输应顺高度方向竖立放置，并应有防止倾倒的固定措施；装卸梁时，必须在支撑稳妥后，方可卸除吊钩。

（3）采用平板拖车或超长拖车运输大型构件时，车长应能满足支点间的距离要求，支点处应设活动转盘防止搓伤构件混凝土；运输道路应平整，如有坑洼而高低不平时，应事先处理平整。

（4）水上运输构件时，应有相应的封仓加固措施，并应根据天气状况安排装卸与运输作业时间，同时应满足水上（海上）作业的相关安全规定。

（四）简支梁、板安装

（1）安装构件前必须检查构件外形及其预埋件尺寸和位置，其偏差不应超过设计或规范允许值。

（2）装配式桥梁构件在脱底模、移运、堆放和吊装就位时，混凝土的强度不应低于设计要求的吊装强度，设计无要求时一般不应低于设计强度的75%。后张预应力混凝土构件吊装时，其孔道水泥浆的强度不应低于构件设计要求。如设计无要求时，不应低于30MPa。吊装前应验收合格。

（3）安装构件前，支承结构（墩台、盖梁等）的强度应符合设计要求，支承结构和预埋件的尺寸、标高及平面位置应符合设计要求且验收合格。桥梁支座的安装质量应符合要求，其规格、位置及标高应准确无误。墩台、盖梁、支座顶面清扫干净。

（4）采用架桥机进行安装作业时，其抗倾覆稳定系数应不小于1.3，架桥机过孔时，应将起重小车置于对稳定最有利的位置，且抗倾覆系数应不小于1.5。

（5）梁、板安装施工期间及架桥机移动过孔时，严禁行人、车辆和船舶在作业区域的桥下通行。

（6）梁板就位后，应及时设置保险垛或支撑将构件临时固定，对横向自稳性较差的

T形梁和I形梁等，应与先安装的构件进行可靠的横向连接，防止倾倒。

（7）安装在同一孔跨的梁、板，其预制施工的龄期差不宜超过10d。梁、板上有预留孔洞的，其中心应在同一轴线上，偏差应不大于4mm。梁、板之间的横向湿接缝，应在一孔梁、板全部安装完成后方可进行施工。

（8）对弯、坡、斜桥的梁，其安装的平面位置、高程及几何线形应符合设计要求。

（五）先简支后连续梁的安装

（1）临时支座顶面的相对高差不应大于2mm。

（2）施工程序应符合设计规定，应在一联梁全部安装完成后再浇筑湿接头混凝土。

（3）对湿接头处的梁端，应按施工缝的要求进行凿毛处理。永久支座应在设置湿接头底模之前安装。湿接头处的模板应具有足够的强度和刚度，与梁体的接触面应密贴并具有一定的搭接长度，各接缝应严密、不漏浆。负弯矩区的预应力管道应连接平顺，与梁体预留管道的接合处应密封；预应力锚固区预留的张拉齿板应保证其外形尺寸准确且不被损坏。

（4）湿接头的混凝土宜在一天中气温相对较低的时段浇筑，且一联中的全部湿接头应一次浇筑完成。湿接头混凝土的养护时间应不少于14d。

（5）湿接头应按设计要求施加预应力、孔道压浆；浆体达到强度后应立即拆除临时支座，按设计规定的程序完成体系转换。同一片梁的临时支座应同时拆除。

（6）仅为桥面连续的梁、板，应按设计要求进行施工。

2K312032　现浇预应力（钢筋）混凝土连续梁施工技术

以下简要介绍现浇预应力（钢筋）混凝土连续梁常用的支（模）架法和悬臂浇筑法施工技术。

一、支（模）架法

（一）支架法现浇预应力混凝土连续梁

（1）支架的地基承载力应符合要求，必要时，应采取加强处理或其他措施。

（2）应有简便可行的落架拆模措施。

（3）各种支架和模板安装后，宜采取预压方法消除拼装间隙和地基沉降等非弹性变形。

（4）安装支架时，应根据梁体和支架的弹性、非弹性变形，设置预拱度。

（5）支架底部应有良好的排水措施，不得被水浸泡。

（6）浇筑混凝土时应采取防止支架不均匀沉降的措施。

（二）移动模架上浇筑预应力混凝土连续梁

（1）模架长度必须满足施工要求。

（2）模架应利用专用设备组装，在施工时能确保质量和安全。

（3）浇筑分段工作缝，必须设在弯矩零点附近。

（4）箱梁内、外模板在滑动就位时，模板平面尺寸、高程、预拱度的误差必须控制在容许范围内。

（5）混凝土内预应力筋管道、钢筋、预埋件设置应符合规范规定和设计要求。

二、悬臂浇筑法

悬臂浇筑的主要设备是一对能行走的挂篮。挂篮在已经张拉锚固并与墩身连成整体的梁段上移动。绑扎钢筋、立模、浇筑混凝土、施加预应力都在其上进行。完成本段施工后，挂篮对称向前各移动一节段，进行下一梁段施工，循序渐进，直至悬臂梁段浇筑完成。

（一）挂篮设计与组装

（1）挂篮结构主要设计参数应符合下列规定：

1）挂篮质量与梁段混凝土的质量比值控制在 0.3～0.5，特殊情况下不得超过 0.7。

2）允许最大变形（包括吊带变形的总和）为 20mm。

3）施工、行走时的抗倾覆安全系数不得小于 2。

4）自锚固系统的安全系数不得小于 2。

5）斜拉水平限位系统和上水平限位安全系数不得小于 2。

（2）挂篮结构设计应符合下列规定：

1）在下列任一条件下不得使用精轧螺纹钢筋吊杆连接挂篮上部与底篮：

① 前吊点连接。

② 其他吊点连接：上下钢结构直接连接（未穿过混凝土结构）；与底篮连接未采用活动铰；吊杆未设外保护套。

2）禁止挂篮后锚处设置配重平衡前方荷载。

（3）挂篮组装后，应全面检查安装质量，并应按设计荷载做载重试验，以消除非弹性变形。

（二）浇筑段落

悬浇梁体一般应分四大部分浇筑：

（1）墩顶梁段（0 号块）。

（2）墩顶梁段（0 号块）两侧对称悬浇梁段。

（3）边孔支架现浇梁段。

（4）主梁跨中合龙段。

（三）悬浇顺序及要求

（1）顺序：

1）在墩顶托架或膺架上浇筑 0 号段并实施墩梁临时固结。

2）在 0 号块段上安装悬臂挂篮，向两侧依次对称分段浇筑主梁至合龙前段。

3）在支架上浇筑边跨主梁合龙段。

4）最后浇筑中跨合龙段形成连续梁体系。

（2）要求：

1）托架、膺架应经过设计，计算其弹性及非弹性变形。

2）在梁段混凝土浇筑前，应对挂篮（托架或膺架）、模板、预应力筋管道、钢筋、预埋件、混凝土材料、配合比、机械设备、混凝土接缝处理等情况进行全面检查，经有关方签认后方准浇筑。

3）悬臂浇筑混凝土时，宜从悬臂前端开始，最后与前段混凝土连接。

4）桥墩两侧梁段悬臂施工应对称、平衡，平衡偏差不得大于设计要求。

（四）张拉及合龙

（1）预应力混凝土连续梁悬臂浇筑施工中，顶板、腹板纵向预应力筋的张拉顺序一般为上下、左右对称张拉，设计有要求时按设计要求施作。

（2）预应力混凝土连续梁合龙顺序一般是先边跨、后次跨、最后中跨。

（3）连续梁（T构）的合龙、体系转换和支座反力调整应符合下列规定：

1）合龙段的长度宜为2m。

2）合龙前应观测气温变化与梁端高程及悬臂端间距的关系。

3）合龙前应按设计规定，将两悬臂端合龙口予以临时连接，并将合龙跨一侧墩的临时锚固放松或改成活动支座。

4）合龙前，在两端悬臂预加压重，并于浇筑混凝土过程中逐步撤除，以使悬臂端挠度保持稳定。

5）合龙宜在一天中气温最低时进行。

6）合龙段的混凝土强度宜提高一级，以尽早施加预应力。

7）连续梁的梁跨体系转换，应在合龙段及全部纵向连续预应力筋张拉、压浆完成，并解除各墩临时固结后进行。

8）梁跨体系转换时，支座反力的调整应以高程控制为主，反力作为校核。

（五）高程控制

预应力混凝土连续梁，悬臂浇筑段前端底板和桥面标高的确定是连续梁施工的关键问题之一，确定悬臂浇筑段前端标高时应考虑：

（1）挂篮前端的垂直变形值。

（2）预拱度设置。

（3）施工中已浇段的实际标高。

（4）温度影响。

因此，施工过程中的监测项目为前三项；必要时，结构物的变形值、应力也应进行监测，保证结构的强度和稳定。

2K312040　管涵和箱涵施工

2K312041　管涵施工技术

涵洞是城镇道路路基工程重要组成部分，涵洞有管涵、拱形涵、盖板涵、箱涵。小型断面涵洞通常用作排水，一般采用管涵形式，统称为管涵。大断面涵洞分为拱形涵、盖板涵、箱涵，用作人行通道或车行道。以下内容主要涉及管涵、拱形涵、盖板涵洞与路基（土方）同步配合施工技术要点，不含道路建成后采用暗挖方法施工的内容。

一、管涵施工技术要点

（1）管涵是采用工厂预制钢筋混凝土管成品管节做成的涵洞的统称。管节断面形式分为圆形、椭圆形、卵形、矩形等。

（2）当管涵设计为混凝土或砌体基础时，基础上面应设混凝土管座，其顶部弧形面应与管身紧密贴合，使管节均匀受力。

（3）当管涵为无混凝土（或砌体）基础、管体直接设置在天然地基上时，应按照设计要求将管底土层夯压密实，并做成与管身弧度密贴的弧形管座，安装管节时应注意保持完整。管底土层承载力不符合设计要求时，应按规范要求进行处理、加固。

（4）管涵的沉降缝应设在管节接缝处。

（5）管涵进出水口的沟床应整理直顺，与上下游导流排水系统连接顺畅、稳固。

（6）采用预制管埋设的管涵施工，应符合现行国家标准《给水排水管道工程施工及验收规范》GB 50268—2008 有关规定。

（7）管涵出入端墙、翼墙应符合现行国家标准《给水排水构筑物工程施工及验收规范》GB 50141—2008 第 5.5 节规定。

二、拱形涵、盖板涵施工技术要点

（1）与路基（土方）同步施工的拱形涵、盖板涵可分为预制拼装钢筋混凝土结构、现场浇筑钢筋混凝土结构和砌筑墙体、预制或现浇钢筋混凝土混合结构等结构形式。

（2）依据道路施工流程可采取整幅施工或分幅施工。分幅施工时，临时道路宽度应满足现况交通的要求且边坡稳定。需支护时，应在施工前对支护结构进行施工设计。

（3）挖方区的涵洞基槽开挖应符合设计要求且边坡稳定；填方区的涵洞应在填土至涵洞基底标高后，及时进行结构施工。

（4）遇有地下水时，应先将地下水降至基底以下 500mm 方可施工，且降水应连续进行直至工程完成到地下水位 500mm 以上且具有抗浮及防渗漏能力方可停止降水。

（5）涵洞地基承载力必须符合设计要求，并应经检验确认合格。

（6）拱圈和拱上端墙应由两侧向中间同时、对称施工。

（7）涵洞两侧的回填土，应在主结构防水层的保护层完成，且保护层砌筑砂浆强度达到 3MPa 后方可进行。回填时，两侧应对称进行，高差不宜超过 300mm。

（8）伸缩缝、沉降缝止水带安装应位置准确、牢固，缝宽及填缝材料应符合要求。

（9）为涵洞服务的地下管线，应与主体结构同步配合进行。

2K312042　箱涵顶进施工技术

当新建道路下穿铁路、公路、城市道路路基施工时，通常采用箱涵顶进施工技术。

一、箱涵顶进准备工作

（一）作业条件

（1）现场做到“三通一平”，满足施工方案设计要求。

（2）完成线路加固工作和既有线路监测的测点布置。

（3）完成工作坑作业范围内的地上构筑物、地下管线调查，并进行改移或采取保护措施。

（4）工程降水（如需要）达到设计要求。

（二）机械设备、材料

按计划进场，并完成验收。

（三）技术准备

（1）施工组织设计已获批准，施工方法、施工顺序已经确定。

（2）全体施工人员进行培训、技术安全交底。

（3）完成施工测量放线。

二、工艺流程与施工技术要点

（一）工艺流程

现场调查→工程降水→工作坑开挖→后背制作→滑板制作→铺设润滑隔离层→箱涵制作→顶进设备安装→既有线加固→箱涵试顶进→吃土顶进→监控量测→箱体就位→拆除加固设施→拆除后背及顶进设备→工作坑恢复。

（二）箱涵顶进前检查工作

（1）箱涵主体结构混凝土强度必须达到设计强度，防水层及保护层按设计完成。

（2）顶进作业面包括路基下地下水位已降至基底下500mm以下，并宜避开雨期施工，若在雨期施工，必须做好防洪及防雨排水工作。

（3）后背施工、线路加固达到施工方案要求；顶进设备及施工机具符合要求。

（4）顶进设备液压系统安装及预顶试验结果符合要求。

（5）工作坑内与顶进无关人员、材料、物品及设施撤出现场。

（6）所穿越的线路管理部门的配合人员、抢修设备、通信器材准备完毕。

（三）箱涵顶进启动

（1）启动时，现场必须有主管施工技术人员专人统一指挥。

（2）液压泵站应空转一段时间，检查系统、电源、仪表无异常情况后试顶。

（3）液压千斤顶顶紧后（顶力在0.1倍结构自重），应暂停加压，检查顶进设备、后背和各部位，无异常时可分级加压试顶。

（4）每当油压升高5～10MPa时，需停泵观察，应严密监控顶镐、顶柱、后背、滑板、箱涵结构等部位的变形情况，如发现异常情况，立即停止顶进；找出原因并采取措施解决后方可重新加压顶进。

（5）当顶力达到0.8倍结构自重时箱涵未启动，应立即停止顶进；找出原因并采取措施解决后方可重新加压顶进。

（6）箱涵启动后，应立即检查后背、工作坑周围土体稳定情况，无异常情况，方可继续顶进。

（四）顶进挖土

（1）根据箱涵的净空尺寸、土质情况，可采取人工挖土或机械挖土。一般宜选用小型反铲挖掘机按侧刃脚坡度自上往下开挖，每次开挖进尺宜为0.5m；当土质较差时，可按千斤顶的有效行程掘进，随挖随顶，防止路基塌方，配装载机或直接用挖掘机装汽车出土。顶板切土，侧墙刃脚切土及底板前清土须由人工配合。挖土顶进应三班连续作业，不得间断。

（2）侧刃脚进土应在0.1m以上。当属斜交涵时，前端锐角一侧清土困难应优先开挖。如设有中刃脚时应紧切土前进，使上下两层隔开，不得挖通漏天，平台上不得积存土料。开挖面的坡度不得大于1∶0.75；不得逆坡、超前挖土，不得扰动基底土体。应设专人监护。

（3）列车通过时严禁继续挖土，人员应撤离开挖面。当挖土或顶进过程中发生塌方，影响行车安全时，应迅速组织抢修加固，做出有效防护。

（4）挖土工作应与观测人员密切配合，随时根据箱涵顶进轴线和高程偏差，采取纠偏措施。

（五）顶进作业

（1）每次顶进应检查液压系统、传力设备、刃脚、后背和滑板等变化情况，发现问题及时处理。

（2）挖运土方与顶进作业循环交替进行。每前进一顶程，即应切换油路，并将顶进千斤顶活塞回复原位；按顶进长度补放小顶铁，更换长顶铁，安装横梁。

（3）箱涵身每前进一顶程，应观测轴线和高程，发现偏差及时纠正。

（4）箱涵吃土顶进前，应及时调整好箱涵的轴线和高程。在铁路路基下吃土顶进，不宜对箱涵做较大的轴线、高程调整动作。

（六）监控与检查

（1）箱涵顶进前，应对箱涵原始（预制）位置的里程、轴线及高程测定原始数据并记录。顶进过程中，每一顶程要观测并记录各观测点左、右偏差值，高程偏差值和顶程及总进尺。观测结果要及时报告现场指挥人员，用于控制和校正。

（2）箱涵自启动起，对顶进全过程的每一个顶程都应详细记录千斤顶开动数量、位置，油泵压力表读数、总顶力及着力点。如出现异常应立即停止顶进，检查分析原因，采取措施处理后方可继续顶进。

（3）箱涵顶进过程中，每天应定时观测箱涵底板上设置的观测标钉高程，计算相对高差，展图，分析结构竖向变形。对中边墙应测定竖向弯曲，当底板侧墙出现较大变位及转角时应及时分析研究并采取措施。

（4）顶进过程中要定期观测箱涵裂缝及开展情况，重点监测底板、顶板、中边墙，中继间牛腿或剪力铰和顶板前、后悬臂板，发现问题应及时研究采取措施。

三、季节性施工技术措施

（1）箱涵顶进应尽可能避开雨期。需在雨期施工时，应在汛期之前对拟穿越的路基、工作坑边坡等采取切实有效的防护措施。

（2）雨期施工时应做好地面排水，工作坑周边应采取挡水围堰、排水截水沟等防止地面水流入工作坑的技术措施。

（3）雨期施工开挖工作坑（槽）时，应注意保持边坡稳定。必要时可适当放缓边坡坡度或设置支撑；并经常对边坡、支撑进行检查，发现问题要及时处理。

（4）冬、雨期现浇箱涵场地上空宜搭设固定或活动的作业棚，以免受天气影响。

（5）冬、雨期施工应确保混凝土入模温度满足规范规定或设计要求。

2K313000　城市轨道交通工程

2K313010　城市轨道交通工程结构与施工方法

2K310000
看本章精讲课
配套章节自测

2K313011　地铁车站结构与施工方法

地下铁道（本书简称为地铁）工程，包括轻轨交通，已成为城市基础设施的重要组成部分。本条简要介绍车站形式、结构组成及常用的施工方法。

一、地铁车站形式与结构组成

（一）地铁车站形式分类

地铁车站根据其所处位置、结构横断面和站台形式等进行不同分类：

（1）根据车站与地面相对位置可分为：高架车站、地面车站和地下车站。

（2）根据运营性质可分为：中间站、区域站、换乘站、枢纽站、联运站以及终点站。

（3）根据结构横断面形式可分为：矩形、拱形、圆形及其他形式（如马蹄形、椭圆形等）。

（4）根据站台形式可分为：岛式站台、侧式站台及岛侧混合站台。

（二）结构组成

地铁车站通常由车站主体（站台、站厅、设备用房、生活用房），出入口及通道，附属建筑物（通风道、风亭、冷却塔等）三大部分组成。

（1）车站主体是列车在线路上的停车点，其作用既是供乘客集散、候车、换车及上、下车，又是地铁运营设备设置的中心和办理运营业务的地方。

（2）出入口及通道（包括人行天桥）是供乘客进、出车站的建筑设施。

（3）通风道及地面通风亭的作用是维持地下车站内空气质量，满足乘客吸收新鲜空气的需求。

二、施工方法（工艺）与选择条件

地铁工程通常是在城镇中修建的，其施工方法选择会受到地面建筑物、道路、管线、城市交通、环境保护、施工机械以及资金条件等因素影响。因此，施工方法的确定，不仅要从技术、经济、修建地区具体条件考虑，而且还要考虑施工方法对城市生活的影响。

（一）明挖法施工

（1）明挖法是指在地铁施工时挖开地面，由上向下开挖土石方至设计标高后，自基底由下向上进行结构施工，当完成地下主体结构后回填基坑及恢复地面的施工方法。盖挖法是由地面向下开挖至一定深度后，将顶部封闭，其余的下部工程在封闭的顶盖下进行施工的一种方法。

（2）在地面建筑物少、拆迁少、地表干扰小的地区修建浅埋地下工程通常采用明挖法。明挖法按开挖方式分为放坡明挖和不放坡明挖两种。放坡明挖法主要适用于埋深较浅、地下水位较低的城郊地段，边坡通常进行坡面防护、锚喷支护或土钉墙支护；不放坡明挖是指在围护结构内开挖，主要适用于场地狭窄及地下水丰富的软弱围岩地区。围护结构形式主要有地下连续墙、人工挖孔桩、钻孔灌注桩、钻孔咬合桩、SMW 工法、工字钢桩和钢板桩等。

（3）明挖法是修建地铁车站的常用施工方法，具有施工作业面多、速度快、工期短、易保证工程质量、工程造价低等优点。因此，在地面交通和环境条件允许的地方，应尽可能采用明挖法。

（4）围护结构及其支撑体系关系到明挖法实施的成败。常见的基坑内支撑结构形式有：现浇混凝土支撑、钢管支撑和 H 形钢支撑等。根据支撑方向的不同，可将支撑分为对撑、角撑和斜撑等，在特殊情况下，也有设置成环形梁的。当内支撑跨度较大时，需在坑内设临时立柱，当临时立柱构造和位置恰当时，以后可将其变为结构的永久立柱。

（5）明挖法施工工序如下：围护结构施工→降水（或基坑底土体加固）→第一层开挖→设置第一层支撑→……→第 n 层开挖→设置第 n 层支撑→最底层开挖→底板混凝土浇筑→自下而上逐步拆支撑（局部支撑可能保留在结构完成后拆除）→随支撑拆除逐步完成结构侧墙和中板→顶板混凝土浇筑。明挖法车站施工的典型工序如图 2K313011–1 所示。

（二）盖挖法施工

（1）盖挖法施工也是明挖施工的一种形式，其施工基本流程：在现有道路上按所需宽度，以定型标准的预制棚盖结构（包括纵、横梁和路面板）或现浇混凝土顶（盖）板结构置于桩（或墙）柱结构上维持地面交通，在棚盖结构支护下进行开挖和施作主体结构、防水结构，然后回填土并恢复管线或埋设新的管线，最后恢复道路结构。

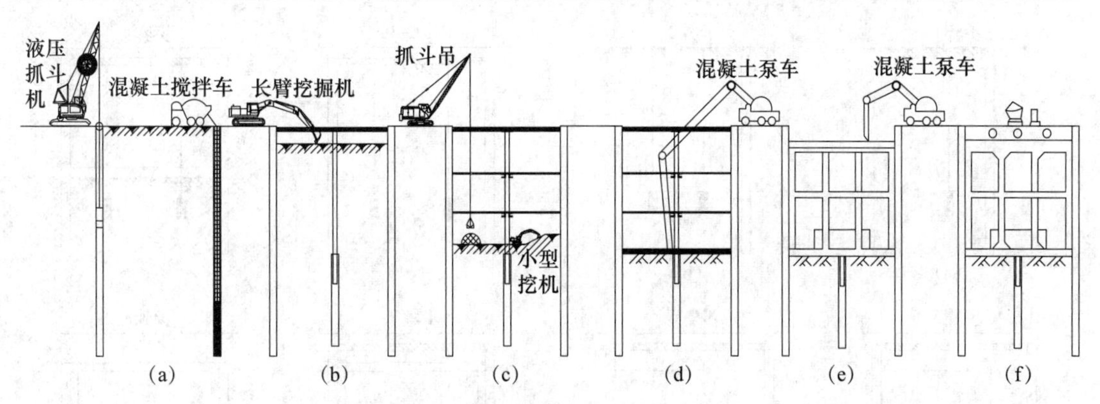

图 2K313011-1　明挖法车站施工的典型工序

(a) 维护结构施工; (b) 第一层开挖、支撑; (c) 第n层开挖、支撑; (d) 浇筑底板混凝土;
(e) 浇筑中板及顶板; (f) 车站主体结构完成

(2) 盖挖法具有诸多优点:

1) 围护结构变形小，能够有效控制周围土体的变形和地表沉降，有利于保护邻近建筑物和构筑物。

2) 施工受外界气候影响小，基坑底部土体稳定，隆起小，施工安全。

3) 盖挖逆作法用于城市街区施工时，可尽快恢复路面，对道路交通影响较小。

盖挖法也存在一些缺点:

1) 盖挖法施工时，混凝土结构的水平施工缝的处理较为困难。

2) 盖挖逆作法施工时，暗挖施工难度大、费用高。

3) 由于竖向出口少，需水平运输，后期开挖土方不方便。

4) 作业空间小，施工速度较明挖法慢、工期长。

盖挖法每次分部开挖与浇筑或衬砌的深度，应综合考虑基坑稳定、环境保护、永久结构形式和混凝土浇筑作业等因素来确定。

(3) 盖挖法可分为盖挖顺作法及盖挖逆作法。目前，城市中施工采用最多的是盖挖逆作法。

1) 盖挖顺作法

盖挖顺作法是棚盖结构施作后开挖到基坑底，再从下至上施作底板、边墙，最后完成顶板，故称为盖挖顺作法。临时路面一般由型钢纵、横梁和路面板组成，其具体施工流程见图 2K313011-2。由于主体结构是顺作，施工方便，质量易于保证，故顺作法仍然是盖挖法中的常用方法。

盖挖顺作法的围护结构，根据现场条件、地下水位高低、开挖深度以及周围建筑物的邻近程度可选择钢筋混凝土钻(挖)孔灌注桩或地下连续墙，对于饱和的软弱地层应以刚度大、变形小、止水性能好的地下连续墙为首选方案。目前，盖挖顺作法中的围护结构常用来作为主体结构边墙体的一部分或全部。

地铁车站施工中，盖挖顺作法一般是利用临时性设施(较常用的是钢结构)作辅助措施维持道路通行，在夜间将道路封锁，掀开盖板进行基坑土方开挖或结构施工。

由上述可知，盖挖顺作法与明挖顺作法在施工顺序上和技术难度上差别不大，仅挖土和出土工作因受盖板的限制，无法使用大型机具，需采用特殊的小型、高效机具。

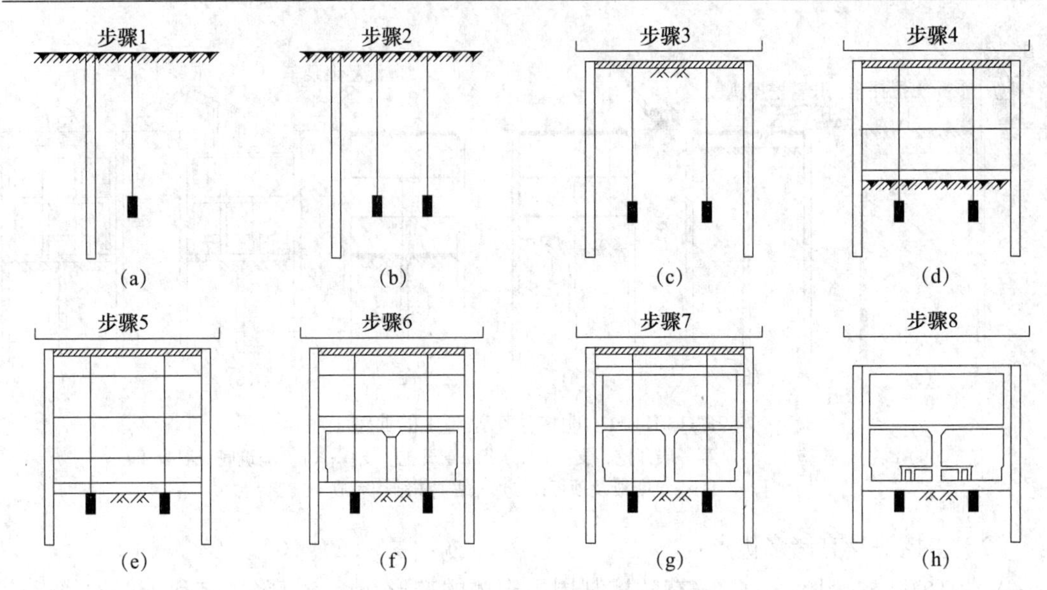

图 2K313011-2　盖挖顺作法施工流程

（a）构筑连续墙；（b）构筑中间支撑柱；（c）构筑连续墙及覆盖板；（d）开挖及支撑安装；（e）开挖及构筑底板；（f）构筑侧墙、柱；（g）构筑侧墙及顶板；（h）构筑内部结构及路面恢复

2）盖挖逆作法

盖挖逆作法施工时，先施作车站周边围护结构和结构主体桩柱，然后将结构盖板置于围护桩（墙）、柱（钢管柱或混凝土柱）上，自上而下完成土方开挖和边墙、中板及底板衬砌的施工，其具体施工流程见图 2K313011-3。盖挖逆作法是在明挖内支撑基坑基础上发展起来的，施工过程中不需设置临时支撑，而是借助结构顶板、中板自身的水平刚度和抗压强度实现对基坑围护桩（墙）的支撑作用。

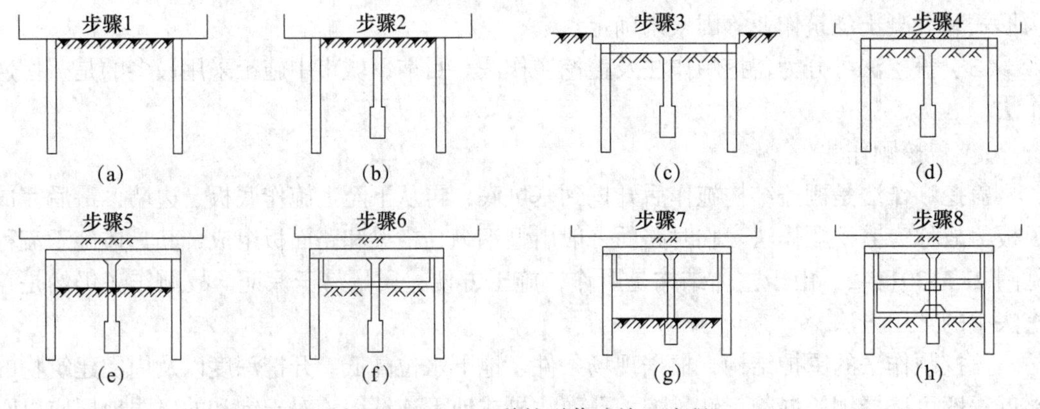

图 2K313011-3　盖挖逆作法施工流程

（a）构筑围护结构；（b）构筑主体结构中间立柱；（c）构筑顶板；（d）回填土、恢复路面；（e）开挖中层土；（f）构筑上层主体结构；（g）开挖下层土；（h）构筑下层主体结构

采用逆作法施工时要注意混凝土施工缝的处理问题，由于它是在上部混凝土达到设计强度后再接着往下浇筑的，而混凝土的收缩及析水，施工缝处不可避免地要出现缝隙，将对结构的强度、耐久性和防水性产生不良影响。

针对混凝土施工缝存在的上述问题，可采用直接法、注入法或充填法处理。其中，直接法是传统的施工方法，不易做到完全紧密接触；注入法是通过预先设置的注入孔向缝隙内注入水泥浆或环氧树脂；充填法是在下部混凝土浇筑到适当高度，清除浮浆后再用无收缩或微膨胀的混凝土或砂浆充填，充填的高度：用混凝土充填为1.0m，用砂浆充填为0.3m。为保证施工缝的良好充填，一般设置"V"形施工缝，其倾角以小于30°为宜。试验证明注入法和充填法能保证结构的整体性。

（三）喷锚暗挖法

喷锚暗挖法（详见2K313031条）对地层的适应性较广，适用于结构埋置较浅、地面建筑物密集、交通运输繁忙、地下管线密布，以及对地面沉降要求严格的城镇地区地下构筑物施工。喷锚暗挖法施工遵循"新奥法"原理施工，浅埋暗挖法是在新奥法基础上发展起来的。

1. 新奥法

"新奥法"是应用岩体力学理论，以维护和利用围岩的自承能力为基础，采用锚杆和喷射混凝土为主要支护手段，控制围岩的变形和松弛，使围岩成为支护体系的组成部分，并通过对围岩和支护的量测、监控来指导施工的工法。支护在与围岩共同变形时承受的是形变应力。因此，要求初期支护有一定柔度，以利用和充分发挥围岩的自承能力，从减少地表沉陷的城市要求出发，还要求初期支护有一定刚度。

2. 浅埋暗挖法

浅埋暗挖法是一种在距离地表较近的地下进行隧道或地下构筑物施工的方法。在城镇软弱围岩地层中，在浅埋条件下修建地下工程，以改造地质条件为前提，以控制地表沉降为重点，以格栅（或其他钢结构）和锚喷作为初期支护手段，遵循"新奥法"大部分原理，按照"十八字"原则（即管超前、严注浆、短开挖、强支护、快封闭、勤量测）进行隧道的设计和施工，称之为浅埋暗挖技术。

浅埋暗挖法起源于1986年北京地铁复兴门折返线工程，是我国地铁建设者们根据我国地质情况创造的地铁隧道和车站修建方法，目前已经总结出了比较成熟的经验和理论。在明挖法、盾构法不适应的条件下，充分显示了浅埋暗挖法的优越性。

浅埋暗挖法可以独立使用（如北京地铁西单站就是完全以此方法建成的），也可以与其他施工方法综合使用（如天安门西站、王府井站、东单站则是用浅埋暗挖法与盖挖法相结合修建的）。

浅埋暗挖法施工步骤是：先将小导管或管棚打入地层，然后注入水泥或化学浆液，使地层加固，再进行短进尺开挖，在土层或不稳定岩体中每循环在0.5～1.0m，施作初期支护，随后施作防水层，最后完成二次衬砌。当然，浅埋暗挖法的施工需利用监控测量获得的信息进行指导，这对施工的安全与质量都是非常重要的。浅埋暗挖技术从减少城市地表沉陷考虑，还必须辅之以其他配套技术，比如地层加固、降水等。浅埋暗挖法十分讲究开挖施工方法的选择（尤其是多跨结构和大跨结构）。

采用浅埋暗挖法时要注意其适用条件。首先，浅埋暗挖法不允许带水作业。如果含水地层不能疏干，带水作业是非常危险的，开挖面的稳定性时刻受到威胁，甚至发生塌方。大范围的淤泥质软土、粉细砂地层，降水有困难或经济上选择此工法不合算的地层，不宜采用此法。其次，采用浅埋暗挖法要求开挖面具有一定的自立性和稳定性。我国规范对土壤的自立性从定性上提出了要求：工作面土体的自立时间，应足以进行必要的初期支护作业。对开挖面前方地层的预加固和预处理，视为浅埋暗挖法的必要前提，目的就在于加强开挖面的稳定性，增加施工的安全性。

常用的单跨隧道浅埋暗挖方法选择（根据开挖断面大小）见图 2K313011-4；在地质条件较差和拱部弧度较平缓时，10～12m 断面仍宜采用 CD 法。除了图 2K313011-4 所示方法外，还有侧洞法、柱洞法和中洞法，用于修建三拱两柱或双拱单柱双层岛式车站。一拱两柱和一拱一柱断面虽有利于拱顶防水，但拱顶较平缓，故而施工时宜采用柱洞法或洞桩法，具体详见 2K313031 条。

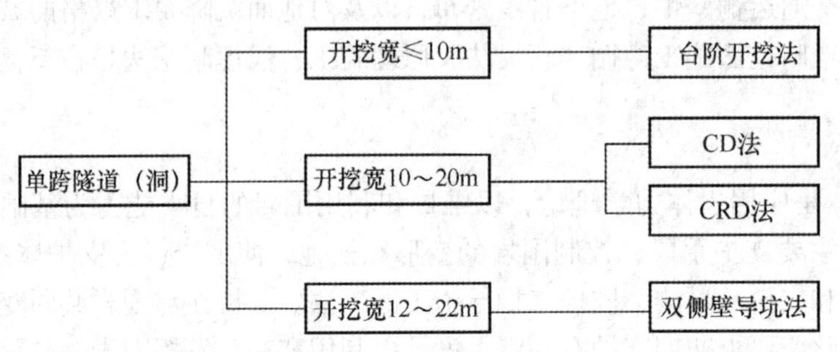

图 2K313011-4　常用的单跨隧道浅埋暗挖方法选择

三、不同方法施工的地铁车站结构

（一）明挖法施工车站结构

明挖法施工的车站主要采用矩形框架结构或拱形结构。

1. 矩形框架结构

这是明挖车站中采用最多的一种形式，根据功能要求，可以双层单跨、双跨或多层多跨等形式。侧式车站一般采用双跨结构；岛式车站多采用双跨或三跨结构。站台宽度≤10m 时宜采用双跨结构，有时也采用单跨结构。在道路狭窄的地段建地铁车站，也可采用上、下行线重叠的结构。

明挖地铁车站结构由底板、侧墙及顶板等结构和楼板、梁、柱及内墙等内部构件组合而成。它们主要用来承受施工和运营期间的内外部荷载，提供地铁必需的使用空间，同时也是车站建筑造型的有机组成部分。构件的形式和尺寸将直接影响内部的使用空间和管线布置等，所以必须综合受力、使用、建筑、经济和施工等因素合理选定。

（1）顶板和楼板：

可采用单向板（或梁式板）、井字梁式板、无梁板或密肋板等形式。井字梁式板和无梁板可以形成美观的顶棚或建筑造型，但造价较高，只有在板下敷设管线时方可考虑采用。

（2）底板：

底板主要按受力和功能要求设置。几乎都采用以纵梁和侧墙为支承的梁式板结构，这有利于整体道床和站台下纵向管道的铺设。埋置于无地下水的岩石地层中的明挖车站，可不设受力底板，但铺底应满足整体道床的使用要求。

（3）侧墙：

当采用放坡开挖或用工字钢桩、钢板桩等作基坑的围护结构时，侧墙多采用以顶、底板及楼板为支承的单向板，装配式构件也可采用密肋板。

当采用地下连续墙时，可利用它们作为主体结构侧墙的一部分或全部。当连续墙直接作为主体结构的侧墙或与内衬墙形成整体结构时，设计中需要考虑周边的水文条件及先期修建的连续墙与顶、楼、底板等水平构件的连接。

（4）立柱：

明挖车站的立柱一般采用钢筋混凝土结构，可采用方形、矩形、圆形或椭圆形等截面。按常规荷载设计的地铁车站站台区的柱距一般取6～8m。当车站与地面建筑合建或为特殊荷载控制设计，柱的设计荷载很大时，可采用钢管混凝土柱、劲性钢筋高强度混凝土柱。

2. 拱形结构

一般用于站台宽度较窄的单跨单层或单跨双层车站。结构由拱形刚架和平底板组成，刚架与底板之间采用铰接，并在其外侧设有与底板整体浇筑的挡墙，用以抵抗刚架的水平推力。

（二）盖挖法施工车站结构

1. 结构形式

盖挖法施工的地铁车站多采用矩形框架结构。

软土地区地铁车站一般采用地下连续墙或钻孔灌注桩作为施工阶段的围护结构。采用地下连续墙作为主体结构一部分或全部时，应经工程造价、进度、结构整体性、防水、施工处理等综合比较后，根据不同地质、周围环境等选用。

2. 侧墙

地下连续墙，按其受力特性可分为四种形式：

（1）临时墙：仅用来挡土的临时围护结构。

（2）单层墙：既是临时围护结构又作为永久结构的边墙。

（3）叠合墙：地下连续墙体作为永久结构边墙一部分。

（4）复合墙：单层侧墙即地下墙在施工阶段作为基坑围护结构，建成后使用阶段又是主体结构的侧墙，内部结构的板直接与单层墙相接。在地下墙中可采用预埋“直螺纹钢筋连接器”将板的钢筋与地下墙的钢筋相接，确保单层侧墙与板的连接强度及刚度。砂性地层中不宜采用单层侧墙。

双层侧墙即地下墙在施工阶段作为围护结构，回筑时在地上墙内侧现浇钢筋混凝土内衬侧墙，与先施工的地下墙组成叠合结构，共同承受使用阶段的水土侧压力，板与双层墙组成现浇钢筋混凝土框架结构。

3. 中间竖向临时支撑系统

中间竖向临时支撑系统由临时立柱及其基础组成，系统的设置方法有三种：① 在永久柱的两侧单独设置临时柱；② 临时柱与永久柱合一；③ 临时柱与永久柱合一，同时增设临时柱。

（三）喷锚暗挖（矿山）法施工车站结构

喷锚暗挖（矿山）法施工的地铁车站，视地层条件、施工方法及其使用要求的不同，可采用单拱式车站、双拱式车站或三拱式车站，并根据需要可作成单层或双层。此类车站的开挖断面一般为150～250m^2。由于断面较大，开挖方法对洞室稳定、地面沉降和支护受力等有重大影响，在第四纪地层中开挖时常需采用辅助施工措施。

1. 单拱车站隧道

这种结构形式由于可以获得宽敞的空间和宏伟的建筑效果，在岩石地层中采用较多。

近年来国外在第四纪地层中也有采用的实例，但施工难度大、技术措施复杂，造价也高。

2. 双拱车站隧道

双拱车站有两种基本形式，即双拱塔柱式和双拱立柱式。

3. 三拱车站

三拱车站亦有塔柱式和立柱式两种基本形式，但三拱塔柱式车站现已很少采用，土层中大多采用三拱立柱式车站。

2K313012　地铁区间隧道结构与施工方法

一、施工方法比较与选择

（一）喷锚暗挖法

施工基本流程见图 2K313012-1。

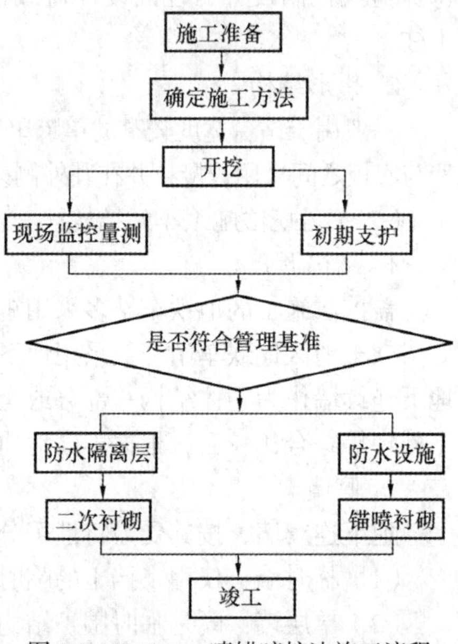

图 2K313012-1　喷锚暗挖法施工流程

该法采用先柔后刚复合式衬砌和新型的支护结构体系，初期支护按承担全部基本荷载设计，二次模筑衬砌作为安全储备，初期支护和二次衬砌共同承担特殊荷载。

应用浅埋暗挖法设计和施工时，同时采用多种辅助工法，超前预支护以改善加固围岩，调动部分围岩的自承能力；采用不同的开挖方法及时支护、封闭成环，使其与围岩共同作用形成联合支护体系。在施工过程中应用监控量测、信息反馈和优化设计，实现不塌方、少沉降和安全施工。

浅埋暗挖技术多用于第四纪软弱地层，由于围岩自承能力比较差，为避免对地面建筑物和地下构筑物造成破坏，需要严格控制地面沉降量。因此，初期支护要刚度大，支护要及时。初期支护必须从上向下施工，二次衬砌模筑必须通过变形量测确认初期支护结构基本稳定时，才能施工，而且必须从下往上施工，绝不允许先拱后墙施工。

浅埋暗挖法与新奥法相比，更强调地层的预支护和预加固。因为地铁工程基本是在城镇施工，对地表沉降的控制要求比较严格。浅埋暗挖法支护衬砌的结构刚度比较大，初期支护允许变形量比较小，有利于减少底层的扰动及保护周边环境。

1. 地层预加固和预支护

在城市地铁隧道施工中，经常遇到砂砾土、砂性土、黏性土或强风化基岩等不稳定地层。这类地层在隧道开挖过程中自稳时间短暂。往往在初期支护尚未来得及施作，或喷射混凝土尚未获得足够强度时，拱墙的局部地层已开始坍塌。为此，需采用地层预加固、预支护的方法，以提高周围地层的稳定性。常用的预加固和预支护方法有：小导管超前预注浆和管棚超前支护等，详见 2K313034 条和 2K313035 条。

2. 隧道土方开挖与支护

采用浅埋暗挖法开挖作业时，所选用的掘进方式及工艺流程，应保证最大限度地减少对地层的扰动，提高周围地层自承作用和减少地表沉降。根据不同的地质条件及隧道断面，选用不同的开挖方法，但其总原则是：预支护、预加固一段，开挖一段；开挖一段，支护一段；支护一段，封闭成环一段。初期支护封闭成环后，隧道处于暂时稳定状态，通过监控量测，确认达到基本稳定状态时，可以进行二次衬砌施工。如量测结果证明尚未稳定，则需继续监测；如监测结果证明支护有失稳的趋势时，则需及时通过设计部门共同协商，确定加固方案。掘进方式选择详见 2K313031 条。

3. 初期支护形式

在软弱破碎及松散、不稳定的地层中采用浅埋暗挖法施工时，除需对地层进行预加固和预支护外，隧道初期支护施作的及时性及支护的强度和刚度，对保证开挖后隧道的稳定性、减少地层扰动和地表沉降，都具有决定性的影响。在诸多支护形式中，钢拱锚喷混凝土支护是满足上述要求的最佳支护形式。初期支护形式详见 2K313032 条。

4. 二次衬砌

在浅埋暗挖法中，初期支护的变形达到基本稳定，且防水结构施工验收合格后，可以进行二次衬砌施工。这是浅埋暗挖法中二次衬砌施工与一般隧道衬砌施工的主要区别。其他现浇钢筋混凝土工艺和机械设备使用与一般隧道衬砌施工基本相同。

二次衬砌模板可以采用临时木模板或金属定型模板，更多情况则使用模板台车，因为区间隧道的断面尺寸基本不变，有利于使用模板台车，加快支模及拆模速度。衬砌所用的模板、墙架、拱架均应式样简单、拆装方便、表面光滑、接缝严密。使用前应在样板台上校核；重复使用时，应随时检查并整修。二次混凝土施工详见 2K313033 条。

5. 监控量测

利用监控量测信息指导设计与施工是浅埋暗挖施工工序的重要组成部分。在设计文件中应提出具体要求和内容，监控量测的费用应纳入工程成本。在实施过程中施工单位要有专门机构执行与管理，并由项目技术负责人统一掌握、统一领导。经验证明拱顶沉降是控制稳定较直观的和可靠的判断依据，水平收敛和地表沉降有时也是重要的判断依据。对于地铁隧道来讲，地表沉降测量显得尤为重要。

（二）盾构法

1. 盾构法施工（见图 2K313012-2）

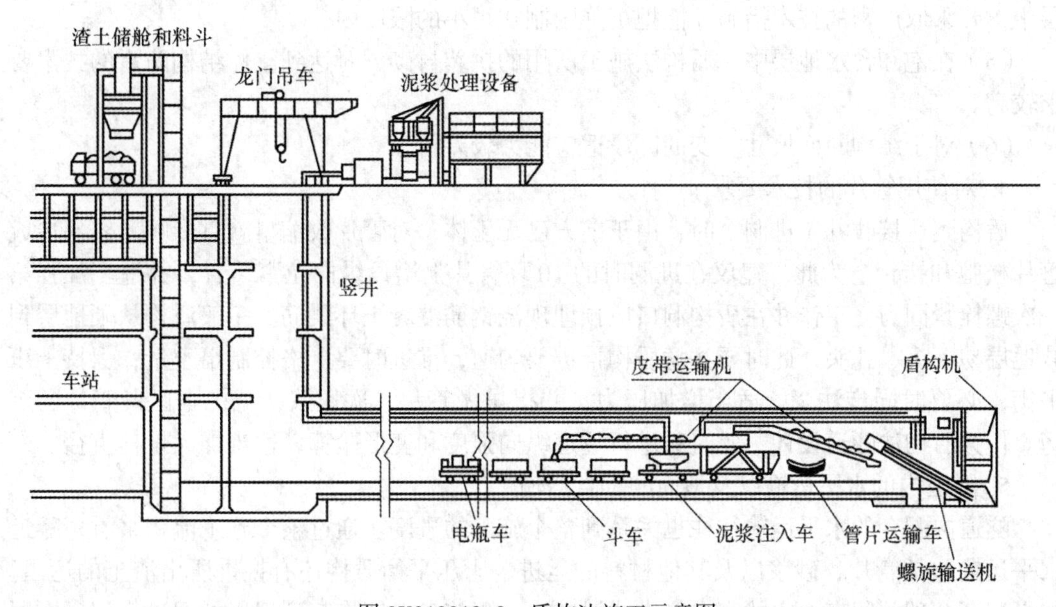

图 2K313012-2 盾构法施工示意图

其基本施工步骤如下：

（1）在盾构法隧道的始发端和接收端各建一个工作（竖）井。

（2）盾构在始发端工作井内安装就位。

（3）依靠盾构千斤顶推力（作用在已拼装好的衬砌环和反力架）将盾构从始发工作井的墙壁预留洞门推出。

（4）盾构在地层中沿着设计轴线推进，在推进的同时不断出土和安装衬砌管片。

（5）及时地向衬砌背后的空隙注浆，防止地层移动和固定衬砌环位置。

（6）盾构进入接收工作井并被拆除，如施工需要，也可穿越工作井再向前推进。

2. 盾构法施工隧道的优点

（1）除竖井施工外，施工作业均在地下进行，既不影响地面交通，又可减少对附近居民的噪声和振动影响。

（2）盾构推进、出土、拼装衬砌等主要工序循环进行，施工易于管理，施工人员也较少。

（3）在一定覆土范围内，隧道的施工费用不受覆土量影响，适宜于建造覆土较深的隧道。

（4）施工不受风雨等气候条件的影响。

（5）当隧道穿过河底或其他建筑物时，不影响航运通行、建（构）筑物正常使用。

（6）土方及衬砌施工安全、掘进速度快。

（7）在松软含水地层中修建埋深较大的长隧道往往具有技术和经济方面的优越性。

3. 盾构法施工存在的问题

（1）当隧道曲线半径过小时，施工较为困难。

（2）在陆地建造隧道时，如隧道覆土太浅，则盾构法施工困难很大；而在水下时，如覆土太浅则盾构法施工不够安全。

（3）盾构施工中采用全气压方法以疏干和稳定地层时，对劳动保护要求较高，施工条件差。

（4）盾构法隧道上方一定范围内的地表沉降尚难完全防止，特别在饱和含水松软的土层中，要采取严密的技术措施才能把沉降限制在很小的限度内。

（5）在饱和含水地层中，盾构法施工所用的拼装衬砌，对达到整体结构防水的技术要求较高。

（6）对于结构断面尺寸多变的区段适应能力较差。

4. 对使用管片的技术要求

盾构到达接收井（进洞）时，由于前方已无土体，对管片收缩量就有影响，容易造成管片松弛和错台。为此，建议在进洞时的10环管片上增设纵向拉紧装置，并适当加强第一次螺栓紧固力。工作井在盾构洞口应预埋现浇钢筋混凝土环梁筋。一般盾构从硬地层到软地层易下沉、扎头，此时要注意盾构推进要匀速，推进时要严格控制出土量，保持土压平衡，必要时同步注浆，适当增加压力，并提早做管片二次压浆，减少本区段管片的沉降。作为盾构法隧道设计，此时应进行隧道纵向强度和变形验算，适当加大螺栓直径。

5. 隧道内的水平运输以及地面的垂直运输

隧道内配套的水平运输往往也关系到整个施工的进度。通过整个施工流程来看，隧道水平运输包括管片、砂浆以及其他材料的运进，土压平衡盾构还有掘进所出渣土的运出。如果配套合理并留有一定的富余能力，对整个工程施工工期将起到很好的促进作用。在国内外，也有整个出渣土的水平运输为皮带运输的实例，通过不断增加的皮带运输组来跟进盾构的前进。

二、不同方法施工的地铁区间隧道结构

（一）明挖法施工隧道

在场地开阔、建筑物稀少、交通及环境允许的地区，应优先采用施工速度快、造价较低的明挖法施工。明挖法施工的地下铁道区间隧道结构通常采用矩形断面，一般为整体浇筑或装配式结构，其优点是其内轮廓与地下铁道建筑限界接近，内部净空可以得到充分利用，结构受力合理，顶板上便于敷设城市地下管网和设施。

1. 整体式衬砌结构

明挖法施工隧道可采用整体式衬砌结构和预制装配式衬砌。整体式衬砌结构由于结构整体性好，防水性能容易得到保证，可适用于各种工程地质和水文地质条件。但是，施工工序较多，速度较慢。

2. 预制装配式衬砌

预制装配式衬砌的结构形式应根据工业化生产水平、施工方法、起重运输条件、场地条件等因地制宜选择，目前以单跨和双跨较为通用。装配式衬砌各构件之间的接头构造，除了要考虑强度、刚度、防水性等方面的要求外，还要求构造简单、施工方便。预制装配式衬砌整体性较差，对于有特殊要求（如防护、抗震等）的地段要慎重选用。

（二）喷锚暗挖（矿山）法施工隧道

在城市区域、交通要道及地上地下构筑物复杂地区，隧道施工采用喷锚暗挖法是一种较好的选择；隧道施工时，一般采用拱形结构，其基本断面形式为单拱、双拱和多跨连拱。前者多用于单线或双线的区间隧道或联络通道，后两者多用在停车线、折返线或喇叭口岔线上。采用喷锚暗挖法的隧道衬砌又称为支护结构，其作用是加固围岩并与围岩一起组成一个有足够安全度的隧道结构体系，共同承受可能出现的各种荷载，保持隧道断面的使用净空，防止地表沉降，提供空气流通的光滑表面，堵截或引排地下水。根据对隧道衬砌结构的基本要求以及隧道所处的围岩条件、地下水状况、地表沉降的控制、断面大小和施工方法等，可以采用基本结构类型及其变化方案。

1. 衬砌的基本结构类型——复合式衬砌

这种衬砌结构是由初期支护、防水隔离层和二次衬砌所组成。复合式衬砌外层为初期支护，其作用是加固围岩，控制围岩变形，防止围岩松动失稳，是衬砌结构中的主要承载单元。一般应在开挖后立即施作，并应与围岩密贴。所以，最适宜采用喷锚支护，根据具体情况，选用锚杆、喷混凝土、钢筋网和钢拱架等单一或并用而成。

2. 衬砌结构的变化方案

在干燥无水的坚硬围岩中，区间隧道衬砌亦可采用单层的喷锚支护，不做防水隔离层和二次衬砌，但这种衬砌对喷混凝土的施工工艺和抗风化性能都应有较高的要求，衬砌表面要平整，不允许出现大量的裂缝。

在防水要求不高，围岩有一定的自稳能力时，区间隧道也采用单层的模筑混凝土衬砌，不做初期支护和防水隔离层。施工时如有需要可设置用木料、钢材或喷锚做成的临时支撑，不同于受力单元，一般情况下，在浇筑混凝土时需将临时支撑拆除，以供下次使用。单层模筑衬砌又称为整体式衬砌，为适应不同的围岩条件，整体式衬砌可做成等截面直墙式和等截面或变截面曲墙式，前者适用于坚硬围岩，后者适用于软弱围岩。

（三）盾构法隧道

1. 盾构法隧道衬砌

预制装配式衬砌是用工厂预制的构件（称为管片），在盾构尾部拼装而成的。

（1）管片类型：管片按材质分为钢筋混凝土管片、钢管片、铸铁管片、钢纤维混凝土管片和复合材料管片。其中，钢管片和铸铁管片一般用于负环管片或联络通道部位，但由于铸铁管片成本较高现已很少采用。钢筋混凝土管片是盾构法隧道衬砌中最常用的管片类型。

（2）管环构成：盾构隧道衬砌的主体是管片拼装组成的管环，管环通常由A型管片（标准块）、B型管片（邻接块）和K型管片（封顶块）构成，管片之间一般采用螺栓连接，见图2K313012-3a。封顶块K型管片根据管片拼装方式的不同，有从隧道内侧向半径方向插入的径向插入型（见图2K313012-3b）和从隧道轴向插入的轴向插入型（见图2K313012-3c）以及两者并用的类型。半径方向插入型为传统插入型，早期的施工实例很多，该类型的K型管片很容易落入隧道内侧。随着隧道埋深的增加，不易脱落的轴向插入型K型管片被越来越多地使用。两种插入型K型管片同时使用的情况较少见。

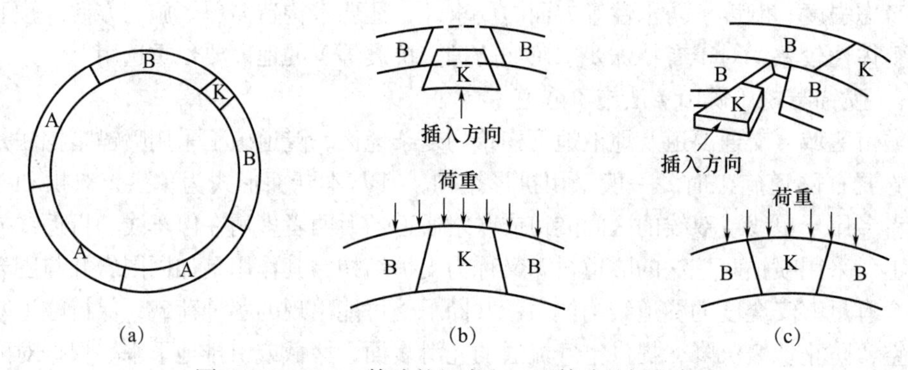

图2K313012-3　管片的组成和K型管片的插入方式

（a）管片的组成；（b）K型管片径向插入；（c）K型管片轴向插入

2. 联络通道

联络通道是设置在两条地铁隧道之间的一条横向通道，起到乘客的安全疏散、隧道排水及防火、消防等作用。

目前，国内地铁的联络通道主要采用暗挖法、超前预支护方法（深孔注浆或冻结法）施工。联络通道的施工顺序为：

（1）打开冻结侧通道预留口钢管片。

（2）按照通道中部的全断面开挖并作临时支护直到对侧门钢管片。

（3）返回刷大两侧喇叭口断面并作临时支护。

（4）集水井开挖、临时支护和一次浇筑混凝土永久支护。

（5）最后，打开通道对侧门钢管片。

土方开挖采用人工铲和风镐相结合的方式。通道结构及开挖构筑施工顺序如图2K313012-4所示。在有承压水的砂土地层施工联络通道是地铁施工风险最大的工序之一，施工时必须引起注意。

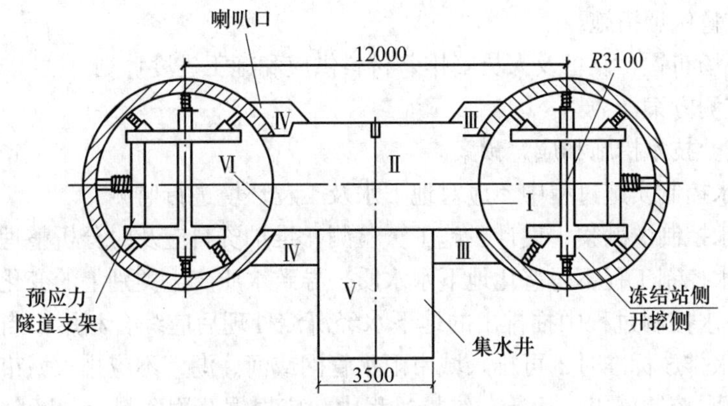

图 2K313012-4　联络通道结构图

Ⅰ—冻结侧通道预留口钢管片；Ⅱ—通道；Ⅲ—冻结侧喇叭口；
Ⅳ—对侧喇叭口；Ⅴ—集水井；Ⅵ—对侧门钢管片

2K313020　明挖基坑施工

2K313021　地下水控制

为保证地下工程、基础工程正常施工，控制和减少对工程环境影响所采取的排水、降水、隔水或回灌等工程措施，统称为地下水控制。

一、基本规定

（一）一般规定

（1）地下水控制应包括工程勘察、地下水控制设计、工程施工与工程监测等工作内容。

（2）地下水控制应综合地方经验，因地制宜，选择合理的地下水控制方案，有效控制对工程环境的影响，防止污染地下水，减少地下水的抽排量。

（3）地下水控制设计和施工前应搜集下列资料：

1）地下水控制范围、深度、起止时间等。

2）地下工程开挖与支护设计施工方案，拟建（构）筑物基础埋深、地面高程等。

3）场地与相邻地区的工程勘察等资料，当地地下水控制工程经验。

4）周围建（构）筑物、地下管线分布状况和平面位置、基础结构和埋设方式等工程环境情况。

5）地下水控制工程施工的供水、供电、道路、排水及有无障碍物等现场施工条件。

（4）当已有工程勘察资料不能满足设计要求时应进行补充勘察或专项水文地质勘察。

（5）地下水控制设计应满足下列功能规定：

1）支护结构设计和施工的要求。

2）地下结构施工的要求。

3）工程周边建（构）筑物、地下管线、道路的安全和正常使用要求。

（6）地下水控制施工应根据设计要求编制施工组织设计或专项施工方案，并应包括下列主要内容：

1）工程概况及设计依据。

2）分析地下水控制工程的关键节点，提出针对性技术措施。

3）制定质量保证措施。

4）制定现场布置、设备及人员安排、材料供应和施工进度计划。

5）制定监测方案。

6）制定安全技术措施和应急预案。

（7）地下水控制实施过程中，应对地下水及工程环境进行监测。

（8）地下水控制的勘察、设计、施工、检测、维护资料应及时分析整理、保存。

（9）地下水控制工程不得恶化地下水水质，导致水质产生类别上的变化。

（10）地下水控制过程中抽排出的地下水经沉淀处理后应综合利用；当多余的地下水符合城市地表水排放标准时，可排入城市雨水管网或河、湖，不应排入城市污水管道。

（11）地下水控制施工、运行、维护过程中，应根据监测资料，判断分析对工程环境影响程度及变化趋势，进行信息化施工，及时采取防治措施，适时启动应急预案。

（二）地下水控制方法分类及工程分级

（1）地下水控制方法可划分为降水、隔水和回灌三类。各种地下水控制方法可单独或组合使用。

（2）地下水控制可根据控制方法、工程环境限制要求、工程规模、地下水控制幅度、含水层特征、场地复杂程度，并结合基坑围护结构特点、开挖方法和工况等将地下水控制工程划分为简单、中等复杂、复杂三级。

（3）地下水控制工程复杂程度划分应符合下列规定：

1）降水工程复杂程度可按表 2K313021-1 确定。

降水工程复杂程度划分　　**表 2K313021-1**

条件		复杂程度分类		
		简单	中等复杂	复杂
工程环境限制要求		无明确要求	有一定要求	有严格要求
降水工程规模	面状围合面积 A（m^2）	$A < 5000$	$5000 \leqslant A \leqslant 20000$	$A > 20000$
	条状宽度 B（m）	$B < 3.0$	$3.0 \leqslant B \leqslant 8.0$	$B > 8.0$
	线状长度 L（km）	$L < 0.5$	$0.5 \leqslant L \leqslant 2.0$	$L > 2.0$
水位降深值 s（m）		$s < 6.0$	$6.0 \leqslant s \leqslant 16.0$	$s > 16.0$
含水层特征	含水层数	单层	双层	多层
	承压水	无承压水	承压含水层顶板低于开挖深度	承压含水层顶板高于开挖深度
	渗透系数 k（m/d）	$0.1 \leqslant k \leqslant 20.0$	$20.0 < k \leqslant 50.0$	$k < 0.1$ 或 $k > 50.0$
	构造裂隙发育程度	构造简单，裂隙不发育	构造较简单，裂隙较发育	构造复杂，裂隙很发育
	岩溶发育程度	不发育	发育	很发育
场地复杂程度		简单场地	中等复杂场地	复杂场地

注：① 降水工程复杂程度分类选择以工程环境、工程规模和降水深度为主要条件，符合主要条件之一即可，其他条件宜综合考虑；

② 长宽比小于或等于 20 时为面状，大于 20 且小于或等于 50 时为条状，大于 50 时为线状；

③ 场地复杂程度分类根据现行国家标准《岩土工程勘察规范》GB 50021—2001（2009 年版）确定。

2）隔水工程复杂程度可按表 2K313021-2 确定。

隔水工程复杂程度分类 **表 2K313021-2**

条件		复杂程度分类		
		简单	中等复杂	复杂
工程环境限制要求		无明确要求	有一定要求	有严格要求
隔水深度 h（m）		$h \leqslant 7.0$	$7.0 < h \leqslant 13.0$	$h > 13.0$
含水层特征	含水层数	单层	双层	多层
	渗透系数 k（m/d）	$k \leqslant 20.0$	$20 < k \leqslant 50$	$k > 50$
场地复杂程度		简单场地	中等复杂场地	复杂场地

注：① 隔水工程复杂程度分类选择以工程环境和隔水深度为主要条件，符合主要条件之一即可，其他条件宜综合考虑；

② 场地复杂程度分类根据现行国家标准《岩土工程勘察规范》GB 50021—2001（2009 年版）确定。

3）当两种以上地下水控制方法组合使用时，应划分为复杂工程。

（4）地下水控制设计施工的安全等级应按表 2K313021-3 分为一级、二级、三级。

安全等级分类 **表 2K313021-3**

地下水控制工程复杂程度	安全等级
简单	一级
中等复杂	二级
复杂	三级

二、降水

（一）一般规定

（1）降水设计应符合下列规定：

1）应明确设计任务和依据。

2）应根据工程地质、水文地质条件、基坑开挖工况、工程环境条件进行多方案对比分析后制定降水技术方案。

3）应确定降水井的结构、平面布置及剖面图，以及不同工况条件下的出水量和水位降深。

4）应提出对周边工程环境监测要求，明确预警值、控制值和控制措施。

5）应提出降水运行维护的要求，提出地下水综合利用方案。

6）应提出降水施工质量要求，明确质量控制指标。

7）应预测可能存在的施工缺陷，制定针对性的修复预案。

（2）降水运行时间应满足地下结构施工的要求，当存在抗浮要求时应延长降水运行工期。

（3）降水完成后应及时封井。

（二）降水方法的分类和选择

（1）降水方法应根据场地地质条件、降水目的、降水技术要求、降水工程可能涉及的工程环境保护等因素按表 2K313021-4 选用，并应符合下列规定：

工程降水方法及适用条件　　表 2K313021-4

降水方法＼适用条件		土质类别	渗透系数（m/d）	降水深度（m）
集水明排		填土、黏性土、粉土、砂土、碎石土	—	—
降水井	真空井点	粉质黏土、粉土、砂土	0.01～20.0	单级≤6，多级≤12
	喷射井点	粉土、砂土	0.1～20.0	≤20
	管井	粉土、砂土、碎石土、岩石	＞1	不限
	渗井	粉质黏土、粉土、砂土、碎石土	＞0.1	由下伏含水层的埋藏条件和水头条件确定
	辐射井	黏性土、粉土、砂土、碎石土	＞0.1	4～20
	电渗井	黏性土、淤泥、淤泥质黏土	≤0.1	≤6
	潜埋井	粉土、砂土、碎石土	＞0.1	≤2

1）地下水控制水位应满足基础施工要求，基坑范围内地下水位应降至基础垫层以下不小于0.5m，对基底以下承压水应降至不产生坑底突涌的水位以下，对局部加深部位（电梯井、集水坑、泵房等）宜采取局部控制措施。

2）降水过程中应采取防止土颗粒流失的措施。

3）应减少对地下水资源的影响。

4）对工程环境的影响应在可控范围之内。

5）应能充分利用抽排的地下水资源。

（2）地下水控制应采取集水明排措施，拦截、排除地表（坑顶）、坑底和坡面积水。

（3）当采用渗井或多层含水层降水时，应采取措施防止下部含水层水质恶化，在降水完成后应及时进行分段封井。

（4）对风化岩、黏性土等富水性差的地层，可采用降、排、堵等多种地下水控制方法。

（三）降水系统布设

（1）降水系统平面布置应根据工程的平面形状、场地条件及建筑条件确定，并应符合下列规定：

1）面状降水工程降水井点宜沿降水区域周边呈封闭状均匀布置，距开挖上口边线不宜小于1m。

2）线状、条状降水工程降水井宜采用单排或双排布置，两端应外延条状或线状降水井点围合区域宽度的1～2倍布置降水井。

3）降水井点围合区域宽度大于单井降水影响半径或采用隔水帷幕的工程，应在围合区域内增设降水井或疏干井。

4）在运土通道出口两侧应增设降水井。

5）当降水区域远离补给边界，地下水流速较小时，降水井点宜等间距布置；当邻近补给边界，地下水流速较大时，在地下水补给方向降水井点间距可适当减小。

6）对于多层含水层降水宜分层布置降水井点，当确定上含水层地下水不会造成下层含水层地下水污染时，可利用一个井点降低多层地下水水位。

7）降水井点、排水系统布设应考虑与场地工程施工的相互影响。

（2）真空井点布设除应符合上述（三）（1）部分要求外，尚应符合下列规定：

1）当真空井点孔口至设计降水水位的深度不超过6.0m时，宜采用单级真空井点；当大于6.0m且场地条件允许时，可采用多级真空井点降水，多级井点上下级高差宜取4.0～5.0m。

2）井点系统的平面布置应根据降水区域平面形状、降水深度、地下水的流向以及土的性质确定，可布置成环形、U形和线形（单排、双排）。

3）井点间距宜为0.8～2.0m，距开挖上口线的距离不应小于1.0m；集水总管宜沿抽水水流方向布设，坡度宜为0.25%～0.5%。

4）降水区域四角位置井点宜加密。

5）降水区域场地狭小或在涵洞、地下暗挖工程、水下降水工程，可布设水平、倾斜井点。

（3）集水明排应符合下列规定：

1）对地表汇水、降水井抽出的地下水可采用明沟或管道排水。

2）对坑底汇水可采用明沟或盲沟排水。

3）对坡面渗水宜采用渗水部位插打导水管引至排水沟的方式排水。

4）必要时可设置临时性明沟和集水井，临时明沟和集水井随土方开挖过程适时调整。

5）沿排水沟宜每隔30～50m设置一座集水井。集水井、排水管沟不应影响地下工程施工。

6）排水沟深度和宽度应根据基坑排水量确定，坡度宜为0.1%～0.5%；集水井尺寸和数量应根据汇水量确定，深度应大于排水沟深度1.0m；排水管道的直径应根据排水量确定，排水管的坡度不宜小于0.5%。

（4）降水工程排水设施与市政管网连接口之间应设沉淀池。

（四）降水施工

（1）降水施工组织设计除应符合本条一、（一）（6）规定外，尚应包括下列内容：

1）根据设计要求，制定成井质量控制、降水运行控制的流程和指标。

2）地表排水管网布置及与市政管网的连接的要求。

3）降水工程停止时间，封井的时间、方法和要求。

（2）降水施工准备阶段应符合下列规定：

1）施工现场水、电、路和场地应满足设备、设施就位和进出场地条件。

2）应根据施工组织设计对所有参加人员进行技术交底和安全交底。

3）应进行设备、材料的采购、组织与调配，设备选择应与降水井的出水能力相匹配。

4）应进行工程环境监测的布设和初始数据的采集。

5）当发现降水设计与现场情况不符时，应及时反馈情况。

（3）真空井点的成孔应符合下列规定：

1）垂直井点：对易产生塌孔、缩孔的松软地层，成孔施工宜采用泥浆钻进、高压水套管冲击钻进；对于不易产生塌孔、缩孔的地层，可采用长螺旋钻进、清水或稀泥浆钻进。

2）水平井点：钻探成孔后，将滤水管水平顶入，通过射流喷砂器将滤砂送至滤管周围；对容易塌孔地层可采用套管钻进。

3）倾斜井点：宜按水平井点施工要求进行，并应根据设计条件调整角度，穿过多层含水层时，井管应倾向基坑外侧。

4）成孔直径应满足填充滤料的要求，且不宜大于 300mm。

5）成孔深度不应小于降水井设计深度。

（4）真空井点施工安装应符合下列规定：

1）井点管的成孔达到上条要求及设计孔深后，应加大泵量、冲洗钻孔、稀释泥浆，返清水 3～5min 后，方可向孔内安放井点管。

2）井点管安装到位后，应向孔内投放滤料，滤料粒径宜为 0.4～0.6mm。孔内投入的滤料数量，宜大于计算值 5%～15%，滤料填至地面以下 1～2m 后应用黏土填满压实。

3）井点管、集水总管应与水泵连接安装，抽水系统不应漏水、漏气。

4）形成完整的真空井点抽水系统后，应进行试运行。

（五）验收与运行维护

（1）降水工程单井验收应符合下列规定：

1）单井的平面位置、成孔直径、深度应符合设计要求。

2）成井直径、深度、垂直度等应符合设计要求，井内沉淀厚度不应大于成井深度的 5‰。

3）洗井应符合设计要求。

4）降深、单井出水量等应符合设计要求。

5）成井材料和施工过程应符合设计要求。

（2）正式运行前应进行联网试运行抽水试验，并应符合下列规定：

1）应保持场区排水管网畅通并与市政管网连接，排水管道应满足排水量的要求，沉淀池、水量计量、水位测量仪等设施应符合设计要求。

2）各降水井管与排水总管应安装调试完毕。

3）供电线路和配电箱的布设应满足降水要求，并应配备必要的备用电源、水泵和有关设备及材料。

4）应开启全部降水井，并应进行水位、水量等监测记录。

5）当降水深度大于设计要求的深度时，可适当调整降水井的数量或井的抽水量；当降水深度小于设计要求的深度或不能满足基坑开挖的深度时，应分批开启全部备用井。

6）当基坑内观察井的稳定水位 24h 波动幅度小于 20mm 时，可停止试验。

7）抽水试验的降水深度不能满足基坑开挖或降水设计要求时，应分析查找原因，调整井的数量或井的结构。

（3）集水明排工程排水沟、集水井、排水导管的位置，排水沟的断面、坡度、集水坑（井）深度、数量及降（排）水效果应满足设计要求。

（4）降水运行维护应符合下列规定：

1）应对水位及涌水量等进行监测，发现异常应及时反馈。

2）当发现基坑（槽）出水、涌砂，应立即查明原因，采取处理措施。

3）对所有井点、排水管、配电设施应有明显的安全保护标识。

4）降水期间应对抽水设备和运行状况进行维护检查，每天检查不应少于 2 次。

5）当井内水位上升且接近基坑底部时，应及时处理，使水位恢复到设计深度。

6）冬期降水时，对地面排水管网应采取防冻措施。

7）当发生停电时，应及时更换电源，保持正常降水。

三、隔水帷幕

（一）一般规定

（1）当降水会对基坑周边建（构）筑物、地下管线、道路等造成危害或对工程环境造成长期不利影响时，可采用隔水帷幕方法控制地下水。

（2）隔水帷幕方法可按表 2K313021-5 进行分类。

隔水帷幕方法分类 表 2K313021-5

分类方式	帷幕方法
按布置方式	悬挂式竖向隔水帷幕、落底式竖向隔水帷幕、水平向隔水帷幕
按结构形式	独立式隔水帷幕，嵌入式隔水帷幕、支护结构自抗渗式隔水帷幕
按施工方法	高压喷射注浆（旋喷、摆喷、定喷）隔水帷幕、压力注浆隔水帷幕、水泥土搅拌桩隔水帷幕、冻结法隔水帷幕、地下连续墙或咬合式排桩隔水帷幕、钢板桩隔水帷幕、沉箱

（3）隔水帷幕功能应符合下列规定：

1）隔水帷幕设计应与支护结构设计相结合。

2）应满足开挖面渗流稳定性要求。

3）隔水帷幕应满足自防渗要求，渗透系数不宜大于 1.0×10^{-6}cm/s。

4）当采用高压喷射注浆法、水泥土搅拌法、压力注浆法、冻结法帷幕时，应结合工程情况进行现场工艺性试验，确定施工参数和工艺。

（二）隔水帷幕施工方法及适用条件

隔水帷幕施工方法的选择应根据工程地质条件、水文地质条件、场地条件、支护结构形式、周边工程环境保护要求综合确定。隔水帷幕施工方法可按表 2K313021-6 选用。

隔水帷幕施工方法及适用条件 表 2K313021-6

适用条件 隔水方法	土质类别	注意事项与说明
高压喷射注浆法	适用于黏性土、粉土、砂土、黄土、淤泥质土、淤泥、填土	坚硬黏性土、土层中含有较多的大粒径块石或有机质，地下水流速较大时，高压喷射注浆效果较差
注浆法	适用于除岩溶外的各类岩土	用于竖向帷幕的补充，多用于水平帷幕
水泥土搅拌法	适用于淤泥质土、淤泥、黏性土、粉土、填土、黄土、软土，对砂、卵石等地层有条件使用	不适用于含大孤石或障碍物较多且不易清除的杂填土，欠固结的淤泥、淤泥质土，硬塑、坚硬的黏性土，密实的砂土以及地下水渗流影响成桩质量的地层
冻结法	适用于地下水流速不大的土层	电源不能中断，冻融对周边环境有一定影响
地下连续墙	适用于除岩溶外的各类岩土	施工技术环节要求高，造价高，泥浆易造成现场污染、泥泞，墙体刚度大，整体性好，安全稳定
咬合式排桩	适用于黏性土、粉土、填土、黄土、砂、卵石	对施工精度、工艺和混凝土配合比均有严格要求
钢板桩	适用于淤泥、淤泥质土、黏性土、粉土	对土层适应性较差，多应用于软土地区
沉箱	适用于各类岩土层	适用于地下水控制面积较小的工程，如竖井等

注：① 对碎石土、杂填土、泥炭质土、泥炭、pH 值较低的土或地下水流速较大时，水泥土搅拌桩、高压喷射注浆工艺宜通过试验确定其适用性；

② 注浆帷幕不宜在永久性隔水工程中使用。

（三）隔水帷幕施工

（1）施工前应根据现场环境及地下建（构）筑物的埋设情况复核设计孔位，清除地下、地上障碍。

（2）隔水帷幕的施工应与支护结构施工相协调，施工顺序应符合下列规定：

1）独立的、连续性隔水帷幕，宜先施工帷幕，后施工支护结构。

2）对嵌入式隔水帷幕，当采用搅拌工艺成桩时，可先施工帷幕桩，后施工支护结构；当采用高压喷射注浆工艺成桩或可对支护结构形成包覆时，可先施工支护结构，后施工帷幕。

3）当采用咬合式排桩帷幕时，宜先施工非加筋桩，后施工加筋桩。

4）当采取嵌入式隔水帷幕或咬合支护结构时，应控制其养护强度，应同时满足相邻支护结构施工时的自身稳定性要求和相邻支护结构施工要求。

（3）隔水帷幕施工尚应符合现行行业标准《建筑地基处理技术规范》JGJ 79—2012 和《建筑基坑支护技术规程》JGJ 120—2012 的有关规定。

（四）验收

（1）帷幕的施工质量验收尚应符合《建筑地基基础工程施工质量验收标准》GB 50202—2018 和《地下防水工程质量验收规范》GB 50208—2011 的相关规定。

（2）对封闭式隔水帷幕，宜通过坑内抽水试验，观测抽水量、坑内外水位变化等检验其可靠性。

（3）对设置在支护结构外侧的独立式隔水帷幕，可通过开挖后的隔水效果判定其可靠性。

（4）对嵌入式隔水帷幕，应在开挖过程中检查固结体的尺寸、搭接宽度，检查点应随机选取，对施工中出现异常和漏水部位应检查并采取封堵、加固措施。

2K313022　地基加固处理方法

本条简要介绍明挖基（槽）坑地基加固处理技术。

一、基坑地基加固的目的与方法选择

（一）基坑地基加固的目的

基坑地基按加固部位不同，分为基坑内加固和基坑外两种，其目的分别为：

（1）基坑外加固的目的主要是止水，并可减少围护结构承受的主动土压力。

（2）基坑内加固的目的主要有：提高土体的强度和土体的侧向抗力，减少围护结构位移，保护基坑周边建筑物及地下管线；防止坑底土体隆起破坏；防止坑底土体渗流破坏；弥补围护墙体插入深度不足等。

（二）基坑地基加固的方式

（1）在软土地基中，当周边环境保护要求较高时，基坑工程前宜对基坑内被动土压区土体进行加固处理，以便提高被动土压区土体抗力，减少基坑开挖过程中围护结构的变形。按平面布置形式分类，基坑内被动土压区加固形式主要有墩式加固、裙边加固、抽条加固、格栅式加固和满堂加固（见图 2K313022-1）。采用墩式加固时，土体加固一般多布置在基坑周边阳角位置或跨中区域；长条形基坑可考虑采用抽条加固；基坑面积较大时，宜采用裙边加固；地铁车站的端头井一般采用格栅式加固；环境保护要求高，或为了封闭地下水时，可采用满堂加固。加固体的深度范围应从第二道支撑底至开挖面以下一定深度

（上海地区的经验一般为开挖面以下 4m），考虑地表有施工机械运行需要时，也可以采用低水泥掺量加固到地面。

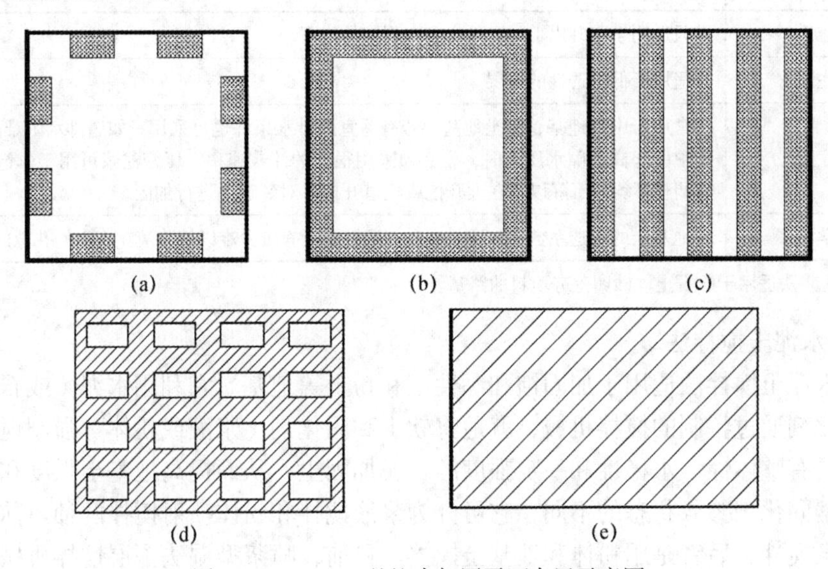

图 2K313022-1　基坑内加固平面布置示意图
（a）墩式加固；（b）裙边加固；（c）抽条加固；（d）格栅式加固；（e）满堂加固

（2）换填材料加固处理法，以提高地基承载力为主，适用于较浅基坑，方法简单，操作方便。

（3）采用水泥土搅拌、高压喷射注浆、注浆或其他方法对地基掺入一定量的固化剂或使土体固结，以提高土体的强度和土体的侧向抗力为主，适用于深基坑。

二、常用方法与技术要点

（一）注浆法

（1）注浆法是利用液压、气压或电化学原理，通过注浆管把浆液均匀地注入地层中，浆液以填充、渗透和挤密等方式，赶走土颗粒间或岩石裂隙中的水分和空气后占据其位置，经人工控制一定时间后，浆液将原来松散的土粒或裂隙胶结成一个整体，形成一个结构新、强度大、防水性能好和化学稳定性良好的“结石体”。

（2）注浆法所用的浆液是由主剂（原材料）、溶剂（水或其他溶剂）及各种外加剂混合而成。通常所提的注浆材料是指浆液中所用的主剂。外加剂可根据在浆液中所起的作用，分为固化剂、催化剂、速凝剂、缓凝剂和悬浮剂等。注浆材料有很多，其中，水泥浆材料是以水泥为主的浆液，适用于岩土加固，是国内外常用的浆液。

（3）在地基处理中，注浆工艺所依据的理论主要可分为渗透注浆、劈裂注浆、压密注浆和电动化学注浆四类，其应用条件见表 2K313022。

（4）注浆设计包括注浆量、布孔、注浆有效范围、注浆流量、注浆压力、浆液配方等主要工艺参数，没有经验可供参考时，应通过现场试验确定上述工艺参数。

（5）注浆加固土的强度具有较大的离散性，注浆检验应在加固后 28d 进行。可采用标准贯入、轻型静力触探或面波等方法检测加固地层均匀性；按加固土体尝试范围每间隔 1m 进行室内试验，测定强度或渗透性。检验点数和合格率应满足相关规范要求，对不合格的注浆区应进行重复注浆。

不同注浆法的适用范围 表 2K313022

注浆方法	适用范围
渗透注浆①	只适用于中砂以上的砂性土和有裂隙的岩石
劈裂注浆	适用于低渗透性的土层
压密注浆	常用于中砂地基，黏土地基中若有适宜的排水条件也可采用。如遇排水困难而可能在土体中引起高孔隙水压力时，就必须采用很低的注浆速率。压密注浆可用于非饱和的土体，以调整不均匀沉降以及在大开挖或隧道开挖时对邻近土进行加固
电动化学注浆	地基土的渗透系数 $k < 10^{-4}$cm/s，只靠一般静压力难以使浆液注入土的孔隙的地层

① 渗透注浆法适用于碎石土、砂卵土夯填料的路基。

（二）水泥土搅拌法

（1）水泥土搅拌法适用于加固饱和黏性土和粉土等地基。它利用水泥（或石灰）等材料作为固化剂通过特制的搅拌机械，就地将软土和固化剂（浆液或粉体）强制搅拌，使软土硬结成具有整体性、水稳性和一定强度的水泥加固土，从而提高地基土强度和增大变形模量。根据固化剂掺入状态的不同，它可分为浆液搅拌和粉体喷射搅拌两种。前者是用浆液和地基土搅拌，后者是用粉体和地基土搅拌。目前，喷浆型湿法深层搅拌机械在国内常用的有单、双轴、三轴及多轴搅拌机，喷粉搅拌机目前仅有单轴搅拌机一种机型。加固土有止水要求时，宜采用浆液搅拌法施工。

（2）水泥土搅拌法加固软土技术具有其独特优点：

1）最大限度地利用了原土。

2）搅拌时无振动、无噪声和无污染，可在密集建筑群中进行施工，对周围原有建筑物及地下沟管影响很小。

3）根据上部结构的需要，可灵活地采用柱状、壁状、格栅状和块状等加固形式。

4）与钢筋混凝土桩基相比，可节约钢材并降低造价。

（3）水泥土搅拌法施工步骤由于湿法和干法的施工设备不同而略有差异，具体见图 2K313022-2、图 2K313022-3。其主要步骤应为：

1）搅拌机械就位、调平。

2）预搅下沉至设计加固深度。

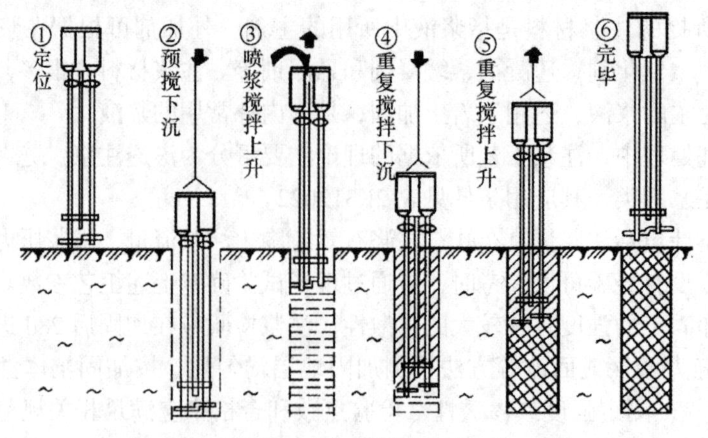

图 2K313022-2 喷浆型深层搅拌桩施工顺序

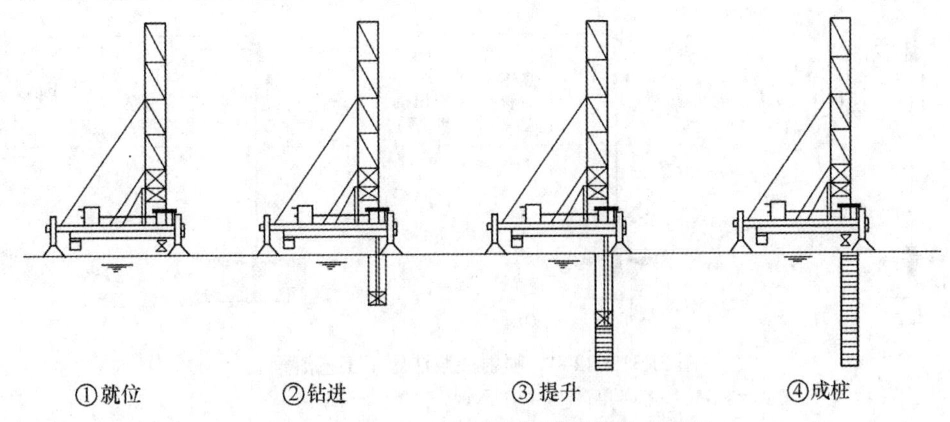

图 2K313022-3 喷粉型深层搅拌桩施工顺序

3）边喷浆（粉）、边搅拌提升直至预定的停浆（灰）面。

4）重复搅拌下沉至设计加固深度。

5）根据设计要求，喷浆（粉）或仅搅拌提升直至预定的停浆（灰）面。

6）关闭搅拌机械。

在预（复）搅下沉时，也可采用喷浆（粉）的施工工艺，但必须确保全桩长上下至少再重复搅拌一次。

（4）应根据室内试验确定需加固地基土的固化剂和外加剂的掺量，如果有成熟经验时，也可根据工程经验确定。

（5）采用深层搅拌法提高被动区土体抗力，又无法在紧贴围护墙体的位置形成固结体时，须采用注浆等辅助加固措施，对中间未加固的土体进行填充加固。

（6）采用深层搅拌法加固基坑内侧深层地基时，应注意施工对加固区上部土体的扰动，必要时采用低掺入比的水泥对加固区上部土体进行加固。

（三）高压喷射注浆法

（1）高压喷射注浆法对淤泥、淤泥质土、黏性土（流塑、软塑和可塑）、粉土、砂土、黄土、素填土和碎石土等地基都有良好的处理效果。但对于硬黏性土，含有较多的块石或大量植物根茎的地基，因喷射流可能受到阻挡或削弱，冲击破碎力急剧下降，切削范围小或影响处理效果。而对于含有过多有机质的土层，其处理效果取决于固结体的化学稳定性。鉴于上述几种土的组成复杂、差异悬殊，高压喷射注浆处理的效果差别较大，应根据现场试验结果确定其适用程度。对于湿陷性黄土地基，也应预先进行现场试验。

（2）高压喷射有旋喷（固结体为圆柱状）、定喷（固结体为壁状）和摆喷（固结体为扇状）三种基本形状，它们均可用下列方法实现（见图 2K313022-4）：

1）单管法：喷射高压水泥浆液一种介质。

2）双管法：喷射高压水泥浆液和压缩空气两种介质。

3）三管法：喷射高压水流、压缩空气及水泥浆液等三种介质。

由于上述三种喷射流的结构和喷射的介质不同，有效处理范围也不同，以三管法最大，双管法次之，单管法最小。实践表明，旋喷形式可采用单管法、双管法和三管法中的任何一种方法。定喷和摆喷注浆常用双管法和三管法。

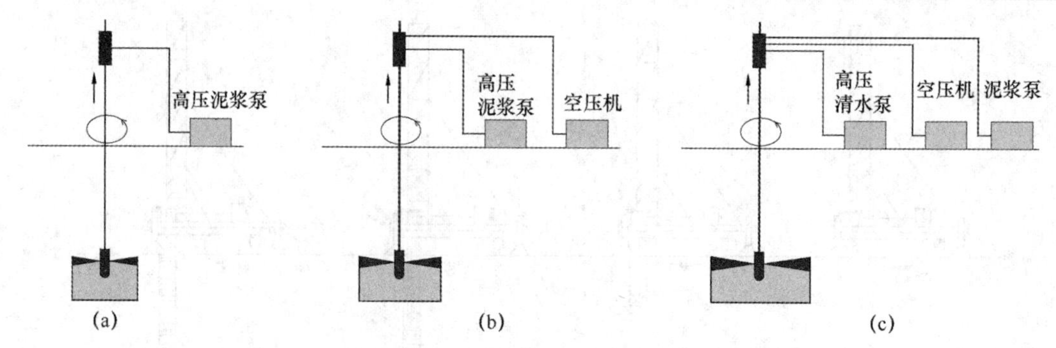

图 2K313022-4　喷射注浆法施工工艺流程
（a）单管法；（b）双管法；（c）三管法

（3）高压旋喷桩加固体的有效直径或范围应根据现场试验或工程经验确定。当用于止水帷幕时，加固体的搭接宽度应符合规范要求。

（4）高压喷射注浆的施工参数应根据土质条件、加固要求通过试验或根据工程经验确定，并在施工中严格加以控制。单管法及双管法的高压水泥浆和三管法高压水的压力应大于 20MPa。高压喷射注浆的主要材料为水泥，对于无特殊要求的工程，宜采用强度等级为 42.5 级及以上的普通硅酸盐水泥。根据需要可加入适量的外加剂及掺合料。外加剂和掺合料的用量，应通过试验确定。水灰比通常取 0.8～1.5，常用为 1.0。

（5）高压喷射注浆的全过程为钻机就位、钻孔、置入注浆管、高压喷射注浆和拔出注浆管等基本工序。泵及空压机的压力、流量、水灰比及提升速度等施工参数一经确定应严格执行，并应保证钻孔的垂直度。施工结束后应立即对机具和孔口进行清洗。在高压喷射注浆过程中出现压力骤然下降、上升或冒浆异常时，应查明原因并及时采取措施。

（6）高压喷射注浆加固的检验，应根据工程要求有所区别。用于基坑侧壁挡水时，应做好开挖期间的监测，准备好应对局部渗漏的堵漏措施。

2K313023　深基坑支护结构与变形控制

基坑工程是由地面向下开挖一个地下空间，四周一般设置垂直的挡土围护结构。围护结构一般是在开挖面基底下有一定插入深度的板（桩）墙结构，板（桩）墙有悬臂式、单撑式、多撑式。支撑结构是为了减小围护结构的变形，控制墙体的弯矩；分为内撑和外锚两种。本条主要以地铁车站为主介绍基坑开挖支护与边坡防护。

一、围护结构

（一）基坑围护结构体系

（1）基坑围护结构体系包括板（桩）墙、围檩（冠梁）及其他附属构件。板（桩）墙主要承受基坑开挖卸荷所产生的土压力和水压力，并将此压力传递到支撑，是稳定基坑的一种施工临时挡墙结构。

（2）地铁车站等结构物的基坑所采用的围护结构形式很多，其施工方法、工艺和所用的施工机械也各异。因此，应根据基坑深度、工程地质和水文地质条件、地面环境条件等（特别要考虑到城市施工特点），经技术经济综合比较后确定。

（二）深基坑围护结构类型

在我国基坑施工应用较多的围护结构有排桩、地下连续墙和重力式挡墙，以及这些结构的组合形式等。不同类型围护结构的特点见表 2K313023-1。

不同类型围护结构的特点 **表 2K313023-1**

类型		特点
排桩	预制混凝土板桩	① 预制混凝土板桩施工较为困难，对机械要求高，而且挤土现象很严重； ② 桩间采用槽榫接合方式，接缝效果较好，有时需辅以止水措施； ③ 自重大，受起吊设备限制，不适合大深度基坑
	钢板桩	① 成品制作，可反复使用； ② 施工简便，但施工有噪声； ③ 刚度小，变形大，与多道支撑结合，在软弱土层中也可采用； ④ 新的时候止水性尚好，如有漏水现象，需增加防水措施
	钢管桩	① 截面刚度大于钢板桩，在软弱土层中开挖深度大； ② 需有防水措施相配合
	灌注桩	① 刚度大，可用在深大基坑； ② 施工对周边地层、环境影响小； ③ 需降水或和止水措施配合使用，如搅拌桩、旋喷桩等
	SMW 工法桩	① 强度大，止水性好； ② 内插的型钢可拔出反复使用，经济性好； ③ 具有较好发展前景，国内上海等城市已有工程实践； ④ 用于软土地层时，一般变形较大
地下连续墙		① 刚度大，开挖深度大，可适用于所有地层； ② 强度大，变位小，隔水性好，同时可兼作主体结构的一部分； ③ 可邻近建筑物、构筑物使用，环境影响小； ④ 造价高
重力式水泥土挡墙 / 水泥土搅拌桩挡墙		① 无支撑，墙体止水性好，造价低； ② 墙体变位大

1. 预制混凝土板桩

常用钢筋混凝土板桩截面的形式有四种：矩形、T 形、工字形及口字形。矩形截面板桩制作较方便，桩间采用槽榫接合方式，接缝效果较好，是使用最多的一种形式；T 形截面由翼缘和加劲肋组成，其抗弯能力较大，但施打较困难，翼缘直接起挡土作用，加劲肋则用于加强翼缘的抗弯能力，并将板桩上的侧压力传至地基土，板桩间的搭接一般采用踏步式止口；工字形薄壁板桩的截面形状较合理，因此受力性能好、刚度大、材料省，易于施打，挤土也少；口字形截面一般由两块槽形板现浇组合成整体，在未组合成口字形前，槽形板的刚度较小。

预制混凝土板桩施工较为困难，对机械要求高，而且挤土现象很严重，加之混凝土板桩一般不能拔出，因此，它在永久性的支护结构中使用较为广泛，但国内基坑工程中使用不很普遍。

2. 钢板桩与钢管桩

钢板桩强度高，桩与桩之间的连接紧密，隔水效果好。具有施工灵活、板桩可重复使用等优点，是基坑常用的一种挡土结构。但板桩打入时有挤土现象，拔出时又会将土带出，造成板桩位置出现空隙，这些都会对周边环境造成一定影响。而且，板桩的长度有限，因此其适用的开挖深度也受到限制，一般最大开挖深度在 7～8m。板桩的形式有多种，拉森型是最常用的，在基坑较浅时也可采用大规格的槽钢（采用槽钢且有地下水时要辅以必要的降水措施）。采用钢板桩作支护结构时在其上口及支撑位置需用钢围檩将其连接成整体，并根据深度设置支撑或拉锚。

钢板桩常用断面形式多为U形或Z形。我国地下铁道施工中多用U形钢板桩，其沉放和拔除方法、使用的机械均与工字钢桩相同，但其构成方法则可分为单层钢板桩、双层钢板桩及帷幕等。

钢板桩与其他排桩围护相比，一般刚度较低，这就对围檩的强度、刚度和连续性提出了更高的要求。其止水效果也与钢板桩的新旧、整体性及施工质量有关。在含地下水的砂土地层施工时，要保证齿口咬合，并应使用专门的角桩，以保证止水效果。

3. 钻孔灌注桩围护结构

钻孔灌注桩一般采用机械成孔。地铁明挖基坑中多采用螺旋钻机、冲击式钻机和正反循环钻机、旋挖钻等。对正反循环钻机，由于其采用泥浆护壁成孔，故成孔时噪声低，适于城区施工，在地铁基坑和高层建筑深基坑施工中得到广泛应用。

钻孔灌注桩围护结构经常与止水帷幕联合使用，止水帷幕一般采用深层搅拌桩。如果基坑上部受环境条件限制，也可采用高压旋喷桩止水帷幕，但要保证高压旋喷桩止水帷幕施工质量。近年来，素混凝土桩与钢筋混凝土桩间隔布置的钻孔咬合桩也有较多应用，此类结构可直接作为止水帷幕。

4. SMW工法桩（型钢水泥土搅拌墙）

SMW工法桩围护墙是利用搅拌设备就地切削土体，然后注入水泥类混合液搅拌形成均匀的水泥土搅拌墙，最后在墙中插入型钢，即形成一种劲性复合围护结构。具体施工工艺流程见图2K313023-1。此类结构在上海等软土地区有较多应用。

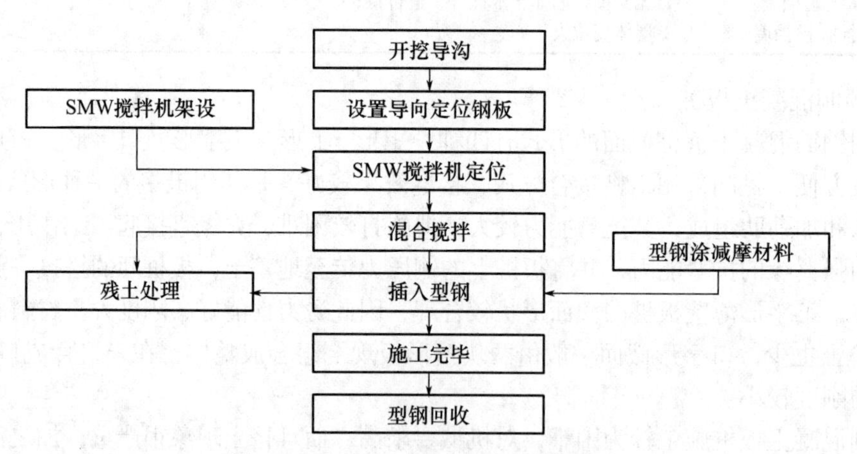

图2K313023-1　SMW工法工艺流程图

型钢水泥土搅拌墙中三轴水泥土搅拌桩的直径宜采用650mm、850mm、1000mm；内插的型钢宜采用H形钢。搅拌桩28d龄期无侧限抗压强度不应小于设计要求且不宜小于0.5MPa，水泥宜采用强度等级不低于P·O42.5级的普通硅酸盐水泥，材料用量和水胶比应结合土质条件及机械性能等指标通过现场试验确定。在填土、淤泥质土等特别软弱的土中以及在较硬的砂性土、砂砾土中，钻进速度较慢时，水泥用量宜适当提高。在砂性土中搅拌桩施工宜外加膨润土。

型钢水泥土搅拌墙中型钢的间距和平面布置形式应根据计算确定，常用的内插型钢布置形式可采用密插型、插二跳一型和插一跳一型三种。单根型钢中焊接接头不宜超过两个，焊接接头的位置应避免设在支撑位置或开挖面附近等型钢受力较大处；相邻型钢的接头竖向位置宜相互错开，错开距离不宜小于 1m，且型钢接头距离基坑底面不宜小于 2m。拟拔出回收的型钢，插入前应先在干燥条件下除锈，再在其表面涂刷减摩材料。

5. 地下连续墙

地下连续墙主要有预制钢筋混凝土连续墙和现浇钢筋混凝土连续墙两类，通常地下连续墙一般指后者。地下连续墙有如下优点：施工时振动小、噪声低，墙体刚度大，对周边地层扰动小；可适用于多种土层，除夹有孤石、大颗粒卵砾石等局部障碍物时影响成槽效率外，对黏性土、无黏性土、卵砾石层等各种地层均能高效成槽。

地下连续墙施工采用专用的挖槽设备，沿着基坑的周边，按照事先划分好的幅段，开挖狭长的沟槽。挖槽方式可分为抓斗式、冲击式和回转式等类型。地下连续墙的一字形槽段长度宜取 4～6m。当成槽施工可能对周边环境产生不利影响或槽壁稳定性较差时，应取较小的槽段长度。必要时，宜采用搅拌桩对槽壁进行加固；地下连续墙的转角处或有特殊要求时，单元槽段的平面形状可采用 L 形、T 形等。

每个幅段的沟槽开挖结束后，在槽段内放置钢筋笼，并浇筑水下混凝土。然后将若干个幅段连成一个整体，形成一个连续的地下墙体，即现浇钢筋混凝土壁式连续墙，具体施工工艺流程见图 2K313023-2。

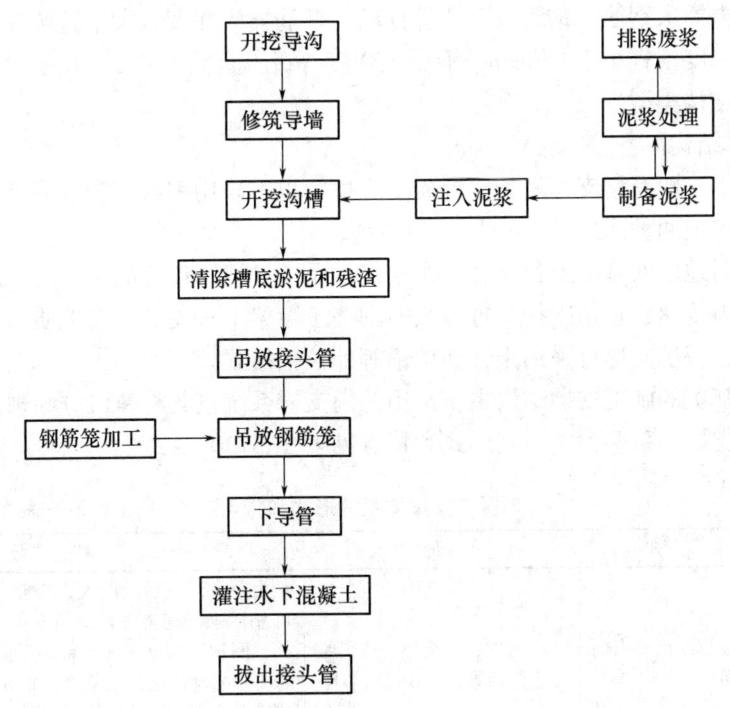

图 2K313023-2　现浇钢筋混凝土壁式地下连续墙的施工工艺流程

地下连续墙的槽段接头应按下列原则选用：

（1）地下连续墙宜采用圆形锁口管接头、波纹管接头、楔形接头、工字形钢接头或混凝土预制接头等柔性接头。

（2）当地下连续墙作为主体地下结构外墙，且需要形成整体墙体时，宜采用刚性接头；刚性接头可采用一字形或十字形穿孔钢板接头、钢筋承插式接头等；在采取地下连续墙顶设置通长的冠梁、墙壁内侧槽段接缝位置设置结构壁柱、基础底板与地下连续墙刚性连接等措施时，也可采用柔性接头。

导墙是控制挖槽精度的主要构筑物，导墙结构应建于坚实的地基之上，其主要作用有：基准作用、承重、存蓄泥浆。

在开挖过程中，为保证槽壁的稳定，采用特制的泥浆护壁。泥浆应根据地质和地面沉降控制要求经试配确定，并在泥浆配制和挖槽施工中对泥浆的相对密度、黏度、含砂率和pH值等主要技术性能指标进行检验和控制。泥浆液面始终保持在导墙顶面以下20cm并高出地下水位1m，以稳定槽壁。

6. 重力式水泥土挡墙／水泥土搅拌桩挡墙

水泥土搅拌桩是用搅拌机械将水泥、石灰等和地基土相拌合，形成相互搭接的格栅状结构形式，也可相互搭接成实体结构形式。采用格栅形式时，要满足一定的面积转换率，对淤泥质土，不宜小于0.7；对淤泥，不宜小于0.8；对一般黏性土、砂土，不宜小于0.6。由于采用重力式结构，开挖深度不宜大于7m。对嵌固深度和墙体宽度也要有所限制，对淤泥质土，嵌固深度不宜小于1.2h（h为基坑挖深），宽度不宜小于0.7h；对淤泥，嵌固深度不宜小于1.3h，宽度不宜小于0.8h。

水泥土挡墙的28d无侧限抗压强度不宜小于0.8MPa。当需要增加墙体的抗拉性能时，可在水泥土桩内插入钢筋、钢管或毛竹等杆筋。杆筋插入深度宜大于基坑深度，并应锚入面板内。面板厚度不宜小于150mm，混凝土强度等级不宜低于C15。

二、支撑结构类型

（一）支撑结构体系

（1）内支撑一般有钢支撑和钢筋混凝土支撑，也可采用钢或钢筋混凝土混合支撑；外拉锚有土锚和拉锚两种形式。

（2）在软弱地层的基坑工程中，支撑结构承受围护墙所传递的土压力、水压力。支撑结构挡土的应力传递路径是围护（桩）墙→围檩（冠梁）→支撑；在地质条件较好的有锚固力的地层中，基坑支撑可采用土锚和拉锚等外拉锚形式。

（3）在深基坑的施工支护结构中，常用的内支撑系统按其材料可分为现浇钢筋混凝土支撑体系和钢支撑体系两大类，其形式和特点见表2K313023-2。

两类内支撑体系的形式和特点　　**表2K313023-2**

材料	截面形式	布置形式	特点
现浇钢筋混凝土	可根据断面要求确定断面形状和尺寸	有对撑、边桁架、环梁结合边桁架等，形式灵活多样	混凝土结硬后刚度大，变形小，强度的安全、可靠性强，施工方便，但支撑浇制和养护时间长，围护结构处于无支撑的暴露状态的时间长、软土中被动区土体位移大，如对控制变形有较高要求时，需对被动区软土加固。施工工期长，拆除困难，爆破拆除对周围环境有影响
钢结构	单钢管、双钢管、单工字钢、双工字钢、H形钢、槽钢及以上钢材的组合	竖向布置有水平撑、斜撑；平面布置形式一般为对撑、井字撑、角撑。也可与钢筋混凝土支撑结合使用，但要谨慎处理变形协调问题	安装、拆除施工方便，可周转使用，支撑中可加预应力，可调整轴力而有效控制围护墙变形； 施工工艺要求较高，如节点和支撑结构处理不当，或施工支撑不及时不准确，会造成失稳

现浇钢筋混凝土支撑体系由围檩（圈梁）、对撑及角撑、立柱和其他附属构件组成。

钢结构支撑（钢管、型钢支撑）体系通常为装配式的，由围檩、角撑、对撑、预应力设备（包括千斤顶自动调压或人工调压装置）、轴力传感器、支撑体系监测监控装置、立柱及其他附属装配式构件组成。

（二）支撑体系的结构选型与布置

1. 内支撑结构选型应符合原则

（1）宜采用受力明确、连接可靠、施工方便的结构形式。

（2）宜采用对称平衡性、整体性强的结构形式。

（3）应与主体地下结构的结构形式、施工顺序协调，应便于主体结构施工。

（4）应利于基坑土方开挖和运输。

（5）有时，应利用内支撑结构施作施工平台。

2. 内支撑体系的施工

（1）内支撑结构的施工与拆除顺序应与设计工况一致，必须坚持先支撑后开挖的原则。

（2）围檩与围护结构之间紧密接触，不得留有缝隙。如有间隙，应用强度不低于C30的细石混凝土填充密实或采用其他可靠连接措施。

（3）钢支撑应按设计要求施加预应力。当监测到预应力出现损失时，应再次施加预应力。

（4）支撑拆除应在替换支撑的结构构件达到换撑要求的承载力后进行。当主体结构的底板和楼板分块浇筑或设置后浇带时，应在分块部位或后浇带处设置可靠的传力构件。支撑拆除应根据支撑材料、形式、尺寸等具体情况采用人工、机械和爆破等方法。

三、基坑的变形控制

（一）基坑变形特征

1. 土体变形

基坑开挖时，由于坑内开挖卸荷造成围护结构在围护墙内外压力差作用下产生水平向位移，进而引起围护结构外侧土体的变形，造成基坑外土体及邻近建（构）筑物等沉降；同时，开挖卸荷也会引起坑底土体隆起。可以认为，基坑周围地层移动主要是由于围护结构的水平位移和坑底土体隆起造成的。

2. 围护结构水平变形

当基坑开挖较浅，还未设支撑时，不论对刚性墙体（如水泥土搅拌桩墙、旋喷桩墙等）还是柔性墙体（如钢板桩、地下连续墙等），均表现为墙顶位移最大，向基坑方向水平位移，呈三角形分布。随着基坑开挖深度的增加，刚性墙体继续表现为向基坑内的三角形水平位移或平行刚体位移，而一般柔性墙如果设支撑，则表现为墙顶位移不变或逐渐向基坑外移动，墙体腹部向基坑内凸出。

3. 围护结构竖向变位

墙体的竖向变位给基坑的稳定、地表沉降以及墙体自身的稳定性均带来极大的危害。特别是对于饱和的极为软弱的地层中的基坑工程，当围护桩或地下连续墙底下因清孔不净有沉渣时，围护墙在开挖中会下沉，另外，当围护结构下方有顶管和盾构等穿越时，也会引起围护结构突然沉降。

4. 基坑底部的隆起

随着基坑的开挖卸载，基坑底出现隆起是必然的，但过大的坑底隆起往往是基坑险情的征兆。过大的坑底隆起可能是两种原因造成的：① 基坑底不透水土层由于其自重不能承受不透水土层下承压水水头压力而产生突然性的隆起；② 由于围护结构插入基坑底土层深度不足而产生坑内土隆起破坏。基坑底土体的过大隆起可能会造成基坑围护结构失稳。另外，由于坑底隆起会造成立柱隆起，进一步造成支撑向上弯曲，可能引起支撑体系失稳。因此，基坑底土体的过大隆起是施工时应该尽量避免的。但由于基坑一直处于开挖过程，直接监测坑底土体隆起较为困难，一般通过监测立柱变形来反映基坑底土体隆起情况。

5. 地表沉降

围护结构的水平变形墙顶沉降及坑底土体隆起会造成地表沉降，引起基坑周边建（构）筑物变形。根据工程实践经验，基坑围护呈悬臂状态时，较大的地表沉降出现在墙体旁；施加支撑后，地表沉降的最大值会渐渐远离围护结构，位于距离围护墙一定距离的位置上。

（二）基坑的变形控制

（1）为保证基坑支护结构及邻近建（构）筑物等安全，必须控制基坑的变形以保证邻近建（构）筑物的安全。

（2）控制基坑变形的主要方法有：

1）增加围护结构和支撑的刚度。

2）增加围护结构的入土深度。

3）加固基坑内被动土压区土体。加固方法有抽条加固、裙边加固及二者相结合的形式。

4）减小每次开挖围护结构处土体的尺寸和开挖后未及时支撑的暴露时间，这一点在软土地区施工时尤其有效。

5）通过调整围护结构或隔水帷幕深度和降水井布置来控制降水对环境变形的影响。增加隔水帷幕深度甚至隔断透水层、提高管井滤头底高度、降水井布置在基坑内均可减少降水对环境的影响。

（三）坑底稳定控制

（1）保证深基坑坑底稳定的方法有加深围护结构入土深度、坑底土体加固、坑内井点降水等措施。

（2）适时施作底板结构。

2K313024　基槽土方开挖及护坡技术

本条主要以地铁车站基坑工程为主，简要介绍明挖基（槽）坑的土方开挖及护坡技术。

一、基本要求

（一）基本规定如下：

（1）应根据支护结构设计、降（排）水要求，确定基坑开挖方案。

（2）基坑周围地面应设排水沟，且应避免雨水、渗水等流入坑内，同时，基坑也应设置必要的排水设施，保证开挖时及时排出雨水；放坡开挖时，应对坡顶、坡面、坡脚采取降（排）水措施，当采取基坑内、外降水措施时，应按要求降水后方可开挖。

（3）软土基坑必须分层、分块、均衡地开挖，分块开挖后必须及时支护，对于有预应力要求的钢支撑或锚杆，还必须按设计要求施加预应力。当基坑开挖面上方的支撑、锚杆和土钉未达到设计要求时，严禁向下开挖。

（4）基坑开挖过程中，必须采取措施防止开挖机械等碰撞支护结构、格构柱、降水井点或扰动基底原状土。

（5）当开挖揭露的实际土层性状或地下水情况与设计依据的勘察资料明显不符，或出现异常现象、不明物体时，应停止开挖，在采取相应措施后方可继续开挖。

（二）发生下列异常情况时，应立即停止开挖，并应立即查清原因和及时采取措施后，方可继续施工：

（1）支护结构变形达到设计规定的控制值或变形速率持续增长且不收敛。

（2）支护结构的内力超过其设计值或突然增大。

（3）围护结构或止水帷幕出现渗漏，或基坑出现流土、管涌现象。

（4）开挖暴露出的基底出现明显异常（包括黏性土时强度明显偏低或砂性土层时水位过高造成开挖施工困难）。

（5）围护结构发生异常声响。

（6）边坡出现失稳征兆时。

（7）基坑周边建（构）筑物等变形过大或已经开裂。

二、基坑（槽）的土方开挖方法

（一）根据不同的开挖深度采用不同的施工方法，主要开挖方法包括以下两种

（1）浅层土方开挖：第一层土方一般采用短臂挖掘机及长臂挖掘机直接开挖、出土，自卸运输车运输。在条件具备的情况下，采用两台长臂液压挖掘机在基坑的两侧同时挖土，一起分段向前推进，可以极大地提高挖土速度，为及时安装支撑提供条件。图 2K313024-1 为某工程表层土方开挖示意图，图 2K313024-2 为浅层接力挖土示意图。

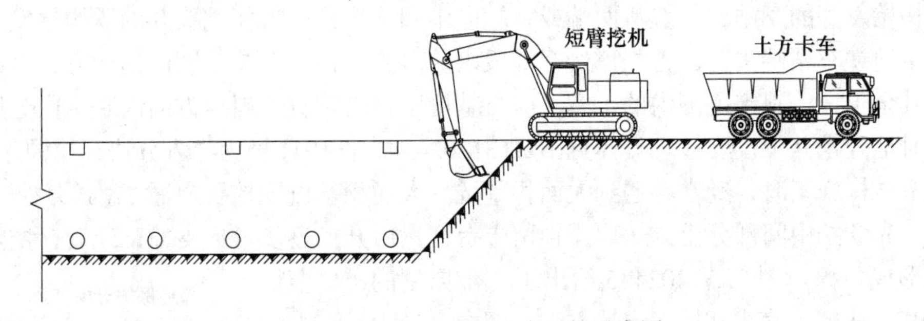

图 2K313024-1　表层土方开挖示意图

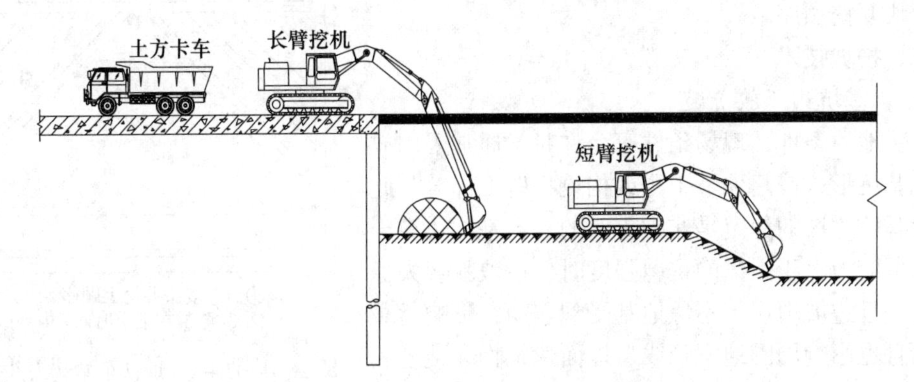

图 2K313024-2　浅层接力挖土示意图

（2）深层土方开挖：当长臂挖机不能开挖时，应采用小型挖掘机，将开挖后的土方转运至围护墙边，用抓斗吊提升出土，自卸车辆运输的方法；坑底以上 0.3m 的土方采用人工开挖。图 2K313024–3 为抓斗吊配合小型挖掘机挖掘土示意图。

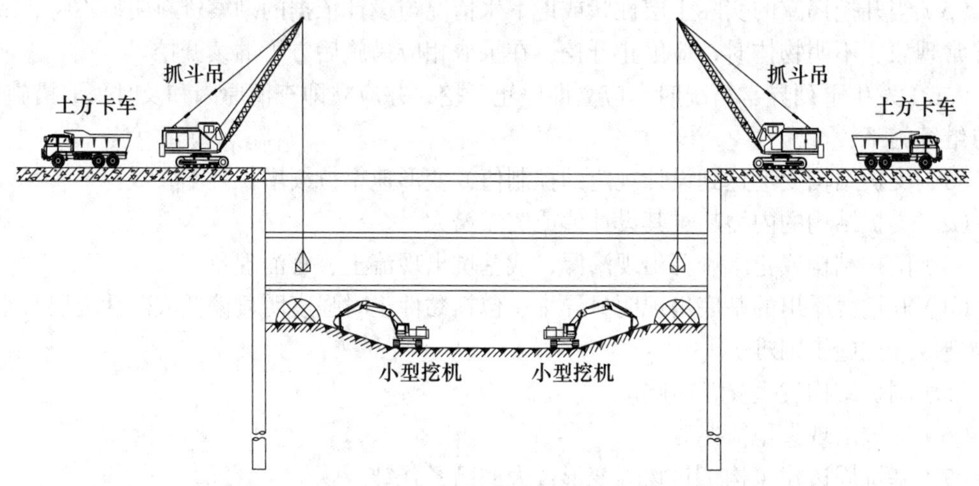

图 2K313024–3　抓斗吊配合小型挖掘机挖土示意图

上述开挖方法是典型的地铁车站基坑开挖方法，其长处在于水平挖掘或运输和垂直运输分离，可以多点垂直运输，缓解了纵坡问题、支撑延迟安装问题，提高了挖土速度，可以有效保证基坑的安全。

（二）基坑分块开挖顺序

地铁车站的长条形基坑开挖应遵循“分段分层、由上而下、先支撑后开挖”的原则，兼作盾构始发井的车站，一般从两端或一端向中间开挖，以方便端头井的盾构始发。

对于地铁车站端头井，首先撑好标准段内的对撑，再挖斜撑范围内的土方，最后挖除坑内的其余土方。斜撑范围内的土方，应自基坑角点沿垂直于斜撑方向向基坑内分层、分段、限时地开挖并架设支撑。具体见图 2K313024–4，图中序号为土方分块开挖顺序。

地下结构施工时，经常会遇到大面积基坑。大面积基坑开挖要遵循“盆式开挖”原则，施工时，先开挖中间部分土方，周边预留土台；然后开槽逐步形成支撑，最后，挖除角部土方，形成角撑。图 2K313024–5 给出了一个典型的大面积基坑开挖（盆式开挖）支撑方法，图中序号为土方分块开挖顺序。

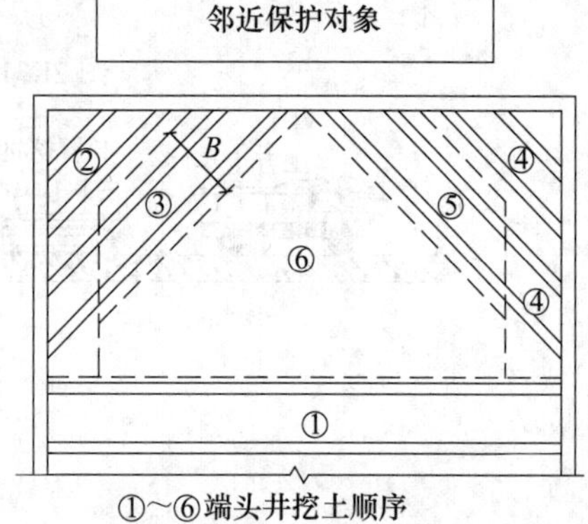

图 2K313024–4　地铁车站端头井基坑的分块开挖方法

三、护坡技术

（一）基坑边（放）坡

（1）地质条件、现场条件等允许时，通常采用放坡开挖基坑形式修建地下工程或构筑物地下部分。此时保持基坑边坡的稳定是非常重要的，当基坑边坡土体中的剪应力大于土体的抗剪强度时，边坡就会失稳坍塌。一旦边坡坍塌，不但地基受到震动，影响承载力，而且也影响周围地下管线、地面建筑物、交通和人身安全。

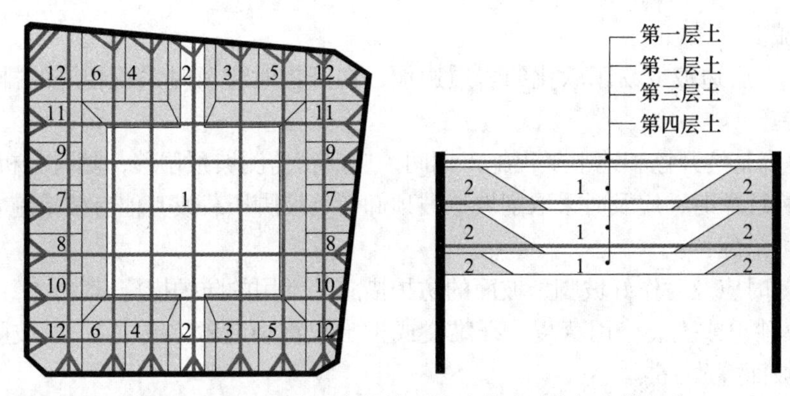

图 2K313024-5 大面积基坑开挖（盆式开挖）支撑方法

（2）基坑边坡基本要求：

放坡应以控制分级坡高和坡度为主，必要时辅以局部支护和防护措施，放坡设计与施工时应考虑雨水的不利影响。

当条件许可时，应优先采取坡率法控制边坡的高度和坡度。坡率法是指无须对边坡整体进行加固而自身稳定的一种人工边坡设计方法。土质边坡的坡率允许值应根据经验，按工程类比原则并结合已有稳定边坡的坡率值分析确定。当无经验，且土质均匀良好、地下水贫乏、无不良地质现象和地质环境条件简单时，可参照表 2K313024-1（《建筑边坡工程技术规范》GB 50330—2013）的规定。

土质边坡坡率允许值 **表 2K313024-1**

边坡土体类别	状态	坡率允许值（高宽比）	
		坡高小于 5m	坡高 5～10m
碎石土	密实	1：0.35～1：0.50	1：0.50～1：0.75
	中密	1：0.50～1：0.75	1：0.75～1：1.00
	稍密	1：0.75～1：1.00	1：1.00～1：1.25
黏性土	坚硬	1：0.75～1：1.00	1：1.00～1：1.25
	硬塑	1：1.00～1：1.25	1：1.25～1.50

注：① 表中的碎石土充填物为坚硬和硬塑状态的黏性土；

② 对于砂土和充填物为砂土的碎石土，其边坡坡率的允许值应按砂土或碎石土的自然休止角确定。

按是否设置分级过渡平台，边坡可分为一级放坡和分级放坡两种形式。在场地土质较好、基坑周围具备放坡条件、不影响相邻建筑物的安全及正常使用的情况下，宜采用全深度放坡或部分深度放坡。分级放坡时，宜设置分级过渡平台。下级放坡坡度宜缓于上级放坡坡度。

（3）基坑边坡稳定控制措施：

1）根据土层的物理力学性质及边坡高度确定基坑边坡坡度，并于不同土层处做成折线形边坡或留置台阶。

2）施工时严格按照设计坡度进行边坡开挖，不得挖反坡。

3）在基坑周围影响边坡稳定的范围内，应对地面采取防水、排水、截水等防护措施，禁止雨水等地面水浸入土体，保持基底和边坡的干燥。

4）严格禁止在基坑边坡坡顶较近范围堆放材料、土方和其他重物以及停放或行驶较大的施工机械。

5）对于土质边坡或易于软化的岩质边坡，在开挖时应及时采取相应的排水和坡脚、坡面防护措施。

6）在整个基坑开挖和地下工程施工期间，应严密监测坡顶位移，随时分析监测数据。当边坡有失稳迹象时，应及时采取削坡、坡顶卸荷、坡脚压载或其他有效措施。

（4）护坡措施：

放坡开挖时应及时作好坡脚、坡面的防护措施。常用的防护措施有：

1）叠放砂包或土袋：用草袋、纤维袋或土工织物袋装砂（或土），沿坡脚叠放一层或数层，沿坡面叠放一层。

2）水泥砂浆或细石混凝土抹面：在人工修平坡面后，用水泥砂浆或细石混凝土抹面，厚度宜为30～50mm，并用水泥砂浆砌筑砖石护坡脚，同时，将坡面水引入基坑排水沟。抹面应预留泄水孔。

3）挂网喷浆或混凝土：在人工修平坡面后，沿坡面挂钢筋网或钢丝网，然后喷射水泥砂浆或细石混凝土，厚度宜为50～60mm，坡脚同样需要处理。

4）其他措施：包括锚杆喷射混凝土护面、塑料膜或土工织物覆盖坡面等。

（二）长基坑开挖与过程放坡

（1）地铁车站等构筑物的长条形基坑有条件的应尽量分层开挖，避免设置纵向临时边坡。但由于开挖面的限制，开挖过程中可能会留置临时纵向边坡，但一定要采取措施保证纵向边坡的安全。

（2）坑内纵向放坡是动态的边坡，在基坑开挖过程中不断变化，其安全性在施工时往往被忽视，非常容易产生滑坡事故。纵向边坡一旦坍塌，就可能冲断横向支撑并导致基坑挡墙失稳，酿成灾害性事故。软土地区地铁车站施工时，曾多次发生纵向滑坡的工程事故，分析原因大都是由于坡度过陡、雨期施工、排水不畅、坡脚扰动等引起的。

（3）基坑纵向放坡不得大于安全坡度，对暴露时间较长或可能受暴雨冲刷的纵坡应采取坡面保护措施并严密监护，严防纵向滑坡。

（4）若坑外有需要保护的重要地下管线或建（构）筑物，应适当减缓其附近的纵向土坡的坡度。

【案例 2K313024】

1. 背景

某市政工程基础采用明挖基坑施工，基坑挖深为5.5m，地下水在地面以下1.5m。坑壁采用网喷混凝土加固。基坑附近有高层建筑物及大量地下管线。设计要求每层开挖1.5m，即进行挂网喷射混凝土加固。某公司承包了该工程，由于在市区，现场场地狭小，项目负责人（经理）决定把钢材堆放在基坑坑顶附近；为便于出土，把开挖的弃土先堆放在基坑北侧坑顶，然后再装入自卸汽车运出。由于工期紧张，施工单位把每层开挖深度增大为3.0m，以加快基坑挖土加固施工的进度。

在开挖第二层土时，基坑变形量显著增大，变形发展速率越来越快。随着开挖深度的增加，坑顶地表面出现许多平行基坑裂缝。但施工单位对此没有在意，继续按原方案开挖。当基坑施工至5m深时，基坑出现了明显的坍塌征兆。项目负责人（经理）决定对基坑进行加固处理，组织人员在坑内抢险，但已经为时过晚，基坑坍塌造成了多人死亡的重大事故并造成了巨大的经济损失。

2. 问题

（1）按照《建筑基坑支护技术规程》JGJ 120—2012，本基坑工程侧壁安全等级应属于哪一级？

（2）本工程基坑应重点监测哪些内容？当出现本工程发生的现象时，监测工作应做哪些调整？

（3）本工程基坑施工时存在哪些重大工程事故隐患？

（4）项目负责人（经理）在本工程施工时犯了哪些重大错误？

3. 参考答案

（1）基坑工程具有地域性，许多地区对基坑的分类做了规定。《建筑基坑支护技术规程》JGJ 120—2012 第 3.1.3 条对基坑侧壁安全等级做了如下规定（见表 2K313024-2）：

基坑侧壁安全等级　　**表 2K313024-2**

安全等级	破坏后果
一级	支护结构破坏、土体失稳或过大变形对基坑周边环境及地下结构施工影响很严重
二级	支护结构破坏、土体失稳或过大变形对基坑周边环境及地下结构施工影响一般
三级	支护结构破坏、土体失稳或过大变形对基坑周边环境及地下结构施工影响不严重

本工程基坑周围有高层建筑和大量地下管线，如果支护结构破坏、土体失稳或过大变形对周边环境影响很严重，因此，基坑侧壁安全等级应定为一级。

（2）基坑开挖卸载必然引起基坑侧壁水平位移，基坑侧壁水平位移越大，坑后土体变形越大。过大的侧壁水平位移必然会造成建筑物沉降及管线变形。因此，任何环境保护要求高的基坑，其侧壁水平位移都是监测的重点。

本工程基坑周围建筑物及地下管线是基坑环境保护的主要内容，其变形也应该是基坑监测的重点。

本工程地下水位在坑底以上，必须采取降水措施。施工时需要监测地下水位，因此，地下水位也应该是监测的重点。

另外，地下水中的承压水对基坑的危害很大，尤其要注意接近坑底的浅层承压水对基坑的影响。如果承压水上面有不透水层，随着基坑开挖，当承压水层上部土重不能抵抗承压水水头压力时，基坑坑底会出现突然的隆起，极容易引起基坑事故。如果坑底存在承压水层时，坑底隆起也是基坑监测的重点内容。但由于基坑开挖施工，直接监测坑底隆起并不容易，可以通过监测埋设在坑底的立柱的上浮来间接监测坑底隆起。

当基坑变形超过有关标准或监测结果变化速率较大时，应加密观测次数。当有事故征兆时，应连续监测。本工程应加密观测次数，如果变形发展较快应连续监测。

（3）本工程施工中存在的重大事故隐患：不按设计要求加大每层开挖深度是引发事故的主要原因之一，基坑设计单位都应该根据其设计时的工况对施工单位的基坑开挖提出要求，不按设计要求施工，在施工时超挖极容易引起基坑事故。在基坑顶大量堆荷是引发基坑事故的另一重要原因，背景介绍未提及考虑这些荷载的安全性设计验算，因此本工程把大量钢材及弃土堆集于坑顶也是重大事故隐患。

（4）对于基坑变形量显著增大，变形发展速率越来越快的现象，施工单位应该对基坑进行抢险，对基坑做必要的加固和卸载；并且应调整设计和施工方案。基坑危险征兆没有引起注意仍按原方案施工是施工项目负责人（经理）的一大失误。

当基坑变形急剧增加，基坑已经接近失稳的极限状态，种种迹象表明基坑即将坍塌时，项目负责人（经理）应以人身安全为第一要务，人员要及早撤离现场。组织人员进入基坑内抢险，造成人员伤亡是项目负责人（经理）的一个重大指挥错误。

2K313030　喷锚暗挖（矿山）法施工

2K313031　喷锚暗挖法的掘进方式选择

市政公用地下工程，因地下障碍物和周围环境限制通常采用喷锚暗挖法施工。

一、浅埋暗挖法与掘进方式

浅埋暗挖法施工因掘进方式不同，可分为众多的具体施工方法，如全断面法、正台阶法、环形开挖预留核心土法、单侧壁导坑法、双侧壁导坑法、中隔壁法、交叉中隔壁法、中洞法、侧洞法、柱洞法等。

（一）全断面开挖法

（1）全断面开挖法适用于土质稳定、断面较小的隧道施工，适宜人工开挖或小型机械作业。

（2）全断面开挖法采取自上而下一次开挖成形，沿着轮廓开挖，按施工方案一次进尺并及时进行初期支护。

（3）全断面开挖法的优点是可以减少开挖对围岩的扰动次数，有利于围岩天然承载拱的形成，工序简便；缺点是对地质条件要求严格，围岩必须有足够的自稳能力。

（二）台阶开挖法

（1）台阶开挖法适用于土质较好的隧道施工，以及软弱围岩、第四纪沉积地层隧道。

（2）台阶开挖法将结构断面分成两个以上部分，即分成上下两个工作面或几个工作面，分步开挖。根据地层条件和机械配套情况，台阶法又可分为正台阶法和中隔壁台阶法等。正台阶法能较早使支护闭合，有利于控制其结构变形及由此引起的地面沉降。

（3）台阶开挖法优点是具有足够的作业空间和较快的施工速度，灵活多变，适用性强。

（4）台阶开挖法注意事项：

1）台阶数量和高度应综合考虑隧道断面高度、机械设备及围岩稳定性等因素确定。台阶开挖高度宜为 2.5～3.5m。台阶数量可采用二台阶或三台阶，不宜大于三台阶。

2）应根据地质和开挖断面跨度等确定开挖台阶长度，土质隧道台阶长度不宜超过隧道宽度的 1 倍。

3）一次循环开挖长度，稳定岩体中应根据机械开挖能力确定，一般不宜大于 4m；土层和不稳定岩体中一次循环开挖长度应符合设计文件要求。

（三）环形开挖预留核心土法

（1）环形开挖预留核心土法适用于一般土质或易坍塌的软弱围岩、断面较大的隧道施工，是城市第四纪软土地层浅埋暗挖法最常用的一种标准掘进方式。

（2）一般情况下，将断面分成环形拱部（见表 2K313031 示意图中的 1、2、3）、上部核心土（见表 2K313031 示意图中的 4）、下部台阶（见表 2K313031 示意图中的 5）等三部分。根据断面的大小，环形拱部又可分成几块交替开挖。环形开挖进尺为 0.5～1.0m，不宜过长。台阶长度一般以控制在 1*D* 内（*D* 一般指隧道跨度）为宜。

（3）施工作业流程：用人工或单臂掘进机开挖环形拱部→架立钢支撑→挂钢筋网→喷混凝土。在拱部初次支护保护下，为加快进度，宜采用挖掘机或单臂掘进机开挖核心土和下台阶，随时接长钢支撑和喷射混凝土、封底。视初次支护的变形情况或施工步序，安排二次衬砌施工作业。

（4）方法的主要优点：

1）因为开挖过程中上部留有核心土支承着开挖面，能迅速、及时地建造拱部初次支护，所以开挖工作面稳定性好。

2）和台阶法一样，核心土和下部开挖都是在拱部初次支护保护下进行的，施工安全性好。与超短台阶法相比，台阶长度可以适度加长，以减少上、下台阶的施工干扰。与下述的侧壁法相比，施工机械化程度可相对提高，施工速度可加快。

（5）注意事项：

1）虽然核心土增强了开挖面的稳定，但开挖中围岩要经受多次扰动，而且断面分块多，支护结构形成全断面封闭的时间长，这些都有可能使围岩变形增大。因此，常要结合辅助施工措施对开挖工作面及其前方岩体进行预支护或预加固。

2）由于拱形开挖高度较小，或地层松软锚杆不易成型，所以对城市第四纪地层，施工中一般不设或少设锚杆。

（四）单侧壁导坑法

（1）单侧壁导坑法适用于断面跨度大，地表沉陷难于控制的软弱松散围岩中隧道施工。

（2）单侧壁导坑法是将断面横向分成 3 块或 4 块：侧壁导坑、上台阶、下台阶（分别见表 2K313031 中对应工法示意图的 1、2、3），侧壁导坑尺寸应本着充分利用台阶的支撑作用，并考虑机械设备和施工条件而定。

（3）一般情况下侧壁导坑宽度不宜超过 0.5 倍洞宽，高度以到起拱线为宜，这样导坑可分二次开挖和支护，不需要架设工作平台，人工架立钢支撑也较方便。

（4）导坑与台阶的距离没有硬性规定，但一般应以导坑施工和台阶施工不发生干扰为原则。上、下台阶的距离则视围岩情况参照短台阶法或超短台阶法拟定。

（5）施工顺序：开挖侧壁导坑并进行初次支护（锚杆＋钢筋网或锚杆＋钢支撑或钢支撑，喷射混凝土），应尽快使导坑的初次支护闭合→开挖上台阶，进行拱部初次支护，使其一侧支承在导坑的初次支护上，另一侧支承在下台阶上→开挖下台阶，进行另一侧的初次支护，并尽快建造底部初次支护，使全断面闭合→拆除导坑临空部分的初次支护→建造内层衬砌。

（6）单侧壁导坑法每步开挖的宽度较小，而且封闭型的导坑初次支护承载能力大，因而变形较大。

（五）双侧壁导坑法

（1）双侧壁导坑法又称眼镜工法。当隧道跨度很大，地表沉陷要求严格，围岩条件特别差，单侧壁导坑法难以控制围岩变形时，可采用双侧壁导坑法。

（2）双侧壁导坑法一般是将断面分成四块：左、右侧壁导坑、上部核心土、下台阶（分别见表 2K313031 中对应工法示意图的 1、2、3）。导坑尺寸拟定的原则同前，但宽度不宜超过断面最大跨度的 1/3。左、右侧导坑错开的距离，应根据开挖一侧导坑所引起的围岩应力重分布的影响不致波及另一侧已成导坑的原则确定。

（3）施工顺序：开挖一侧导坑，并及时地将其初次支护闭合→相隔适当距离后开挖另一侧导坑，并建造初次支护→开挖上部核心土，建造拱部初次支护，拱脚支承在两侧壁导坑的初次支护上→开挖下台阶，建造底部的初次支护，使初次支护全断面闭合→拆除导坑临空部分的初次支护→施作内层衬砌。

（4）优缺点：

1）双侧壁导坑法虽然开挖断面分块多，扰动大，初次支护全断面闭合的时间长，但每个分块都是在开挖后立即各自闭合的，所以在施工期间变形几乎不发展。

2）双侧壁导坑法施工较为安全，但速度较慢，成本较高。

（六）中隔壁法和交叉中隔壁法

（1）中隔壁法也称 CD（Center Diaphragm）工法，主要适用于地层较差、不稳定岩体且地面沉降要求严格的地下工程施工。

（2）交叉中隔壁法即 CRD（Cross Diaphragm）工法是在 CD 工法基础上加设临时仰拱以满足要求。

（3）CD 工法和 CRD 工法在大跨度隧道中应用普遍，在施工中应严格遵守正台阶法的施工要点，尤其要考虑时空效应，每一步开挖必须快速，必须及时步步成环，工作面留核心土或用喷混凝土封闭，消除由于工作面应力松弛而增大沉降值的现象。

（七）中洞法、侧洞法、柱洞法、洞桩法

当地层条件差、断面特大时，一般设计成多跨结构，跨与跨之间有梁、柱连接，一般采用中洞法、侧洞法、柱洞法及洞桩法等施工，其核心思想是变大断面为中小断面，提高施工安全度。

（1）中洞法施工就是先开挖中间部分（中洞），在中洞内施作梁、柱结构，然后再开挖两侧部分（侧洞），并逐渐将侧洞顶部荷载通过中洞初期支护转移到梁、柱结构上。由于中洞的跨度较大，施工中一般采用 CD、CRD 或双侧壁导航法进行施工。中洞法施工工序复杂，但两侧洞对称施工，比较容易解决侧压力从中洞初期支护转移到梁柱上时的不平衡侧压力问题，施工引起的地面沉降较易控制。中洞法的特点是初期支护自上而下，每一步封闭成环，环环相扣，二次衬砌自下而上施工，施工质量容易得到保证。

（2）侧洞法施工就是先开挖两侧部分（侧洞），在侧洞内做梁、柱结构，然后再开挖中间部分（中洞），并逐渐将中洞顶部荷载通过初期支护转移到梁、柱上；这种施工方法在处理中洞顶部荷载转移时，相对于中洞法要困难一些。两侧洞施工时，中洞上方土体经受多次扰动，形成危及中洞的上小下大的梯形、三角形或楔形土体，该土体直接压在中洞上，中洞施工若不够谨慎就可能发生坍塌。

（3）柱洞法施工是先在立柱位置施作一个小导洞，当小导洞做好后，在洞内再做底梁，形成一个细而高的纵向结构。柱洞法施工的关键是如何确保两侧开挖后初期支护同步作用在顶纵梁上，而且柱子左右水平力要同时加上且保持相等。

（4）洞桩法就是先挖洞，在洞内制作挖孔桩，梁柱完成后，再施作顶部结构，然后在其保护下施工，实际上就是将盖挖法施工的挖孔桩梁柱等转入地下进行。

二、掘进方式与选择条件

（1）虽然掘进方式不同，各种具体施工方法都有其优点和缺点（施工注意事项）；选择前必须经过现场条件调研分析，在技术经济综合比较基础上选择较适宜的施工方法。

（2）上述不同掘进（开挖）方式与选择考虑主要条件见表 2K313031，以供工程实践中参考。

三、掘进（开挖）方式及其选择条件（见表 2K313031）

喷锚暗挖（矿山）法开挖方式与选择条件　　表 2K313031

施工方法	示意图	选择条件比较					
		结构与适用地层	沉降	工期	防水	初期支护拆除量	造价
全断面法		地层好，跨度≤8m	一般	最短	好	无	低
正台阶法		地层较差，跨度≤10m	一般	短	好	无	低
环形开挖预留核心土法	1 2 4 3 5	地层差，跨度≤12m	一般	短	好	无	低
单侧壁导坑法	1 2 3	地层差，跨度≤14m	较大	较短	好	小	低
双侧壁导坑法	2 1 1 3	小跨度，连续使用可扩大跨度	较大	长	效果差	大	高
中隔壁法（CD 工法）	1 3 2 4	地层差，跨度≤18m	较大	较短	好	小	偏高
交叉中隔壁法（CRD 工法）	1 3 2 4 5 6	地层差，跨度≤20m	较小	长	好	大	高
中洞法	2 1 2	小跨度，连续使用可扩成大跨度	小	长	效果差	大	较高

续表

施工方法	示意图	选择条件比较					
		结构与适用地层	沉降	工期	防水	初期支护拆除量	造价
侧洞法	1 3 2	小跨度，连续使用可扩成大跨度	大	长	效果差	大	高
柱洞法		多层多跨	大	长	效果差	大	高
洞桩法		多层多跨	较大	长	效果差	较大	高

2K313032 喷锚加固支护施工技术

本条以浅埋暗挖法为主，简要介绍喷锚支护技术和超前加固技术。

一、喷锚暗挖与初期支护

（一）喷锚暗挖与支护加固

（1）喷锚暗挖施工地下结构需采用喷锚初期支护，主要包括喷混凝土、喷混凝土＋锚杆、喷混凝土＋锚杆＋钢筋网、喷混凝土＋锚杆＋钢筋网＋钢架等支护结构形式；可根据围岩的稳定状况，采用一种或几种结构组合。

（2）在浅埋软岩地段、自稳性差的软弱破碎围岩、断层破碎带、砂土层等不良地质条件下施工时，若围岩自稳时间短、不能保证安全地完成初次支护，为确保施工安全，加快施工进度，应采用各种辅助技术进行加固处理，使开挖作业面围岩保持稳定。

（二）支护与加固技术措施

1. 暗挖隧道内常用的技术措施

（1）超前锚杆或超前小导管支护。

（2）小导管周边注浆或围岩深孔注浆。

（3）设置临时仰拱。

（4）管棚超前支护。

2. 暗挖隧道外常用的技术措施

（1）地表锚杆或地表注浆加固。

（2）冻结法固结地层。

（3）降低地下水位法。

二、暗挖隧道内加固支护技术

（一）主要材料

（1）喷射混凝土应采用早强混凝土，其强度必须符合设计要求。混凝土配合比应根据试验确定。严禁选用具有碱活性的集料。可根据工程需要掺用外加剂，速凝剂应根据水泥品种、水灰比等，通过不同掺量的混凝土试验选择最佳掺量，使用前应做凝结时间试验，要求初凝时间不应大于5min，终凝时间不应大于10min。

（2）钢筋网材料宜采用Q235钢，钢筋直径宜为6～12mm，网格尺寸宜采用150～300mm，搭接长度应符合规范。钢筋网应与锚杆或其他固定装置连接牢固。

（3）钢拱架宜选用钢筋、型钢、钢轨等制成，采用钢筋加工而成格栅的主筋直径不宜小于18mm。

（二）格栅加工及安装

（1）格栅拱架和钢筋网片均应在模具内焊接成型。

（2）格栅拱架、钢筋网片加工制作应符合下列要求：

1）按照图纸组装焊接格栅拱架各部件，“8”字筋布置应均匀、对称，方向相互错开，“8”字筋间距不得大于50mm。节点板用连接螺栓紧固。

2）格栅钢架在模具内初步点焊固定，从模具内对称、均匀取出，按设计要求将格栅钢架冷弯、焊接成型。

3）格栅拱架组装焊接应从两端均匀、对称地进行，以减少应力变形。

4）格栅拱架主筋和“8”字筋之间、主筋与连接板之间应双面焊连接，焊缝应平顺、饱满、连续，无咬蚀、气孔、夹渣现象；焊接成品的焊缝药皮应清理干净。

5）钢架主筋应相互平行，偏差应不大于5mm。连接板应与主筋垂直，偏差不得大于3mm。

6）钢筋网片应严格按设计图纸尺寸加工，每点均为四点焊接。

（3）首榀格栅拱架应进行试拼装，并应经建设单位、监理单位、设计单位共同验收合格后方可批量加工。格栅拱架拼装尺寸允许偏差应为0～＋30mm，平面翘曲应不大于20mm。

（4）格栅拱架、钢筋网片应分类存放、标识，并应采取防锈蚀措施；运输和存放过程中应采取防变形措施。

（5）格栅拱架安装应符合下列要求：

1）格栅拱架安装应符合设计要求，严格控制间距。

2）格栅拱架安装定位后，应紧固外、内侧螺栓。

3）格栅拱架节点应采用螺栓紧固；钢筋帮条焊应与主筋同材质。

（6）钢筋网片应沿格栅拱架内、外侧主筋和纵向连接筋铺设，钢筋网片纵向和环向搭接长度应不小于1个网孔，网片之间、网片与格栅钢架、纵向连接筋应绑扎牢固或点焊连接牢固。

（7）纵向连接筋直径、间距以及连接应符合设计要求。连接筋应与格栅主筋点焊牢固；沿环向连接筋应在主筋内、外侧交错布置。

（8）连接筋长度应为“格栅拱架间距＋搭接长度”；采用双面搭接焊时，搭接长度为$5d$；单面焊的搭接长度为$10d$。焊接质量应符合设计和现行行业标准《钢筋焊接及验收规程》JGJ 18—2012的相关要求。

（9）格栅拱架安装时，其拱脚处不得设在虚土上，连接板下宜加垫板以减小拱架下沉量；相邻格栅纵向连接应牢固。

（10）在自稳能力较差的土层中安装格栅拱架时，应按设计要求在拱脚处打设锁脚锚管，以防止拱架下沉。

（11）折点处的格栅拱架安装时，应预先进行排列计算并画出格栅排列图，以确保转弯半径要求。

（12）双层隧道格栅拱架的安装应配合中隔板、临时支撑施工，并应保证受力体系转换安全、可靠。

（13）格栅架立及安装应符合下列要求：

1）格栅架立纵向允许偏差应为 ±50mm，横向允许偏差应为 ±30mm，高程允许偏差应为 ±30mm。

2）格栅安装时，节点板栓接就位后应帮焊与主筋同直径的钢筋。单面焊长度不小于 10*d*。

（三）喷射混凝土

（1）喷射混凝土时，应确保喷射机供料连续均匀。作业开始时，应先送风送水，后开机，再给料；结束时，应待料喷完后再关机停风。喷射机作业时，喷头处的风压不得小于 0.1MPa。喷射作业完毕或因故中断喷射时，应先停风停水，然后将喷射机和输料管内的积料清除干净。

（2）混凝土喷射前应检查喷射机喷头的状况，使其保持良好的工作性能。喷射时，应用高压风清理受喷面、施工缝，剔除疏松部分；喷头与受喷面应垂直，距离宜为 0.6～1.0m。

（3）喷射混凝土应紧跟开挖工作面，应分段、分片、分层，由下而上顺序进行。混凝土厚度较大时，应分层喷射，后一层喷射应在前一层混凝土终凝后进行。混凝土一次喷射厚度宜为：边墙 70～100mm，拱部 50～60mm。

（4）喷射混凝土时，应先喷格栅拱架与围岩间的混凝土，之后喷射拱架间的混凝土。格栅拱架连接板、墙角等钢筋密集处应适当调整喷射角度，保证混凝土密实。

（5）喷射混凝土应控制水灰比，避免喷射后发生流淌、滑坠现象，并应采取措施减少喷射混凝土材料的回弹损失。严禁使用回弹料。

（6）在遇水的地段进行喷射混凝土作业时，应先对渗漏水处理后再喷射，并应从远离漏渗水处开始，逐渐向渗漏处逼近。

（7）在砂层地段进行喷射作业时，应首先紧贴砂层表面铺挂钢筋网，并用钢筋沿环向压紧后再喷射。喷射时，宜先喷一层加大速凝剂掺量的水泥砂浆，并适当减小喷射机的工作风压，待水泥砂浆形成薄壳后方可正式喷射。

（8）格栅拱架、钢筋网片的喷射混凝土保护层厚度应符合设计要求。

（9）喷射混凝土的养护应在终凝 2h 后进行，养护时间应不小于 14d；当环境潮湿有水时，可根据情况调整养护时间。

（四）小导管注浆技术详见 2K313034 条，管棚超前支护详见 2K313035 条。

（五）锁脚锚杆注浆加固

（1）隧道拱脚应采用斜向下 20°～30° 打入的锁脚锚杆（管）锁定。

（2）锁脚锚杆（管）应与格栅焊接牢固，打入后应及时注浆。

（六）初期支护背后注浆

（1）隧道初期支护封闭后，应及时进行初支背后回填注浆。注浆作业点与掘进工作面宜保持 5～10m 的距离。

（2）背后回填注浆管在格栅拱架安装时宜埋设于隧道拱顶、两侧起拱线以上的位置，必要时侧墙亦可布设，间距应符合设计要求。注浆管应与格栅拱架主筋焊接或绑扎牢固，管端外露不应小于100mm。

（3）背后回填注浆应合理控制注浆量和注浆压力。当注浆压力和注浆量出现异常时，应分析原因，调整注浆参数。

（4）根据地层变形的控制要求，可在初期支护背后多次进行回填注浆。注浆结束后，宜经雷达等检测手段检测合格，并应填写和保存注浆记录。

（七）隧道内锚杆注浆加固

锚杆施工应保证孔位的精度在允许偏差范围内，钻孔不宜平行于岩层层面，宜沿隧道周边径向钻孔。锚杆必须安装垫板，垫板应与喷射混凝土面密贴。钻孔安设锚杆前应先进行喷射混凝土施工，孔位、孔径、孔深要符合设计要求。锚杆露出岩面长度不大于喷射混凝土的厚度，锚杆施工应符合质量要求。

三、暗挖隧道外的超前加固技术

（一）降低地下水位法

（1）当喷锚暗挖施工地下结构处于富水地层中，且地层的渗透性较好时，应首选降低地下水位法达到稳定围岩，提高喷锚支护安全的目的。含水的松散破碎地层宜采用降低地下水位法，不宜采用集中宣泄排水的方法。

（2）在城市地下工程中采用降低地下水位法时，最重要的决策因素是确保降水引起的沉降不会对已存在构筑物或拟建构筑物的结构安全构成危害。

（3）降低地下水位通常采用地面降水方法或隧道内辅助降水方法。

（4）当采用降水方案不能满足要求时，应在开挖前进行帷幕预注浆、加固地层等堵水处理。根据水文、地质钻孔和调查资料，预计有大量涌水或涌水量虽不大，但开挖后可能引起大规模塌方时，应在开挖前进行注浆堵水，加固围岩。

（二）地表锚杆（管）

（1）地表锚杆（管）是一种地表预加固地层的措施，适用于浅埋暗挖、进出工作井地段和岩体松软破碎地段。

（2）地面锚杆（管）按矩形或梅花形布置，先钻孔→吹净钻孔→用灌浆管灌浆→垂直插入锚杆杆体→在孔口将杆体固定。地面锚杆（管）支护，是由普通水泥砂浆和全粘结型锚杆构成地表预加固地层或围岩深孔注浆加固地层。

（3）锚杆类型应根据地质条件、使用要求及锚固特性进行选择，可选用中空注浆锚杆、树脂锚杆、自钻式锚杆、砂浆锚杆和摩擦型锚杆。

（三）冻结法固结地层

（1）冻结法是利用人工制冷技术，在富水软弱地层的暗挖施工时固结地层。通常，当土体的含水量大于2.5%、地下水含盐量不大于3%、地下水流速不大于40m/d时，均可适用常规冻结法，而土层含水量大于10%和地下水流速不大于7～9m/d时，冻土扩展速度和冻结体形成的效果最佳。

（2）在地下结构开挖断面周围需加固的含水软弱地层中钻孔敷管，安装冻结器，通过人工制冷作用将天然岩土变成冻土，形成完整性好、强度高、不透水的临时加固体，从而达到加固地层、隔绝地下水与拟建构筑物联系的目的。

（3）在冻结体的保护下进行工作井或隧道等地下工程的开挖施工，待衬砌支护完成后，冻结地层逐步解冻，最终恢复到原始状态。

（4）冻结法的主要优缺点：

1）主要优点：冻结加固的地层强度高，地下水封闭效果好，地层整体固结性好，对工程环境污染小。

2）主要缺点：成本较高；有一定的技术难度。

2K313033 衬砌及防水施工要求

喷锚暗挖（矿山）法施工隧道通常要求工程完工后做到不渗水、不漏水，以便保证隧道结构使用功能和运行安全。本条简要介绍衬砌及防水结构施工要点。

一、防水结构施工原则

（一）相关规范规定

（1）《地下工程防水技术规范》GB 50108—2008 规定：地下工程防水的设计和施工应遵循“防、排、截、堵相结合，刚柔相济，因地制宜，综合治理”的原则。

（2）《地铁设计规范》GB 50157—2013 规定：地下铁道隧道工程的防水设计，应根据工程地质、水文地质、地震烈度、结构特点、施工方法和使用要求等因素进行，并应遵循“以防为主，刚柔结合，多道防线，因地制宜，综合治理”的原则，采取与其相适应的防水措施。

（二）复合式衬砌与防水体系

（1）喷锚暗挖（矿山）法施工隧道通常采用复合式衬砌设计，衬砌结构是由初期（一次）支护、防水层和二次衬砌所组成。

（2）喷锚暗挖（矿山）法施工隧道的复合式衬砌，以结构自防水为根本，辅加防水层组成防水体系，以变形缝、施工缝、后浇带、穿墙洞、预埋件、桩头等接缝部位混凝土及防水层施工为防水控制的重点。

二、施工方案选择

（1）施工期间的防水措施主要是排和堵两类。施工前，根据资料预计可能出现的地下水情况，估计水量，选择防水方案。施工中要做好出水部位、水量等记录，按设计要求施作排水系统，确保防水效果。当结构处于贫水稳定地层，同时位于地下潜水位以上时，在确保安全的条件下可考虑限排方案。

（2）在衬砌背后设置排水盲管（沟）或暗沟和在隧底设置中心排水盲沟时，应根据隧道的渗漏水情况，配合衬砌一次施工。施工中应防止衬砌混凝土或压浆浆液侵入盲沟内堵塞水路，盲管（沟）或暗沟应有足够的数量和过水能力的断面，组成完整、有效的排水系统并应符合设计要求。

（3）衬砌背后可采用注浆或喷涂防水层等方法止水。施工前应根据工程地质和水文地质条件，通过试验进行设计，并在施工过程中修正各项参数。

三、复合式衬砌防水施工

（1）复合式衬砌防水层施工应优先选用射钉铺设，结构组成如图 2K313033 所示。

（2）防水层施工时喷射混凝土表面应平顺，不得留有锚杆头或钢筋断头，表面漏水应及时引排，防水层接头应擦净。防水层可在拱部和边墙按环状铺设，开挖和衬砌作业不得损坏防水层，铺设防水层地段距开挖面不应小于爆破安全距离，防水层纵横向铺设长度应根据开挖方法和设计断面确定。

（3）衬砌施工缝和沉降缝的止水带不得有割伤、破裂，固定应牢固，防止偏移，提高止水带部位混凝土浇筑的质量。

（4）二次衬砌混凝土施工：

1）二次衬砌采用补偿收缩混凝土，具有良好的抗裂性能，主体结构防水混凝土在工程结构中不但承担防水作用，还要和钢筋一起承担结构受力作用。

2）二次衬砌混凝土浇筑应采用组合钢模板体系和模板台车两种模板体系。对模板及支撑结构进行验算，以保证其具有足够的强度、刚度和稳定性，防止发生变形和下沉。模板接缝要拼贴平密，避免漏浆。

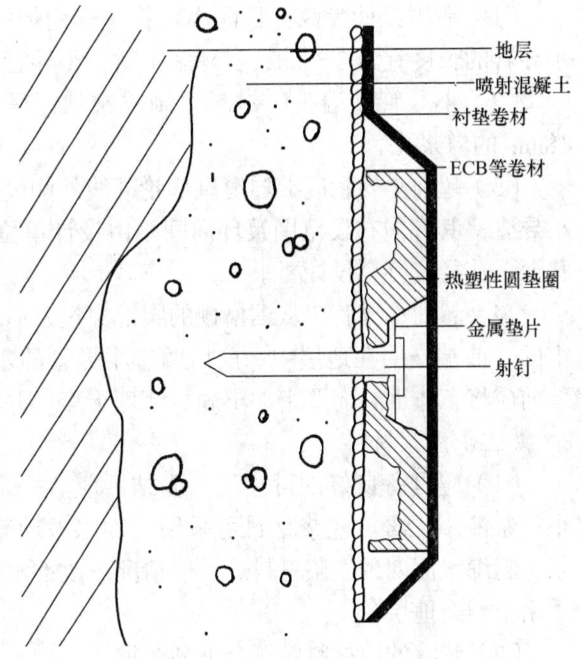

图 2K313033　复合式衬砌防水层结构示意图

3）混凝土浇筑采用泵送模筑，两侧边墙采用插入式振捣器振捣，底部采用附着式振动器振捣。混凝土浇筑应连续进行，两侧对称、水平浇筑，不得出现水平和倾斜接缝；如混凝土浇筑因故中断，则必须采取措施对两次浇筑混凝土界面进行处理，以满足防水要求。

2K313034　小导管注浆加固技术

小导管注浆是浅埋暗挖隧道的常规施工工序。本条简要介绍小导管注浆加固技术及其施工要点。

一、适用条件与基本规定

（一）适用条件

（1）小导管注浆支护加固技术可作为暗挖隧道常用的超前预支护措施，能配套使用多种注浆材料，施工速度快，施工机械简单，工序交换容易。

（2）在软弱、破碎地层中成孔困难或易塌孔，且施作超前锚杆比较困难或者结构断面较大时，宜采取超前小导管注浆加固处理方法。

（二）基本规定

（1）小导管支护和超前加固必须配合钢拱架使用。用作小导管的钢管钻有注浆孔，以便向土体进行注浆加固，也有利于提高小导管自身的刚度和强度。

（2）采用小导管加固时，为保证工作面稳定和掘进安全，应确保小导管安装位置正确和足够的有效长度，严格控制好小导管的钻设角度。

（3）在条件允许时，应配合地面超前注浆加固；有导洞时，可在导洞内对隧道周边进行径向注浆加固。

二、技术要点

（一）小导管布设

（1）常用设计参数：超前小导管应选用焊接钢管或无缝钢管，钢管直径 40～50mm，小导管的长度宜为 3～5m，实际施工时，小导管的具体长度、直径应根据设计要求确定。

（2）小导管其端头应封闭并制成锥状，尾端设钢筋加强箍，管身梅花形布设 ϕ6～ϕ8mm 的溢浆孔。

（3）超前小导管应沿隧道拱部轮廓线外侧设置，根据地层条件可采用单层、双层超前小导管；其环向布设范围及环向间距由设计单位根据地层特性确定；安装小导管的孔位、孔深、孔径应符合设计要求。

（4）超前小导管应从钢格栅的腹部穿过，后端应支承在已架设好的钢格栅上，并焊接牢固，前端嵌固在地层中。前后两排小导管的水平支撑搭接长度不应小于 1.0m。导管安装前应将工作面封闭严密、牢固，清理干净，并测放出钻设位置后方可施工。

（二）注浆材料

（1）应具备良好的可注性，固结后应有一定强度、抗渗性、稳定性、耐久性且收缩小；浆液须无毒。注浆材料可采用改性水玻璃浆、普通水泥单液浆、水泥－水玻璃双液浆、超细水泥四种注浆材料。一般情况下改性水玻璃浆适用于砂类土，水泥浆和水泥砂浆适用于卵石地层。

（2）浆液的原材料应符合下列要求：

1）水泥：强度等级 P·O42.5 级及以上的硅酸盐水泥。

2）水玻璃：浓度 40～45° Bé。

3）外加剂：视不同地层和注浆工艺进行选择。

（3）注浆材料的选用和配合比的确定，应根据工程条件，经试验确定。

（三）注浆工艺及施工控制要点

（1）超前小导管的成孔工艺应根据地层条件进行选择，应尽可能减少对地层的扰动。

（2）注浆工艺应简单、方便、安全，应根据土质条件选择注浆工艺（法）。在砂卵石地层中宜采用渗入注浆法；在砂层中宜采用挤压、渗透注浆法；在黏土层中宜采用劈裂或电动硅化注浆法。

（3）注浆顺序：应由下而上、间隔对称进行；相邻孔位应错开、交叉进行。

（4）渗透法注浆压力：注入压力应保持在 0.1～0.4MPa，注浆终压应由地层条件和周边环境控制要求确定，一般宜不大于 0.5MPa。每孔稳压时间不小于 2min。劈裂法注浆压力应大于 0.8MPa。

（5）注浆速度应不大于 30L/min。

（6）注浆施工期应进行监测，监测项目通常有地（路）面隆起、地下水污染等，特别要采取必要措施防止注浆浆液溢出地面或超出注浆范围。

2K313035　管棚施工技术

管棚超前支护是浅埋暗挖施工隧道超前加固的辅助施工方法（简称管棚法）。本条简要介绍管棚法的施工技术。

一、结构组成与适用条件

（一）结构组成

（1）管棚法为防止隧道开挖引起的地表下沉和围岩松动，开挖掘进前沿开挖工作面的上半断面设计周边打入厚壁钢管，在地层中构筑的临时承载棚防护下，为安全开挖预先提供增强地层承载力的临时支护方法，与小导管注浆法相对应，通常又称为大管棚超前支护法。

（2）管棚一般是沿地下工程断面周边的一部分或全部，以一定的间距环向布设，形成钢管棚护，沿周边布设的长度及形状主要取决于地形、地层、地中或地面及周围建筑物的状况，有帽形、方形、一字形及拱形等。

（3）管棚是由钢管和钢格栅拱架组成。钢管入土端制作成尖靴状或楔形，沿着开挖轮廓线，以较小的外插角，向掌子面前方打入钢管或钢插板，末端支架在钢拱架上，形成对开挖面前方围岩的预支护。

（4）管棚中的钢管应按照设计要求进行加工和开孔，管内应灌注水泥浆或水泥砂浆，以便提高钢管自身的刚度和强度。

（二）适用条件

（1）适用于软弱地层和特殊困难地段，如极破碎岩体、塌方体、砂土质地层、强膨胀性地层、强流变性地层、裂隙发育岩体、断层破碎带、浅埋大偏压等围岩，并对地层变形有严格要求的工程。

（2）通常，在下列施工场合应考虑采用管棚进行超前支护：

1）穿越铁路修建地下工程。

2）穿越地下和地面结构物修建地下工程。

3）修建大断面地下工程。

4）隧道洞口段施工。

5）通过断层破碎带等特殊地层。

6）特殊地段，如大跨度地铁车站、重要文物保护区、河底、海底的地下工程施工等。

二、施工技术要点

（1）施工工艺流程：

测放孔位→钻机就位→水平钻孔→压入钢管→注浆（向钢管内或管周围土体）→封口→开挖。

（2）管棚应根据地层情况、施工条件和环境要求选用，并应符合以下要求：

1）宜选用加厚的 ϕ80～ϕ180mm 焊接钢管或无缝钢管制作。一般采用 ϕ108mm×8mm 钢管，相应的孔口管采用 ϕ127mm×8mm 钢管。

2）钢管间距应根据支护要求［如防坍塌、控制建（构）筑物变形等］予以确定，宜为 300～500mm。

3）双向相邻管棚的搭接长度不小于 3m。

4）为增加管棚刚度，应根据需要在钢管内灌注水泥砂浆、混凝土，或放置钢筋笼并灌注水泥砂浆。

5）钢管宜沿隧道开挖轮廓线纵向近水平方向或按纵坡要求设置。

6）长管棚宜在竖井内实施。必须在隧道内施作时，应预先设置加高段来满足钻机操作空间要求，对掌子面应采用喷射混凝土墙进行封闭处理。

（3）钢格栅拱架应根据现场条件单独设计制作，以满足管棚施工和受力要求。

（4）钻孔顺序应由高孔位向低孔位进行。钻孔直径应比设计管棚直径大 30～40mm。

钻杆方向和角度应符合设计要求。钻孔过程中应注意钻杆角度的变化，并保证钻机不移位。

（5）管棚在顶进过程中，应用测斜仪控制上仰角度。顶进完毕后应对每根管进行清孔处理。

（6）钢管在安装前应逐孔逐根进行编号，按编号顺序接管推进、不得混接。管棚接头应相互错开。

（7）管棚就位后，应按要求进行注浆；钢管内部宜填充水泥砂浆，以增加钢管强度和刚度。注浆应采用分段注浆方法，浆液能充分填充至围岩内。注浆压力达到设定压力并稳压5min以上，注浆量达到设计注浆量的80%时，方可停止注浆。

2K313036　工作井施工技术

锚喷暗挖（矿山）法工作井是为隧道施工而设置的竖向通道，一般采用倒挂井壁法施工。本条简要介绍工作井施工技术（以下简称竖井）和马头门施工技术。

一、工作井施工技术

（一）施工准备

（1）竖井施工前，应对竖井及隧道范围内的地下管线、建（构）筑物进行调查，并应会同产权单位确定保护方案；施工中，应加强对重要管线、建（构）筑物等的保护和监测。

（2）竖井施工范围内应人工开挖十字探沟，确定无管线后再开挖。

（3）竖井井口防护应符合下列规定：

1）竖井应设置防雨棚、挡水墙；

2）竖井应设置安全护栏，护栏高度不应小于1.2m；

3）竖井周边应架设安全警示装置。

（二）锁口圈梁

（1）竖井应按设计施作锁口圈梁，圈梁埋深较大时，上部应设置挡土墙、土钉墙或“格栅钢架＋喷射混凝土”等临时围护结构。

（2）锁口圈梁处土方不得超挖，并应做好边坡支护。

（3）圈梁混凝土强度应达到设计强度的70%及以上时，方可向下开挖竖井。

（4）锁口圈梁与格栅应按设计要求进行连接，井壁不得出现脱落。

（三）提升系统

（1）竖井应设置一套起重吊装设备作为提升系统，起重吊装设备应由有资质的单位安装、拆除；安装完成后，应进行安全检验，合格后方可使用。

（2）竖井提升系统制作、安装应符合现行国家或行业标准的有关规定。

（四）竖井开挖与支护

（1）开挖前，应根据地质条件及地下水状态，按设计要求或专项施工方案采取地下水控制及地层预加固的措施。

（2）井口地面荷载不得超过设计规定值；井口应设置挡水墙，四周地面应硬化处理，并应做好排水措施。

（3）应对称、分层、分块开挖，每层开挖高度不得大于设计规定，随挖随支护；每一分层的开挖，宜遵循先开挖周边、后开挖中部的顺序。

（4）初期支护应尽快封闭成环，按设计要求做好格栅钢架的竖向连接及采取防止井壁下沉的措施。

（5）喷射混凝土的强度和厚度等应符合设计要求。喷射混凝土应密实、平整，不得出现裂缝、脱落、漏喷、露筋、空鼓和渗漏水等现象。

（6）施工平面尺寸和深度较大的竖井时，应根据设计要求及时安装临时支撑。

（7）严格控制竖井开挖断面尺寸和高程，不得欠挖，竖井开挖到底后应及时封底。

（8）竖井开挖过程中应加强观察和监测。当发现地层渗水，井壁土体松散、裂缝或支撑出现较大变形等现象时，应立即停止施工，采取措施加固处理后方可继续施工。

二、马头门施工技术

（1）竖井初期支护施工至马头门处应预埋暗梁及暗桩，并应沿马头门拱部外轮廓线打入超前小导管，注浆加固地层。

（2）破除马头门前，应做好马头门区域的竖井或隧道的支撑体系的受力转换。

（3）马头门开挖施工应严格按照设计要求，并应采取加强措施。

（4）马头门的开挖应分段破除竖井井壁，宜按照先拱部、再侧墙、最后底板的顺序破除。隧道掘进方式为环形开挖预留核心土法时，马头门施工步骤如下：

1）开挖上台阶土方时应保留核心土。

2）安装上部钢格栅，连接纵向钢筋，挂钢筋网，喷射混凝土。

3）上台阶掌子面进尺 3～5m 时开挖下台阶，破除下台阶隧道洞口竖井井壁。

4）开挖下台阶土方。

5）安装下部钢格栅，连续纵向钢筋，挂初支钢筋网，喷射墙体及仰拱混凝土。

（5）马头门处隧道应密排三榀格栅钢架；隧道格栅主筋应与格栅主筋、连接筋焊接牢固；隧道纵向连接筋应与竖井主筋焊接牢固。

（6）马头门开启应按顺序进行，同一竖井内的马头门不得同时施工。一侧隧道掘进 15m 后，方可开启另一侧马头门。马头门标高不一致时，宜遵循“先低后高”的原则。

（7）施工中严格贯彻“管超前、严注浆、短开挖、强支护、勤量测、早封闭”的十八字方针。

（8）开挖过程中必须加强监测，一旦土体出现坍塌征兆或支护结构出现较大变形时，应立即停止作业，经处理后方可继续施工。

（9）停止开挖时，应及时喷射混凝土封闭掌子面；因特殊原因停止作业时间较长时，应对掌子面采取加强封闭措施。

2K314000 城镇水处理场站工程

2K314010 水处理场站工艺技术与结构特点

2K314011 给水与污水处理工艺流程

本条简要介绍常见的城镇给水处理和污水处理工艺流程。

一、给水处理

（一）处理方法与工艺

（1）处理对象通常为天然淡水水源，主要有来自江河、湖泊与水库的地表水和地下水

（井水）两大类。水中含有的杂质，分为无机物、有机物和微生物三种，也可按杂质的颗粒大小以及存在形态分为悬浮物质、胶体和溶解物质三种。

（2）处理目的是去除或降低原水中悬浮物质、胶体、有害细菌生物以及水中含有的其他有害杂质，使处理后的水质满足用户需求。基本原则是利用现有的各种技术、方法和手段，采用尽可能低的工程造价，将水中所含的杂质分离出去，使水质得到净化。

（3）常用的给水处理方法见表 2K314011-1。

常用的给水处理方法　　表 2K314011-1

自然沉淀	用以去除水中粗大颗粒杂质
混凝沉淀	使用混凝药剂沉淀或澄清去除水中胶体和悬浮杂质等
过滤	使水通过细孔性滤料层，截流去除经沉淀或澄清后剩余的细微杂质；或不经过沉淀，原水直接加药、混凝、过滤去除水中胶体和悬浮杂质
消毒	去除水中病毒和细菌，保证饮水卫生和生产用水安全
软化	降低水中钙、镁离子含量，使硬水软化
除铁除锰	去除地下水中所含过量的铁和锰，使水质符合饮用水要求

（二）工艺流程与适用条件（见表 2K314011-2）

常用处理工艺流程及适用条件　　表 2K314011-2

工艺流程	适用条件
原水→简单处理（如筛网隔滤或消毒）	水质较好
原水→接触过滤→消毒	一般用于处理浊度和色度较低的湖泊水和水库水，进水悬浮物一般小于 100mg/L，水质稳定、变化小且无藻类繁殖
原水→混凝→沉淀或澄清→过滤→消毒	一般地表水处理厂广泛采用的常规处理流程，适用于浊度小于 3mg/L 的河流水。河流小溪水浊度经常较低，洪水时含沙量大，可采用此流程对低蚀度、无污染的水不加凝聚剂或跨越沉淀直接过滤
原水→调蓄预沉→混凝→沉淀或澄清→过滤→消毒	高浊度水二级沉淀，适用于含沙量大，沙峰持续时间长的情况；预沉后原水含沙量应降低到 1000mg/L 以下。黄河中上游的中小型水厂和长江上游高浊废水处理多采用二级沉淀（澄清）工艺，适用于中小型水厂，有时在滤池后建造清水调蓄池

（三）预处理和深度处理

为了进一步发挥给水处理工艺的整体作用，提高对污染物的去除效果，改善和提高饮用水水质，除了常规处理工艺之外，还有预处理和深度处理工艺。

（1）按照对污染物的去除途径不同，预处理方法可分为氧化法和吸附法，其中氧化法又可分为化学氧化法和生物氧化法。化学氧化法预处理技术主要有氯气预氧化及高锰酸钾氧化、紫外光氧化、臭氧氧化等预处理；生物氧化预处理技术主要采用生物膜法，其形式主要是淹没式生物滤池，如进行 TOC 生物降解、氮去除、铁锰去除等。吸附预处理技术，如用粉末活性炭吸附、黏土吸附等。

（2）深度处理是指在常规处理工艺之后，再通过适当的处理方法，将常规处理工艺不能有效去除的污染物或消毒副产物的前身物加以去除，从而提高和保证饮用水水质。目前，应用较广泛的深度处理技术主要有活性炭吸附法、臭氧氧化法、臭氧活性炭法、生物活性炭法、光催化氧化法、吹脱法等。

二、污水处理

（一）处理方法与工艺

（1）处理目的是将输送来的污水通过必要的处理方法，使之达到国家规定的水质控制标准后回用或排放。从污水处理的角度，污染物可分为悬浮固体污染物、有机污染物、有毒物质、污染生物和污染营养物质。污水中有机物浓度一般用生物化学需氧量（BOD_5）、化学需氧量（COD）、总需氧量（TOD）和总有机碳（TOC）来表示。

（2）处理方法可根据水质类型分为物理处理法、生物处理法、污水处理产生的污泥处置及化学处理法，还可根据处理程度分为一级处理、二级处理及深度处理等工艺流程。

1）物理处理方法是利用物理作用分离和去除污水中污染物质的方法。常用方法有筛滤截留、重力分离、离心分离等，相应处理设备主要有格栅、沉砂池、沉淀池及离心机等。其中沉淀池同城镇给水处理中的沉淀池。

2）生物处理法是利用微生物的代谢作用，去除污水中有机物质的方法。常用的有活性污泥法、生物膜法等。

3）化学处理法，用于城市污水处理中的混凝法，类同于城市给水处理。

（3）污泥需处理才能防止二次污染，其处置方法常有浓缩、厌氧消化、好氧消化、好氧发酵、脱水、石灰稳定、干化和焚烧等。

（二）工艺流程

（1）一级处理工艺流程如图 2K314011-1 所示。主要针对水中悬浮物质，常采用物理的方法，经过一级处理后，污水悬浮物去除可达 40% 左右，附着于悬浮物的有机物也可去除 30% 左右。

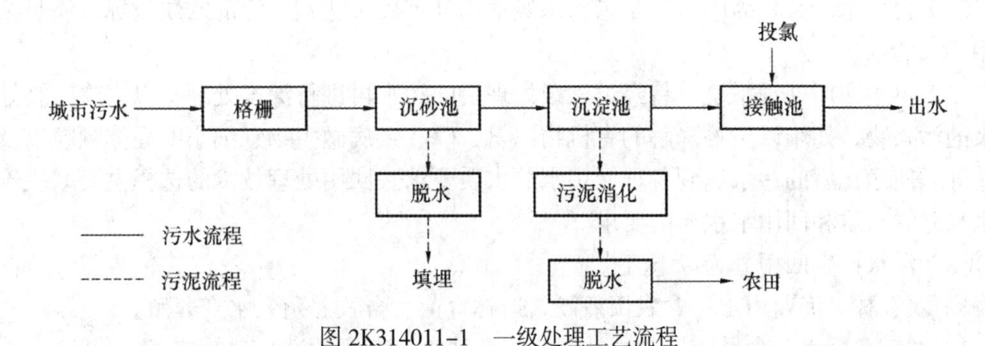

图 2K314011-1　一级处理工艺流程

（2）二级处理以氧化沟为例，其工艺流程如图 2K314011-2 所示。主要去除污水中呈胶体和溶解状态的有机污染物质。通常采用的方法是微生物处理法，具体方式有活性污泥法和生物膜法。经过二级处理后，BOD_5 去除率可达 90% 以上，二沉池出水能达标排放。

1）活性污泥处理系统，在当前污水处理领域，是应用最为广泛的处理技术之一，曝气池是其反应器。污水与污泥在曝气池中混合，污泥中的微生物将污水中复杂的有机物降解，并用释放出的能量来实现微生物本身的繁殖和运动等。

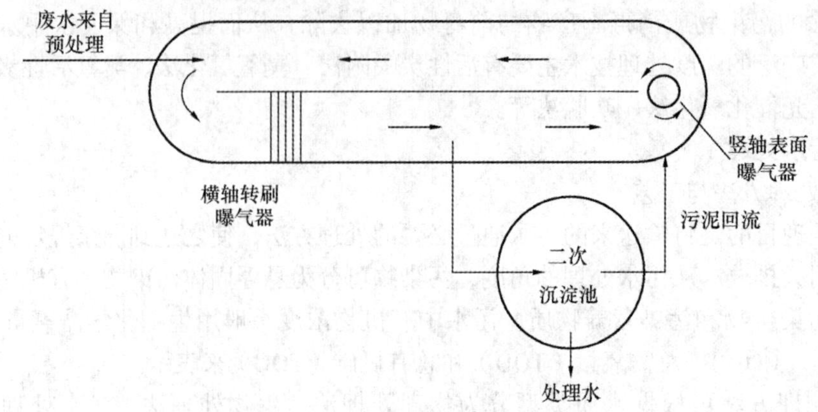

图 2K314011–2　氧化沟系统平面示意图

2）氧化沟是传统活性污泥法的一种改型，污水和活性污泥混合液在其中循环流动，动力来自于转刷与水下推进器。一般不需要设置初沉池，并且经常采用延时曝气。

氧化沟工艺构造形式多样，一般呈环状沟渠形，其平面可为圆形或椭圆形，或与长方形的组合状。主要构成有氧化沟沟体、曝气装置、进出水装置、导流装置。传统的氧化沟具有延时曝气活性污泥法的特点，通过调节曝气的强度和水流方式，可以使氧化沟内交替出现厌氧、缺氧和好氧状态或出现厌氧区、缺氧区和好氧区，从而脱氮除磷。根据形式的不同，氧化沟可以分为卡罗赛尔氧化沟、奥贝尔氧化沟、交替式氧化沟、一体式氧化沟及其他类型的氧化沟。

（3）深度处理是在一级处理、二级处理之后，进一步处理难降解的有机物及可导致水体富营养化的氮、磷等可溶性无机物等。深度处理常用于二级处理以后，以进一步改善水质和达到国家有关排放标准为目的。深度处理使用的方法有混凝、沉淀（澄清、气浮）、过滤、消毒、必要时可采用活性炭吸附、膜过滤、臭氧氧化和自然处理等工艺。

三、再生水回用

（1）再生水，又称为中水，是指污水经适当处理后，达到一定的水质指标、满足某种使用要求的水。

（2）再生回用处理系统是将经过二级处理后的污水再进行深度处理，以去除二级处理剩余的污染物，如难以生物降解的有机物、氨、磷、致病微生物、细小的固体颗粒以及无机盐等，使净化后的污水达到各种回用水的水质要求。回用处理技术的选择主要取决于再生水水源的水质和回用水水质的要求。

（3）污水再生回用分为以下五类：

1）农、林、渔业用水：含农田灌溉、造林育苗、畜牧养殖、水产养殖。

2）城市杂用水：含城市绿化、冲厕、道路清扫、车辆冲洗、建筑施工、消防。

3）工业用水：含冷却、洗涤、锅炉、工艺、产品用水。

4）环境用水：含娱乐性景观环境用水、观赏性景观环境用水。

5）补充水源水：含补充地下水和地表水。

2K314012　水处理场站的结构特点

本条简要介绍给水排水场站工程的结构特点。

一、场站构筑物组成

（1）水处理（含调蓄）构筑物，指按水处理工艺设计的构筑物。给水处理构筑物包括配水井、药剂间、混凝沉淀池、澄清池、过滤池、反应池、吸滤池、清水池、二级泵站等。污水处理构筑物包括进水闸井、进水泵房、格筛间、沉砂池、初沉淀池、二次沉淀池、曝气池、氧化沟、生物塘、消化池、沼气储罐等。

（2）工艺辅助构筑物，指主体构筑物的走道平台、梯道、设备基础、导流墙（槽）、支架、盖板、栏杆等的细部结构工程，各类工艺井（如吸水井、泄空井、浮渣井）、管廊桥架、闸槽、水槽（廊）、堰口、穿孔、孔口等。

（3）辅助建筑物，分为生产辅助性建筑物和生活辅助性建筑物。生产辅助性建筑物指各项机械设备的建筑厂房如鼓风机房、污泥脱水机房、发电机房、变配电设备房及化验室、控制室、仓库、砂料场等；生活辅助性建筑物包括综合办公楼、食堂、浴室、职工宿舍等。

（4）配套工程，指为水处理厂生产及管理服务的配套工程，包括厂内道路、厂区给水排水、照明、绿化等工程。

（5）工艺管线，指水处理构筑物之间、水处理构筑物与机房之间的各种连接管线，包括进水管、出水管、污水管、给水管、回用水管、污泥管、出水压力管、空气管、热力管、沼气管、投药管线等。

二、构筑物结构形式与特点

（1）水处理（调蓄）构筑物和泵房多数采用地下或半地下钢筋混凝土结构，特点是构件断面较薄，属于薄板或薄壳型结构，配筋率较高，具有较高抗渗性和良好的整体性要求。少数构筑物采用土膜结构（如氧化塘或生物塘等），面积大且有一定深度，抗渗性要求较高。

（2）工艺辅助构筑物多数采用钢筋混凝土结构，特点是构件断面较薄，结构尺寸要求精确；少数采用钢结构预制，现场安装，如出水堰等。

（3）辅助性建筑物视具体需要采用钢筋混凝土结构或砖砌结构，符合房屋建筑工程结构要求。

（4）配套的市政公用工程结构符合相关专业结构与性能要求。

（5）工艺管线中给水排水管道越来越多采用水流性能好、抗腐蚀性高、抗地层变位性好的 PE 管、球墨铸铁管等新型管材。

2K314013 给水与污水处理厂试运行

给水与污水处理的构筑物和设备在安装、试验、验收完成后，正式运行前必须进行全厂试运行。本条简要介绍试运行的技术要点。

一、试运行目的与内容

（一）试运行目的

（1）对土建工程和设备安装进行全面、系统的质量检查和鉴定，以作为工程质量验收的依据。

（2）通过试运行发现土建工程和设备安装存在的缺陷，以便及早处理，避免事故发生。

（3）通过试运行考核主辅机械协联动作的正确性，掌握设备的技术性能，制定运行必要的技术数据和操作规程。

（4）结合运行进行一些现场测试，以便进行技术经济分析，满足设备运行安全、低耗、高效的要求。

（5）通过试运行确认水厂土建和安装工程质量符合规程、规范要求，以便进行全面的验收和移交工作。

（二）主要内容与程序

1. 主要内容

（1）检验、试验和监视运行，设备首次启动，以试验为主，通过试验掌握运行性能。

（2）按规定全面详细记录试验情况，整理成技术资料。

（3）正确评估试运行资料、质量检查和鉴定资料等并建立档案。

2. 基本程序

（1）单机试车。

（2）设备机组充水试验。

（3）设备机组空载试运行。

（4）设备机组负荷试运行。

（5）设备机组自动开停机试运行。

二、试运行要求

（一）准备工作

（1）所有单项工程验收合格，并进行现场清理。

（2）机械部分、电动部分检查。

（3）辅助设备检查与单机试车。

（4）编写试运行方案并获准。

（5）成立试运行组织，责任清晰、明确。

（6）参加试运行人员培训考试合格。

（二）单机试车要求

（1）单机试车，一般空车试运行不少于 2h。

（2）各执行机构运作调试完毕，动作反应正确。

（3）自动控制系统的信号元件及元件动作正常。

（4）监测并记录单机运行数据。

（三）联机运行要求

（1）按工艺流程在各构筑物逐个进行的通水联机试运行正常。

（2）全厂联机试运行、协联运行正常。

（3）先采用手工操作，处理构筑物和设备全部运转正常后，方可转入自动控制运行。

（4）全厂联机运行应不少于 24h。

（5）监测并记录各构筑物运行情况和运行数据。

（四）设备及泵站空载运行

（1）处理设备及泵房机组首次启动。

（2）处理设备及泵房机组运行 4～6h 后，停机试验。

（3）机组自动开、停机试验。

（五）设备及泵站负荷运行

（1）用手动或自动启动负荷运行。

（2）检查、监视各构筑物负荷运行状况。

（3）不通水情况下运行 6～8h，一切正常后停机。

（4）停机前应抄表一次。

（5）检查各台设备是否出现过热、过流、噪声等异常现象。

（六）连续试运行

（1）处理设备及泵房单机组带负荷累计运行达 72h。

（2）连续试运行期间，开机、停机不少于 3 次。

（3）处理设备及泵房机组联合试运行时间，一般不少于 6h。

（4）水处理和污泥处理工艺系统试运行满足工艺要求。

（5）填写设备负荷联动（系统）试运行记录表。

（6）整理分析试运行技术经济资料。

2K314020 水处理场站工程施工

2K314021 预应力混凝土水池施工技术

本条介绍给水排水构筑物工程中现浇（拼装式）预应力钢筋混凝土水池施工技术。

一、现浇预应力钢筋混凝土水池施工技术

（一）施工方案与流程

1. 施工方案

施工方案应包括结构形式、材料与配合比、施工工艺及流程、模板及其支架设计、钢筋加工安装、混凝土施工、预应力施工等主要内容。

2. 整体式现浇钢筋混凝土池体结构施工流程

测量定位→土方开挖及地基处理→垫层施工→防水层施工→底板浇筑→池壁及顶板支撑柱浇筑→顶板浇筑→功能性试验。

3. 单元组合式现浇钢筋混凝土水池工艺流程

土方开挖及地基处理→中心支柱浇筑→池底防渗层施工→浇筑池底混凝土垫层→池内防水层施工→池壁分块浇筑→底板分块浇筑→底板嵌缝→池壁防水层施工→功能性试验。

（二）施工技术要点

1. 模板、支架施工

（1）模板及其支架应满足浇筑混凝土时的承载能力、刚度和稳定性要求，且应安装牢固。

（2）各部位的模板安装位置正确，拼缝紧密、不漏浆；对拉螺栓、垫块等安装稳固；模板上的预埋件、预留孔洞不得遗漏，且安装牢固；在安装池壁的最下一层模板时，应在适当位置预留清扫杂物用的窗口；在浇筑混凝土前，应将模板内部清扫干净，经检验合格后再将窗口封闭。

（3）采用穿墙螺栓来平衡混凝土浇筑对模板侧压力时，应选用两端能拆卸的螺栓或在拆模板时可拔出的螺栓。对跨度不小于 4m 的现浇钢筋混凝土梁、板，其模板应按设计要求起拱；设计无具体要求时，起拱高度宜为跨度的 1/1000～3/1000。

（4）池壁模板施工时，应设置确保墙体顺直和防止浇筑混凝土时模板倾覆的装置。

（5）固定在模板上的预埋管、预埋件的安装必须牢固，位置准确。安装前应清除铁锈和油污，安装后应做标志。

（6）池壁与顶板连续施工时，池壁内模立柱不得同时作为顶板模板立柱。顶板支架的斜杆或横向连杆不得与池壁模板的杆件相连接。池壁模板可先安装一侧，绑完钢筋后，分层安装另一侧模板，或采用一次安装到顶而分层预留操作窗口的施工方法。

2. 止水带安装

（1）塑料或橡胶止水带的形状、尺寸及其材质的物理性能，应符合设计要求，且无裂纹、无气泡。

（2）塑料或橡胶止水带接头应采用热接，不得采用叠接；接缝应平整、牢固，不得有裂口、脱胶现象；“T”形接头、十字接头和“Y”形接头，应在工厂加工成型。

（3）金属止水带应平整、尺寸准确，其表面的铁锈、油污应清除干净，不得有砂眼、钉孔。

（4）金属止水带接头应按其厚度分别采用折叠咬接或搭接；搭接长度不得小于20mm，咬接或搭接必须采用双面焊接。

（5）金属止水带在伸缩缝中的部分应涂刷防锈和防腐涂料。

（6）止水带安装应牢固，位置准确，其中心线应与变形缝中心线对正，带面不得有裂纹、孔洞等。不得在止水带上穿孔或用铁钉固定就位。

3. 钢筋施工

（1）加工前对进场原材料进行复试，合格后方可使用。

（2）根据设计保护层厚度、钢筋级别、直径和弯钩要求确定下料长度并编制钢筋下料表。

（3）钢筋连接的方式：根据钢筋直径、钢材、现场条件确定钢筋连接的方式。主要采取绑扎、焊接、机械连接方式。

（4）加工及安装应满足《给水排水构筑物工程施工及验收规范》GB 50141—2008和设计要求。

（5）应在混凝土浇筑之前对安装完毕的钢筋进行隐蔽验收。

4. 无粘结预应力施工

（1）无粘结预应力筋技术要求：

1）预应力筋外包层材料，应采用聚乙烯或聚丙烯，严禁使用聚氯乙烯；外包层材料性能应满足《无粘结预应力混凝土结构技术规程》JGJ 92—2016的要求。

2）预应力筋涂料层应采用专用防腐油脂，其性能应满足《无粘结预应力混凝土结构技术规程》JGJ 92—2016的要求。

3）必须采用Ⅰ类锚具，锚具规格应根据无粘结预应力筋的品种、张拉吨位以及工程使用情况选用。

（2）无粘结预应力筋布置安装：

1）锚固肋数量和布置，应符合设计要求；设计无要求时，应保证张拉段无粘结预应力筋长不超过50m，且锚固肋数量为双数。

2）安装时，上下相邻两无粘结预应力筋锚固位置应错开一个锚固肋；以锚固肋数量的一半为无粘结预应力筋分段（张拉段）数量；每段无粘结预应力筋的计算长度应考虑加入一个锚固肋宽度及两端张拉工作长度和锚具长度。

3）应在浇筑混凝土前安装、放置；浇筑混凝土时，严禁踏压、撞碰无粘结预应力筋、支撑架以及端部预埋件。

4）无粘结预应力筋不应有死弯，有死弯时必须切断。

5）无粘结预应力筋中严禁有接头。

（3）无粘结预应力筋张拉：

1）张拉段无粘结预应力筋长度小于 25m 时，宜采用一端张拉；张拉段无粘结预应力筋长度大于 25m 而小于 50m 时，宜采用两端张拉；张拉段无粘结预应力筋长度大于 50m 时，宜采用分段张拉和锚固。

2）安装张拉设备时，对直线的无粘结预应力筋，应使张拉力的作用线与预应力筋中心重合；对曲线的无粘结预应力筋，应使张拉力的作用线与预应力筋中心线末端重合。

（4）封锚要求：

1）凸出式锚固端锚具的保护层厚度不应小于 50mm。

2）外露预应力筋的保护层厚度不应小于 50mm。

3）封锚混凝土强度等级不得低于相应结构混凝土强度等级，且不得低于 C40。

5. 混凝土施工

（1）钢筋（预应力）混凝土水池（构筑物）是给水排水厂站工程施工控制的重点。对于结构混凝土外观质量、内在质量有较高的要求，设计上有抗冻、抗渗、抗裂要求。对此，混凝土施工必须从原材料、配合比、混凝土供应、浇筑、养护各环节加以控制，以确保实现设计的使用功能。

（2）混凝土施工、验收和试验严格按《给水排水构筑物工程施工及验收规范》GB 50141—2008 等规范规定和设计要求执行。

（3）混凝土浇筑后应加遮盖洒水养护，保持湿润不少于 14d。洒水养护至达到规范规定的强度。

6. 模板及支架拆除

（1）应按模板支架设计方案、程序进行拆除。

（2）采用整体模板时，侧模板应在混凝土强度能保证其表面及棱角不因拆除模板而受损坏时，方可拆除；底模板应在与结构同条件养护的混凝土试块达到表 2K314021 规定强度，方可拆除。

（3）模板及支架拆除时，应划定安全范围，设专人指挥和值守。

整体现浇混凝土底模板拆模时所需混凝土强度　　表 2K314021

序号	构件类型	构件跨度 L（m）	达到设计的混凝土立方体抗压强度标准值的百分率（%）
1	板	≤ 2	≥ 50
		2 < L ≤ 8	≥ 75
		> 8	≥ 100
2	梁、拱、壳	≤ 8	≥ 75
		> 8	≥ 100
3	悬臂构件	—	≥ 100

二、装配式预应力钢筋混凝土水池施工技术

（一）预制构件吊运安装

1. 构件吊装方案

预制构件吊装前必须编制吊装方案。吊装方案应包括以下内容：

（1）工程概况，包括施工环境、工程特点、规模、构件种类数量、最大构件自重、吊距以及设计要求、质量标准。

（2）主要技术措施，包括吊装前环境、材料、机具与人员组织等准备工作，吊装程序和方法，构件稳固措施，不同气候施工措施等。

（3）吊装进度计划。

（4）质量安全保证措施，包括管理人员职责，检测监控手段，发现不合格的处理措施以及吊装作业记录表格等安全措施。

（5）环保、文明施工等保证措施。

2. 预制构件安装

（1）安装前应经复验合格；有裂缝的构件，应进行鉴定。预制柱、梁及壁板等构件应标注中心线，并在杯槽、杯口上标出中心线。预制壁板安装前应将不同类别的壁板按预定位置顺序编号。壁板两侧面宜凿毛，应将浮渣、松动的混凝土等冲洗干净，并应将杯口内杂物清理干净，界面处理满足安装要求。

（2）预制构件应按设计位置起吊，曲梁宜采用三点吊装。吊绳与预制构件平面的交角不应小于45°；当小于45°时，应进行强度验算。预制构件安装就位后，应采取临时固定措施。曲梁应在梁的跨中临时支撑，待上部二期混凝土达到设计强度的75%及以上时，方可拆除支撑。安装的构件，必须在轴线位置及高程进行校正后焊接或浇筑接头混凝土。

（3）预制混凝土壁板（构件）安装位置应准确、牢固，不应出现扭曲、损坏、明显错台等现象。池壁板安装应垂直、稳固，相邻板湿接缝及杯口填充部位混凝土应密实。池壁顶面高程和平整度应满足设备安装及运行的精度要求。

（二）现浇壁板缝混凝土

预制安装水池满水试验能否合格，除底板混凝土施工质量和预制混凝土壁板质量满足抗渗标准外，现浇壁板缝混凝土也是防渗漏的关键；必须控制其施工质量，具体操作要点如下：

（1）壁板接缝的内模宜一次安装到顶；外模应分段随浇随支。分段支模高度不宜超过1.5m。

（2）浇筑前，接缝的壁板表面应洒水保持湿润，模内应洁净；接缝的混凝土强度应符合设计规定，设计无要求时，应比壁板混凝土强度提高一级。

（3）浇筑时间应根据气温和混凝土温度选在壁板间缝宽较大时进行；混凝土如有离析现象，应进行二次拌合；混凝土分层浇筑厚度不宜超过250mm，并应采用机械振捣，配合人工捣固。

（4）用于接头或拼缝的混凝土或砂浆，宜采取微膨胀和快速水泥，在浇筑过程中应振捣密实并采取必要的养护措施。

2K314022　沉井施工技术

预制、沉井施工技术是市政公用工程常用的施工方法，适用于含水、软土地层条件下

半地下或地下泵房等构筑物施工。本条简要介绍沉井的施工准备、预制及下沉施工技术。

一、沉井施工准备工作

（一）基坑准备

（1）按施工方案要求进行施工平面布置，设定沉井中心桩、轴线控制桩、基坑开挖深度及边坡。

（2）沉井施工影响附近建（构）筑物、管线或河岸设施时，应采取控制措施，并应进行沉降和位移监测，测点应设在不受施工干扰和方便测量的地方。

（3）地下水位应控制在沉井基坑底以下 0.5m，基坑内的水应及时排除；采用沉井筑岛法制作时，岛面高程应比施工期最高水位高出 0.5m 以上。

（4）基坑开挖应分层有序进行，保持平整和疏干状态。

（二）地基与垫层施工

（1）制作沉井的地基应具有足够的承载力，地基承载力不能满足沉井制作阶段的荷载时，应按设计进行地基加固。

（2）刃脚的垫层采用砂垫层上铺垫木或素混凝土，且应满足下列要求：

1）垫层的结构厚度和宽度应根据土体地基承载力、沉井下沉结构高度和结构形式，经计算确定；素混凝土垫层的厚度还应便于沉井下沉前凿除。

2）砂垫层分布在刃脚中心线的两侧范围，应考虑方便抽除垫木；砂垫层宜采用中粗砂，并应分层铺设、分层夯实。

3）垫木铺设应使刃脚底面在同一水平面上，并符合设计起沉高程的要求；平面布置要均匀对称，每根垫木的长度中心应与刃脚底面中心线重合，定位垫木的布置应使沉井有对称的着力点。

4）采用素混凝土垫层时，其强度等级应符合设计要求，表面平整。

（3）沉井刃脚采用砖模时，其底模和斜面部分可采用砂浆、砖砌筑；每隔适当距离砌成垂直缝。砖模表面可采用水泥砂浆抹面，并应涂一层隔离剂。

二、沉井预制

（一）结构的钢筋、模板、混凝土工程施工

应符合 2K314021 条中有关规定和设计要求；混凝土应对称、均匀、水平连续分层浇筑，并应防止沉井偏斜。

（二）分节制作沉井

（1）每节制作高度应符合施工方案要求，且第一节制作高度必须高于刃脚部分；井内设有底梁或支撑梁时应与刃脚部分整体浇捣。

（2）设计无要求时，混凝土强度应达到设计强度等级 75% 后，方可拆除模板或浇筑后一节混凝土。

（3）混凝土施工缝处理应采用凹凸缝或设置钢板止水带，施工缝应凿毛并清理干净；内外模板采用对拉螺栓固定时，其对拉螺栓的中间应设置防渗止水片；钢筋密集部位和预留孔底部应辅以人工振捣，保证结构密实。

（4）沉井每次接高时各部位的轴线位置应一致、重合，及时做好沉降和位移监测；必要时应对刃脚地基承载力进行验算，并采取相应措施确保地基及结构的稳定。

（5）分节制作、分次下沉的沉井，前次下沉后进行后续接高施工：

1）应验算接高后稳定系数等，并应及时检查沉井的沉降变化情况，严禁在接高施工过程中沉井发生倾斜和突然下沉。

2）后续各节的模板不应支撑于地面上，模板底部应距地面不小于1m，搭设外排脚手架应与模板脱开。

三、下沉施工

（一）排水下沉

（1）应采取措施，确保下沉和降低地下水过程中不危及周围建（构）筑物、道路或地下管线，并保证下沉过程和终沉时的坑底稳定。

（2）下沉过程中应进行连续排水，保证沉井范围内地层水被疏干。

（3）挖土应分层、均匀、对称进行；对于有底梁或支撑梁的沉井，其相邻格仓高差不宜超过0.5m；开挖顺序应根据地质条件、下沉阶段、下沉情况综合运用和灵活掌握，严禁超挖。

（4）用抓斗取土时，井内严禁站人，严禁在底梁以下任意穿越。

（二）不排水下沉

（1）沉井内水位应符合施工设计控制水位；下沉有困难时，应根据内外水位、井底开挖几何形状、下沉量及速率、地表沉降等监测资料综合分析调整井内外的水位差。

（2）机械设备的配备应满足沉井下沉以及水中开挖、出土等要求，运行正常；废弃土方、泥浆应专门处置，不得随意排放。

（3）水中开挖、出土方式应根据井内水深、周围环境控制要求等因素选择。

（三）沉井下沉控制

（1）下沉应平稳、均衡、缓慢，发生偏斜应通过调整开挖顺序和方式"随挖随纠、动中纠偏"。

（2）应按施工方案规定的顺序和方式开挖。

（3）沉井下沉影响范围内的地面四周不得堆放任何东西，车辆来往要减少震动。

（4）沉井下沉监控测量：

1）下沉时高程、轴线位移每班至少测量一次，每次下沉稳定后应进行高差和中心位移量的计算。

2）终沉时，每小时测一次，严格控制超沉，沉井封底前自沉速率应小于10mm/8h。

3）如发生异常情况应加密量测。

4）大型沉井应进行结构变形和裂缝观测。

（四）辅助法下沉

（1）沉井外壁采用阶梯形以减少下沉摩擦阻力时，在井外壁与土体之间应有专人随时用黄砂均匀灌入，四周灌入黄砂的高差不应超过500mm。

（2）采用触变泥浆套助沉时，应采用自流渗入、管路强制压注补给等方法；触变泥浆的性能应满足施工要求，泥浆补给应及时，以保证泥浆液面高度；施工中应采取措施防止泥浆套损坏失效，下沉到位后应进行泥浆置换。

（3）采用空气幕助沉时，管路和喷气孔、压气设备及系统装置的设置应满足施工要求；开气应自上而下，停气应缓慢减压，压气与挖土应交替作业；确保施工安全。

（4）沉井采用爆破方法开挖下沉时，应符合国家有关爆破安全的规定。

四、沉井封底

（一）干封底

（1）在井点降水条件下施工的沉井应继续降水，并稳定保持地下水位距坑底不小于0.5m；在沉井封底前应用大石块将刃脚下垫实。

（2）封底前应整理好坑底和清除浮泥，对超挖部分应回填砂石至规定高程。

（3）采用全断面封底时，混凝土垫层应一次性连续浇筑；因有底梁或支撑梁而分格封底时，应对称逐格浇筑。

（4）钢筋混凝土底板施工前，沉井内应无渗漏水，且新、老混凝土接触部位应凿毛处理，并清理干净。

（5）封底前应设置泄水井，底板混凝土强度达到设计强度等级且满足抗浮要求时，方可封填泄水井、停止降水。

（二）水下封底

（1）基底的浮泥、沉积物和风化岩块等应清除干净；软土地基应铺设碎石或卵石垫层。

（2）混凝土凿毛部位应洗刷干净。

（3）浇筑混凝土的导管加工、设置应满足施工要求。

（4）浇筑前，每根导管应有足够的混凝土量，浇筑时能一次将导管底埋住。

（5）水下混凝土封底的浇筑顺序，应从低处开始，逐渐向周围扩大；井内有隔墙、底梁或混凝土供应量受到限制时，应分仓对称浇筑。

（6）每根导管的混凝土应连续浇筑，且导管埋入混凝土的深度不宜小于1.0m；各导管间混凝土浇筑面的平均上升速度不应小于0.25m/h；相邻导管间混凝土上升速度宜相近，最终浇筑成的混凝土面应略高于设计高程。

（7）水下封底混凝土强度达到设计强度等级，沉井能满足抗浮要求时，方可将井内水抽除，并凿除表面松散混凝土进行钢筋混凝土底板施工。

2K314023 水池施工中的抗浮措施

当地下水位较高或雨、汛期施工时，水池等给水排水构筑物施工过程中需要采取措施防止水池浮动，本条简要介绍一些具体技术措施。

一、当构筑物有抗浮结构设计时

（1）当地下水位高于基坑底面时，水池基坑施工前必须采取人工降水措施，将水位降至基底以下不少于500mm处，以防止施工过程中构筑物浮动，保证工程施工顺利进行。

（2）在水池底板混凝土浇筑完成并达到规定强度时，应及时施作抗浮结构。

二、当构筑物无抗浮结构设计时，水池施工应采取抗浮措施

（一）下列水池（构筑物）工程施工应采取降（排）水措施

（1）受地表水、地下动水压力作用影响的地下结构工程。

（2）采用排水法下沉和封底的沉井工程。

（3）基坑底部存在承压含水层，且经验算基底开挖面至承压含水层顶板之间的土体重力不足以平衡承压水水头压力，需要减压降水的工程。

（二）施工过程降（排）水要求

（1）选择可靠的降低地下水位方法，严格进行降水施工，对降水所用机具随时做好保养维护，并有备用机具。

（2）基坑受承压水影响时，应进行承压水降压计算，对承压水降压的影响进行评估。

（3）降（排）水应输送至抽水影响半径范围以外的河道或排水管道，并防止环境水源进入施工基坑。

（4）在施工过程中不得间断降（排）水，并应对降（排）水系统进行检查和维护；构筑物未具备抗浮条件时，严禁停止降（排）水。

三、当构筑物无抗浮结构设计时，雨、汛期施工过程必须采取抗浮措施

（1）雨期施工时，基坑内地下水位急剧上升或外表水大量涌入基坑，使构筑物的自重小于浮力时，会导致构筑物浮起。施工中常采用的抗浮措施如下：

1）基坑四周设防汛墙，防止外来水进入基坑；建立防汛组织，强化防汛工作。

2）构筑物下及基坑内四周埋设排水盲管（盲沟）和抽水设备，一旦发生基坑内积水随即排除。

3）备有应急供电和排水设施并保证其可靠性。

（2）当构筑物的自重小于其承受的浮力时，会导致构筑物浮起，应考虑因地制宜措施：引入地下水和地表水等外来水进入构筑物，使构筑物内、外无水位差，以减小其浮力，使构筑物结构免于破坏。

2K314024　构筑物满水试验的规定

满水试验是给水排水构筑物的主要功能性试验，本条介绍了水池满水试验的技术要点。

一、试验必备条件与准备工作

（一）满水试验前必备条件

（1）池体的混凝土或砖、石砌体的砂浆已达到设计强度要求；池内清理洁净，池内外缺陷修补完毕。

（2）现浇钢筋混凝土池体的防水层、防腐层施工之前；装配式预应力混凝土池体施加预应力且锚固端封锚以后，保护层喷涂之前；砖砌池体防水层施工以后，石砌池体勾缝以后。

（3）设计预留孔洞、预埋管口及进出水口等已做临时封堵，且经验算能安全承受试验压力。

（4）池体抗浮稳定性满足设计要求。

（5）试验用的充水、充气和排水系统已准备就绪，经检查充水、充气及排水闸门不得渗漏。

（6）各项保证试验安全的措施已满足要求；满足设计的其他特殊要求。

（二）满水试验准备工作

（1）选定好洁净、充足的水源；注水和放水系统设施及安全措施准备完毕。

（2）有盖池体顶部的通气孔、人孔盖已安装完毕，必要的防护设施和照明等标志已配备齐全。

（3）安装水位观测标尺、标定水位测针。

（4）准备现场测定蒸发量的设备。一般采用严密不渗，直径500mm、高300mm的敞口钢板水箱，并设水位测针，注水深200mm；将水箱固定在水池中。

（5）对池体有观测沉降要求时，应选定观测点，并测量记录池体各观测点初始高程。

二、水池满水试验与流程

（一）试验流程

试验准备→水池注水→水池内水位观测→蒸发量测定→整理试验结论。

（二）试验要求

1. 池内注水

（1）向池内注水宜分3次进行，每次注水为设计水深的1/3。对大、中型池体，可先注水至池壁底部施工缝以上，检查底板抗渗质量，当无明显渗漏时，再继续注水至第一次注水深度。

（2）注水时水位上升速度不宜超过2m/d。相邻两次注水的间隔时间不应小于24h。

（3）每次注水宜测读24h的水位下降值，计算渗水量。在注水过程中和注水以后，应对池体作外观检查。当发现渗水量或沉降量过大时，应停止注水。待作出妥善处理后方可继续注水。

（4）当设计有特殊要求时，应按设计要求执行。

2. 水位观测

（1）利用水位标尺测针观测、记录注水时的水位值。

（2）注水至设计水深进行渗水量测定时，应采用水位测针测定水位。水位测针的读数精确度应达0.1mm。

（3）注水至设计水深24h后，开始测读水位测针的初读数。

（4）测读水位的初读数与末读数之间的间隔时间应不少于24h。

（5）测定时间必须连续。测定的渗水量符合标准时，需连续测定两次以上；测定的渗水量超过允许标准，而以后的渗水量逐渐减少时，可继续延长观测。延长观测的时间应在渗水量符合标准时截止。

3. 蒸发量测定

（1）池体有盖时可不测，蒸发量忽略不计。

（2）池体无盖时，须做蒸发量测定。

（3）每次测定水池中水位时，同时测定水箱中水位。

三、满水试验标准

（1）水池渗水量计算，按池壁（不含内隔墙）和池底的浸湿面积计算。

（2）渗水量合格标准。钢筋混凝土结构水池不得超过2L/（m^2·d），砌体结构水池不得超过3L/（m^2·d）。

2K315000　城市管道工程

2K315010　城市给水排水管道工程施工

2K315011　开槽管道施工技术

开槽铺设预制成品管是目前国内外地下管道工程施工的主要方法，本条简要介绍开槽施工沟埋式管道的技术要点。

一、沟槽施工方案

（一）主要内容

（1）沟槽施工平面布置图及开挖断面图。

（2）沟槽形式、开挖方法及堆土要求。

（3）无支护沟槽的边坡要求；有支护沟槽的支撑形式、结构、支拆方法及安全措施。

（4）施工设备机具的型号、数量及作业要求。

（5）不良土质地段沟槽开挖时采取的护坡和防止沟槽坍塌的安全技术措施。

（6）施工安全、文明施工、沿线管线及构（建）筑物保护要求等。

（7）施工降水排水方案（对于有地下水影响的土方施工）。

（二）确定沟槽底部开挖宽度

（1）沟槽底部的开挖宽度应符合设计要求。

（2）当设计无要求时，可按经验公式计算确定：

$$B = D_o + 2\times(b_1 + b_2 + b_3)$$

式中　B——管道沟槽底部的开挖宽度，mm；

D_o——管外径，mm；

b_1——管道一侧的工作面宽度，mm（可按表 2K315011-1 选取）；

b_2——有支撑要求时，管道一侧的支撑厚度，可取 150～200mm；

b_3——现场浇筑混凝土或钢筋混凝土管渠一侧模板厚度，mm。

管道一侧的工作面宽度　　表 2K315011-1

管道的外径 D_o（mm）	管道一侧的工作面宽 b_1（mm）		
	混凝土类管道		金属类管道、化学建材管道
$D_o \leqslant 500$	刚性接口	400	300
	柔性接口	300	
$500 < D_o \leqslant 1000$	刚性接口	500	400
	柔性接口	400	
$1000 < D_o \leqslant 1500$	刚性接口	600	500
	柔性接口	500	
$1500 < D_o \leqslant 3000$	刚性接口	800～1000	700
	柔性接口	600	

注：① 槽底需设排水沟时，b_1 应适当增加；

② 管道有现场施工的外防水层时，b_1 宜取 800mm；

③ 采用机械回填管道侧面时，b_1 需满足机械作业的宽度要求。

（三）确定沟槽边坡

（1）当地质条件良好、土质均匀、地下水位低于沟槽底面高程，且开挖深度在 5m 以内、沟槽不设支撑时，沟槽边坡最陡坡度应符合表 2K315011-2 的规定。

深度在5m以内的沟槽边坡的最陡坡度　　表2K315011-2

土的类别	边坡坡度（高：宽）		
	坡顶无荷载	坡顶有静载	坡顶有动载
中密的砂土	1：1.00	1：1.25	1：1.50
中密的碎石类土（充填物为砂土）	1：0.75	1：1.00	1：1.25
硬塑的粉土	1：0.67	1：0.75	1：1.00
中密的碎石类土（充填物为黏性土）	1：0.50	1：0.67	1：0.75
硬塑的粉质黏土、黏土	1：0.33	1：0.50	1：0.67
老黄土	1：0.10	1：0.25	1：0.33
软土（经井点降水后）	1：1.25	—	—

（2）当沟槽无法自然放坡时，边坡应有支护设计，并应计入每侧临时堆土或施加的其他荷载，进行边坡稳定性验算。

二、沟槽开挖与支护

（一）分层开挖及深度

（1）人工开挖沟槽的槽深超过3m时应分层开挖，每层的深度不超过2m。

（2）人工开挖多层沟槽的层间留台宽度：放坡开槽时不应小于0.8m，直槽时不应小于0.5m，安装井点设备时不应小于1.5m。

（3）采用机械挖槽时，沟槽分层的深度按机械性能确定。

（二）沟槽开挖规定

（1）槽底原状地基土不得扰动，机械开挖时槽底预留200～300mm土层，由人工开挖至设计高程，整平。

（2）槽底不得受水浸泡或受冻，槽底局部扰动或受水浸泡时，宜采用天然级配砂砾石或石灰土回填；槽底扰动土层为湿陷性黄土时，应按设计要求进行地基处理。

（3）槽底土层为杂填土、腐蚀性土时，应全部挖除并按设计要求进行地基处理。

（4）槽壁平顺，边坡坡度符合施工方案的规定。

（5）在沟槽边坡稳固后设置供施工人员上下沟槽的安全梯。

（三）支撑与支护

（1）采用木撑板支撑和钢板桩，应经计算确定撑板构件的规格尺寸；其他形式支护详见2K313023条。

（2）撑板支撑应随挖土及时安装。每根横梁或纵梁不得少于两根横撑。横撑的水平间距宜为1.5～2m，垂直间距不宜大于1.5m。

（3）在软土或其他不稳定土层中采用横排撑板支撑时，开始支撑的沟槽开挖深度不得超过1.0m；开挖与支撑交替进行，每次交替的深度宜为0.4～0.8m。

（4）支撑应经常检查，当发现支撑构件有弯曲、松动、移位或劈裂等迹象时，应及时处理；雨期及春季解冻时期应加强检查。

（5）拆除支撑前，应对沟槽两侧的建筑物、构筑物和槽壁进行安全检查，并应制定拆除支撑的作业要求和安全措施。

（6）施工人员应由安全梯上下沟槽，不得攀登支撑。

（7）拆除撑板应制定安全措施，配合回填交替进行。

（8）钢板桩拔除后应及时回填桩孔且填实。采用灌砂回填时，非湿陷性黄土地区可冲水助沉；有地面沉降控制要求时，宜采取边拔桩边注浆等措施。

三、地基处理与安管

（一）地基处理

（1）管道地基应符合设计要求，管道天然地基的强度不能满足设计要求时应按设计要求加固。

（2）槽底局部超挖或发生扰动时，超挖深度不超过 150mm 时，可用挖槽原土回填夯实，其压实度不应低于原地基土的密实度；槽底地基土壤含水量较大，不适于压实时，应采取换填等有效措施。

（3）排水不良造成地基土扰动时，扰动深度在 100mm 以内，宜填天然级配砂石或砂砾处理；扰动深度在 300mm 以内，但下部坚硬时，宜填卵石或块石，并用砾石填充空隙找平表面。

（4）设计要求换填时，应按要求清槽并经检查合格；回填材料应符合设计要求或有关规定。

（5）柔性管道地基处理宜采用砂桩、搅拌桩等复合地基。

（6）其他形式地基处理方法详见 2K313022 条。

（二）安管

（1）管节及管件下沟前准备工作。管节、管件下沟前，必须对管节外观质量进行检查，排除缺陷，以保证接口安装的密封性。

（2）采用法兰和胶圈接口时，安装应按照施工方案严格控制上、下游管道接装长度、中心位移偏差及管节接缝宽度和深度。

（3）采用焊接接口时，两端管的环向焊缝处齐平，错口的允许偏差应为 0.2 倍壁厚，内壁错边量不宜超过管壁厚度的 10%，且不得大于 2mm。

（4）采用电熔连接、热熔连接接口时，应选择在当日温度较低或接近最低时进行；电熔连接、热熔连接时电热设备的温度控制、时间控制，挤出焊接时对焊接设备的操作等，必须严格按接头的技术指标和设备的操作程序进行；接头处应有沿管节圆周平滑对称的内、外翻边；接头检验合格后，内翻边宜铲平。

（5）金属管道应按设计要求进行内外防腐施工和施作阴极保护工程。

（6）平口混凝土排水管（含钢筋混凝土管）不得用于住宅小区、企事业单位和市政管网用的埋地排水工程。

2K315012　不开槽管道施工方法

不开槽管道施工方法是相对于开槽管道施工方法而言，不开槽管道施工方法通常也称为暗挖施工方法。本条仅简要介绍市政公用工程常用顶管法、盾构法、浅埋暗挖法、地表式水平定向钻法、夯管法等施工方法选择与设备选型。

一、方法选择与设备选型依据

（1）工程设计文件和项目合同。施工单位应按中标合同文件和设计文件进行具体方法与设备的选择。

（2）工程详勘资料：

1）由于城市地下情况的复杂性和给水排水管道工程的特殊性，工程勘察报告虽反映沿线地质的总体情况，却没有反映一些特殊情况。开工前施工单位应仔细核对建设单位提供的工程勘察报告，进行现场沿线的调查；必要时对已有地下管线和构筑物应进行人工挖探孔（通称坑探）确定其准确位置，以免施工造成损坏。

2）在掌握工程地质、水文地质及周围环境情况和资料的基础上，正确选择施工方法和设备选型。

（3）可供借鉴的施工经验和可靠的技术数据。

二、施工方法与适用条件

（1）施工方法与设备分类见图 2K315012。

（2）不开槽施工法与适用条件见表 2K315012。

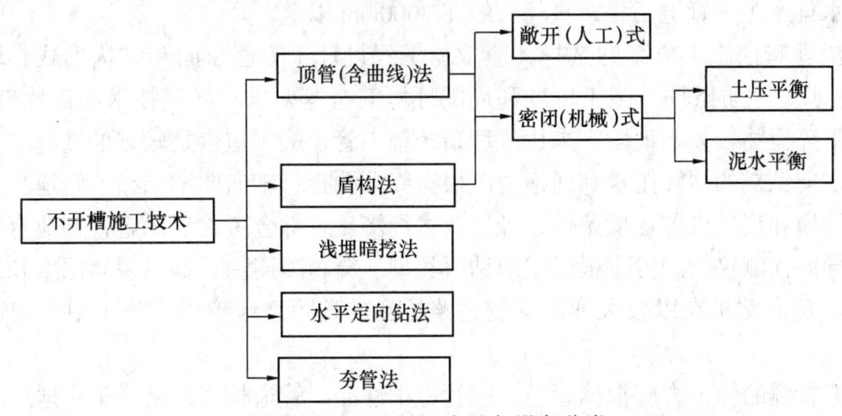

图 2K315012　施工方法与设备分类

不开槽法施工方法与适用条件　表 2K315012

施工工法	密闭式顶管	盾构	浅埋暗挖	定向钻	夯管
工法优点	施工精度高	施工速度快	适用性强	施工速度快	施工速度快、成本较低
工法缺点	施工成本高	施工成本高	施工速度慢、施工成本高	控制精度低	控制精度低
适用范围	给水排水管道、综合管道	给水排水管道、综合管道	给水排水管道、综合管道	柔性管道	钢管
适用管径（mm）	300～4000	3000 以上	1000 以上	300～1000	200～1800
管道轴线偏差	小于 ±50mm	不可控	不超过 30mm	小于 0.5 倍管道内径	不可控
施工距离	较长	长	较长	较短	短
适用地质条件	各种土层	各种土层	各种土层	砂卵石及含水地层不适用	含水地层不适用、砂卵石地层困难

三、施工方法与设备选择的有关规定

（1）顶管顶进方法的选择，应根据工程设计要求、工程水文地质条件、周围环境和现场条件，经技术经济比较后确定，并应符合下列规定：

1）采用敞开式（手掘式）顶管机时，应将地下水位降至管底以下不小于 0.5m 处，并应采取措施，防止其他水源进入顶管的管道。

2）当周围环境要求控制地层变形或无降水条件时，宜采用封闭式的土压平衡或泥水平衡顶管机施工。目前，城市改扩建给水排水管道工程多数采用顶管法施工，机械顶管技术取得了飞跃性发展。

3）穿越建（构）筑物、铁路、公路、重要管线和防汛墙等时，应制定相应的保护措施；根据工程设计、施工方法、工程和水文地质条件，对邻近建（构）筑物、管线，应采用土体加固或其他有效的保护措施。

4）小口径的金属管道，当无地层变形控制要求且顶力满足施工要求时，可采用一次顶进的挤密土层顶管法。

（2）盾构机选型，应根据工程设计要求（管道的外径、埋深和长度）、工程水文地质条件、施工现场及周围环境安全等要求，经技术经济比较确定；盾构法施工用于穿越地面障碍的给水排水主干管道工程，直径一般在3000mm以上。

（3）浅埋暗挖施工方案的选择，应根据工程设计（隧道断面和结构形式、埋深、长度）、工程水文地质条件、施工现场和周围环境安全等要求，经过技术经济比较后确定；在城区地下障碍物较复杂地段，采用浅埋暗挖施工管（隧）道会是较好的选择。

（4）定向钻机的回转扭矩和回拖力应根据终孔孔径、轴向曲率半径、管道长度，结合工程水文地质和现场周围环境条件，经过技术经济比较综合考虑后确定，并应有一定的安全储备；导向探测仪的配置应根据定向钻机类型、穿越障碍物类型、探测深度和现场探测条件选用。定向钻机在以较大埋深穿越道路桥涵的长距离地下管道施工中会表现出优越之处。

（5）夯管锤的锤击力应根据管径、钢管力学性能、管道长度，结合工程地质、水文地质和周围环境条件，经过技术经济比较后确定，并应有一定的安全储备；夯管法在特定场所有其优越性，适用于城镇区域下穿较窄道路的地下管道施工。

四、设备施工安全有关规定

（一）施工设备、装置应满足施工要求，并符合下列规定

（1）施工设备、主要配套设备和辅助系统安装完成后，应经试运行及安全性检验，合格后方可掘进作业。

（2）操作人员应经过培训，掌握设备操作要领，熟悉施工方法、各项技术参数，考试合格方可上岗。

（3）管（隧）道内涉及的水平运输设备、注浆系统、喷浆系统以及其他辅助系统应满足施工技术要求和安全、文明施工要求。

（4）施工供电应设置双路电源，并能自动切换；动力、照明应分路供电，作业面移动照明应采用低压供电。

（5）采用顶管、盾构、浅埋暗挖法施工的管道工程，应根据管（隧）道长度、施工方法和设备条件等确定管（隧）道内通风系统模式；设备供排风能力、管（隧）道内人员作业环境等还应满足国家有关标准规定。

（6）采用起重设备或垂直运输系统：

1）起重设备必须经过起重荷载计算。

2）使用前应按有关规定进行检查验收，合格后方可使用。

3）起重作业前应试吊，吊离地面100mm左右时，应检查重物捆扎情况和制动性能，确认安全后方可起吊；起吊时工作井内严禁站人，当吊运重物下井距作业面底部小于500mm时，操作人员方可近前工作。

4）严禁超负荷使用。

5）工作井上、下作业时必须有联络信号。

（7）所有设备、装置在使用中应按规定定期检查、维修和保养。

（二）监测

施工中应根据设计要求、工程特点及有关规定，对管（隧）道沿线影响范围内的地表或地下管线等建（构）筑物设置观测点，进行监测。监测的信息应及时反馈，以指导施工，发现问题及时处理。

2K315013 砌筑沟道施工要求

给水排水工程中砌体结构的构筑物主要是沟道（管渠）、工艺井、闸井和检查井等。本条以砌筑管渠为主，简要介绍市政公用工程砌筑施工要点。

一、基本要求

（一）材料

（1）用于砌筑结构的机制烧结砖应边角整齐、表面平整、尺寸准确；强度等级符合设计要求，一般不低于MU10；其外观质量应符合《烧结普通砖》GB/T 5101—2017一等品的要求。

（2）用于砌筑结构的石材强度等级应符合设计要求，设计无要求时不得小于30MPa。石料应质地坚实、均匀，无风化剥层和裂纹。

（3）用于砌筑结构的混凝土砌块应符合设计要求和相关标准规定。

（4）砌筑砂浆应采用水泥砂浆，其强度等级应符合设计要求，且不应低于M10；水泥应符合《砌体结构工程施工质量验收规范》GB 50203—2011的规定。

（二）一般规定

（1）砌筑前应检查地基或基础，确认其中线高程、基坑（槽）应符合规定，地基承载力符合设计要求，并签验。

（2）砌筑前砌块（砖、石）应充分湿润；砌筑砂浆配合比符合设计要求，现场拌制应拌合均匀、随用随拌；砌筑应立皮数杆、样板挂线控制水平与高程。砌筑应采用满铺满挤法。砌体应上下错缝、内外搭砌、丁顺规则有序。

（3）砌筑砂浆应饱满，砌缝应均匀不得有通缝或瞎缝，且表面平整。

（4）砌体的沉降缝、变形缝、止水缝应位置准确、砌体平整、砌体垂直贯通，缝板、止水带安装正确，沉降缝、变形缝应与基础的沉降缝、变形缝贯通。

（5）砌筑结构管渠宜按变形缝分段施工，砌筑施工需间断时，应预留阶梯形斜槎；接砌时，应将斜槎冲净并铺满砂浆，墙转角和交接处应与墙体同时砌筑。

（6）采用混凝土砌块砌筑拱形管渠或管渠的弯道时，宜采用楔形或扇形砌块；当砌体垂直灰缝宽度大于30mm时，应采用细石混凝土灌实，混凝土强度等级不应小于C20。

（7）砌筑后的砌体应及时进行养护，并不得遭受冲刷、振动或撞击。

（8）禁止使用污水检查井砖砌工艺。

二、砌筑施工要点

（一）变形缝施工

（1）变形缝内应清除干净，两侧应涂刷冷底子油一道。

（2）缝内填料应填塞密实。

（3）灌注沥青等填料应待灌注底板缝的沥青冷却后，再灌注墙缝，并应连续灌满灌实。

（4）缝外墙面铺贴沥青卷材时，应将底层抹平，铺贴平整，不得有壅包现象。

（二）砖砌拱圈

（1）拱胎的模板尺寸应符合施工设计要求，并留出模板伸胀缝，板缝应严实、平整。

（2）拱胎的安装应稳固，高程准确，拆装简易。

（3）砌筑前，拱胎应充分湿润，冲洗干净，并均匀涂刷隔离剂。

（4）砌筑应自两侧向拱中心对称进行，灰缝匀称，拱中心位置正确，灰缝砂浆饱满、严密。

（5）应采用退槎法砌筑，每块砌块退半块留槎，拱圈应在 24h 内封顶，两侧拱圈之间应满铺砂浆，拱顶上不得堆置器材。

（三）反拱砌筑

（1）砌筑前，应按设计要求的弧度制作反拱的样板，沿设计轴线每隔 10m 设一块。

（2）根据样板挂线，先砌中心的一列砖、石，并找准高程后接砌两侧，灰缝不得凸出砖面。反拱砌筑完成后，应待砂浆强度达到设计抗压强度的 75% 时，方可踩压。

（3）反拱表面应光滑、平顺，高程允许偏差应为 ±10mm。

（4）拱形管渠侧墙砌筑、养护完毕后，安装拱胎前，要在两侧墙外回填土，此时墙内应采取措施，保持墙体稳定。

（5）当砂浆强度达到设计抗压强度标准值的 75% 时，方可在无振动条件下拆除拱胎。

（四）圆井砌筑

（1）排水管道检查井的混凝土基础应与管道基础同时浇筑，检查井的流槽宜与井壁同时进行砌筑。

（2）砌块应垂直砌筑；收口砌筑时，应按设计要求的位置设置钢筋混凝土梁；圆井采用砌块逐层砌筑收口时，四面收口的每层收进不应大于 30mm，偏心收口的每层收进不应大于 50mm。

（3）砌块砌筑时，铺浆应饱满，灰浆与砌块四周粘结紧密、不得漏浆，上、下砌块应错缝砌筑。

（4）砌筑时应同时安装踏步，踏步安装后在砌筑砂浆未达到规定抗压强度等级前不得踩踏。

（5）内外井壁应采用水泥砂浆勾缝；有抹面要求时，抹面应分层压实。

（五）砂浆抹面

（1）墙壁表面粘结的杂物应清理干净，并洒水湿润。

（2）水泥砂浆抹面宜分两道——第一道抹面应刮平使表面造成粗糙纹；第二道抹平后，应分两次压实抹光。

（3）抹面应压实抹平，施工缝留成阶梯形；接槎时，应先将留槎均匀涂刷水泥浆一道并依次抹压，使接槎严密；阴阳角应抹成圆角。

（4）抹面砂浆终凝后，应及时保持湿润养护，养护时间不宜少于14d。

（六）石砌体勾缝

（1）勾缝前，应清扫干净砌体表面上粘结的灰浆、泥污等，并洒水湿润。

（2）勾缝灰浆宜采用细砂拌制的1∶1.5水泥砂浆；砂浆嵌入深度不应小于20mm。

（3）勾缝宽窄均匀、深浅一致，不得有假缝、通缝、丢缝、断裂和粘结不牢等现象。

（4）勾缝完毕应清扫砌体表面粘附的灰浆。

（5）勾缝砂浆凝结后，应及时养护。

2K315014 管道功能性试验的规定

本条简要介绍了给水排水管道功能性试验的有关规定，给水排水管道功能性试验分为压力管道的水压试验和无压管道的严密性试验。

一、基本规定

（一）水压试验

（1）压力管道分为预试验和主试验阶段；试验合格的判定依据分为允许压力降值和允许渗水量值，按设计要求确定。设计无要求时，应根据工程实际情况，选用其中一项值或同时采用两项值作为试验合格的最终判定依据；水压试验合格的管道方可通水投入运行。

（2）压力管道水压试验进行实际渗水量测定时，宜采用注水法进行。

（3）管道采用两种（或两种以上）管材时，宜按不同管材分别进行试验；不具备分别试验的条件必须组合试验，且设计无具体要求时，应采用不同管材的管段中试验控制最严的标准进行试验。

（二）严密性试验

（1）污水、雨污水合流管道及湿陷土、膨胀土、流沙地区的雨水管道，必须经严密性试验合格后方可投入运行。

（2）管道的严密性试验分为闭水试验和闭气试验，应按设计要求确定；设计无要求时，应根据实际情况选择闭水试验或闭气试验。

（3）全断面整体现浇的钢筋混凝土无压管渠处于地下水位以下时，除设计要求外，管渠的混凝土强度等级、抗渗等级检验合格，可采用内渗法测渗水量；渗漏水量测定方法按《给水排水管道工程施工及验收规范》GB 50268—2008附录F的规定检查，符合设计要求时，可不必进行闭水试验。

（4）不开槽施工的内径大于或等于1500mm钢筋混凝土结构管道，设计无要求且地下水位高于管道顶部时，可采用内渗法测渗水量；渗漏水量测定方法按《给水排水管道工程施工及验收规范》GB 50268—2008附录F的规定进行，符合规定时，则管道抗渗能力满足要求，不必再进行闭水试验。

（三）特殊管道严密性试验

大口径球墨铸铁管、玻璃钢管、预应力钢筒混凝土管或预应力混凝土管等管道单口水压试验合格，且设计无要求时：

（1）压力管道可免去预试验阶段，而直接进行主试验阶段。

（2）无压管道应认同为严密性试验合格，不再进行闭水或闭气试验。

（四）管道的试验长度

（1）除设计有要求外，压力管道水压试验的管段长度不宜大于 1.0km；对于无法分段试验的管道，应由工程有关方面根据工程具体情况确定。

（2）无压力管道的闭水试验，试验管段应按井距分隔，抽样选取，带井试验；若条件允许可一次试验不超过 5 个连续井段。

（3）当管道内径大于 700mm 时，可按管道井段数量抽样选取 1/3 进行试验；试验不合格时，抽样井段数量应在原抽样基础上加倍进行试验。

二、管道试验方案与准备工作

（一）试验方案

试验方案主要内容包括：后背及堵板的设计；进水管路、排气孔及排水孔的设计；加压设备、压力计的选择及安装的设计；排水疏导措施；升压分级的划分及观测制度的规定；试验管段的稳定措施和安全措施。

（二）压力管道试验准备工作

（1）试验管段所有敞口应封闭，不得有渗漏水现象。开槽施工管道顶部回填高度不应小于 0.5m，宜留出接口位置以便检查渗漏处。

（2）试验管段不得用闸阀作为堵板，不得含有消火栓、水锤消除器、安全阀等附件。

（3）水压试验前应清除管道内的杂物。

（4）应做好水源引接、排水等疏导方案。

（三）无压管道闭水试验准备工作

（1）管道及检查井外观质量已验收合格。

（2）开槽施工管道未回填土且沟槽内无积水。

（3）全部预留孔应封堵，不得渗水。

（4）管道两端堵板承载力经核算应大于水压力的合力；除预留进出水管外，应封堵坚固，不得渗水。

（5）顶管施工，其注浆孔封堵且管口按设计要求处理完毕，地下水位于管底以下。

（6）应做好水源引接、排水疏导等方案。

（四）闭气试验适用条件

（1）混凝土类的无压管道在回填土前进行的严密性试验。

（2）地下水位应低于管外底 150mm，环境温度为 -15～50℃。

（3）下雨时不得进行闭气试验。

（五）管道内注水与浸泡

（1）应从下游缓慢注入，注入时在试验管段上游的管顶及管段中的高点应设置排气阀，将管道内的气体排除。

（2）试验管段注满水后，宜在不大于工作压力条件下充分浸泡后再进行水压试验，浸泡时间规定：

1）球墨铸铁管（有水泥砂浆衬里）、钢管（有水泥砂浆衬里）、化学建材管不少于 24h。

2）内径大于 1000mm 的现浇钢筋混凝土管渠、预（自）应力混凝土管、预应力钢筒混凝土管不少于 72h。

3）内径小于 1000mm 的现浇钢筋混凝土管渠、预（自）应力混凝土管、预应力钢筒混凝土管不少于 48h。

三、试验过程与合格判定

（一）水压试验

（1）预试验阶段——将管道内水压缓缓地升至规定的试验压力并稳压 30min，期间如有压力下降可注水补压，补压不得高于试验压力；检查管道接口、配件等处有无漏水、损坏现象；有漏水、损坏现象时应及时停止试压，查明原因并采取相应措施后重新试压。

（2）主试验阶段——停止注水补压，稳定 15min，15min 后压力下降不超过所允许压力下降数值时，将试验压力降至工作压力并保持恒压 30min，进行外观检查，若无漏水现象，则水压试验合格。

（二）闭水试验

（1）试验水头的确定方法：

试验段上游设计水头不超过管顶内壁时，试验水头应以试验段上游管顶内壁加 2m 计；试验段上游设计水头超过管顶内壁时，试验水头应以试验段上游设计水头加 2m 计；计算出的试验水头小于 10m，但已超过上游检查井井口时，试验水头应以上游检查井井口高度为准。

（2）从试验水头达到规定水头开始计时，观测管道的渗水量，直至观测结束，应不断地向试验管段内补水，保持试验水头恒定。渗水量的观测时间不得小于 30min，渗水量不超过允许值试验合格。

（三）闭气试验

（1）将进行闭气试验的排水管道两端用管堵密封，然后向管道内填充空气至一定的压力，在规定闭气时间测定管道内气体的压降值。

（2）管道内气体压力达到 2000Pa 时开始计时，满足该管径的标准闭气时间规定时，计时结束，记录此时管内实测气体压力 P，如 $P \geqslant 1500$Pa 则管道闭气试验合格，反之为不合格。

2K315015 给水排水管网维护与修复技术

本条简要介绍采用非开挖方式维护与修复城市管网的施工技术。

一、城市管道维护

（一）城市管道巡视检查

（1）管道巡视检查内容包括管道漏点监测、地下管线定位监测、管道变形检查、管道腐蚀与结垢检查、管道附属设施检查、管网的介质的质量检查等。

（2）管道检查主要方法包括人工检查法、自动监测法、分区检测法、区域泄露普查系统法等。检测手段包括探测雷达、声呐、红外线检查、闭路监视系统（CCTV）等方法及仪器设备。

（二）城市管道抢修

（1）不同种类、不同材质、不同结构管道抢修方法不尽相同。如钢管多为焊缝开裂或腐蚀穿孔，一般可用补焊或盖压补焊的方法修复；预应力钢筋混凝土管采用补麻、补灰后再用卡盘压紧固定；若管身出现裂缝，可视裂缝大小采用两合揣袖或更换铸铁管或钢管，两端与原管采用转换接口连接。

（2）各种水泵、闸阀等管道附属设施也要根据其使用情况定期进行巡查，发现问题及时进行维修与更换。对管网系统的调度系统中的所有设备和监测仪表也应遵照规定的工况及运行规律正确地操作与保养。

（3）对管道检查、清通、更新、修复等维护中产生的大量数据要进行细致、系统的处理，做好存档管理，以便为管网系统正常工作提供基础信息和保障。有条件时可将地理信息系统应用到管网维护中。

（三）管道维护安全防护

（1）养护人员必须接受安全技术培训，考核合格后方可上岗。

（2）作业人员必要时可戴上防毒面具、防水表、防护靴、防护手套、安全帽等，穿上系有绳子的防护腰带，配备无线通信工具和安全灯等。

（3）针对管网维护可能产生的气体危害和病菌感染等危险源，在评估基础上，采取有效的安全防护措施和预防措施，作业区和地面设专人值守，确保人身安全。

二、管道修复与更新

（一）局部修补

（1）局部修补是在基本完好的管道上纠正缺陷和降低管道渗漏量的作业过程。当管道结构完好，仅有局部性缺陷（裂隙或接头损坏）时，可考虑使用局部修补。

（2）局部修补要求解决的问题包括：

1）提供附加的结构性能，以助受损管能承受结构荷载。

2）提供防渗的功能。

3）能代替遗失的管段等。

局部修补主要用于管道内部的结构性破坏以及裂纹等的修复。目前，进行局部修补的方法很多，主要有密封法、补丁法、铰接管法、局部软衬法、灌浆法、机器人法等。

（二）全断面修复

1. 内衬法

传统的内衬法也称为插管法，是采用比原管道直径小或等径的化学建材管插入原管道内，在新、旧管之间的环形间隙内灌浆，予以固结，形成一种管中管的结构，从而使化学建材管的防腐性能和原管材的机械性能合二为一，改善工作性能。该法适用于管径60～2500mm、管线长度600m以内的各类管道的修复。化学建材管材主要有醋酸－丁酸纤维素（CAB）、聚氯乙烯（PVC）、PE管等。此法施工简单、速度快，可适应大曲率半径的弯管，但存在管道的断面受损失较大、环形间隙要求灌浆、一般只用于圆形断面管道等缺点。

为了减少修复后管道过流断面的损失，可以采用改进的内衬法。施工前首先将新管（主要是聚乙烯管）机械变形，使其断面产生变形（直径变小或改变形状），随后将其送入旧管内，最后通过加热、加压或靠自然作用使其恢复到原来的形状和尺寸，从而与旧管形成紧密的配合。改进的内衬法适用于管径为75～1200mm，长度在1000m以内的各类管道的修复。

2. 缠绕法

缠绕法是借助螺旋缠绕机，将PVC或PE等塑料制成、带连锁边的加筋条带缠绕在旧管内壁上形成一条连续的管状内衬层。通常，衬管与旧管直径的环形间隙需灌浆。此法适用于管径为50～2500mm，管线长度为300m以内的各种圆形断面管道的结构性或非结构性的修复，尤其是污水管道。其优点是可以长距离施工，施工速度快，可适应大曲率半径的弯管和管径的变化，可利用现有检查井，但管道的过流断面会有损失，对施工人员的技术要求较高。

3. 喷涂法

喷涂法主要用于管道的防腐处理，也可用于在旧管内形成结构性内衬。施工时，高速回转的喷头在绞车的牵引下，一边后退一边将水泥浆或环氧树脂均匀地喷涂在旧管道内壁上，喷头的后退速度决定喷涂层的厚度。此法适用于管径为75～4500mm、管线长度在150m以内的各种管道的修复。其优点是不存在支管的连接问题，过流断面损失小，可适应管径、断面形状、弯曲度的变化，但树脂固化需要一定的时间，管道严重变形时施工难以进行，对施工人员的技术要求较高。

（三）管道更新

随着城市化的快速发展，原有的管道直径有时就会显得太小，不能再满足需要；另外，旧管道也会破损不能再使用，而新管道往往没有可铺设的位置，这两种情况都需要管道更新。常用的管道更新是指以待更新的旧管道为导向，在将其破碎的同时，将新管拉入或顶入的管道更新技术。这种方法可用相同或稍大直径的新管更换旧管。根据破碎旧管的方式不同，常见的有破管外挤和破管顶进两种方法。

1. 破管外挤

破管外挤也称爆管法或胀管法，是使用爆管工具将旧管破碎，并将其碎片挤到周围的土层，同时将新管或套管拉入，完成管道更换的方法。爆管法的优点是破除旧管和完成新管一次完成，施工速度快，对地表的干扰少，可以利用原有检查井。其缺点是不适合弯管的更换；在旧管线埋深较浅或在不可压密的地层中会引起地面隆起；可能引起相邻管线的损坏；分支管的连接需开挖进行。按照爆管工具的不同，又可将爆管分为气动爆管、液动爆管和切割爆管三种。

气动或液动爆管法一般适用于管径小于1200mm、由脆性材料制成的管如陶土管、混凝土管、铸铁管等，新管可以是聚乙烯（PE）管、聚丙烯（PP）管、陶土管和玻璃钢管等。新管的直径可以与旧管的直径相同或更大，视地层条件的不同，最大可比旧管大50%。

与上述两种爆管法不同的是，切割爆管法主要用于更新钢管。这种爆管工具由爆管头和扩张器组成，爆管头上有若干盘片，由它在旧管内划痕，随后扩张器上的刀片将旧管切开，同时将切开后的旧管撑开，以便将新管拉入。切割爆管法适用于管径50～150mm、长度在150m以内的钢管，新管多用PE管。

2. 破管顶进

如果管道处于较坚硬的土层，旧管破碎后外挤存在困难，此时可以考虑使用破管顶进法。该法是使用经改进的微型隧道施工设备或其他的水平钻机，以旧管为导向，将旧管连同周围的土层一起切削破碎，形成直径相同或更大直径的孔，同时将新管顶入，完成管线的更新，破碎后的旧管碎片和土由螺旋钻杆排出。

破管顶进法主要用于直径100～900mm、长度在200m以内、埋深较大（一般大于4m）的陶土管、混凝土管或钢筋混凝土管，新管为球墨铸铁管、玻璃钢管、混凝土管或陶土管。该法的优点是对地表和土层无干扰；可在复杂的土层中施工，尤其是含水层；能够更换管线的走向和坡度已偏离的管道；基本不受地质条件限制。其缺点是需开挖两个工作井，地表需有足够大的工作空间。

2K315020　城镇供热管网工程施工

2K315021　供热管道的分类

一、按热媒种类分类

（一）蒸汽热网

可分为高压、中压、低压蒸汽热网。

（二）热水热网

（1）高温热水热网：$t > 100℃$。

（2）低温热水热网：$t \leqslant 100℃$。

二、按所处地位分类

（一）一级管网（一次热网）

在设置一级换热站的供热系统中，从热源至换热站的供热管网。

（二）二级管网（二次热网）

在设置一级换热站的供热系统中，从换热站至热用户的供热管网。

三、按敷设方式分类

（一）地上（架空）敷设

管道敷设在地面上的独立支架或带纵梁的桁架、悬吊支架上，也可以敷设在墙体的墙架上。按其支承结构高度不同，可分为高支架（$H \geqslant 4$m）、中支架（2m $\leqslant H < 4$m）和低支架（$H < 2$m），如图 2K315021 所示。此种敷设方式广泛应用于工厂区和城市郊区。

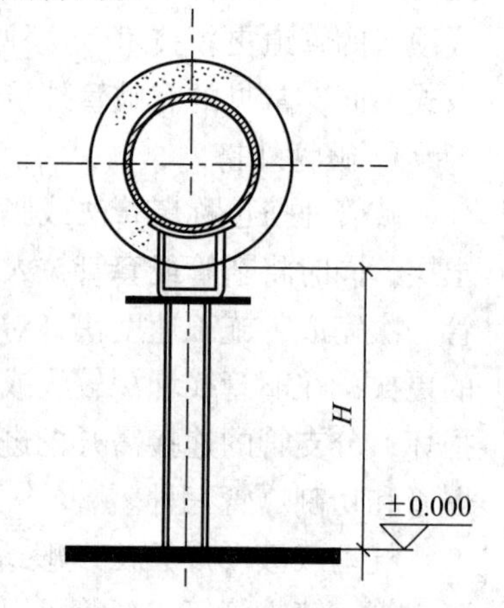

图 2K315021　供热管道地上（架空）敷设示意图

（二）地下敷设

管道敷设在地面以下，由于不影响交通和市容，因而是城镇集中供热管道广泛采用的敷设方式。可分为管沟敷设和直埋敷设。

（1）管沟敷设：管道敷设于管沟内。可分为通行管沟、半通行管沟、不通行管沟。

（2）直埋敷设：管道直接埋设于土壤中，无管沟。

四、按系统形式分类

（一）开式系统

直接消耗一次热媒，中间设备极少，但一次热媒补充量大。

（二）闭式系统

一次热网与二次热网采用换热器连接，一次热网热媒损失很小，但中间设备多，实际使用较广泛。

五、按供回分类

（一）供水管（汽网时：供汽管）

从热源至热用户（或换热站）的管道。

（二）回水管（汽网时：凝水管）

从热用户（或换热站）返回热源的管道。

2K315022 供热管道施工与安装要求

一、工程测量

（1）施工单位应根据建设单位或设计单位提供的城镇平面控制网点和城市水准网点的位置、编号、精度等级及其坐标和高程资料，确定管网施工线位和高程。

（2）管线工程施工定线测量应符合下列规定：

1）测量应按主线、支线的次序进行。

2）管线的起点、终点、各转角点及其他特征点应在地面上定位。

3）地上建筑、检查室、支架、补偿器、阀门等的定位可在管线定位后实施。

（3）供热管线工程竣工后，应全部进行平面位置和高程测量，竣工测量宜选用施工测量控制网。

（4）土建工程竣工测量应对起终点、变坡点、转折点、交叉点、结构材料分界点、埋深、轮廓特征点等进行实测。

（5）对管网施工中已露出的其他与热力管线相关的地下管线和构筑物，应测其中心坐标、上表面高程、与供热管线的交叉点。

二、土建工程及地下穿越工程

（1）施工前，应对工程影响范围内的障碍物进行现场核查，逐项查清障碍物构造情况、使用情况以及与拟建工程的相对位置。

（2）对工程施工影响范围内的各种既有设施应采取保护、加固或拆移措施，不得影响地下管线及建（构）筑物的正常使用功能和结构安全。

（3）开挖低于地下水位的基坑（槽）、管沟时，应根据当地工程地质资料，采取降水或地下水控制措施。降水之前，应按当地水务或建设主管部门的规定，将降水方案报批或组织进行专家论证。在降水施工的同时，应做好降水监测、环境影响监测和防治，以及水土资源的保护工作。

（4）穿越既有设施或建（构）筑物时，其施工方案应取得相关产权或管理单位的同意。

（5）冬、雨期施工要求：

1）雨期开挖基坑（槽）或管沟时，应注意边坡稳定，必要时可适当放缓边坡或设置支撑、覆盖塑料薄膜，同时应在坑（槽）外侧围以土堤或开挖水沟，防止地面水流入。施工时，应加强边坡、支撑、土堤等部位的检查。

2）土方开挖不宜在冬期施工。如必须在冬期施工时，其施工方法应按冬期施工方案进行。

3）采用防止冻结法开挖土方时，可在冻结前用保温材料覆盖或将表层土翻耕耙松，其翻耕深度应根据当地气候条件确定，一般不小于0.3m。

4）开挖基坑（槽）或管沟时，必须防止基础下的基土遭受冻结。如基坑（槽）开挖完毕后有较长的停歇时间，应在基底高程以上预留适当厚度的松土或用其他保温材料覆盖，地基不得受冻。如遇开挖土方引起邻近建（构）筑物的地基和基础暴露时，应采取防冻措施，以免发生冻结破坏。

（6）回填时应确保构筑物的安全，并应检查墙体结构强度、外墙防水抹面层硬结程度、盖板或其他构件安装强度，当能承受施工操作动荷载时，方可进行回填。

（7）穿越工程施工时应做好沉降观测，必须保证四周地下管线和构筑物的正常使用。在穿越施工中和掘进施工后，穿越结构上方土层、各相邻建筑物和地上设施不得发生沉降、倾斜和塌陷。

三、管道安装与焊接

（一）在实施焊接前，应根据焊接工艺试验结果编写焊接工艺方案，方案应包括以下主要内容：

（1）管材、板材性能和焊接材料。

（2）焊接方法。

（3）坡口形式及制作方法。

（4）焊接结构形式及外形尺寸。

（5）焊接接头的组对要求及允许偏差。

（6）焊接参数的选择。

（7）焊接质量保证措施。

（8）检验方法及合格标准。

（二）管道安装与焊接

（1）在管道中心线和支架高程测量复核无误后，方可进行管道安装。

（2）管道安装顺序：一般情况下，应先安装主线，再安装检查室，最后安装支线。

（3）管道安装坡向、坡度应符合设计要求。

（4）钢管对口时，纵向焊缝之间应相互错开 100mm 弧长以上，管道任何位置不得有十字形焊缝；焊口不得置于建（构）筑物等的墙壁中，且距墙壁的距离应满足施工需要；当外径和壁厚相同的钢管或管件对口时，对口错边量应不大于表 2K315022 的规定。

钢管对口错边量允许偏差　　　　表 2K315022

管道壁厚（mm）	2.5～5.0	6～10	12～14	≥ 15
对口错边量允许偏差（mm）	0.5	1.0	1.5	2.0

（5）管道两相邻环形焊缝中心之间的距离应大于钢管外径，且不得小于 150mm。

（6）套管安装要求：

1）管道穿越建（构）筑物的墙板处应按设计要求安装套管，穿墙套管两侧与墙面距离应大于 20mm；套管高出楼板面的距离应大于 50mm。

2）套管与管道之间的空隙应采用柔性材料填充。

3）防水套管应按设计要求制作，并应在建（构）筑物砌筑或浇筑混凝土之前安装就位，套管缝隙应按设计要求进行填充。

4）套管中心的允许偏差为 0～10mm。

（7）对接管口时，应在距接口两端各 200mm 处检查管道平直度，允许偏差为 0～1mm，在所对接管道的全长范围内，最大偏差值不应超过 10mm。

（8）不得采用在焊缝两侧加热延伸管道长度、螺栓强力拉紧、夹焊金属填充物和使补偿器变形等方法强行对口焊接。

（9）管道支架处不得有环形焊缝。

（10）壁厚不等的管口对接，应符合下列规定：

1）外径相等或内径相等，薄件厚度小于或等于 4mm 且厚度差大于 3mm，以及薄件厚度大于 4mm 且厚度差大于薄件厚度的 30% 或超过 5mm 时，应将厚件削薄。

2）内径外径均不等，单侧厚度差超过上款所列数值时，应将管壁厚度大的一端削薄，削薄后的接口处厚度应均匀。

（11）焊件组对时的定位焊应符合下列规定：

1）在焊接前应对定位焊缝进行检查，当发现缺陷时应处理合格后方可焊接。

2）应采用与根部焊道相同的焊接工艺，并由合格焊工施焊。

3）钢管的纵向焊缝（螺旋焊缝）端部不得进行定位焊。

4）定位焊应均匀分布，点焊长度及点焊数应符合规范要求。

（12）在 0℃以下的环境中焊接，应符合下列规定：

1）现场应有防风、防雪措施。

2）焊接前应清除管道上的冰、霜、雪。

3）应在焊口两侧 50mm 范围内对焊件进行预热，预热温度应根据焊接工艺确定。

4）焊接时应使焊缝自由伸缩，不得使焊口加速冷却。

（13）不合格焊缝的返修应符合下列规定：

1）对需要返修的焊缝，应分析缺陷产生的原因，编制焊接返修工艺文件。

2）返修前应将缺陷清除干净，必要时可采用无损检测方法确认。

3）补焊部位的坡口形状和尺寸应防止再次产生焊接缺陷及便于焊接操作。

4）当需预热时，返修部位的预热温度应比相同条件下正常焊接的预热温度提高 30～50℃。根部缺陷只允许返修一次。

5）同一部位的返修次数不应超过两次。

（三）直埋保温管安装

（1）管道安装前应检查槽底高程、坡度、基底处理是否符合设计要求，管道内杂物及砂土应清除干净。

（2）管道安装坡度应与设计要求一致。在管道安装过程中出现折角或管道折角大于设计值时，应与设计单位确认后再进行安装。

（3）同一施工段的等径直管段宜采用相同厂家、相同规格和性能的预制保温管、管件及保温接头。当无法满足时，应征得设计单位的同意。

（4）在地下水位较高的地区或雨期施工时，应采取降（排）水措施，并应及时清除沟内积水。当日工程完工时，应对未安装完成的管端采取临时封堵措施，并应对裸露的保温层进行密封处理。

（5）带泄漏监测系统的保温管，焊接前应测试信号线的通断状况和电阻值，合格后方可对口焊接。信号线的位置应在管道的上方，相同颜色的信号线应对齐。

（6）安装预制保温管道的信号线时，应符合产品标准的规定。在施工中，信号线必须防潮；一旦受潮，应采取预热、烘烤等方式干燥。

（7）接头保温：

1）直埋管接头保温应在管道安装完毕及强度试验合格后进行。

2）接头保温施工前，应将接头钢管表面、两侧保温端面和搭接段外壳表面的水分、油污、杂质和端面保护层去除干净。

3）接头保温的结构、保温材料的材质及厚度应与预制直埋保温管相同。

4）接头外护层安装完成后，必须全部进行气密性检验并应合格。气密性检验的压力为0.02MPa，保压时间不应少于2min，压力稳定后用肥皂水仔细检查密封处，无气泡为合格。

5）接头的保温层应与相接的保温层衔接紧密，不得有缝隙。

6）预制直埋保温水管在穿套管前应完成接头保温施工，在穿越套管时不应损坏预制直埋保温水管的保温层及外护管。

（8）直埋蒸汽管道应设置排潮管；钢质外护管应进行外防腐；工作管的现场接口焊接应采用氩弧焊打底，焊缝应进行100%射线检查，焊缝内部质量不得低于《无损检测 金属管道熔化焊环向对接接头射线照相检测方法》GB/T 12605—2008规定的Ⅱ级。

（9）直埋蒸汽管道外护管的现场补口应符合下列规定：

1）钢质外护管应采用对接焊，接口焊接应采用氩弧焊打底，并应进行100%超声检验，焊缝内部质量不得低于《焊缝无损检测 超声检测 技术、检测等级和评定》GB/T 11345—2013规定的Ⅱ级；当管道保温层采用抽真空技术时，焊缝内部质量不得低于上述标准规定的Ⅰ级；在外护管焊接时，应对已完成的工作管保温材料采取保护措施以防止焊接烧灼。

2）钢质外护管补口前应对补口段进行预处理，除锈等级应根据使用的防腐材料确定，并符合《涂覆涂料前钢材表面处理 表面清洁度的目视评定 第1部分：未涂覆过的钢材表面和全面清除原有涂层后的钢材表面的锈蚀等级和处理等级》GB/T 8923.1—2011规定的St3级。

3）补口段预处理完成后，应及时进行防腐，防腐等级应与外护管相同，防腐材料应与外护管防腐材料一致或相匹配。

4）防腐层应采用电火花检漏仪检测，耐击穿电压应符合设计要求。

5）外护管接口应在防腐层之前做气密性试验，试验压力应为0.2MPa。试验应按《工业金属管道工程施工规范》GB 50235—2010和《工业金属管道工程施工质量验收规范》GB 50184—2011的有关规定执行。

（10）补口完成后，应对安装就位的直埋蒸汽管及管件的外护管和防腐层进行检查，发现损伤，应进行修补。

（四）保温

（1）管道、管路附件和设备的保温应在压力试验、防腐验收合格后进行。

（2）保温材料进场时应对品种、规格、外观等进行检查验收，并应从进场的每批材料中，任选1～2组试样进行导热系数、保温层密度、厚度和吸水（质量含水、憎水）率等测定。

（3）应对预制直埋保温管保温层和保护层进行复验，并应提供复验合格证明文件。

（4）保温层施工应符合下列规定：

1）当保温层厚度超过100mm时，应分为两层或多层逐层施工。

2）保温棉毡、垫的密实度应均匀，外形应规整，保温层厚度和重度应符合设计要求。

3）瓦块式保温制品的拼缝宽度不得大于5mm。当保温层为聚氨酯瓦块时，应采用同类材料将缝隙填满。其他类硬质保温瓦内应抹 3～5mm 厚的石棉灰胶泥层，并应砌筑严密。保温层应错缝铺设，缝隙处应采用石棉灰胶泥填实。当使用两层以上的保温制品时，同层应错缝，里外层应压缝，其搭接长度不应小于 50mm。每块瓦至少应使用两道镀锌钢丝或箍带扎紧，不得采用螺旋形捆扎方法，镀锌钢丝的直径不得小于设计要求。

4）管道端部或有盲板的部位应做保温。

5）当采用硬质保温制品施工时，应按设计要求预留伸缩缝。

6）当采用纤维制品保温材料施工时，应与被保温表面贴紧，纵向接缝位于管子下方 45° 位置，接头处不得有空隙。双层结构时，层间应盖缝，表面应保持平整，厚度应均匀，捆扎间距不得大于 200mm，并适当紧固。

7）当使用软质复合硅酸盐保温材料施作时，应符合设计要求；当设计无要求时，每层可抹 10mm 并应压实，待第一层有一定强度后，再抹第二层并应压光。

8）支架及管道设备等部位的保温，应预留出一定间隙，保温结构不得妨碍支架的滑动和设备的正常运行。保温层遮盖设备铭牌时，应将铭牌复制到保温层外。

9）保温结构不应影响阀门、法兰的更换及维修。靠近法兰处，应在法兰的一侧留出螺栓长度加 25mm 的空隙。有冷紧或热紧要求的法兰，应在完成后再进行保温。

10）立式设备和垂直管道应设置保温固定件或支撑件，每隔 3～5m 应设保温层承重环或抱箍，其宽度应为保温层厚度的 2/3，并应对承重环或抱箍进行防腐。

（五）保温保护层

1. 复合材料保护层施工应符合下列规定

（1）玻璃纤维布应以螺纹状紧缠在保温层外，前后搭接均不应小于 50mm，布带两端及每隔 300mm 应用镀锌钢丝或钢带捆扎，镀锌钢丝的直径不得小于设计要求，搭接处应进行防水处理。

（2）复合铝箔接缝处应采用压敏胶带粘贴、铆钉固定。

（3）玻璃钢保护壳连接处应采用铆钉固定，沿轴向搭接宽度应为 50～60mm，环向搭接宽度应为 40～50mm。

（4）用于软质保温材料保护层的铝塑复合板正面应朝外，不得损伤其表面，轴向接缝应用保温钉固定，且间距应为 60～80mm，环向搭接宽度应为 30～40mm，纵向搭接宽度不得小于 10mm。

（5）当垂直管道及设备的保护层采用复合铝箔、玻璃钢保护壳和铝塑复合板等时，应由下向上，成顺水接缝。

2. 石棉水泥保护层施工应符合下列规定

（1）石棉水泥不得采用闪石棉等国家禁止使用的石棉制品。

（2）涂抹石棉水泥保护层以前，应检查钢丝网有无松动，并应对有缺陷的部位进行修整，保温层的空隙应采用胶泥填充。保护层应分两层抹成：首层应找平、挤压严实；第二层应在首层稍干后加灰泥压实、压光。保护层厚度不应小于 15mm。

（3）抹面保护层的灰浆干燥后不得产生裂缝、脱壳等现象，金属网不得外露。

（4）抹面保护层未硬化前应防雨、雪。当环境温度低于 5℃时，应采取防冻措施。

3. 金属保护层施工应符合下列规定

（1）金属保护层材料应符合设计要求，当设计无要求时，宜选用镀锌薄钢板或铝合金板。

（2）安装前，金属板两边应先压出两道半圆凸缘。设备保温时，可在每张金属板对角线上压两条交叉筋线。

（3）水平管道的施工可直接将金属板卷合在保温层外，并应按管道坡向自下而上顺序安装。两板环向半圆凸缘应重叠，金属板接口应在管道下方。

（4）搭接处应用铆钉固定，其间距不应大于200mm。

（5）金属保护层应留出设备及管道运行受热膨胀量。

（6）当在结露或潮湿环境安装时，金属保护层应嵌填密封剂或在接缝处包缠密封带。

（7）金属保护层上不得踩踏或堆放物品。

2K315023　供热管网附件及换热站设施安装要求

一、供热管网附件安装

（一）管道支、吊架安装

1. 支、吊架简介

支、吊架承受巨大的推力或管道的荷载，并协助补偿器传递管道温度伸缩位移（如滑动支架）或限制管道温度伸缩位移（如固定支架），在供热管网中起着重要的作用。常用支、吊架见表2K315023-1。

常用支、吊架的简明作用及特点　　表2K315023-1

名称		作用	特点
支架	固定支架	使管道在支承点处无任何方向位移，保护弯头、三通支管不被过大的应力所破坏，并均匀分配补偿器之间管道的伸缩量，保证补偿器正常工作	承受作用力很大，且较为复杂，多设置在补偿器和附件旁
	滑动支架	管道在该处允许有较小的轴向自由伸缩	摩擦力较大，形式简单，加工方便，使用广泛
	滚动支架	近似于滑动支架	变滑动为滚动，减少与管道的摩擦力，一般只用于热媒温度较高和规格较大且无横向位移的架空敷设管道上
	导向支架	只允许管道沿自身轴向自由移动	形式简单，作用重要，使用较广泛
	弹簧支架	主要是减振，提高管道的使用寿命	管道有垂直位移时使用，不能承受水平荷载，形式较复杂，使用在重要场合
吊架	刚性吊架	承受管道（件）荷载并在垂直方向进行刚性约束	适用于垂直位移为零或很小的管道（件），加工、安装方便，能承受管道（件）荷载及水平位移。但应注意及时调整吊杆的长度
	弹簧吊架	承受管道（件）的荷载，起到减振作用	能承受三向位移和荷载，形式较复杂，使用在重要或有特殊要求的场合

2. 支、吊架安装

（1）管道支、吊架的制作与安装是管道安装中的第一道工序，应在管道安装、检验前完成。支、吊架的安装位置应正确，标高和坡度应满足设计要求，安装应平整，埋设应牢固。

（2）支架结构接触面应洁净、平整。

（3）管道支架支承面的标高可采用加设金属垫板的方式进行调整，垫板不得大于两层，厚的宜放在下面，垫板应与预埋铁件或钢结构进行焊接，不得加于管道和支座之间。

（4）活动支架的偏移方向、偏移量及导向性能应符合设计要求。

（5）管道支、吊架处不应有管道焊缝，导向支架、滑动支架、滚动支架和吊架不得有歪斜及卡涩现象。

（6）支、吊架应按设计要求焊接，焊缝不得有漏焊、欠焊、咬肉或裂纹等缺陷。

（7）当管道支架采用螺栓紧固在型钢的斜面上时，应配置与翼板斜度相同的钢制斜垫片，找平并焊接牢固。

（8）当使用临时性的支、吊架时，应避开正式支、吊架的位置，且不得影响正式支、吊架的安装。临时性的支、吊架应做出明显标记，并应在管道安装完毕后拆除。

（9）管道支、吊架制作应符合下列规定：

1）支架和吊架的形式、材质、外形尺寸、制作精度及焊接质量应符合设计要求。

2）滑动支架、导向支架的工作面应平整、光滑，不得有毛刺及焊渣等异物。

3）已预制完成并经检查合格的管道支架应按设计要求进行防腐处理，并妥善保管。

（10）固定支架安装应符合下列规定：

1）与固定支座相关的土建结构工程施工应与固定支座安装协调配合，且其质量必须达到设计要求。

2）有轴向补偿器的管段，补偿器安装前，管道和固定支架之间不得进行固定；有角向型、横向型补偿器的管段应与管道同时进行安装与固定。

3）固定支架卡板和支架结构接触面应贴实，但不得焊接，以免形成“死点”，发生事故；管道与固定支架、滑托等焊接时，不得损伤管道母材。

4）固定支架、导向支架等型钢支架的根部，应做防水护墩。

（11）组合式弹簧支、吊架安装应符合下列规定：

1）弹簧支、吊架外形尺寸偏差应符合设计要求，弹簧不得有裂纹、皱褶、分层、锈蚀等缺陷。弹簧两端支撑面应与弹簧轴线垂直，其偏差不得超过自由高度的2%。

2）弹簧支、吊架安装高度应按设计要求进行调整。

3）弹簧的临时固定件应在管道安装、试压、保温完毕后拆除。

（12）吊架安装应符合下列规定：

1）吊架的吊杆生根必须牢固。

2）吊杆的中心位置与水平间距应准确。

3）吊杆的高程调节装置（花篮螺母）应符合调距要求。

4）管卡与管道间隙适度。

5）安装后应进行防腐处理。

（13）固定墩制作：

固定墩是嵌固直埋管道固定节（固定支座），并与其共同承受直埋管道所受推力的钢筋混凝土构件。固定墩结构形式一般为矩形、倒“T”形、单井、双井、翅形和板凳形。

1）制作固定墩所用的混凝土强度等级不应低于C30，钢筋应采用HPB300、HRB400，直径不应小于10mm；钢筋应双层布置，间距不应大于250mm，保护层不应小于40mm。供热管道穿过固定墩处，固定节两边除设置加强筋外，对于局部混凝土高热区应采取隔热或耐热措施。

2）当地下水对钢筋混凝土有腐蚀作用时，应对固定墩进行防腐处理。

（二）法兰和阀门安装

1. 法兰连接应符合下列规定

（1）安装前应对法兰密封面及密封垫片进行外观检查，法兰密封面应光洁，法兰螺纹完整、无损伤。

（2）两个法兰连接端面应保持平行，偏差不大于法兰外径的1.5%，且不得大于2mm；不得采用加偏垫、多层垫或加强力拧紧法兰一侧螺栓的方法来消除法兰接口端面的偏差。

（3）法兰与法兰、法兰与管道应保持同轴，螺栓孔中心偏差不得超过孔径的5%，垂直允许偏差为0～2mm。

（4）垫片的材质和涂料应符合设计要求；垫片尺寸应与法兰密封面相等，当垫片需要拼接时，应采用斜口拼接或迷宫形式的对接，不得直缝对接。

（5）不得采用先加垫片并拧紧法兰螺栓，再焊接法兰焊口的方式进行法兰安装焊接。

（6）法兰内侧应进行封底焊。

（7）法兰螺栓应涂二硫化钼油脂或石墨机油等防锈油脂保护。

（8）法兰连接应使用同一规格的螺栓，安装方向应一致。紧固螺栓时应对称、均匀地进行，松紧应适度；紧固后丝扣外露长度应为2～3倍螺距，需要用垫圈调整时，每个螺栓只能采用一个垫圈。

（9）法兰距支架或墙面的净距不应小于200mm。

2. 阀门安装应符合下列规定

（1）阀门进场前应进行强度和严密性试验，试验完成后应进行记录。

（2）安装前应清除阀口的封闭物及其他杂物。

（3）阀门的开关手轮应放在便于操作的位置；水平安装的闸阀、截止阀的阀杆应处于上半周范围内。安全阀应垂直安装。

（4）有安装方向的阀门应按要求进行安装，有开关程度指示标志的应准确。

（5）并排安装的阀门应整齐、美观，便于操作。

（6）阀门吊装应平稳，不得用阀门手轮作为吊装的承重点，不得损坏阀门，已安装就位的阀门应防止重物撞击。

（7）水平管道上的阀门，其阀杆及传动装置应按设计规定安装，动作应灵活。

（8）焊接安装时，焊机地线应搭在同侧焊口的钢管上，不得搭在阀体上。

（9）安装完成后，进行两次或三次完全的开启以证明阀门是否能正常工作。

（10）焊接蝶阀的安装应符合下列规定：

1）阀板的轴应安装在水平方向上，轴与水平面的最大夹角不应大于60°，不得垂直安装。

2）安装焊接前应关闭阀板，并应采取保护措施。

（11）焊接球阀的安装应符合下列规定：

1）当焊接球阀水平安装时应将阀门完全开启；垂直管道安装且焊接阀体下方焊缝时应将阀门关闭。

2）球阀焊接过程中应对阀体进行降温。

（12）电动调节阀的安装应符合下列规定：

1）安装之前应将管道内的污物和焊渣清除干净。

2）在露天或高温场合安装时，应采取防水、降温措施。

3）在有震源的地方安装时，应采取防震措施。

4）应按介质流向安装。

5）宜水平或垂直安装，当倾斜安装时，应对阀体采取支承措施。

6）安装后四周应留有维修和拆卸空间，并应对阀门进行清洗。

（13）放气阀、除污器、泄水阀安装应在无损探伤、强度试验前完成，截止阀的安装应在严密性试验前完成。

（14）放气阀、泄水阀安装应朝向通道。

（15）除污器、泄水阀门出水口要指向集水坑，不允许垂直向下安装。

（16）泄水管不宜小于 *DN*80mm。

（17）所有阀门手轮高于地面 1.6m 的需加设操作平台。

（18）截止阀安装后不宜频繁开启。

（19）阀门不得作为管道末端的堵板使用，应在阀门后加堵板，热水管道应在阀门和堵板之间充满水。

（三）补偿器安装

1. 常用的补偿器形式

供热管道随着输送热媒温度的升高，管道将产生热伸长。如果这种热伸长不能得到释放，就会使管道承受巨大的压力，甚至造成管道破裂损坏。为了避免管道出现由于温度变化而引起的应力破坏，保证管道在热状态下的稳定和安全，必须在管道上设置各种补偿器，以释放管道的热伸长及减弱或消除因热膨胀而产生的应力。

供热管网中常用补偿器形式见表 2K315023-2 及图 2K315023-1～图 2K315023-4。

另外还有一种旋转补偿器，主要由芯管、外套管及密封结构等组成。其补偿原理是：通过成双旋转筒和“L”形力臂形成力偶，使大小相等、方向相反的一对力，由力臂回绕着 *Z* 轴中心旋转，就像杠杆转动一样，支点分别在两侧的旋转补偿器上，以吸收两边管道和（或）设备尺寸变化。这种补偿器安装在热力管道上需要两个或三个成组布置，形成相对旋转结构吸收管道热位移，从而减少管道应力。突出特点是其在管道运行过程中处于无应力状态。其他特点：补偿距离长，一般 200～500m 设计安装一组即可（但也要考虑具体地形）；无内压推力；密封性能好，由于密封形式为径向密封，不产生轴向位移，尤其耐高压。采用该型补偿器后，固定支架间距增大，为避免管段挠曲要适当增加导向支架，为减少管段运行的摩擦阻力，应安装滚动支架。

旋转补偿器的现场安装实景如图 2K315023-5 所示。

供热管网中常用补偿器形式简明示表　　表 2K315023-2

序号	名称	补偿原理	特点
1	自然补偿	利用管道自身弯曲管段的弹性来进行补偿	利用管道自身的弯头来进行补偿，是最简单经济的补偿，在设计中首先采用。但一般补偿量较小，且管道变形时产生横向位移。管道系统中弯曲部件的转角应小于 150°，否则会产生侧移，严重时破坏管道系统
2	波纹管补偿器	利用波纹管的可伸缩性来进行补偿	补偿量大，品种多，规格全，安装与检修都较方便，被广泛使用。但其内压轴向推力大，价格较贵，且对其防失稳有严格的要求

续表

序号	名称	补偿原理	特点
3	球形补偿器	利用球体的角位移来达到补偿的目的	补偿能力大，占用空间小，局部阻力小，投资少，安装方便，适合在长距离架空管上安装。但热媒易泄漏
4	套筒补偿器	利用套筒的可伸缩性来进行补偿	补偿能力大，占地面积小，成本低，流体阻力小，但热媒易泄漏，维护工作量大，产生推力较大
5	方形补偿器	利用同一平面内4个90°弯头的弹性来达到补偿的目的	加工简单，安装方便，安全可靠，价格低廉，但占空间大，局部阻力大，需进行预拉伸或预撑，材质应与所在管道相同

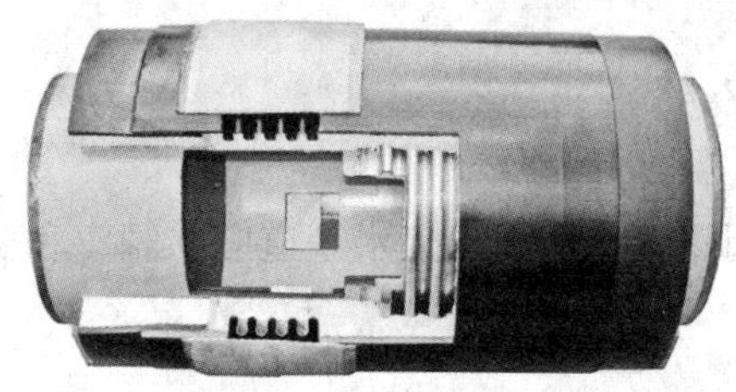

图 2K315023-1　波纹管补偿器

图 2K315023-2　球形补偿器

图 2K315023-3　套筒补偿器

图 2K315023-4　方形补偿器

图 2K315023-5　旋转补偿器现场安装实景图

2. 补偿器安装应符合下列规定

（1）安装前应按设计图纸核对每个补偿器的型号和安装位置，并应对补偿器的外观进行检查，核对产品合格证。

（2）补偿器应按设计要求进行预变位，预变位完成后应对预变位量进行记录。

（3）补偿器应与管道保持同轴。安装操作时不得损伤补偿器，不得采用使补偿器变形的方法来调整管道的安装偏差。

（4）补偿器安装完毕后应拆除固定装置，并应调整限位装置。

（5）固定支架、导向支架、滑动支架、滚动支架等按设计图纸要求安装完毕，达到设计强度；锚固点、锚固段具有足够的摩擦阻力；补偿器安装完毕后，方可进行系统试压。

（6）各种型号补偿器的安装应严格按照产品说明书或设计要求进行施工。

（7）补偿器应进行防腐和保温处理，采用的防腐和保温材料不得腐蚀补偿器。

（8）波纹管补偿器安装应符合：轴向波纹管补偿器的流向标记应与管道介质流向一

致；角向型波纹管补偿器的销轴轴线应垂直于管道安装后形成的平面。

（9）套筒补偿器安装应符合：采用成型填料圈密封的套筒补偿器，填料应符合产品要求；采用非成型填料的补偿器，填注密封填料时应按照产品要求依次均匀注压。

（10）直埋补偿器安装应符合：固定端应可靠锚固，活动端应能自由活动。

（11）一次性补偿器安装应符合：一次性补偿器与管道连接前，应按预热位移量确定限位板位置并固定；预热前应将预热段内所有一次性补偿器上的固定装置拆除；管道预热温度和变形量达到设计要求后方可进行一次性补偿器的焊接。

（12）球形补偿器安装应符合：与球形补偿器相连接的两垂直臂的倾斜角度应符合设计要求，外伸部分应与管道坡度保持一致。

（13）方形补偿器安装应符合：水平安装时，垂直臂应水平放置，平行臂应与管道坡度相同；预变形应在补偿器两端均匀、对称地进行。

（14）自然补偿管段的预变位应符合：

1）预变位焊口位置应留在有利于操作的地方，预变位长度应符合设计规定。

2）完成下列工作后方可进行预变位：① 预变位段两端的固定支架已安装完毕，并应达到设计强度；② 管段上的支、吊架已安装完毕，管道与固定支架应已固定连接；③ 预变位焊口附近吊架的吊杆应预留足够的位移余量；④ 管段上的其他焊口已全部焊完并经检验合格；⑤ 管段的倾斜方向及坡度符合设计规定；⑥ 法兰、仪表、阀门等的螺栓均已拧紧。

3）预变位焊口焊接完毕并经检验合格后，方可拆除预变位卡具。

4）管道预变位施工应进行记录。

二、换热站设施安装

（一）换热站简介

换热站（又称热力站）是供热管网的重要附属设施，是供热网路与热用户的连接场所。它的作用是根据热网工况和不同的条件，采用不同的连接方式，将热网输送的热媒加以调节、转换，向热用户系统分配热量以满足用户需要；并根据需要，进行集中计量、检测供热热媒的参数和数量。目前大多数用户的内部系统的供水温度为95℃，回水温度70℃，这是室外温度为最低时的温度。而一级管网从经济上考虑都是按较高的温度范围70～130℃运行的，这个中间转换的职能就由换热站完成。

换热站的设施取决于供热介质的种类和用热装置的性质。当热介质为蒸汽时，主要设施有集汽管、调节和检测供热参数（压力、温度、流量）的仪表、换热器、凝结水箱、凝结水泵和水封等装置；当供热介质为热水时，换热站的主要设施有水泵、换热器、储水箱、软化水处理设备、过滤器、除污器、调节及检测仪器仪表等。

换热站制冷是今后发展的趋势，当有制冷用途时，还应有制冷设施等。

还有一种组装式换热站（小成套换热机组），是集中供热系统中一种高效节能的新产品，它由换热器、循环泵、补水泵、过滤器、检测系统、控制系统及附属设备等组成，实现了工厂化生产，其主要配套设备选用国内外知名品牌产品，既能用于采暖及空调系统，又能用于生活热水系统，具有结构紧凑、造价低、重量轻、占地少、施工周期短、安装维修方便、运行可靠、噪声低的优点，而且组装式换热站一般都有自动控制调节系统，水泵有变频器，可以实现气候补偿、补水定压、开车自检、顺序启动、失压保护、断电保护、恢复供电自动开车、超温保护、超压保护、二级网变流量调节、电机运行超载保护、恒压差供热、变温差供热、按时间段供热、事故报警等功能，在此基础上可实时调节供给用户的热量，达到节能、节电的目的，并可利用微机控制，实现换热站无人值守。

（二）换热站设施安装

1. 土建与工艺之间的交接

管道及设备安装前，土建施工单位、工艺安装单位及监理单位应对预埋吊点的数量及位置，设备基础位置、表面质量、几何尺寸、高程及混凝土质量，预留套管（孔洞）的位置、尺寸及高程等共同复核检查，并办理书面交验手续。

2. 换热站内设施安装应符合下列规定

（1）管道支、吊架位置和数量应满足设计及安装要求。

（2）安装前，应按施工图和相关建（构）筑物的轴线、边缘线、高程线，划定安装的基准线。

（3）应仔细核对一次水系统供回水管道方向与外网的对应关系，切忌接反。

（4）供热部分在施工时，如借用土建结构承重（受力）应征得土建结构设计部门的书面认可。

（5）站内设备一般采用法兰连接，管道连接采用焊接，焊缝的无损检验应按设计要求进行，在设计无要求时，应按《城镇供热管网工程施工及验收规范》CJJ 28—2014 中有关焊接质量检验的规定执行。

（6）站内管道安装应有坡度，最小坡度为 2‰，在管道高点设置放气装置，低点设置放水装置。

（7）设备基础地脚螺栓底部锚固环钩的外缘与预留孔壁和孔底的距离不得小于 15mm；拧紧螺母后，螺栓外露长度应为 2～5 倍螺距；灌注地脚螺栓用的细石混凝土强度等级应比基础混凝土的强度等级提高一级；拧紧地脚螺栓时，灌注的混凝土应达到设计强度 75% 以上。装设胀锚螺栓的钻孔不得与基础或构件中的钢筋、预埋管和电缆等埋设物相碰，且不得采用预留孔。

（8）换热设备安装的坡度、坡向应符合设计或产品说明书的规定，换热设备本体不得进行局部切、割、焊等操作，换热器附近应留有足够的空间，满足拆装维修的需要。

（9）换热机组搬运应按照制造厂提供的安装使用说明书进行，不应将换热机组上的设备作为应力支点。

（10）换热机组应进行接地保护。控制柜应配有保护接地排，机柜外壳及电缆槽、穿线钢管、设备基础槽钢、水管、设备支架及其外露金属导体等应接地。水表、橡胶软接头、金属管道的阀门等装置应加跨接线连成电气通路。机组不应有变形或机械损伤，紧固件不应松动。

（11）蒸汽管道和设备上的安全阀应有通向室外的排汽管，热水管道和设备上的安全阀应有接到安全地点的排水管，并应有足够的截面积和防冻措施确保排放通畅；在排汽管和排水管上不得装设阀门；排放管应固定牢固。

（12）泵的吸入管道和输出管道应有各自独立、牢固的支架，泵不得直接承受系统管道、阀门等的重量和附加力矩。

（13）对于水平吸入的离心泵，当入口管变径时，应在靠近泵的入口处设置偏心异径管。当管道从下向上进泵时，应采用顶平安装，当管道从上向下进泵时，宜采用底平安装。

（14）管道与泵或阀门连接后，不应再对该管道进行焊接和气割。

（15）泵的试运转应在其各附属系统单独试运转正常后进行，且应在有介质情况下进行试运转，试运转的介质或代用介质均应符合设计的要求。泵在额定工况下连续试运转的时间不应少于2h。

（16）水箱安装坡度、坡向应符合设计和产品说明书的规定，水箱底面安装前应检查防腐质量，对缺陷应进行处理。

（17）水处理装置所有进出口管路应有独立支撑，不得使用阀体做支撑，每个树脂罐应设单独的排污管。

（18）换热站施工完成后，与外部管线连接前，管沟或套管应采取临时封闭措施。

2K315024　供热管道功能性试验的规定

一、强度和严密性试验的规定

（一）一级管网及二级管网应进行强度试验和严密性试验

强度试验的试验压力为1.5倍设计压力，且不得低于0.6MPa，其目的是检验管道本身与安装焊口的强度；严密性试验的试验压力为1.25倍设计压力，且不得低于0.6MPa，它是在各管段强度试验合格的基础上进行的，且应该是管道安装内容施焊工序全部完成，这种试验是对管道的一次全面检验。

（二）换热站内管道和设备的试验应符合下列规定

（1）站内所有系统均应进行严密性试验。试验压力为1.25倍设计压力，且不得低于0.6MPa。试验前，管道各种支、吊架已安装调整完毕，安全阀、爆破片及仪表组件等已拆除或加盲板隔离，加盲板处有明显的标记并做记录，安全阀全开，填料密实，试验管道与无关系统应采用盲板或采取其他措施隔开，不得影响其他系统的安全。

（2）站内设备应按设计要求进行试验。当设备有特殊要求时，试验压力应按产品说明书或根据设备性质确定。

（3）开式设备应进行满水试验，以无渗漏为合格。

二、清洗的规定

（1）供热管网的清洗应在试运行前进行。

（2）清洗方法应根据设计及供热管网的运行要求、介质类别而定。可分为人工清洗、水力冲洗和气体吹洗。当采用人工清洗时，管道的公称直径应大于或等于*DN*800mm；蒸汽管道应采用蒸汽吹洗。

（3）清洗前应编制清洗方案，并应报有关单位审批。方案中应包括清洗方法、技术要求、操作及安全措施等内容。清洗前应进行技术、安全交底。

（4）清洗前，应将系统内的减压器、疏水器、流量计和流量孔板（或喷嘴）、滤网、温度计的插入管、调节阀芯和止回阀芯等拆下并妥善存放，待清洗结束后方可复装。

（5）不与管道同时清洗的设备、容器及仪表管等应隔开或拆除。

（6）清洗前，要根据情况对支架、弯头等部位进行必要的加固。

（7）供热的供水和回水管道及给水和凝结水管道，必须用清水冲洗。

（8）供热管道用水冲洗应符合下列要求：

1）冲洗应按主干线、支干线、支线分别进行，二级管网应单独进行冲洗。冲洗前应先满水浸泡管道。冲洗水流方向应与设计的介质流向一致。

2）冲洗进水管的截面积不得小于被冲洗管截面积的 50%，排水管截面积不得小于进水管截面积。

3）冲洗应连续进行，管内的平均流速不应低于 1m/s。排水时，管内不得形成负压。

4）当冲洗水量不能满足要求时，宜采用密闭循环的水力冲洗方式。循环水冲洗时管道内流速应达到或接近管道正常运行时的流速。当循环冲洗后的水质不合格时，应更换循环水继续进行冲洗直至合格。

5）水力冲洗应以排水水样中固形物的含量接近或等于冲洗用水中固形物的含量为合格。

6）水力冲洗结束后应打开排水阀门排污，合格后应对排污管、除污器等装置进行人工清洗。

（9）供热管道用蒸汽吹洗应符合下列要求：

1）蒸汽吹洗排汽管的管径应按设计计算确定，吹洗口及吹洗箱应按设计要求加固。

2）蒸汽吹洗的排汽管应引出室外（或检查室外），管口不得朝下并应设临时固定支架，以承受吹洗时的反作用力。

3）吹洗出口管在有条件的情况下，以斜上方 45° 为宜。距出口 100m 范围内，不得有人工作或怕烫的建筑物。必须划定安全区、设置标志，在整个吹洗作业过程中，应有专人值守。

4）为了管道安全运行，蒸汽吹洗前应先缓慢升温进行暖管，暖管速度不宜过快，并应及时疏水。暖管时阀门的开启要缓慢进行，避免汽锤现象，并应检查管道的热伸长，检查补偿器、管路附件及设备等工作情况，恒温 1h 达到设计要求后进行吹洗。

5）吹洗使用的蒸汽压力和流量应按设计计算确定。吹洗压力不应大于管道工作压力的 75%。

6）吹洗次数应为 2～3 次，每次的间隔时间宜为 20～30min。

7）蒸汽吹洗应以出口蒸汽无污物为合格。

8）吹洗后，要及时在管座、管端等部位掏除污物。

三、试运行的规定

（1）换热站在试运行前，站内所有系统和设备须经有关各方预验收合格，供热管网与热用户系统已具备试运行条件。

（2）试运行前应编制试运行方案。在环境温度低于 5℃进行试运行时，应制定可靠的防冻措施。试运行方案应由建设单位、设计单位、施工单位、监理单位和接收管理单位审查同意并应进行技术交底。

（3）试运行应符合下列要求：

1）供热管线工程应与换热站工程联合进行试运行。

2）试运行应有完善、可靠的通信系统及安全保障措施。

3）试运行应在设计参数下进行。试运行时间应为达到试运行参数条件下连续运行 72h。试运行应缓慢升温，升温速度不得大于 10℃/h。在低温试运行期间，应对管道、设备进行全面检查，支架的工作状况应做重点检查。在低温试运行正常以后，方可缓慢升温至试运行温度下运行。

4）在试运行期间，管道法兰、阀门、补偿器及仪表等处的螺栓应进行热拧紧。热拧紧时的运行压力应降低至 0.3MPa 以下。

5）试运行期间应观察管道、设备的工作状态，并应运行正常。试运行应完成各项检查，并应做好试运行记录。

6）试运行期间出现不影响整体试运行安全的问题，可待试运行结束后处理；当出现需要立即解决的问题时，应先停止试运行，然后进行处理。问题处理完后，应重新进行72h试运行。

7）蒸汽管网工程的试运行应带热负荷进行，试运行前应进行暖管，暖管合格后方可略开启阀门，缓慢提高蒸汽管的压力。待管道内蒸汽压力和温度达到设计规定的参数后，保持恒温时间不宜少于1h。试运行期间应对管道、设备、支架及凝结水疏水系统进行全面检查。确认管网各部位符合要求后，应对用户用汽系统进行暖管和各部位检查，确认合格后，再缓慢提高供汽压力，供汽参数达到运行参数即可转入正常热运行。

2K315030 城镇燃气管道工程施工

2K315031 燃气管道的分类

一、燃气的分类

燃气是以可燃气体为主要组分的混合气体燃料。城镇燃气是指由气源点，通过城镇或居住区的燃气输配和供应系统，供给城镇或居住区内，用于生产、生活等用途的，且符合国家规范要求的公用性质的气体燃料。按照《城镇燃气分类和基本特性》GB/T 13611—2018的规定，将城镇燃气按类别及其特性指标华白数（即燃气的热值与其相对密度平方根的比值）分类，包括人工煤气、天然气、液化石油气、液化石油气混空气、二甲醚气、沼气。

二、燃气管道的分类

燃气管道根据用途、敷设方式和最高工作压力分类。

（一）根据用途分类

1. 长输管道

一般指将天然气田生产的天然气输送到远方城镇用户的管道系统，其干管及支管的末端连接城市或大型工业企业，作为供应区的气源点。

2. 城镇燃气输配管道

（1）输气管道：从气源厂向储配站或天然气门站向高压调压站或大型工业企业输气的管道。

（2）分配管道：在供气地区将燃气分配给工业企业用户、商业用户和居民用户。分配管道包括街区和庭院的分配管道。

（3）用户引入管：将燃气从分配管道引到用户室内管道引入口处的总阀门。

（4）室内燃气管道：通过用户管道引入口的总阀门将燃气引向室内，并分配到每个燃具和用气设备。

3. 工业企业燃气管道

（1）工厂引入管和厂区燃气管道：将燃气从城市燃气管道引入工厂，分送到各用气车间和用气地点。

（2）车间燃气管道：从车间的管道引入口将燃气送到车间内各个用气设备（如加热炉、窑炉）。车间燃气管道包括干管和支管。

（3）炉前燃气管道：从用气设备前支管将燃气分送给炉上的各个燃烧设备。

（二）根据敷设方式分类

（1）地下燃气管道。

（2）架空燃气管道。

城镇燃气管道为了安全运行，一般情况下均为埋地敷设；当建筑物间距过小或地下管线和构筑物密集，管道埋地困难时可架空敷设。工厂厂区内的燃气管道常用架空敷设，以便于管理和维修。

（三）根据最高工作压力分类

燃气管道之所以要根据最高工作压力来分类，是因为燃气管道的严密性与其他管道相比，有特别严格的要求，若漏气可能导致火灾、爆炸、中毒或其他事故。燃气管道中的压力越高，管道接头脱开或管道本身出现裂缝的可能性和危险性也越大。当管道内燃气的压力不同时，对管道材质、安装质量、检验标准和运行管理的要求也不同。

按照《燃气工程项目规范》GB 55009—2021 的规定，我国城镇燃气输配管道根据最高工作压力分为八类，如表 2K315031 所示。

城镇燃气输配管道输配压力（表压）分类　　表 2K315031

名称		最高工作压力（MPa）
超高压燃气管道		$P > 4.0$
高压燃气管道	A	$2.5 < P \leqslant 4.0$
	B	$1.6 < P \leqslant 2.5$
次高压燃气管道	A	$0.8 < P \leqslant 1.6$
	B	$0.4 < P \leqslant 0.8$
中压燃气管道	A	$0.2 < P \leqslant 0.4$
	B	$0.01 < P \leqslant 0.2$
低压燃气管道		$P \leqslant 0.01$

一般由城市高压或次高压燃气管道构成大城市输配管网系统的外环网，次高压燃气管道也是给大城市供气的主动脉。高压和次高压管道燃气必须通过调压站才能给城市分配管网中的次高压管道、高压储气罐及中压管道供气。次高压和中压管道的燃气必须通过区域调压站、用户专用调压站，才能供给城市分配管网中的低压管道，或给工厂企业、大型商业用户以及锅炉房直接供气。

城市、工厂区和居民点可由长距离输气管道供气，个别距离城市燃气管道较远的大型用户，经论证确系经济、合理和安全、可靠时，可自设调压站与长输管道连接。除了一些允许设专用调压器的、与长输管道相连接的管道检查站用气外，单个的居民用户不得与长输管道连接。

在确有充分必要的理由和安全措施可靠的情况下，并经有关部门批准，在城市中特定区域采用次高压的燃气管道也是可以的。同时，随着科学技术的发展，有可能改进管道和燃气专用设备的质量，提高施工管理的质量和运行管理的水平，在新建的城市燃气管网系统和改建旧有的系统时，燃气管道可采用较高的压力，这样能降低管网的总造价或提高管道的输气能力。

2K315032 燃气管道施工与安装要求

一、燃气管道材料选用

高压和中压 A 燃气管道，应采用钢管；中压 B 和低压燃气管道，宜采用钢管或机械接口铸铁管。中、低压燃气管道采用聚乙烯管材时，应符合有关标准的规定。

由于燃气管道要承受很大压力并输送大量有毒、易燃、易爆的气体，任何程度的泄漏和管道断裂将会导致爆炸、火灾、人身伤亡和环境污染，造成重大的经济损失。所以，要求燃气管道有足够的机械强度，可焊性好，而且要有不透气性及耐腐蚀性能。

二、室外钢质燃气管道安装

（一）管道安装基本要求

（1）地下燃气管道不得从建筑物和大型构筑物（不含架空的建筑物和大型构筑物）的下面穿越。地下燃气管道与建（构）筑物基础或相邻管道之间的水平和垂直净距，不应小于规范规定。

（2）地下燃气管道埋设的最小覆土厚度（路面至管顶）应符合下列要求：

埋设在机动车道下时，不得小于 0.9m；埋设在非机动车车道（含人行道）下时，不得小于 0.6m；埋设在机动车不可能到达的地方时，不得小于 0.3m；埋设在水田下时，不得小于 0.8m。当不能满足上述要求时，应采取有效的安全防护措施。

（3）地下燃气管道不得在堆积易燃、易爆材料和具有腐蚀性液体的场地下面穿越，并不宜与其他管道或电缆同沟敷设。当需要同沟敷设时，必须采取有效的安全防护措施。

（4）地下燃气管道穿过排水管（沟）、热力管沟、综合管廊、隧道及其他各种用途沟槽时，应将燃气管道敷设于套管内。套管伸出构筑物外壁长度应符合设计要求。套管两端应采用柔性的防腐、防水材料密封。

（5）燃气管道穿越铁路、高速公路、电车轨道或城镇主要干道时应符合下列要求：

1）穿越铁路或高速公路的燃气管道，其外应加套管，并提高绝缘防腐等级。

2）穿越铁路的燃气管道的套管，应符合下列要求：

① 套管埋设的深度应符合铁路管理部门的要求。

② 套管宜采用钢管或钢筋混凝土管。

③ 套管内径应比燃气管道外径大 100mm 以上。

④ 套管两端与燃气管的间隙应采用柔性的防腐、防水材料密封，其一端应装设检漏管。

⑤ 套管端部距路堤坡脚外的距离不应小于 2.0m。

3）燃气管道穿越电车轨道或城镇主要干道时宜敷设在套管或管沟内；穿越高速公路的燃气管道的套管、穿越电车轨道或城镇主要干道的燃气管道的套管或管沟，应符合下列要求：

① 套管内径应比燃气管道外径大 100mm 以上，套管或管沟两端应密封，在重要地段的套管或管沟端部宜安装检漏管。

② 套管或管沟端部距电车道边轨不应小于 2.0m；距道路边缘不应小于 1.0m。

4）穿越高铁、电气化铁路、城市轨道交通时，应采取防止杂散电流腐蚀的措施，并确保有效。

（6）燃气管道宜垂直穿越铁路、高速公路、电车轨道或城镇主要干道。

（7）燃气管道通过河流时，可采用穿越河底或采用管桥跨越的形式。当条件许可时，也可利用道路桥梁跨越河流，但应符合下列要求：

1）随桥梁跨越河流的燃气管道，其输气压力不应大于 0.4MPa。

2）当燃气管道随桥梁敷设或采用管桥跨越河流时，必须采取安全防护措施。

3）燃气管道随桥梁敷设，宜采取如下安全防护措施：

① 敷设于桥梁上的燃气管道应采用加厚的无缝钢管或焊接钢管，尽量减少焊缝，对焊缝进行 100% 无损检测。

② 跨越通航河流的燃气管道管底高程，应符合通航净空的要求，管架外侧应设置护桩。

③ 在确定管道位置时，应与随桥敷设的其他可燃气体管道保持一定间距。

④ 管道应设置必要的补偿和减震措施。

⑤ 过河架空的燃气管道向下弯曲时，向下弯曲部分与水平管夹角宜采用 45° 形式。

⑥ 对管道应做较高等级的防腐保护。

⑦ 采用阴极保护的埋地钢管与随桥管道之间应设置绝缘装置。

（8）燃气管道穿越河底时，应符合下列要求：

1）燃气管宜采用钢管。

2）燃气管道至河床的覆土厚度应根据水流冲刷条件及规划河床标高确定，对于通航河流，还应满足疏浚和投锚深度要求。

3）稳管措施应根据计算确定。

4）在埋设燃气管道位置的河流两岸上、下游应设立标志。

5）燃气管道对接安装引起的误差不得大于 3°，否则应设置弯管；次高压燃气管道的弯管应考虑盲板力。

（二）对口焊接的基本要求

（1）在施工现场，管道坡口通常采用手工气割或半自动气割机配合手提坡口机打坡口，管端面的坡口角度、钝边、间隙应符合设计或国家现行标准的规定。当采用气割时，必须除去坡口表面的氧化皮并进行打磨，表面力求平整。

（2）对口前检查管口周圈是否有夹层、裂纹等缺陷，将管口以外 100mm 范围内的油漆、污垢、铁锈、毛刺等清扫干净，清理合格后及时对口施焊。

（3）通常采用对口器固定、倒链吊管找正对圆的方法，不得强力对口，且不得在组对间隙内填塞不符合焊接工艺要求的填塞物。

（4）对口时将两管道纵向焊缝（螺旋焊缝）相互错开，间距应不小于 100mm 弧长。对口后的内壁应平齐，其错边量应符合国家现行标准的规定。

（5）对口完成后应立即进行定位焊，定位焊的工艺规程要求与正式焊接相同，定位焊的厚度与坡口第一层焊接厚度相近，但不应超过管壁厚度的 70%，焊缝根部必须焊透，定位焊应均匀、对称，总长度不应小于焊道总长度的 50%。钢管的纵向焊缝（螺旋焊缝）端部不得进行定位焊。

（6）定位焊完毕拆除对口器，进行焊口编号，对好的口必须当天焊完。

（7）按照试焊确定的工艺方法进行焊接，一般采用氩弧焊打底，焊条电弧焊填充、盖面。钢管采用单面焊、双面成型的方法。焊接层数应根据钢管壁厚和坡口形式确定，壁厚在 5mm 以下的焊接层数不得少于两层。

（8）焊接工艺评定：施工单位首先编制作业指导书并试焊，对首次使用的钢管、焊接材料、焊接方法、焊后热处理等，应进行焊接工艺评定，并根据评定报告确定焊接工艺。

（9）焊材：所用焊丝和焊条应与母材材质相匹配，直径应根据管道壁厚和接口形式选择。受潮、生锈、掉皮的焊条不得使用。焊条在使用前应按出厂质量证明书的要求烘干，烘干后装入保温筒进行保温，随用随取。

（10）焊接顺序：根据管径大小应对焊缝沿周长进行排位，采取合理的焊接顺序，避免应力集中、管口变形。

（11）分层施焊：先用氩弧焊打底，焊接时必须均匀焊透，并不得咬肉、夹渣。其厚度不应超过焊丝的直径。然后分层用焊条电弧焊焊接，各层焊接前应将上一层的药皮、焊渣及金属飞溅物清理干净。焊接时各层引弧点和熄弧点均应错开 20mm 以上，且不得在焊道以外的钢管上引弧。每层焊缝厚度按批准的工艺评定报告执行，一般为焊条直径的 0.8～1.2 倍。

（12）盖面：分层焊接完成后，进行盖面施焊，焊缝断面呈弧形，高度不低于母材，宽度为上坡口宽度加 2～3mm。外观表面不得有气孔、夹渣、咬边、弧坑、裂纹、电弧擦伤等缺陷。焊缝表面呈鱼鳞状，光滑、均匀，宽度整齐。

（13）固定口焊接：当分段焊接完成后，对固定焊口应在接口处提前挖好工作坑。

（三）钢管防腐的做法

1. 石油沥青涂料做法

（1）涂底漆时基面应干燥、无尘，基面除锈后与涂底漆的间隔时间不得超过 8h。应涂刷均匀、饱满，不得有凝块、起泡和流痕现象，底漆厚度应为 0.1～0.2mm，管两端 150～200mm 范围内不得涂刷。

（2）沥青涂料应刷在洁净、干燥的底漆上，常温下刷沥青涂料时，应在涂底漆后 24h 之内实施；沥青涂料涂刷温度以 200～230℃为宜。

（3）涂沥青后应立即缠绕玻璃布，玻璃布的压边宽度应为 20～30mm，接头搭接长度应为 100～150mm，各层搭接接头应相互错开，玻璃布的油浸透率应达到 95% 以上，不得出现大于 50mm×50mm 的空白；管端或施工中断处应留出 150～200mm。钢管两端防腐层应做成缓坡形接槎。

2. 环氧煤沥青涂料做法

（1）管道表面应按规定除锈，底漆应在表面除锈后的 4h 之内涂刷，涂刷应均匀，不得漏涂；管两端 100～150mm 范围内不得涂刷。

（2）面漆涂刷和包扎玻璃布，应在底漆表面干后进行，底漆与第一道面漆涂刷的间隔时间不得超过 24h。

（3）底层漆打底，应采用附着力强并且有良好防腐性能的油漆。

（4）玻璃布搭接长度同石油沥青涂料做法。

3. 聚乙烯防腐涂层做法

（1）在防腐层涂装前，先清除钢管表面的油脂和污垢等附着物，并对钢管预处理后进行表面处理，钢管预热温度为 40～60℃。表面预处理达到《涂装前钢材表面处理规范》SY/T 0407—2012 规定，其等级不低于 Sa2.5 级，锚纹深度达到 50～90 μm。钢管表面的焊渣、毛刺等应清除干净。

（2）表面预处理过的钢管应在 4h 内进行涂覆，超过 4h 或钢管表面返锈或表面污染时，应重新进行表面预处理。

（3）应用无污染的热源将钢管加热到合适的涂覆温度。环氧粉末涂料应均匀地涂覆到钢管表面，胶粘剂的涂覆应在环氧粉末胶化过程中进行。

（4）聚乙烯层涂覆时，应确保搭接部位及焊缝两侧的聚乙烯完全辊压密实，不得损伤聚乙烯层表面。

（5）聚乙烯层涂覆后，应用水冷却至钢管温度不高于60℃。涂覆环氧粉末至对防腐层开始冷却的间隔时间，应确保熔结环氧涂层固化完全。

（6）防腐层涂覆完成后，应除去管端部位的防腐层。管端预留长度宜为100～150mm，并满足实际焊接和检验要求。聚乙烯层端面应形成不大于30°的倒角，聚乙烯层端部外可保留不超过20mm的环氧粉末涂层。

（四）焊口防腐

（1）现场无损探伤完和分段强度试验后进行补口防腐。防腐前钢管表面的处理应符合《涂覆涂料前钢材表面处理 表面清洁度的目视评定 第2部分：已涂覆过的钢材表面局部清除原有涂层后的处理等级》GB/T 8923.2—2008和《涂装前钢材表面处理规范》SY/T 0407—2012规定，其等级不低于Sa2.5级。

（2）补口防腐前必须将焊口两侧直管段铁锈全部清除，呈现金属本色，找出防腐接槎，用管道防腐材料做补口处理，具体做法可参见钢管防腐的内容。

（3）焊口防腐后应用电火花检漏仪检查，出现击穿针孔时，应做加强防腐并做好记录。

（4）焊口除锈可采用喷砂除锈的方法，除锈后及时防腐。

（5）弯头及焊缝防腐可采用冷涂方式，其厚度、防腐层数与直管段相同，防腐层表层固化2h后进行电火花仪检测。

（6）外观检查要求涂层表面平整、色泽均匀、无气泡、无开裂、无收缩。

（7）固定口可采用辐射交联聚乙烯热收缩套（带），也可采用环氧树脂辐射交联聚乙烯热收缩套（带）三层结构。

（8）固定口搭接部位的聚乙烯层应打磨至表面粗糙。

（9）热收缩套（带）与聚乙烯层搭接宽度应不小于100mm；采用热收缩带时，应采用固定片固定，周间搭接宽度不小于80mm。

（五）新建燃气管道阴极保护系统的施工

（1）阴极保护系统棒状牺牲阳极的安装应符合下列规定：

1）阳极可采用水平式或立式安装。

2）牺牲阳极距管道外壁宜为0.5～3.0m。成组布置时，阳极间距宜为2.0～3.0m。

3）牺牲阳极与管道间不得有其他地下金属设施。

4）牺牲阳极应埋设在土壤冰冻线以下。

5）测试装置处，牺牲阳极引出的电缆应通过测试装置连接到管道上。

（2）阴极保护测试装置应坚固耐用、方便测试，装置上应注明编号，并应在运行期间保持完好状态。接线端子和测试柱均应采用铜制品并应封闭在测试盒内。

（3）测试装置的安装应符合下列规定：

1）每个装置中应至少有两根电缆或双芯电缆与管道连接，电缆应采用颜色或其他标记区分，全线应统一。

2）采用地下测试井安装方法时，应在井盖上注明标记。

（4）电缆安装应符合下列规定：

1）阴极保护电缆应采用铜芯电缆。

2）测试电缆的截面积不宜小于 $4mm^2$。

3）用于牺牲阳极的电缆截面积不宜小于 $4mm^2$，用于强制电流阴极保护中阴、阳极的电缆截面积不宜小于 $16mm^2$。

4）电缆与管道连接宜采用铝热焊方式，并应连接牢固、电气导通，且在连接处应进行防腐绝缘处理。

5）测试电缆回填时应保持松弛。

（六）管道埋设的基本要求

1. 沟槽开挖

（1）混凝土路面和沥青路面的开挖应使用切割机切割。

（2）管道沟槽应按设计规定的平面位置和高程开挖。当采用人工开挖且无地下水时，槽底预留值宜为 0.05～0.10m；当采用机械开挖或有地下水时，槽底预留值不应小于 0.15m；管道安装前应人工清底至设计高程。

（3）管沟沟底宽度和工作坑尺寸，应根据现场实际情况和管道敷设方法确定。

（4）局部超挖部分应回填压实。当沟底无地下水时，超挖在 0.15m 以内，可采用原土回填；超挖在 0.15m 及以上，可采用石灰土处理。当沟底有地下水或含水量较大时，应采用级配砂石或天然砂回填至设计高程。超挖部分回填压实后，其密实度应接近原地基天然土的密实度。

（5）在湿陷性黄土地区，不宜在雨期施工，或在施工时切实排除沟内积水，开挖时应在槽底预留 0.03～0.06m 厚的土层进行压实处理。

（6）沟底遇有废弃构筑物、硬石、木头、垃圾等杂物时必须清除，并应铺一层厚度不小于 0.15m 的砂土或素土，整平压实至设计高程。

（7）对软土基及特殊性腐蚀土壤，应按设计要求处理。

2. 沟槽回填

（1）不得采用冻土、垃圾、木材及软性物质回填。管道两侧及管顶以上 0.5m 内的回填土，不得含有碎石、砖块等杂物，且不得采用灰土回填。距管顶 0.5m 以上的回填土中的石块不得多于 10%、直径不得大于 0.1m，且均匀分布。

（2）沟槽的支撑应在管道两侧及管顶以上 0.5m 回填完毕并压实后，在保证安全的情况下进行拆除，并应采用细砂填实缝隙。

（3）沟槽回填时，应先回填管底局部悬空部位，再回填管顶两侧。

（4）回填土应分层压实，每层虚铺厚度宜为 0.2～0.3m，管道两侧及管顶以上 0.5m 内的回填土必须采用人工压实，管顶 0.5m 以上的回填土可采用小型机械压实，每层虚铺厚度宜为 0.25～0.4m。

（5）回填土压实后，应分层检查密实度，并做好回填记录。

3. 警示带敷设

（1）埋设燃气管道的沿线应连续敷设警示带。警示带敷设前应将敷设面压平，并平整地敷设在管道的正上方且距管顶的距离宜为 0.3～0.5m，但不得敷设于路基和路面里。

（2）警示带宜采用黄色聚乙烯等不易分解的材料，并印有明显、牢固的警示语，字体不宜小于 100mm×100mm。

4. 埋地管道沿线应设置里程桩、转角桩和警示牌等永久性标志

三、聚乙烯燃气管道安装

（一）聚乙烯管道优缺点

与传统金属管材相比，聚乙烯管道具有重量轻、耐腐蚀、阻力小、柔韧性好、节约能源、安装方便、造价低等优点，受到了城镇燃气行业的青睐。另外一个优点是可缠绕，可做深沟熔接，可使管材顺着深沟蜿蜒敷设，减少接头数量，抗内、外部及微生物的侵蚀，内壁光滑且流动阻力小，导电性弱，无须外层保护及防腐，有较好的气密性，气体渗透率低，维修费用低，经济优势明显。但与钢管相比，聚乙烯管也有使用范围小、易老化、承压能力低、抗破坏能力差等缺点，所以聚乙烯管材一般用于中、低压燃气管道中，但不得用于室外明设的输配管道。

（二）聚乙烯燃气管材、管件和阀门应符合的要求

1. 聚乙烯管材、管件和阀门进场检验

聚乙烯管材、管件和阀门应符合国家现行标准的规定。接收管材、管件和阀门时，应按有关标准检查下列项目：

（1）管件、阀门包装。

（2）检验合格证。

（3）每一批次出厂检验报告或第三方检测报告。

（4）使用的聚乙烯原料级别和牌号。

（5）外观。

（6）颜色。

（7）长度。

（8）不圆度。

（9）外径或内径及壁厚。

（10）生产日期。

（11）产品标志、标签。

当存在异议时，应委托具有资质的第三方进行复验。

2. 聚乙烯管材、管件和阀门贮存

（1）管材、管件和阀门应按不同类型、规格和尺寸分别存放，并应遵照“先进先出”的原则。

（2）管材、管件和阀门应存放在符合现行国家标准规定的仓库（存储型物流建筑）或半露天堆场（货棚）内。存放在半露天堆场（货棚）内的管材、管件和阀门不应受到暴晒、雨淋，应有防紫外线照射措施；仓库的门窗、洞口应有防紫外线照射措施。

（3）管材、管件和阀门应远离热源，严禁与油类或化学品混合存放。

（4）管材应水平堆放在平整的支撑物或地面上，管口应封堵。当直管采用梯形堆放或两侧加支撑保护的矩形堆放时，堆放高度不宜超过 1.5m；当直管采用分层货架存放时，每层货架高度不宜超过 1m。

（5）管件和阀门应成箱存放在货架上或叠放在平整地面上；当成箱叠放时，高度不宜

超过 1.5m。在使用前，不得拆除密封包装。

（6）管材、管件和阀门在室外临时存放时，管材管口应采用保护端盖封堵，管件和阀门应存放在包装箱或储物箱内，并应采用遮盖物遮盖，防日晒、雨淋。

（7）管材、管件和阀门不应长期户外存放。当从生产到使用期间，按上述规定存放，管材存放时间超过 4 年、密封包装的管件存放时间超过 6 年，应对其抽样检验，性能符合要求方可使用。管材抽检项目应包括静液压强度（165h/80℃）、电熔接头的剥离强度和断裂伸长率；管件抽检项目应包括静液压强度（165h/80℃）、热熔对接连接的拉伸强度或电熔管件的熔接强度；阀门抽检项目应包括静液压强度（165h/80℃）、电熔接头的剥离强度、操作扭矩和密封性能试验。

（三）聚乙烯管材、管件和阀门连接方式的选择

（1）聚乙烯管材与管件、阀门的连接应采用热熔对接连接或电熔承插鞍形连接，两者均可以保证接头材质、结构与管体本身的同一性，保证接头的致密。

热熔连接是聚乙烯管道的主要连接方法，操作方便、接头强度高、密封性好；热熔连接采用专用热熔连接设备，对于小口径管道常采用手持式熔接器进行连接，对于大口径管道常采用固定式全自动热熔焊机进行连接。图 2K315032 为参数跟踪型热熔对接焊机。

电熔连接方便、迅速、接头质量好、外界因素干扰小，在口径较小的管道上应用比较经济。

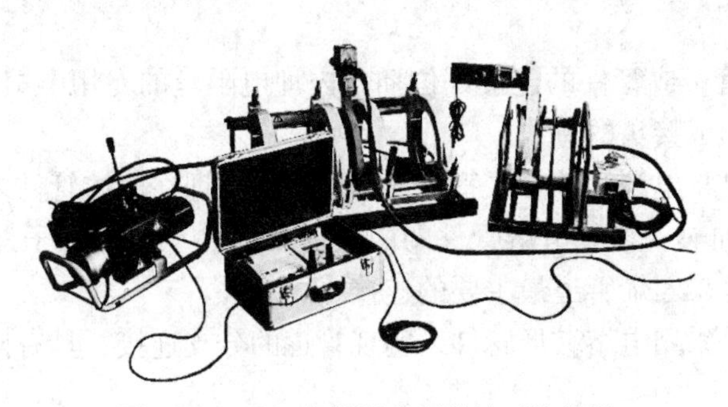

图 2K315032 参数跟踪型热熔对接焊机

（2）聚乙烯管材与金属管道或金属附件连接时，应采用钢塑转换管件连接或法兰连接；当采用法兰连接时，宜设置检查井。

（3）不同级别（PE80 与 PE100）、熔体质量流动速率差值大于等于 0.5g/10min（190℃，5kg）、焊接端部标准尺寸比（*SDR*）不同、公称外径小于 90mm 或壁厚小于 6mm 的聚乙烯管材、管件和阀门，应采用电熔连接。

（四）聚乙烯管材、管件和阀门连接要点

1. 热熔对接连接

热熔对接连接是通过专用连接热板加热到一定温度后，使热熔管线两端通过加热板加热熔化，同时迅速将两端贴合，通过机具保持一定压力，冷却后达到连接的目的。

（1）应根据聚乙烯管材、管件或阀门的规格选用适应的机架和夹具。

（2）在固定连接件时，应将连接件的连接端伸出夹具，伸出的自由长度不应小于公称外径的 10%。

（3）移动夹具应使待连接件的端面接触，并应校直到同一轴线上，错边量不应大于壁厚的 10%。

（4）连接部位应擦净，并应保持干燥，待连接件端面应进行铣削，使其与轴线垂直。连续切削的平均厚度不宜大于 0.2mm，铣削后的熔接面应保持洁净。

（5）铣削完成后，移动夹具应使待连接件对接管口闭合，待连接件的错边量不应大于壁厚的 10%，且接口端面对接面最大间隙应符合表 2K315032 的规定。

接口端面对接面最大间隙　　**表 2K315032**

管道元件公称外径 d_n（mm）	接口端面对接面最大间隙（mm）
$d_n \leqslant 250$	0.3
$250 < d_n \leqslant 400$	0.5
$400 < d_n \leqslant 630$	1.0

（6）应按热熔对接的连接工艺要求加热待连接件端面。

（7）吸热时间达到规定要求后，应迅速撤出加热板，待连接件加热面熔化应均匀，不得有损伤。

（8）在规定的时间内使待连接面完全接触，并应保持规定的热熔对接压力。

（9）接头冷却应采用自然冷却。在保压冷却期间，不得拆开夹具，不得移动连接件或在连接件上施加任何外力。

2. 电熔连接

电熔连接是指管子或管件的连接部位插入内埋电阻丝的专用电熔管件内，通电加热，使连接部位熔融后形成接头的方式。

电熔承插连接是将电熔管件套在管子、管件上，预埋在电熔管件内表面的电阻丝通电发热，产生的热能加热、熔化电熔管件的内表面和与之承插的管子外表面，使之融为一体。电熔承插连接是聚乙烯管道最主要的连接方式之一。

电熔鞍形连接是采用电熔鞍形管件，实现管道的分支连接，具有操作方便、安全可靠的优点。

（1）电熔承插连接：

1）管材的连接部位应擦净，并应保持干燥；管件应在焊接时再拆除封装袋。

2）当管材的不圆度影响安装时，应采用整圆工具对插入端进行整圆。

3）应测量电熔管件承口长度，并在管材或插口管件的插入端标出插入长度，刮除插入段表皮的氧化层，刮削表皮厚度宜为 0.1～0.2mm，并应保持洁净。

4）将管材或插口管件的插入端插入电熔管件承口内至标记位置，同时应对配合尺寸进行检查，避免强力插入。

5）校直待连接的管材和管件，使其在同一轴线上，并应采用专用夹具固定后，方可通电焊接。

6）通电加热焊接的电压或电流、加热时间等焊接参数的设定应符合电熔连接熔接设备和电熔管件的使用要求。

7）接头冷却应采用自然冷却。在冷却期间，不得拆开夹具，不得移动连接件或在连接件上施加任何外力。

（2）电熔鞍形连接：

1）应标记电熔鞍形管件与管道连接的位置，并应检查连接位置处管道的不圆度，必要时应采用整圆工具对其进行整圆。

2）管道连接部位应擦净，并应保持干燥，应刮除管道连接部位表皮氧化层，刮削厚度宜为 0.1～0.2mm。

3）检查电熔鞍形管件鞍形面与管道连接部位的适配性，并应采用支座或机械装置固定管道连接部位的管段，使其保持直线度和圆度。

4）通电前，应将电熔鞍形管件用专用夹具固定在管道连接部位。

5）通电加热时的电压或电流、加热时间等焊接参数应符合电熔连接机具和电熔鞍形管件的使用要求。

6）接头冷却应采取自然冷却。在冷却期间，不得拆开夹具，不得移动连接件或在连接件上施加任何外力。

7）钻孔操作应在支管强度试验和气密性试验合格后进行。

3. 法兰连接

（1）将法兰盘套入待连接的聚乙烯法兰连接件的端部，将法兰连接件平口端与聚乙烯管道进行连接。

（2）两法兰盘上螺孔应对中，法兰面应相互平行，螺栓孔与螺栓直径应配套，螺栓规格应一致，螺母应在同一侧；紧固法兰盘上的螺栓应按对称顺序分次均匀紧固，不得强力组装；螺栓拧紧后宜伸出螺母 1～3 倍螺距。法兰盘在静置 8～10h 后，应二次紧固。

（3）法兰密封面、密封件不得有影响密封性能的划痕、凹坑等缺陷，材质应符合输送城镇燃气的要求。

（4）法兰盘、紧固件应经防腐处理，并应符合设计要求。

4. 钢塑转换管件连接

（1）钢塑转换管件的聚乙烯管端与聚乙烯管道或管件的连接应符合热熔连接或电熔连接的相关规定。

（2）钢塑转换管件的钢管端与金属管道的连接应符合国家现行标准的规定。

（3）钢塑转换管件的钢管端与钢管焊接时，应对钢塑过渡段采取降温措施。

（4）钢塑转换管件连接后应对接头进行防腐处理，防腐等级应符合设计要求，并应检验合格。

（五）聚乙烯燃气管道连接注意事项

（1）管道连接前，应按设计要求在施工现场对管材、管件、阀门及管道附属设备进行查验。管材表面划伤深度不应超过管材壁厚的 10%，且不应超过 4mm；管件、阀门及管道附属设备的外包装应完好，符合要求方可使用。

（2）聚乙烯管材与管件、阀门的连接，应根据不同连接形式选用专用的熔接设备，不得采用螺纹连接或粘接。连接时，不得采用明火加热。

（3）管道热熔或电熔连接的环境温度宜在 −5～40℃范围内，在环境温度低于 −5℃或风力大于 5 级的条件下进行热熔或电熔连接操作时，应采取保温、防风措施，并应调整连接工艺；在炎热的夏季进行热熔或电熔连接操作时，应采取遮阳措施；雨天施工时，应采取防雨措施；每次收工时，应对管口进行临时封堵。

（4）管道连接时固定夹具应夹紧固牢，并确保管道“同心”，同时应避免强力组对。

（六）聚乙烯燃气管道埋地敷设应符合下列要求

（1）聚乙烯燃气管道与热力管道之间的水平和垂直净距不应小于规范规定，并应确保燃气管道外壁温度不大于40℃；与建（构）筑物或其他相邻管道之间的水平和垂直净距，应符合规范规定。

（2）聚乙烯燃气管道敷设应在沟底标高和管基质量检查合格后进行。

（3）聚乙烯燃气管道下管时，不得采用金属材料直接捆扎和吊运管道，并应防止管道划伤、扭曲和出现过大的拉伸和弯曲。

（4）聚乙烯燃气管道宜呈蜿蜒状敷设，并可随地形在一定的起伏范围内自然弯曲敷设，不得使用机械或加热方法弯曲管道。

（5）管道敷设时，应随管走向敷设示踪线、警示带、保护板，设置地面标志。

1）示踪线应敷设在聚乙烯燃气管道的正上方，并应有良好的导电性和有效的电气连接，示踪线上应设置信号源井。

2）警示带敷设的要求可参见本条中二、（六）3. 相关内容。

3）保护板应有足够的强度，且上面应有明显的警示标识；保护板宜敷设在管道上方距管顶大于200mm、距地面300～500mm处，但不得敷设在路面结构层内。

4）地面标志应随管道走向设置，并应符合国家现行标准的规定。

（6）采用拖管法埋地敷设时，在管道拖拉过程中，沟底不应有可能损伤管道表面的石块或尖凸物，拖拉长度不宜超过300m。

2K315033　燃气管网附属设备安装要求

为了保证管网的安全运行，并考虑到检修、接线的需要，在管道的适当地点设置必要的附属设备。这些设备包括阀门、绝缘接头、补偿器、排水器、放散管、阀门井等。

一、阀门

阀门是用于启闭管道通路或调节管道介质流量的设备。因此要求阀体的机械强度高，转动部件灵活，密封部件严密耐用，对输送介质的抗腐性强，同时零部件的通用性好，安装前应按产品标准要求进行强度和严密性试验，经试验合格的应做好标记（安全阀应铅封），不合格者不得安装。

安装阀门应注意的问题：

（1）方向性：一般阀门的阀体上有标志，箭头所指方向即介质的流向，必须特别注意，不得装反。因为有多种阀门要求介质单向流通，如安全阀、减压阀、止回阀等。截止阀为了便于开启和检修，也要求介质由下而上通过阀座。

（2）安装位置应方便操作维修，同时还要考虑到组装外形美观，阀门手轮不得向下，避免仰脸操作；落地阀门手轮朝上，不得歪斜；在工艺允许的前提下，阀门手轮宜位于齐胸高，以便于启阀；明杆闸阀不要安装在地下，以防腐蚀。有些阀门的安装位置有特殊要求，如减压阀要求直立地安装在水平管道上，不得倾斜；安全阀也应垂直安装。总之，要根据阀门工作原理确定其安装位置，否则阀门就不能有效地工作，或不起作用。

（3）其他应注意的问题：在施工中，对各种阀门还应核对其规格、型号，鉴定有无损坏，消除通口封盖和阀内杂物，检验密封程度；脆性材料（如铸铁）制作的阀门，不得受重物撞击；大型阀门起吊，绳子不能拴在手轮、阀杆或转动机构上；安装螺纹阀门时，不要把用作填料的麻丝挤到阀门里面；安装旋塞时注意清除阀门包装物及其污物；安装法兰阀门时，法兰之间端面要平行，不得使用双垫；紧固螺栓时要对称进行，用力均匀，阀门下部应根据设计要求设置承重支架；对直埋的阀门，应按设计要求做好阀体、法兰、紧固件及焊口的防腐。法兰或螺纹连接的阀门应在关闭状态下安装，以防杂质进入阀体腔内；焊接阀门应在打开状态下安装，以防受热变形。焊接阀门与管道连接焊缝宜采用氩弧焊打底，以保证内部清洁。

二、补偿器

（1）补偿器作为消除管段胀缩应力的设备，常用于架空管道和需要进行蒸汽吹扫的管道上。补偿器常安装在阀门的下侧（按气流方向），利用其伸缩性能，方便阀门的拆卸和检修。在埋地燃气管道上，多用钢制波形补偿器，其补偿量约10mm。为防止其中存水锈蚀，由套管的注入孔灌入石油沥青，安装时注入孔应在下方。补偿器的安装长度，应是螺杆不受力时的补偿器的实际长度，否则不但无法发挥其补偿作用，反而使管道或管件受到不应有的应力。

（2）波形补偿器安装时，应按设计规定的补偿量进行预拉伸（压缩）。补偿器安装应与管道保持同轴，不得偏斜。安装时不得用补偿器的变形来调整管道的安装误差。波形补偿器内套有焊缝的一端，应安装在燃气流入端，并应采取防止波形补偿器内积水的措施。安装时应设临时约束装置，待管道固定后，方可拆除临时约束装置，并解除限位装置。

三、绝缘接头与绝缘法兰

绝缘接头与绝缘法兰，即对同时具有埋地钢质管道要求的密封性能和电化学保护工程所要求的电绝缘性能管道接头、管道法兰的统称，其作用是将燃气输配管线的各段间、燃气调压站与输配管线间相互绝缘隔离，保护其不受电化学腐蚀，延长使用寿命。绝缘接头包括一对钢质凸缘法兰、固定套、密封件、法兰间的绝缘环及法兰与固定套间的绝缘环、绝缘填料及与法兰小端分别焊接的一对钢质短管；绝缘法兰包括一对钢法兰、两法兰间的绝缘环或绝缘密封件、法兰紧固件和绝缘套管、绝缘垫片以及与两片法兰分别焊接的一对钢质短管。

1. 安装环境要求

（1）埋地的绝缘接头应位于管道的水平或竖直管段上，不应安装在常年积水或管道走向的低洼处。

（2）绝缘接头、绝缘法兰的安装位置应便于检查和维护，宜设置在进、出场站紧急关断阀（ESD阀 Emergency Shutdown Devie）组外。

（3）绝缘接头、绝缘法兰与管件之间宜有不少于6倍公称直径且不小于3m的距离。

（4）绝缘接头、绝缘法兰安装两端12m范围内不宜有待焊接死口。

（5）绝缘接头、绝缘法兰不应作为应力变形的补偿器、补偿件。

2. 安装焊接要求

（1）绝缘接头、绝缘法兰与相连管线焊接前应按规定进行焊接工艺评定。

（2）施焊前，应对绝缘接头、绝缘法兰外观、尺寸和质量证明文件进行检查，合格后方可焊接。

（3）绝缘接头、绝缘法兰与管道组焊前，应将焊接部位打磨干净，确保焊接部位无油脂或其他有可能影响焊接质量的缺陷。

（4）绝缘接头、绝缘法兰与管道焊接时应保证与管道对齐，不得强力组对，且应保证焊接处自由伸缩、无阻碍。

（5）现场安装焊接时，绝缘接头中间部位温度不应超过120℃，必要时应采取冷却措施。

（6）焊接过程中，不应损坏绝缘接头内、外表面防腐层，确保绝缘接头不受到机械损坏、不出现变形。

（7）焊接后的绝缘接头、绝缘法兰与管线应按管线补口要求进行防腐，防腐作业时绝缘接头的表面温度不应高于120℃。

（8）绝缘接头、绝缘法兰与管道焊接后，下端应有稳固支撑。

3. 填埋与包覆要求

（1）埋地的绝缘接头应在系统压力试验和严密性试验合格后经检查无误方可填埋。

（2）地上的绝缘接头、绝缘法兰的外表面应进行防腐防紫外线包覆处理。

四、排水器（凝水器、凝水缸）

为排除燃气管道中的冷凝水和石油伴生气管道中的轻质油，管道敷设时应有一定坡度，以便在最低处设排水器，将汇集的水或油排出。

（1）钢制排水器在安装前，应按设计要求对外表面进行防腐；安装完毕后，排水器的抽液管应按同管道的防腐等级进行防腐。

（2）排水器盖应安装在排水器井的中央位置，出水口阀门的安装位置应合理，并应有足够的操作和检修空间。

五、放散管

这是一种专门用来排放管道内部的空气或燃气的装置。在管道投入运行时利用放散管排出管内的空气；在管道或设备检修时，可利用放散管排放管内的燃气，防止在管道内形成爆炸性的混合气体。放散管应装在最高点和每个阀门之前（按燃气流动方向）。放散管上安装球阀，燃气管道正常运行中必须关闭。

六、阀门井

为保证管网的安全与操作方便，地下燃气管道上的阀门一般都设置在阀门井内。阀门井应坚固、耐久，有良好的防水性能，并保证检修时有必要的空间。考虑到人员的安全，井筒不宜过深。

2K315034　燃气管道功能性试验的规定

管道安装完毕后，必须进行管道吹扫、强度试验和严密性试验，并应合格。采用水平定向钻和插入法敷设的聚乙烯管道，功能性试验应在敷设前进行；在回拖或插入后，应随同管道系统再次进行严密性试验。事前应编制试验方案，制定安全措施，做好交底工作，确保施工人员及附近民众与设施的安全。输配管道进行强度试验和严密性试验时，所发现的缺陷必须待试验压力降至大气压力后方可进行处理，处理后应重新进行试验。

一、管道吹扫

（一）管道吹扫应按下列要求选择气体吹扫或清管球清扫

（1）球墨铸铁管道、聚乙烯管道和公称直径小于100mm或长度小于100m的钢质管道，可采用气体吹扫。

（2）公称直径大于或等于100mm的钢质管道，宜采用清管球进行清扫。

（二）管道吹扫应符合下列要求

（1）吹扫范围内的管道安装工程除补口、涂漆外，已按设计文件全部完成。

（2）管道安装检验合格后，应由施工单位负责组织吹扫工作，并应在吹扫前编制吹扫方案。

（3）应按主管、支管、庭院管的顺序进行吹扫，吹扫出的脏物不得进入已吹扫合格的管道。

（4）吹扫管段内的调压器、阀门、孔板、过滤网、燃气表等设备不参与吹扫，待吹扫合格后再安装复位。

（5）吹扫口应设在开阔地段并加固，吹扫时应设安全区域，吹扫出口前严禁站人。

（6）吹扫压力不得大于管道的设计压力，且不应大于 0.3MPa。

（7）吹扫介质宜采用压缩空气，严禁采用氧气和可燃性气体。

（8）吹扫合格设备复位后，不得再进行影响管内清洁的其他作业。

（9）在对聚乙烯管道吹扫及试验时，进气口应采取油水分离及冷却等措施，确保管道进气口气体干燥且其温度不得高于 40℃；排气口应采取防静电措施。

（三）气体吹扫应符合下列要求

（1）吹扫气体流速不宜小于 20m/s。

（2）吹扫口与地面的夹角应在 30°～45° 之间，吹扫口管段与被吹扫管段必须采取平缓过渡焊接方式连接，金属管道吹扫口直径应符合表 2K315034-1 的规定，聚乙烯管道吹扫口直径应符合表 2K315034-2 的规定。

金属管道吹扫口直径（mm）　　**表 2K315034-1**

末端管道公称直径 DN	$DN < 150$	$150 \leqslant DN \leqslant 300$	$DN \geqslant 350$
吹扫口公称直径	与管道同径	150	250

聚乙烯管道吹扫口直径（mm）　　**表 2K315034-2**

末端管道公称外径 d_n	$d_n < 160$	$160 \leqslant d_n \leqslant 315$	$d_n \geqslant 355$
吹扫口公称直径	与管道同径	≥160	≥250

（3）每次吹扫管道的长度不宜超过 500m；当管道长度超过 500m 时，宜分段吹扫。

（4）当管道长度在 200m 以上且无其他管段或储气容器可利用时，应在适当部位安装吹扫阀，采取分段储气，轮换吹扫；当管道长度不足 200m，可采用管道自身储气放散的方式吹扫，打压点与放散点应分别设在管道的两端。

（5）当目测排气无烟尘时，应在排气口设置白布或涂白漆木靶板检验，5min 内靶上无铁锈、尘土等其他杂物为合格。

（四）清管球清扫应符合下列要求

（1）管道直径必须是同一规格，不同管径的管道应断开分别进行清扫。

（2）对影响清管球通过的管件、设施，在清管前应采取必要措施。

（3）清管球清扫后应进行检验，如不合格可采用气体再吹扫直至合格。

二、强度试验

为减少环境温度的变化对试验的影响，强度试验前，埋地管道回填土宜回填至管上方 0.5m 以上并留出焊接口。

（一）试验长度

强度试验应分段进行，试验管道分段最大长度宜按表 2K315034-3 执行。

管道试压分段最大长度　　　　**表 2K315034-3**

设计压力 PN（MPa）	试验管段最大长度（m）
$PN \leqslant 0.4$	1000
$0.4 < PN \leqslant 1.6$	5000
$1.6 < PN \leqslant 4.0$	10000

（二）试验压力

一般情况下试验压力为设计输气压力的 1.5 倍，且钢管和聚乙烯管（*SDR*11）不得低于 0.4MPa，聚乙烯管（*SDR*17.6）不得低于 0.2MPa。

（三）试验要求

（1）水压试验时，当压力达到规定值后，应稳压 1h，观察压力计应不少于 30min，无压力降为合格。水压试验合格后，应及时将管道中的水放（抽）净，并按要求进行吹扫。

（2）气压试验时采用泡沫水检测焊口，当发现有漏气点时，及时标出漏洞的准确位置，待全部接口检查完毕后，将管内的介质放掉，方可进行补修，补修后应重新进行强度试验。

三、严密性试验

（1）严密性试验应在强度试验合格后进行，且管线全线应回填，以减少管内温度变化对试验的影响。

（2）严密性试验压力根据管道设计输气压力而定，当设计输气压力小于 5kPa 时，试验压力为 20kPa；当设计输气压力大于或等于 5kPa 时，试验压力为设计压力的 1.15 倍，但不得低于 0.1MPa。

（3）严密性试验前应向管道内充空气至试验压力，燃气管道的严密性试验稳压的持续时间一般不少于 24h，每小时记录不应少于 1 次，采用水银压力计时，修正压力降小于 133Pa 为合格，采用电子压力计时，压力无变化为合格。

2K316000　生活垃圾填埋处理工程

2K316010　生活垃圾填埋处理工程施工

2K316011　生活垃圾填埋场填埋区结构特点

生活垃圾卫生填埋场是指用于处理、处置城市生活垃圾的，带有阻止垃圾渗沥液泄漏的人工防渗膜和渗沥液处理或预处理设施设备，且在运行、管理及维护直至最终封场关闭过程中符合卫生要求的垃圾处理场地。

一、生活垃圾卫生填埋场的一般规定

（1）填埋场应配置垃圾坝、防渗系统、地下水与地表水收集导排系统、渗沥液收集导排系统、填埋作业、封场覆盖及生态修复系统、填埋气导排处理与利用系统、安全与环境监测、污水处理系统、臭气控制与处理系统等。

（2）填埋场用地面积和库容应满足工作年限不小于 10 年。

（3）填埋场应设置围栏、大门等设施，防止自由进入现场非法倾倒，发生安全事故。

二、生活垃圾卫生填埋场填埋区的结构形式

设置在垃圾卫生填埋场填埋区中的渗沥液防渗系统和收集导排系统，在垃圾卫生填埋场的使用期间和封场后的稳定期限内，起着将垃圾堆体产生的渗沥液屏蔽在防渗系统上部，并通过收集导排和导入处理系统实现达标排放的重要作用。

防渗系统结构可分为单层防渗系统结构和双层防渗系统结构。单层防渗系统基本结构包括渗沥液收集导排系统、防渗层及上下保护层和基础层。双层防渗系统基本结构包括渗沥液导排系统、主防渗层及上下保护层、渗沥液检测层、次防渗层及上下保护层和基础层。应根据需要设置地下水导排系统和反滤层。单层防渗系统结构形式如图 2K316011 所示。

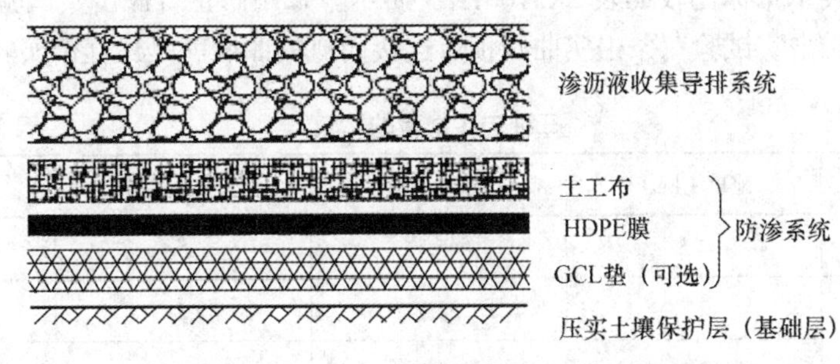

图 2K316011 渗沥液防渗系统、收集导排系统断面示意图

位于地下水贫乏地区的防渗系统可采用单层高密度聚乙烯土工膜衬里结构，也可采用高密度聚乙烯土工膜加膨润土防水毯形成的复合防渗衬里结构。防渗层下方应设置黏土保护层。

在特殊地质及环境要求较高的地区，应采用双层防渗结构。上层防渗层应为主防渗层，下层防渗层应为次防渗层，二层中间应设置渗沥液检测层。

2K316012 生活垃圾填埋场填埋区防渗层施工技术

有关规范规定：垃圾填埋场必须进行防渗处理，防止对地下水和地表水的污染，同时还应防止地下水进入填埋区。

本条介绍压实黏土防渗层、膨润土防水毯、高密度聚乙烯膜防渗层施工技术要求。

一、压实黏土防渗层施工

（一）压实黏土防渗层的土料选择

（1）压实黏土防渗层施工所用的土料应符合下列要求：

1）粒径小于 0.075mm 的土粒干重应大于土粒总干重的 25%。

2）粒径大于 5mm 的土粒干重不宜超过土粒总干重的 20%。

3）塑性指数范围宜为 15～30。

（2）宜先在填埋场当地查勘满足上述要求的土料场，料场查勘应符合下列规定：

1）应采用试坑和钻孔确定黏土料场的垂直和水平分布范围（试坑或钻孔的位置应均匀分布于同一网格图上；地质图上应标明地质成因、试验结果、土的分类以及每一主要土层的描述）。为保障土料充分及质量稳定，宜选择厚度不小于 1.5m 的黏土料场。

2）拟采用的黏土料场中宜每 100m^2 设置 1 个取样点，取样点总数不应少于 5 个。每个取样点的土样应进行颗粒分析和界限含水率试验，试验方法应符合现行国家标准《土工试验方法标准》GB/T 50123—2019 的规定。

（二）压实黏土的含水率及干密度控制

在进行压实黏土防渗层施工时，最重要的就是对土进行含水率和干密度的合理控制。因此，设计合格的压实黏土防渗层关键是建立所选土料的干密度、含水率与饱和水力渗透系数的关系。确定上述关系主要采用击实试验和渗透试验。其中击实试验采用修正普氏击实试验、标准普氏击实试验和折减普氏击实试验三种击实试验，标准普氏击实试验即为现行国家标准《土工试验方法标准》GB/T 50123—2019 的轻型击实试验，折减普氏击实试验与轻型击实试验基本相同，不同在于以每层 15 击代替了每层 25 击，修正普氏击实试验采用与标准普氏击实试验同样的击实筒，不同在于锤重为 4.5kg，落距为 45.7cm，层数为 5 层，以上三种试验的技术指标比较如表 2K316012-1 所示。采用修正普氏击实试验、标准普氏击实试验和折减普氏击实试验三条击实曲线顶点连接而成的曲线就是最佳击实峰值曲线。

三种击实试验的比较　　**表 2K316012-1**

试验类型	锤重（kg）	落高（cm）	击实分层数	每层锤击数
修正普氏试验	4.5	45.7	5	25
标准普氏试验	2.5	30.5	3	25
折减普氏试验	2.5	30.5	3	15

（1）压实黏土防渗层施工时应严格控制含水率和干密度，以达到防渗和抗剪强度的要求。

（2）应对选用的土料分别进行修正普氏击实试验、标准普氏击实试验和折减普氏击实试验，在含水率和干密度图中应分别绘出以上三种试验的击实曲线，并应按照图中三条击实曲线的顶点确定最佳击实峰值曲线。土样的最佳击实曲线如图 2K316012-1 所示。

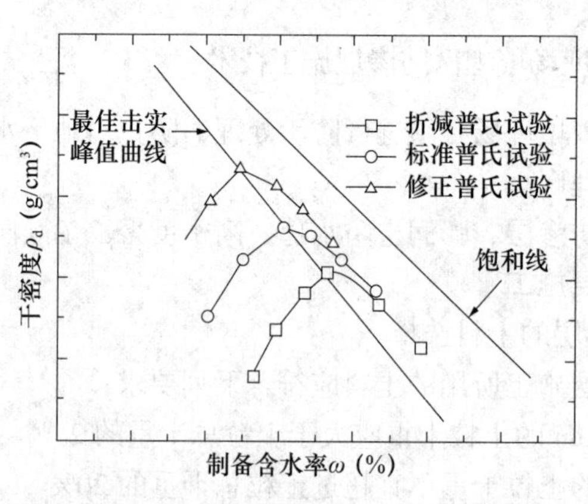

图 2K316012-1　土样的最佳击实峰值曲线

（3）应采用位于最佳击实峰值曲线湿边（即含水率大的一边）的每个击实试样进行渗透试验，试验方法应符合现行国家标准《土工试验方法标准》GB/T 50123—2019 的规定。应按图 2K316012-2 的要求绘制含水率和干密度图，确定所有满足饱和渗透系数要求的区域。

（4）对满足饱和渗透系数区域中的试样应进行无侧限抗压强度试验，无侧限抗压强度不应小于 150kPa，试验方法应符合现行国家标准《土工试验方法标准》GB/T 50123—2019

的规定。应按图 2K316012-3 的要求绘制含水率和干密度图，确定满足饱和渗透系数和抗剪强度的含水率和干密度控制指标。

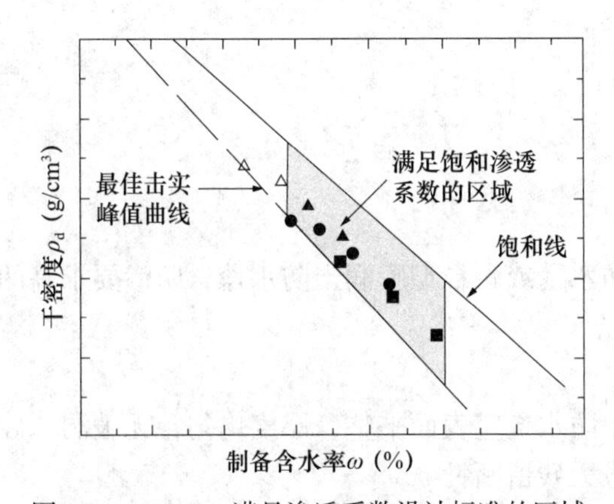

图 2K316012-2　满足渗透系数设计标准的区域

注：① 实心符号表示饱和渗透系数≤1.0×10^{-7}cm/s 的试样；

② 空心符号表示饱和渗透系数＞1.0×10^{-7}cm/s 的试样；

③ 浅色阴影表示满足饱和渗透系数的区域。

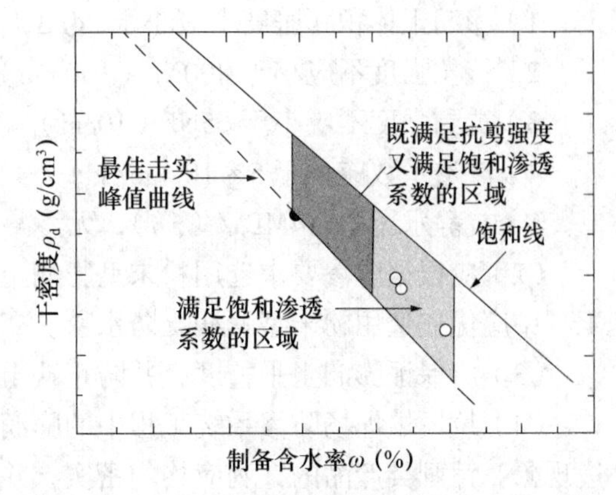

图 2K316012-3　同时满足渗透系数和抗剪强度设计标准的控制区域

注：① 实心符号表示满足抗剪强度的试样；

② 空心符号表示不满足抗剪强度的试样；

③ 浅色阴影表示满足饱和渗透系数的区域；

④ 深色阴影表示既满足抗剪强度又满足饱和渗透系数的区域。

（5）经过添加膨润土等添加剂改性的土料满足本条一、（二）（4）的规定时，可用作压实黏土防渗层材料。

（三）压实黏土防渗层的施工质量控制

（1）压实黏土防渗层的含水率与干密度施工控制指标应符合本条一、（二）（4）中的规定。

（2）填筑施工前应通过碾压试验确定达到施工控制指标的压实方法和碾压参数，包括含水率、压实机械类型和型号、压实遍数、速度及松土厚度等。

（3）当压实黏土防渗层位于自然地基上时，基础层应符合现行行业标准《生活垃圾卫生填埋场防渗系统工程技术标准》GB/T 51403—2021 的规定。

（4）当压实黏土防渗层铺于土工合成材料之上时，下卧土工合成材料应平展，并应避免碾压时被压实机械破坏。

（5）压实黏土防渗层施工应符合下列要求：

1）应主要采用无振动的羊足压路机分层压实，表层应采用滚筒式碾压机压实。

2）松土厚度宜为 200～300mm，压实后的填土层厚度不应超过 150mm。

3）各层应每 500m² 取 3～5 个试样进行含水率和干密度测试，应满足本条一、（三）（1）中规定的施工控制指标；同时对每个试样进行压实度计算。

4）在后续层施工前，应将前一压实层表面拉毛，拉毛深度宜为 25mm，可计入下一层松土厚度。

二、膨润土防水毯铺设

（一）膨润土防水毯选用

（1）用于垃圾填埋场防渗系统工程的膨润土防水毯应使用钠基膨润土防水毯，可选用天然钠基膨润土防水毯或人工钠基膨润土防水毯。选用的钠基膨润土防水毯除应符合现行行业标准《钠基膨润土防水毯》JG/T 193—2006 的有关规定外，尚应符合下列规定：

1）膨润土体积膨胀度不应小于 24mL/（2g）。

2）抗拉强度不应小于 800N/（100mm）。

3）抗剥强度不应小于 65N/（10cm）。

4）渗透系数应小于 5×10^{-11}m/s。

5）抗静水压力 0.4MPa/（1h），无渗漏。

（2）应根据防渗要求选用粉末型膨润土防水毯或颗粒型膨润土防水毯，防渗要求高的工程中应优先选用粉末型膨润土防水毯。

（3）应保证膨润土平整度，并防止缺土。

（4）垃圾填埋场防渗系统工程中的膨润土防水毯应表面平整，厚度均匀，无破洞、破边现象。针刺类产品的针刺应均匀密实，并应无残留断针。

（二）膨润土防水毯施工

（1）膨润土防水毯贮存应防水和防潮，并应避免暴晒、直立与弯曲。膨润土防水毯不应在雨雪天气下施工。

（2）膨润土防水毯施工应符合下列规定：

1）应自然与基础层贴实，不应折皱、悬空。

2）应以品字形分布，不得出现十字搭接。

3）边坡施工应沿坡面铺展，边坡不应存在水平搭接。

（3）施工时，卷材宜绕在刚性轴上，借挖土机、装载机结合专用框架起吊铺设，应铺放平整无折皱，不得在地上拖拉，不得直接在其上行车；当边坡铺设膨润土防水毯时，严禁沿边坡向下自由滚落铺设。坡顶处材料应埋入锚固沟锚固。

（4）膨润土防水毯的连接应符合下列规定：

1）现场铺设的连接应采用搭接。搭接膨润土防水毯应在下层膨润土防水毯的边缘 150mm 处撒上膨润土粉状密封剂，其宽度宜为 50mm，重量宜为 0.5kg/m^2。当膨润土防水毯材料的一面为土工膜时，应焊接。

2）膨润土防水毯及其搭接部位应与基础层贴实且无折皱和悬空。

3）搭接宽度为 250±50mm。

4）局部可用钠基膨润土粉密封。

5）坡面铺设完成后，应在底面留下不少于 2m 的膨润土防水毯余量。

（5）膨润土防水毯铺设时，应随时检查外观有无缺陷，当发现缺陷时，应及时采取修补措施，修补范围宜大于破损范围 300mm。膨润土防水毯如有撕裂等损伤应全部更换。

（6）膨润土防水毯在管道或构筑立柱等特殊部位施工，可首先裁切以管道直径加 500mm 为边长的方块，再在其中心裁剪直径与管道直径等同的孔洞，修理边缘后使之紧密套在管道上；然后在管道周围与膨润土防水毯的接合处均匀撒布或涂抹膨润土粉。方形构筑物处的施工可参照上述方法执行。遇有贯穿物或与结构物连接处，膨润土防水毯与周边接触处应密闭。

（7）在膨润土防水毯施工完成后，应采取有效的保护措施，任何人员不得穿钉鞋等在上面踩踏，车辆不得直接在上面碾压。验收以后，应做好防水、防潮保护。

三、高密度聚乙烯膜防渗层施工技术

高密度聚乙烯（HDPE）膜的质量及其焊接质量是防渗层施工质量的关键。

（一）施工程序

详见图 2K316012-4。

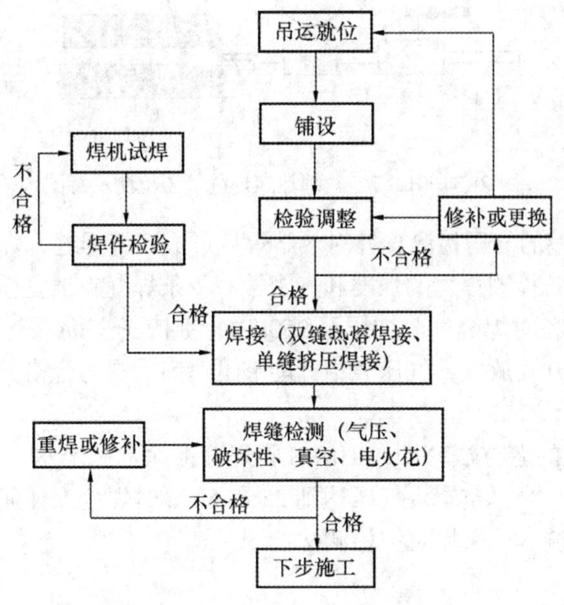

图 2K316012-4　HDPE 膜施工程序

（二）焊接工艺与焊缝检测技术

1. 焊接工艺

（1）双缝热熔焊接：

双缝热熔焊接采用双轨热熔焊机焊接，其原理为：在膜的接缝位置施加一定温度使 HDPE 膜本体熔化，在一定的压力作用下结合在一起，形成与原材料性能完全一致、厚度更大、力学性能更好的严密焊缝。其焊缝形态如图 2K316012-5 所示。

（2）单缝挤压焊接：

单缝挤压焊接采用单轨挤出焊机焊接，其原理为：采用与 HDPE 膜相同材质的焊条，通过单轨挤出焊机把 HDPE 焊条熔融挤出，通过外界的压力把焊条熔料均匀挤压在已经除去表面氧化物的焊缝上。主要用于糙面膜与糙面膜之间的连接、各类修补和双轨热熔焊机无法焊接的部位。其焊缝形态如图 2K316012-6 所示。

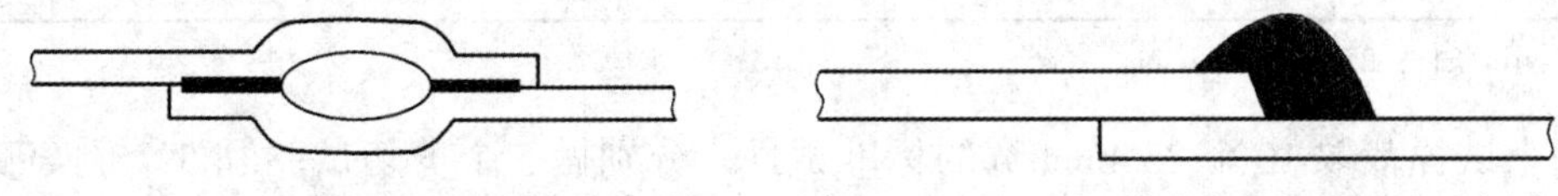

图 2K316012-5　双缝热熔焊接焊缝示意图　　图 2K316012-6　单缝挤压焊接焊缝示意图

2. 焊缝检测技术

（1）非破坏性检测技术：

HDPE 膜焊缝非破坏性检测主要有双缝热熔焊缝气压检测法和单缝挤压焊缝的真空及电火花检测法。

1）气压检测：

气压检测原理如图 2K316012-7 所示。

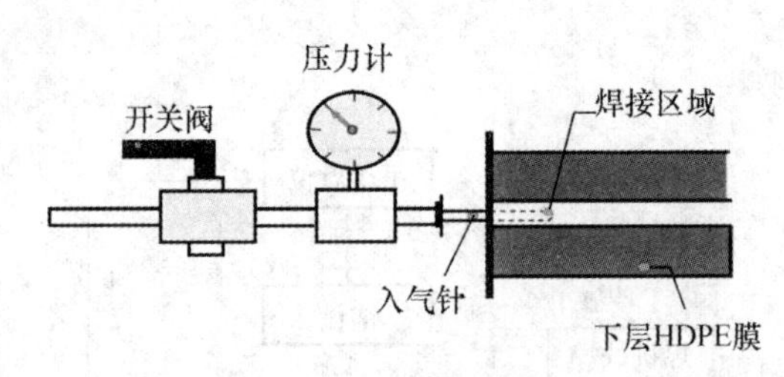

图 2K316012-7　双缝热熔焊缝气压检测示意图

HDPE 膜热熔焊接的气压检测：针对热熔焊接形成双缝焊缝，焊缝中间预留气腔的特点，采用气压检测设备检测焊缝的强度和气密性。一条焊缝施工完毕后，将焊缝气腔两端封堵，用气压检测设备对焊缝气腔加压至 250kPa，维持 3～5min，气压不应低于 240kPa，然后在焊缝的另一端开孔放气，气压表指针能够迅速归零视为合格。

2）真空检测：

真空检测是传统的老方法，即在 HDPE 膜焊缝上涂上肥皂水，罩上五面密封的真空罩，用真空泵抽真空，当真空罩内气压达到 25～35kPa 时焊缝无任何泄漏视为合格。挤压焊接所形成的单缝焊缝，应采用真空检测法检测。

3）电火花检测：

HDPE 膜挤压焊缝的电火花检测等效于真空检测，适用于地形复杂的地段。在挤压焊缝中预先埋设一条 ϕ0.3～ϕ0.5mm 的细铜线，利用 35kV 的高压脉冲电源探头在距离焊缝 10～30mm 的高度探扫，无火花出现视为合格，否则说明出现火花的部位有漏洞。

（2）HDPE 膜焊缝破坏性测试：

HDPE 膜焊缝强度的破坏性取样检测：针对每台焊接设备焊接一定长度，取一个破坏性试样进行室内试验分析（取样位置应立即修补），定量地检测焊缝强度质量，热熔及挤出焊缝强度合格的判定标准应符合表 2K316012-2 的规定。

热熔及挤出焊缝强度判定标准值　　**表 2K316012-2**

厚度（mm）	剪切		剥离	
	热熔焊（N/mm）	挤出焊（N/mm）	热熔焊（N/mm）	挤出焊（N/mm）
1.5	21.2	21.2	15.7	13.7
2.0	28.2	28.2	20.9	18.3

注：测试条件：25℃，50mm/min。

每个试样裁取 10 个 25.4mm 宽的标准试件，分别做 5 个剪切试验和 5 个剥离试验。每种试验 5 个试样的测试结果中应有 4 个符合上表中的要求，且平均值应达到上表标准、最低值不得低于标准值的 80% 方视为通过强度测试。

如不能通过强度测试，需在测试失败的位置沿焊缝两端各 6m 范围内重新取样测试，重复以上过程直至合格为止。对排查出有怀疑的部位用挤出焊接方式加以补强。

（三）HDPE 膜施工

1. HDPE 膜铺设

（1）《生活垃圾卫生填埋场防渗系统工程技术规范》CJJ 113—2007 中相关规定：

在铺设 HDPE 膜之前，应检查其膜下保护层，每平方米的平整度误差不宜超过 20mm。

（2）HDPE 膜铺设时应符合下列要求：

1）铺设应一次展开到位，不宜展开后再拖动。

2）应为材料热胀冷缩导致的尺寸变化留出伸缩量。

3）应对膜下保护层采取适当的防水、排水措施。

4）应采取措施防止 HDPE 膜受风力影响而破坏。

5）HDPE 膜铺设过程中必须进行搭接宽度和焊缝质量控制，并按要求做好焊接和检验记录，监理必须全程监督膜的焊接和检验。

6）施工中应注意保护 HDPE 膜不受破坏，车辆不得直接在 HDPE 膜上碾压。

2. HDPE 膜铺设施工要点

（1）施工前做好电源线路检修、畅通；合格施工机具就位；劳动力安排就绪等一切准备工作。

（2）铺设前对铺设面进行严格检查，消除任何坚硬的硬块。

（3）按照斜坡上不出现横缝的原则确定铺膜方案，所用膜在边坡的顶部和底部延长不小于 1.5m，或根据设计要求。

（4）为保证填埋场基底构建面不被雨水冲坏，填埋场 HDPE 膜铺设总体顺序一般为“先边坡后场底”，在铺设时应将卷材自上而下滚铺，并确保铺贴平整。用于铺放 HDPE 膜的任何设备避免在已铺好的土工合成材料上面进行工作。

（5）铺设边坡 HDPE 膜时，为避免 HDPE 膜被风吹起和被拉出周边锚固沟，所有外露的 HDPE 膜边缘应及时用沙袋或者其他重物压上。

（6）施工中需要足够的临时压载物或地锚（沙袋或土工织物卷材）以防止铺设的 HDPE 膜被大风吹起，避免采用会对 HDPE 膜产生损坏的物品，在有大风的情况下，HDPE 膜须临时锚固，安装工作应停止进行。

（7）根据焊接能力合理安排每天铺设 HDPE 膜的数量。在恶劣天气来临前，减少展开 HDPE 膜的数量，做到能焊多少铺多少。冬期严禁铺设。

（8）禁止在铺设好的 HDPE 膜上吸烟；铺设 HDPE 膜的区域内禁止使用火柴、打火机和化学溶剂或类似的物品。

（9）检查铺设区域内每片膜的编号与平面布置图的编号是否一致，确认无误后，按规定的位置，立即用沙袋进行临时锚固，然后检查膜片的搭接宽度是否符合要求，需要调整时及时调整，为下道工序做好充分准备。

（10）铺设后的 HDPE 膜在调整位置时不能损坏安装好的防渗膜，且在 HDPE 膜调整过程中使用专用的拉膜钳。

（11）HDPE 膜铺设方式应保证不会引起 HDPE 膜的折叠或褶皱。HDPE 膜的拱起会造成 HDPE 膜的严重拉长，为了避免出现褶皱，可通过对 HDPE 膜的重新铺设或通过切割和修理来解决褶皱问题。

（12）应及时填写 HDPE 膜铺设施工记录表，经现场监理和技术负责人签字后存档。

3. HDPE 膜试验性焊接

（1）每个焊接人员和焊接设备每天在进行生产焊接之前应进行试验性焊接。

（2）在每班或每日工作之前，须对焊接设备进行清洁、重新设置和测试，以保证焊缝质量。

（3）在监理的监督下进行 HDPE 膜试验性焊接，检查焊接机器是否达到焊接要求。

（4）试焊接人员、设备、HDPE 膜材料和机器配备应与生产焊接相同。

（5）焊接设备和人员只有成功完成试验性焊接后，才能进行生产焊接。

（6）热熔焊接试焊样品规格为 300mm×2000mm，挤压焊接试焊样品规格为 300mm×1000mm。

（7）试验性焊接完成后，割下 3 块 25.4mm 宽的试块，测试撕裂强度和抗剪强度。

（8）当任何一试块没有通过撕裂和抗剪测试时，试验性焊接应全部重做。

（9）在试焊样品上标明样品编号、焊接人员编号、焊接设备编号、焊接温度、环境温度、预热温度、日期、时间和测试结果；并填写 HDPE 膜试样焊接记录表，经现场监理和技术负责人签字后存档。

4. HDPE 膜生产焊接

（1）通过试验性焊接后方可进行生产焊接。

（2）焊接过程中要将焊缝搭接范围内影响焊接质量的杂物清除干净。

（3）焊接中要保持焊缝的搭接宽度，确保足以进行破坏性试验。

（4）除了在修补和加帽的地方外，坡度大于 1：10 处不可有横向的接缝。

（5）边坡底部焊缝应从坡脚向场底底部延伸至少 1.5m。

（6）操作人员要始终跟随焊接设备，观察焊机屏幕参数，如发生变化，要对焊接参数进行微调。

（7）每一片 HDPE 膜要在铺设的当天进行焊接，如果采取适当的保护措施可防止雨水进入下面的地表，底部接驳焊缝可以例外。

（8）只可使用经准许的工具箱或工具袋，除非在使用中，否则设备和工具不可以放在 HDPE 膜的表面。

（9）所有焊缝做到从头到尾进行焊接和修补。唯一例外的是在锚固沟的接缝可以在坡顶下 300mm 的地方停止焊接。

（10）焊接过程中，如果搭接部位宽度达不到要求或出现漏焊的地方，应在第一时间用记号笔标示，以便做出修补。

（11）需要采用挤压焊接时，在 HDPE 膜焊接的地方要除去表面的氧化物，并应严格限制只在焊接的地方进行，磨平工作在焊接前不超过 1h 进行。

（12）临时焊接不可使用溶剂或粘合剂。

（13）通常为了避免出现拱起，边坡与底部 HDPE 膜的焊接应在清晨或晚上气温较低时进行。

（14）为防止大风将膜刮起、撕开，HDPE 膜焊接过程中如遇到下雨，在无法确保焊接质量的情况下，对已经铺设的膜应冒雨焊接完毕，等条件具备后再用单轨挤出焊机进行修补；施工时应尽可能创造条件，以使焊缝强度尽可能提高。

（15）在焊缝的旁边用记号笔清楚地标出焊缝的编号、焊接设备编号、焊接人员编号、焊接温度、环境温度、焊接速度（预热温度）、接缝长度、日期、时间；并填写 HDPE 膜热熔（或挤出）焊接检测记录表，经现场监理和技术负责人签字后归档。

（16）每天清扫工作地点，移走和适当处理在安装 HDPE 膜过程中产生的碎块，并将其放进接收器内。

（四）HDPE 膜铺设工程质量验收要求

1. HDPE 膜材料质量的观感检验和抽样检验

（1）HDPE 膜材料质量的观感检验：

1）每卷 HDPE 膜卷材应标识清楚，表面无折痕、损伤，厂家、产地、性能检测报告、产品质量合格证、海运提单等资料齐全。

2）HDPE 膜除应符合国家现行标准《垃圾填埋场用高密度聚乙烯土工膜》CJ/T 234—2006 的有关规定外，还应符合下列要求：

当防渗要求严格或垃圾堆高大于 20m 时，宜选用厚度不小于 2.0mm 的 HDPE 膜。

① 厚度不应小于 1.5mm。

② 膜的幅宽不宜小于 6.0m。

3）HDPE 膜的外观要求应符合表 2K316012-3 的规定。

HDPE 膜外观要求 **表 2K316012-3**

项目	要求	项目	要求
切口	平直，无明显锯齿现象	气泡和杂质	不允许
穿孔修复点	不允许	裂纹、分层、接头和断头	不允许
机械（加工）划痕	无或不明显	糙面膜外观	均匀，不应有结块、缺损等现象
僵块	每平方米限于 10 个以内，直径小于或等于 2.0mm，截面上不允许有贯穿膜厚度的僵块		

（2）HDPE 膜材料质量的抽样检验：

1）应由供货单位和建设单位双方在现场抽样检查。

2）应由建设单位送到国家认证的专业机构检测。

3）每 10000m^2 为一批，不足 10000m^2 按一批计。在每批产品中随机抽取 3 卷进行尺寸偏差和外观检查。

4）在尺寸偏差和外观检查合格的样品中任取一卷，在距外层端部 500mm 处裁取 5m^2 进行主要物理性能指标检验。当有一项指标不符合要求，应加倍取样检测，仍有一项指标不合格，应认定整批材料不合格。

2. HDPE 膜铺设工程施工质量的观感检验与抽样检验

（1）HDPE 膜铺设工程施工质量观感检验：

1）场底、边坡基础层、锚固平台及回填材料要平整、密实，无裂缝、无松土、无积水、无裸露泉眼，无明显凹凸不平、无石头砖块，无树根、杂草、淤泥、腐殖土，场底、边坡及锚固平台之间过渡平缓。

2）HDPE 膜铺设应规划合理，边坡上的接缝须与坡面的坡向平行，场底横向接缝距坡脚线距离应大于 1.5m。焊接、检测和修补记录标识应明显、清楚，焊缝表面应整齐、美观，不得有裂纹、气孔、漏焊和虚焊现象。HDPE 膜无明显损伤、无褶皱、无隆起、无悬空现象，搭接良好，搭接宽度应符合表 2K316012-4 的规定。

HDPE 膜焊缝的搭接宽度及允许偏差　　表 2K316012-4

序号	项目	搭接宽度（mm）	允许偏差（mm）	检测频率	检测方法
1	双缝热熔焊接	100	＋20～−20	20m	钢尺测量
2	单缝挤压焊接	75	＋20～−20	20m	钢尺测量

（2）HDPE 膜铺设工程施工质量抽样检验：

1）锚固沟回填土按 50m 取一个点检测密实度，合格率应为 100%。

2）HDPE 膜焊接质量检测应符合下列要求：

① 对热熔焊接每条焊缝应进行气压检测，合格率应为 100%。

② 对挤压焊接每条焊缝应进行真空检测，合格率应为 100%。

③ 焊缝破坏性检测，按每 1000m 焊缝取一个 1000mm×350mm 样品做强度测试，合格率应为 100%。

（3）HDPE 膜施工工序质量检测评定：

HDPE 膜施工工序质量检查评定应按表 2K316012-5 的要求填写有关记录。

HDPE 膜施工工序质量检查评定表　　表 2K316012-5

工程名称：　　施工单位：　　检测单位：　　共　页　第　页

<table>
<tr><td colspan="2">部位名称</td><td colspan="3"></td><td colspan="3">工序名称</td><td colspan="3"></td><td colspan="4">主要工程数量</td><td colspan="2"></td><td colspan="2">桩号、位置</td><td colspan="2"></td></tr>
<tr><td>序号</td><td colspan="18">质量要求</td><td colspan="2">质量情况</td></tr>
<tr><td>1</td><td colspan="18">土工膜和焊条的材料规格和质量符合设计要求和有关标准的规定</td><td colspan="2"></td></tr>
<tr><td>2</td><td colspan="18">基础层应平整、压实、无裂缝、无松土，表面无积水、石块、树根及其他任何尖锐杂物</td><td colspan="2"></td></tr>
<tr><td>3</td><td colspan="18">铺设平整，无破损和褶皱现象</td><td colspan="2"></td></tr>
<tr><td>4</td><td colspan="18">HDPE 膜在坡面上的焊缝应尽可能减少，焊缝与坡度纵线的夹角不大于 45°，力求平行</td><td colspan="2"></td></tr>
<tr><td>5</td><td colspan="18">在坡度大于 10% 的坡面上和坡脚 1.5m 范围内不得有横向焊缝</td><td colspan="2"></td></tr>
<tr><td>6</td><td colspan="18">焊缝表面应整齐、美观，不得有裂纹、气孔、漏焊或跳焊现象</td><td colspan="2"></td></tr>
<tr><td>7</td><td colspan="18">焊缝的焊接质量符合规范要求的检漏测试和拉力测试</td><td colspan="2"></td></tr>
<tr><td colspan="2">质量保证资料</td><td colspan="19">质量保证资料必须满足相关管理法规和质量标准的要求</td></tr>
<tr><td rowspan="2">序号</td><td rowspan="2">实测项目</td><td rowspan="2">规定值或允许偏差</td><td colspan="15">实测值或实测偏差值</td><td rowspan="2">应检点数</td><td rowspan="2">合格点数</td><td rowspan="2">合格率（%）</td></tr>
<tr><td>1</td><td>2</td><td>3</td><td>4</td><td>5</td><td>6</td><td>7</td><td>8</td><td>9</td><td>10</td><td>11</td><td>12</td><td>13</td><td>14</td><td>15</td></tr>
<tr><td>1</td><td>热熔焊搭接宽度</td><td>100±20</td><td></td><td></td><td></td><td></td><td></td><td></td><td></td><td></td><td></td><td></td><td></td><td></td><td></td><td></td><td></td><td></td><td></td><td></td></tr>
<tr><td>2</td><td>挤出焊搭接宽度</td><td>75±20</td><td></td><td></td><td></td><td></td><td></td><td></td><td></td><td></td><td></td><td></td><td></td><td></td><td></td><td></td><td></td><td></td><td></td><td></td></tr>
<tr><td>3</td><td></td><td></td><td></td><td></td><td></td><td></td><td></td><td></td><td></td><td></td><td></td><td></td><td></td><td></td><td></td><td></td><td></td><td></td><td></td><td></td></tr>
<tr><td>4</td><td></td><td></td><td></td><td></td><td></td><td></td><td></td><td></td><td></td><td></td><td></td><td></td><td></td><td></td><td></td><td></td><td></td><td></td><td></td><td></td></tr>
<tr><td>5</td><td></td><td></td><td></td><td></td><td></td><td></td><td></td><td></td><td></td><td></td><td></td><td></td><td></td><td></td><td></td><td></td><td></td><td></td><td></td><td></td></tr>
<tr><td rowspan="2">承包单位自评意见</td><td colspan="7" rowspan="2">项目负责人（签章）：
年　月　日</td><td colspan="2" rowspan="2">监理意见</td><td colspan="8" rowspan="2">监理工程师（签章）：
年　月　日</td><td colspan="2">平均合格率（%）</td><td></td></tr>
<tr><td colspan="2">评定等级</td><td></td></tr>
</table>

现场监理（签章）：　　技术负责人（签章）：　　记录人（签章）：　　年　月　日

四、防渗系统工程施工完成后，在填埋垃圾前，应对防渗系统进行全面的渗漏检测，并确认合格方可投入使用

2K316013 生活垃圾填埋场填埋区导排系统施工技术

渗沥液收集导排系统施工主要有导排层摊铺、收集花管连接、收集渠码砌等施工过程。

一、卵石粒料的运送和布料

卵石粒料运送使用小吨位（载重5t以内）自卸汽车，将卵石粒料直接运送到已铺好的膜上。根据工作面宽度，事先计算好每一断面的卸料车数，按计算数量卸料，避免超卸或少卸。

在运料车行进路线的防渗层上，加铺不少于两层的同规格土工布，加强对防渗层的保护。运料车在防渗层上行驶时，缓慢行进，不得急停、急起；严禁急转弯；驾驶员要听从指挥人员的指挥。

运料车驶入、驶出防渗层前，由专人将车辆行进方向防渗层上溅落的卵石清扫干净，以免车轮碾压卵石，损坏防渗层。

二、摊铺导排层、收集渠码砌

摊铺导排层、收集渠码砌均采用人工施工。

导排层摊铺前，按设计厚度要求先下好平桩，按平桩刻度摊平卵石。按收集渠设计尺寸制作样架，每10m设一样架，中间挂线，按样架码砌收集渠。

对于富裕或缺少卵石的区域，采用人工运出或补齐卵石。

施工中，使用的金属工具尽量避免与防渗层接触，以免造成防渗材料破损。

三、HDPE渗沥液收集花管连接

HDPE渗沥液收集花管连接一般采用热熔焊接。热熔焊接连接一般分为五个阶段：预热阶段、吸热阶段、加热板取出阶段、对接阶段、冷却阶段，施工工艺流程参见图2K316013。

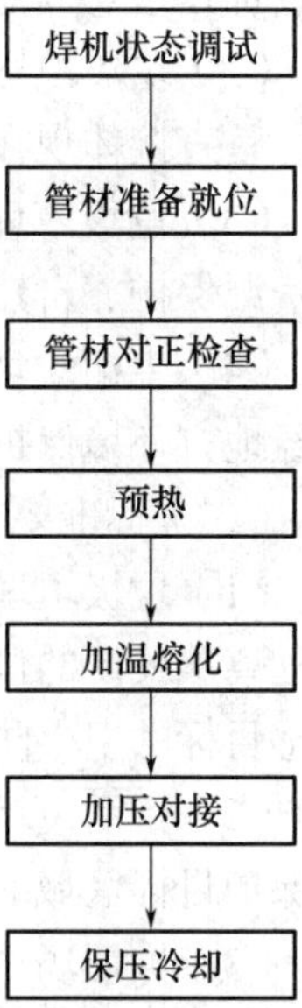

切削管端头：用卡具把管材准确卡到焊机上，擦净管端，对正，用铣刀铣削管端直至出现连续屑片为止。

对正检查：取出铣刀后再合拢焊机，要求管端面间隙不超过1mm，两管的管边错位不超过壁厚的10%。

接通电源：使加热板达到210±10℃，用净棉布擦净加热板表面，装入焊机。

加温熔化：将两管端合拢，使焊机在一定压力下给管端加温，当出现0.4～3mm高的熔环时即停止加温，进行无压保温，持续时间为壁厚（mm）的10倍。

加压对接：达到保温时间后即打开焊机，小心取出加热板并在10s之内重新合拢焊机，逐渐加压，使熔环高度达到（0.3～0.4）δ，单边厚度达到（0.35～0.45）δ。

保压冷却：一般保压冷却时间为20～30min。

焊机状态调试 → 管材准备就位 → 管材对正检查 → 预热 → 加温熔化 → 加压对接 → 保压冷却

图2K316013 HDPE管焊接施工工艺流程图

四、施工控制要点

（1）在填筑导排层卵石，宜采用小于5t的自卸汽车，采用不同的行车路线，环形前进，间隔5m堆料，避免压翻基底，随铺膜随铺导排层滤料（卵石）。

（2）导排层滤料需要过筛，粒径要满足设计要求。导排层应优先采用卵石作为排水材料，可采用碎石，石材粒径宜为20～60mm，石材$CaCO_3$含量必须小于5%，防止年久钙化使导排层板结造成填埋区侧漏。

（3）HDPE管外径：干管不应小于315mm，支管不应小于200mm。HDPE管的开孔率应保证强度要求。HDPE管的布置宜呈直线，其转弯角度应小于或等于20°，其连接处不应密封。

（4）管材或管件连接面上的污物应用洁净棉布擦净，应铣削连接面，使其与轴线垂直，并使其与对应的断面吻合。

（5）导排管热熔对接连接前，两管段各伸出夹具一定自由长度，并应校直两对应的连接件，使其在同一轴线上，错边不宜大于壁厚的10%。

（6）热熔连接保压、冷却时间，应符合热熔连接工具生产厂和管件、管材生产厂规定，并保证冷却期间不得移动连接件或在连接件上施加外力。

（7）设定工人行走路线，防止反复踩踏HDPE土工膜。

2K316014　垃圾填埋与环境保护要求

目前，我国城市垃圾的处理方式基本采用封闭型填埋场；垃圾焚烧处理因空气污染影响实际应用受到限制。封闭型垃圾填埋场是目前我国通行的填埋类型。垃圾填埋场选址、设计、施工、运行都与环境保护密切相关。本条介绍垃圾填埋工程建设与周围环境保护的要求。

一、垃圾填埋场选址与环境保护

（一）基本规定

（1）因为垃圾填埋场的使用期限很长，达10年以上，因此应该慎重对待垃圾填埋场的选址，注意其对环境产生的影响。

（2）垃圾填埋场的选址，应考虑地质结构、地理水文、运距、风向等因素，位置选择得好，直接体现在投资成本和社会环境效益上。

（3）垃圾填埋场选址应符合当地城乡建设总体规划要求，符合当地的大气污染防治、水资源保护、自然保护等环保要求。

（4）生活垃圾填埋场场址的位置及与周围人群的距离应依据环境影响评价结论确定，并经地方环境保护行政主管部门批准。

（二）标准要求

（1）垃圾填埋场必须远离饮用水源，尽量少占良田，利用荒地和当地地形。一般选择在远离居民区的位置，填埋库区与敞开式渗沥液处理区边界距居民居住区或人畜供水点等敏感目标的卫生防护距离，应通过环境影响评价确定。

（2）生活垃圾填埋场应设在当地夏季主导风向的下风处，应位于地下水贫乏地区、环境保护目标区域的地下水流向下游地区。

（3）填埋场垃圾运输、填埋作业、运营管理必须严格执行相关规范规定。

（三）生活垃圾填埋场不应设在下列地区

（1）生活饮用水水源保护区，供水远景规划区。

（2）洪泛区和泄洪道。

（3）尚未开采的地下蕴矿区和岩溶发育区。

（4）自然保护区。

（5）文物古迹区，考古学、历史学及生物学研究考察区。

二、垃圾填埋场建设与环境保护

（一）有关规范规定

（1）封闭型垃圾填埋设计概念要求严格限制渗滤液渗入地下水层中，将垃圾填埋场对地下水的污染减小到最低限度。

（2）填埋场必须进行防渗处理，保护地下水和地表水不受污染，同时还应防止地下水进入填埋场。填埋场内应铺设一层到两层防渗层，安装渗滤液收集系统、设置雨水和地下水的排水系统，甚至在封场时用不透水材料封闭整个填埋场。

（二）填埋场防渗与渗滤液收集

发达国家的相关技术规范对防渗做出了十分明确的规定，填埋场必须采用水平防渗，并且生活垃圾填埋场必须采用 HDPE 膜和黏土矿物相结合的复合系统进行防渗。我国现行的填埋技术规范中也有技术规定。

（三）渗滤液处理

生活垃圾填埋场的渗滤液无法达到规定的排放标准，需要进行处理后排放。但在暴雨的时候因渗滤液超出处理能力而直接排放，严重污染环境。

（四）填埋气体

发达国家禁止填埋气体直接排入大气，规定填埋气体必须进行回收利用，无回收利用价值的则需集中收集燃烧排放。我国目前填埋气体大都直接排入大气，缺乏回收利用。这种自然排放的方式对大气以及周边的环境都造成了危害。

（五）填埋物

填埋物中严禁混入危险废物和放射性废物。

（六）安全与环境监测

（1）应对填埋场垃圾堆体、垃圾坝及周边山体边坡的稳定安全进行监测，包括堆体中渗沥液液位、堆体位移、垃圾坝位移、周边山体边坡位移等。

（2）应对垃圾填埋场周边地下水、地表水、大气、排放污水、场界噪声、苍蝇密度等进行定期监测。

2K317000　施工测量与监控量测

2K317010　施工测量

2K317011　施工测量主要内容与常用仪器

一、施工测量主要内容与作业规定

（一）施工测量定义与主要内容

施工测量是指为施工所进行的控制、放样、监测和竣工测量等工作。施工测量以规划和设计为依据，将设计图纸上的建（构）筑物的平面位置、形状和高程标定在施工现场的地面上；并在施工过程中指导施工，使工程按照规划和设计的要求进行建设。

市政公用工程施工测量包括施工控制测量、构筑物的放样定线、竣工测量和变形观测等。

施工控制测量应包括交接桩复核、建立施工区域的平面控制网和高程控制网、点位坐标传递等。

建（构）筑物的放样定线是施工期间现场测量的主体内容，包括施工放样、轴线投测和标高传递，以及局部测图、土方测量等工作。

竣工测量包括工程项目隐蔽前竣工图和单位工程竣工总图，应按工程需要编绘竣工总图，竣工总图应采用数字竣工图。

变形观测包括水平位移和垂直位移，对于市政公用工程来讲包括施工期间以至运行阶段都要按照设计要求和规范规定进行变形测量，目的是确保市政公用工程施工和使用的安全。

（二）准备工作

（1）依据设计要求，进行交接桩和现场实际测量。

（2）依据施工组织设计和施工方案，编制施工测量方案。

（3）对仪器进行必要的检校，保证仪器满足规定的精度要求；所使用的仪器必须在检定周期之内，应具有足够的稳定性和精度，满足测量工作的需要。

（4）在复核基础上，增设基准点，建立现场施工测量控制网，设置观测点。

（5）场地测图及土方计算。

（三）基本规定

（1）大型综合性市政基础设施工程使用不同的设计文件时，建立施工控制网后应进行相关的道路，桥梁、管道与各类构筑物的平面控制网联测，并绘制点位布置图，标注必要的点位数据。

（2）应核对工程占地、拆迁范围，在现场施工范围边线（征地线）布测标志桩（拨地定桩），并标出占地范围内地下管线等构筑物的位置；根据已建立的平面、高程控制网进行施工布桩等放线工作。

（3）当工程规模较大或分期建设时，应设置辅助平面测量基线与高程控制桩，以方便工程施工和验收使用。

（4）施工过程中应根据现场条件和工程要求测设边桩、中桩、中心桩等控制桩，控制桩的恢复与校测应按施工需要及时进行，发现桩位偏移或丢失应及时补测、钉桩。

（5）每个关键部位的控制桩均应绘制桩位平面位置图，标出控制桩的编号，注明桩的相应数据。

（6）一个结构工程的定位桩和与其相应的结构物的距离宜保持一致。不能保持一致时，必须在桩位上予以准确、清晰的标注。

（四）作业要求

（1）从事施工测量的作业人员，应经专业培训、考核合格，持证上岗。

（2）施工测量用的控制桩和监测点要注意保护，经常校测。雨后、冻融期或受到碰撞损害，应及时校测、布点，保持准确。

（3）测量记录应按规定填写并按编号顺序保存。测量记录应做到表头完整、字迹清楚、规整，严禁擦改、涂改，必要时可用斜线划去错误数据，旁注正确数据，但不得转抄。

（4）应建立测量复核制度。

（5）工程测量应以中误差作为衡量测绘精度的标准，并应以二倍中误差作为极限误差。

二、常用仪器及测量方法

市政公用工程常用的施工测量仪器主要有：全站仪、经纬仪、水准仪（包括光学水准仪、自动安平水准仪、数字水准仪）、平板仪、测距仪、激光准直（指向）仪、卫星定位仪器（GPS、BDS）及其配套器具等。下面就其中主要仪器进行介绍。

（一）全站仪及经纬仪

（1）全站仪：

全站仪是一种采用红外线自动数字显示距离和角度的测量仪器，主要由接收筒、发射筒、照准头、振荡器、混频器、控制箱、电池、反射棱镜及专用三脚架等组成。全站仪主要应用于施工平面控制网线的测量及施工过程中控制点坐标测量（包含水平角观测、垂直角观测和距离观测）。在没有条件使用水准仪进行水准测量时，还可考虑利用全站仪进行精密三角高程测量以代替水准测量。

市政公用工程施工采用全站仪进行三角高程测量和三维坐标的测量。全站仪坐标测量是测定目标点的三维坐标（X，Y，H），实际上直接观测值仍然是水平角、垂直角和斜距，通过直接观测值，计算测站点与目标点之间的坐标增量和高差，加到测站点已知坐标和已知高程上，最后显示目标点三维坐标，计算坐标增量时以当前水平角为方位角。

全站仪坐标测量示例：

在测量模式下，按“CORD”键或“坐标”软键进入坐标测量状态，进入坐标测量状态，会有三项或更多的选择——测站点设置 / 后视点设置 / 测量 /……

测站点设置就是告诉仪器当前测站点的坐标和高程，这是计算目标点三维坐标的基础。后视点设置就是将当前的水平度盘设置成方位角方向，这是计算测站点至目标点坐标增量的基础。测量就是进行目标点的坐标测量，显示测量结果。

如果通过传输接口把全站仪野外采集的数据终端与计算机、绘图机连接起来，配以数据处理软件和绘图软件，即可实现测图等的自动化。

全站仪具有水准仪及经纬仪和测距仪的功能，在工程应用中可以取代经纬仪使用。

（2）经纬仪：

经纬仪是一种根据测角原理设计的测量水平角和竖直角的测量仪器，分为光学经纬仪和电子经纬仪两种，目前最常用的是电子经纬仪。

采用导线法建立控制网时，水平方向观测可采用测回法进行。

经纬仪测回法测量应用示例：设 C 为测站点，A、B 为观测目标，如图 2K317011-1 所示。

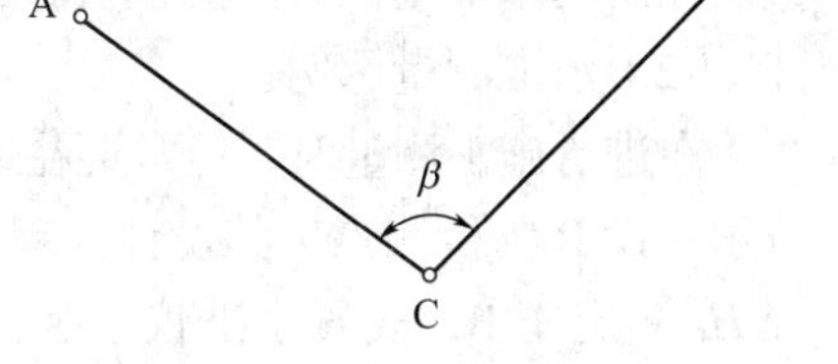

图 2K317011-1　测回法示意图

用测回法观测 CA 与 CB 两方向之间的水平角 β，操作程序应符合下列规定：

1）在测站点 C 安置经纬仪，在 A、B 两点竖立测杆或测钎等，作为目标标志。

2）将仪器置于盘左位置，转动照准部，先瞄准左目标 A，读取水平度盘读数 a_L，记入水平角观测手簿相应栏内。松开照准部制动螺旋，顺时针转动照准部，瞄准右目标 B，读取水平度盘读数 b_L，记入观测表中相应栏内。以上称为上半测回，盘左位置的水平角值（也称上半测回角值）β_L 为：$\beta_L = b_L - a_L$。

3）松开照准部制动螺旋，倒转望远镜成盘右位置，先瞄准右目标 B，读取水平度盘读数 b_R，记入表格相应栏内。松开照准部制动螺旋，逆时针转动照准部，瞄准左目标 A，读取水平度盘读数 a_R，记入观测表中相应栏内。以上称为下半测回，盘右位置的水平角值（也称下半测回角值）β_R 为：$\beta_R = b_R - a_R$。上半测回和下半测回构成一测回。

4）方向观测法各项限差应符合表 2K317011 的要求。

方向观测法各项限差　　　　**表 2K317011**

等级	仪器精度等级	半测回归零差（″）限差	一测回内 2C 互差（″）限差	同一方向值各测回较差（″）限差
四等及以上	0.5″ 级仪器	≤ 3	≤ 5	≤ 3
	1″ 级仪器	≤ 6	≤ 9	≤ 6
	2″ 级仪器	≤ 8	≤ 13	≤ 9
一级及以下	2″ 级仪器	≤ 12	≤ 18	≤ 12
	6″ 级仪器	≤ 18	—	≤ 24

注：① 当某观测方向的垂直角超过 ±3° 的范围时，一测回内 2C 互差可按相邻测回同方向进行比较，比较值应满足表中一测回内 2C 互差的限差。
② 2C 值为一测回中同方向盘左值与盘右值之差。

5）当观测方向不多于 3 个时，可不归零。

6）当观测方向多于 6 个时，可进行分组观测。分组观测应包括两个共同方向，其中一个应为共同零方向。两组观测角之差，不应大于同等级测角中误差的 2 倍。分组观测的最后结果，应按等权分组观测进行测站平差。

7）各测回间宜按 180° 除以测回数配置度盘。当采用伺服马达全站仪进行多测回自动观测时，可不配置度盘。

8）应取各测回水平角观测的平均值作为测站成果。

（二）光学水准仪

（1）光学水准仪主要由目镜、物镜、水准管、制动螺旋、微动螺旋、校正螺丝、脚螺旋及专用三脚架等部分组成，现场施工多用来测量构筑物标高和高程，适用于施工控制测量的控制网水准基准点的测设及施工过程中的高程测量。

（2）水准测量示例：

在进行施工测量时，经常要在地面上和空间设置一些给定高程的点，如图 2K317011-2 所示；设 B 为待测点，其设计高程为 H_B，A 为水准点，已知其高程为 H_A。为了将设计高程 H_B 测定于 B，安置水准仪于 A、B 之间，先在 A 点立尺，读得后视读数为 a，然后在 B 点立尺。为了使 B 点的标高等于设计高程 H_B，升高或降低 B 点上所立之尺，使前视尺之读数等于 b。b 可按下式计算：

$$b = H_A + a - H_B \qquad (2K317011)$$

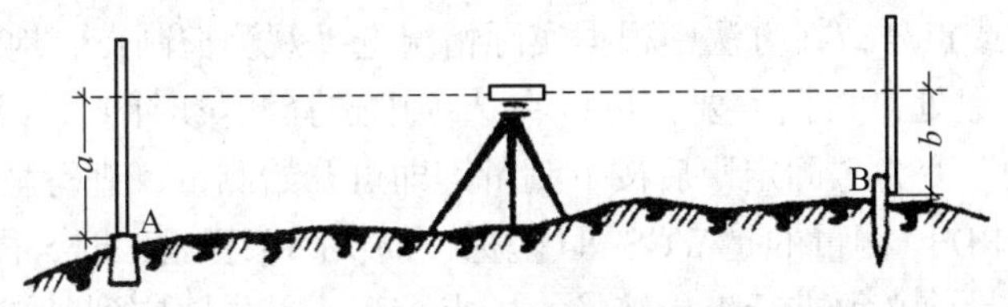

图 2K317011–2　高程测设示意

所测出的高程可用木桩固定下来，或将设计高程标志在墙壁上，即当前尺读数等于 b 时，沿尺底在桩侧或墙上画线。当高程测设的精度要求较高时，可在木桩的顶面旋入螺钉作为测标，拧入或退出螺钉，调整测标顶端达到所要求的高程。

（三）激光准直（指向）仪

（1）激光准直（指向）仪主要由发射、接收与附件三大部分组成，现场施工测量用于角度坐标测量和定向准直测量，适用于长距离、大直径隧道或桥梁墩柱、水塔、灯柱等高耸构筑物控制测量的点位坐标的传递及同心度找正测量。

（2）准直测量：

将激光准直（指向）仪置于索（水）塔的高层塔身（钢架）底座中心点上，调整水准管使气泡居中，严格整平后，进行望远镜调焦，使激光光斑直径最小。这时，向上射出激光束反映在相应平台的接收靶上，即可测出塔身各层平台的中心是否同心；若不同心，即说明平台有偏移。这时，可以根据激光束测量出相应平台的偏移数值，然后及时进行纠偏。

（四）卫星定位仪器（GPS、BDS）

（1）卫星定位 GPS（Global Position System）和 BDS（Bei Dou Navigation Satellite System）技术系统通过空间部分、地面控制部分与用户接收端之间的实时差分解算得出待测点位的三维空间坐标；实时动态测量即 RTK（Real Time Kinematic）技术，随着 GPS（BDS）技术的发展，RTK 技术逐渐成为工程测量的常用技术，在市政公用工程已得到充分应用。

GPS（BDS）–RTK 系统由基准站、若干个流动站及无线电通信系统三部分组成。基准站包括接收机、天线、无线电通信发射系统、供 GPS（BDS）接收机和无线电台使用的电源（车用蓄电瓶）及基准站控制器等部分；流动站由 GPS（BDS）接收机、天线、无线电通信接听系统、供 GPS（BDS）接收机和无线电使用的电源及流动站控制器等部分组成。

现在的 GPS（BDS）–RTK 作业已经能代替大部分的传统外业测量。GPS（BDS）–RTK 仪器的适用范围很广，在一些地形复杂的市政公用工程中可通过 GPS（BDS）–RTK 结合全站仪联合测量达到高效作业的目的。RTK 技术的关键在于数据处理技术和数据传输技术，需注意的是：RTK 技术的观测精度为厘米级。

（2）RTK 测绘地形图的野外数据采集应用实例（以 Trimble5700 为例）：

1）作业前，首先要对基准（流动）站进行设置。基准站可架设在已知点上，也可架设在未知点上。首先，将基准站架设在未知点上，将 GPS 接收机与 GPS 天线连接好，电台主机与电台天线连接好，电台与 GPS 接收机连接好；GPS 天线与无线电发射天线最好相距 3m 开外，最后用电缆将电台和电瓶连接起来。连接手簿（基准站控制器）与基准站主机，进行基准（流动）站设置。

2）设置完成后退回主菜单，在主菜单中选择“测量→测量形式→测量点”，然后输入要测的点的名称或点号，在方法中根据实际情况选择观测控制点、地形点、快速点还是校正点。在观测次数处，根据需要，可以在选项中选择测量时间，等到流动站初始化完成、RTK 由“浮动”变为“固定”后按下测量键即可开始测量，进行坐标采集。

3）由于 GPS（BDS）测量的是 WGS-84 坐标，而实际工程施工时，需要的是平面坐标，所以在进行正式测量前必须进行坐标转换，即点校正。首先，应到已知点上采集 WGS-84 坐标，再进行点校正。一般来说，需要在已知平面坐标的三个以上已知控制点上测得 WGS-84 坐标记录入手簿，然后在控制器的测量子菜单中选择“点校正”，进行坐标转换。

（五）陀螺全站仪

陀螺全站仪是由陀螺仪、经纬仪和测距仪组合而成的一种定向用仪器。其原理为：在地球自转作用下，高速旋转的陀螺转子之轴具有指向真北的性能，从而可以测量某一直线的真方位角，进而计算出这一直线的坐标方位角。在市政公用工程施工中经常用于地下隧道的中线方位校核，可有效提高隧道施工开挖的准确度和贯通测量的精度。

陀螺全站仪定向的作业过程：

（1）在地面已知边上测定仪器常数。

（2）在隧道内定向边上测量陀螺方位角。

（3）仪器上井后重新测定仪器常数。

（4）计算子午线收敛角。

（5）计算隧道内定向边的坐标方位角。

三、施工测量技术要点

（一）城镇道路施工测量

（1）道路工程的各类控制桩包括：起点、终点、转角点与平曲线、竖曲线的基本元素点及中桩、边线桩、里程桩、高程桩等。

（2）道路直线段范围内，各类桩间距一般为 10～20m。平曲线和竖曲线范围内的各类桩间距宜控制在 5～10m。

（3）道路中线确定后，利用中线桩点坐标，通过绘图软件，即可得到路线纵断面和各桩点的横断面。如果需要进行现场断面测量时，也可采用实时北斗测量。基于北斗 -RTK 技术，可实现道路施工过程的点、直线、曲线放样等操作，通过定位三维坐标直接完成施工放样，精度较高，同时可提高施工效率。

（4）道路高程测量应采用附合水准测量。交叉路口、匝道出入口等不规则地段高程放线应采用方格网或等分圆网按结构分层测定。

（5）道路及其附属构筑物平面位置应以道路中心线为施工测量的控制基准，高程应以道路中心线部位的路面高程为基准。

（6）填方段路基应每填一层恢复一次中线、边线并进行高程测设，在距路床 1.5m 范围应按设计纵、横坡线控制。

（7）高填方或软土地基应按照设计要求进行沉降观测，并依据观测结果安排上部结构施工。

（8）为保证测量放线的精确，应对所用测量控制桩进行校核。

（二）城市桥梁施工测量

（1）依据现场条件设置桥梁工程的各类控制桩，包括桥梁中线桩及墩台的中心桩和定位桩等。临时放样应依据控制桩。

（2）桥梁放线应根据桥梁的形式、跨径、设计要求的施工精度及现场环境条件确定实施方法，以及是否需要重新布设或加密控制网点。

（3）当水准路线跨越河、湖等水域时，应采用跨河水准测量方法校核。视线离水面的高度不小于2.0m。

（4）桥梁基础、墩台与上部结构等各部位的平面、高程均应以桥梁中线位置及其相应的桥面高程为基准。

（5）施工前应测桥梁中线和各墩台的纵轴与横轴线定位桩，作为施工控制依据。

（6）支座（垫石）和梁（板）定位应以桥梁中线和盖梁中轴线为基准，依施工图尺寸进行平面施工测量，支座（垫石）和梁（板）的高程以其顶部高程进行控制。

（7）桥梁施工过程应按照设计要求进行变形观测，并保护好基点和长期观测点。

（三）水厂施工测量

（1）矩形建（构）筑物应据其轴线平面图进行施工各阶段放线；圆形建（构）筑物应据其圆心施放轴线、外轮廓线。

（2）沿构筑物轴线方向，根据主线成果表复核无误后，分别在构筑物两侧各算出控制点，用极坐标法精确放出此控制点，为了能够在距构筑物较近的地方进行施工放样，防止在构筑物施工中由于现场通视条件限制而无法进行构筑物轴线放样，在基坑上、下均布设控制点。横轴的布点原理跟纵轴一样，布设控制点时考虑到不受施工的影响，保证构筑物之间的顺利贯通。

（3）矩形水池依据四角桩设置池壁、变形缝、后浇带、立柱隔墙的施工控制网桩。对于水池各部轴线关系及各点的标高，应按照设计图事先完成内业工作，并绘制成轴线与标高关系图。

（4）圆形池按水厂总平面测量控制网，设定圆形池中心线、外轮廓线及轴向控制桩（呈十字形布置）；测设专用水准点，水准点及轴向控制桩应埋设加固，根据施工图要求尺寸及标高进行内业准备。对于水池中心线及轴线各点的标高，应按照设计图事先完成内业工作，并绘制成轴线与标高关系图。

（5）斜锥形底部按设计图纸尺寸，先计算底板及垫层表面的各控制点高程，绘制高程控制图，或放实物大样量出各控制点的高程及半径尺寸；设定中心桩，测定各控制点的高程桩（间距不得超过3m）；按各控制点的高程，支搭环型模板或混凝土饼控制成型面。

（6）明挖基坑需在适当距离外侧设置控制点（龙门桩）定位，以便随时检查开挖范围的正确性。

（7）为方便校核，应在池体中心位置搭设稳固的操作平台，并保证平台中心位置准确。

（8）为确保测量放线的精确，定期对所用基准桩点进行校核。

（四）城市管道施工测量

（1）各类管道工程施工测量控制点，包括起点、终点、折点、井室（支墩、支架）中心点、变坡点等特征控制点。重力流排水管道中线桩间距宜为10m，给水管道、燃气管道和供热管（沟）道的中心桩间距宜为15～20m。

（2）井室（支墩、支架）平面位置放线：矩形井室应以管道中心线及垂直管道中心线的井中心线为轴线进行放线；圆形、扇形井室应以井底圆心为基准进行放线；支墩、支架以轴线和中心为基准放线。

（3）排水管道工程高程应以管内底高程作为施工控制基准，给水等压力管道工程应以管道中心线高程作为施工控制基准。井室等附属构筑物应以内底高程作为控制基准，控制点高程测量应采用附合水准测量，采用坡度板法控制中心与高程。

（4）在挖槽见底前、施工砂石（混凝土）基础前、管道铺设或砌筑构筑物前，应校测管道与构筑物中心及高程。

（5）分段施工时，相邻施工段间的水准点宜布设在施工分界点附近，施工测量时应对相邻已完成管道进行复核。

（6）管道施工控制桩点应与道路控制桩点进行复测和校核。

（7）管线施工应按照设计要求和规范规定，进行管线竣工测量。

（五）暗挖隧道施工测量

（1）施工前应建立地面平面控制，地面高程控制可视现场情况以三、四等水准或相应精度的三角高程测量布设。有相向施工段时应进行贯通测量设计，应根据相向开挖段的长度，按设计要求布设二、三等或四等三角网，或者布设相应精度的精密导线。

（2）将地面导线测量坐标、方位、水准测量高程，通过竖井、基坑或通道等适时传递到地下，形成地下平面、高程控制网。

（3）敷设洞内基本导线、施工导线和水准路线，并随施工进展而不断延伸；在开挖掌子面上放样，标出拱顶、边墙和起拱线位置，衬砌结构支模后应检测（复核）竣工断面。

（4）施工中线宜根据洞内控制点采用极坐标法测设；当掘进距离在直线段延伸到200m、曲线段延伸到70m时，导线点应同时延伸，并应测设新的中线点。

（5）当采用中线法测量时，中线点的间距，直线段不宜小于100m，曲线段不宜小于50m。

（6）采用掘进机械施工时，宜采用激光指向仪、激光经纬仪或陀螺仪导向，也可采用掘进自动导向系统，方位应进行校核。

（7）洞口控制点应尽可能纳入地面控制网一起平差。洞口平面控制通常分为基本导线（贯通测量用）和施工导线（施工放样用）两级。基本导线与施工导线的布设应统一设计，一般每隔3～5个施工导线点布设1个基本导线点，作为施工导线的起点，并以四等水准布设洞内高程控制。

（8）隧道曲线段的细部点可以偏角法、弦线支距法（又称长弦纵距法）、切线支距法（又称直角坐标法）或其他适当方式测设。

（9）当贯通面一侧的隧道长度进入控制范围时，应提高定向测量精度，一般可采取在贯通距离约1/2处通过钻孔投测坐标点或加测陀螺方位角等方法进行贯通测量。贯通测量应配合贯通施工，及时分配调整贯通误差，以免误差集中在贯通面上。

2K317012　场区控制测量

一、基本内容与规定

（1）工程施工过程中，为满足施工控制测量要求，以国家坐标控制网为依据建立起来的一个坐标控制网（含坐标、轴线、水准点）。

（2）市政公用工程现场可分为场区、线路两种形式，施工控制测量应依据工程特点和实际需要，在施工现场范围内建立测量控制网，选择若干有控制意义的点（称为控制点），按一定的规律和要求构成网状几何图形（称为控制网）。控制网分为平面控制网和高程控制网，场区控制网按类型分为方格网、边角网和控制导线等。

（3）设定场区控制点位置的工作，称为场区控制测量。测定场区控制点平面位置（x，y）的工作，称为场区平面控制测量，测定场区控制点高程（H）的工作，称为场区高程控制测量。施工项目宜先建立场区控制网，再分别建立建（构）筑物施工控制网；小规模或精度高的独立施工项目可直接布设建（构）筑物施工控制网。

（4）在设计总平面图上，场区的平面位置系用施工坐标系统的坐标来表示。坐标轴的方向与场区主轴线的方向相平行，坐标原点应虚设在总平面图西南角上，使所有构筑物坐标皆为正值。施工坐标系统与测量坐标系统之间关系的数据由设计给出。有的场（厂）区建筑物因受地形限制，不同区域建筑物的轴线方向不相同，应建立建（构）筑物的施工控制网。

测量坐标系统，系平面直角坐标。一般有国家坐标系统、城市坐标系统等。若总平面图上设计是采用测量坐标系统进行的，则测量坐标系统即为施工坐标系统。

（5）当施工控制网与城镇测量控制网发生联系时，应进行坐标换算，以便统一坐标系；如图 2K317012-1 所示，两坐标系的旋向相同，设 α 为施工坐标系（$AO'B$）的纵轴 OA 在测量坐标系（XOY）内的方位角，坐标系原点 O' 在测量系内的坐标值（a，b），则 P 点在两坐标系统内的坐标 X、Y 和 A、B 的关系式为：

$$X = a + A\cos\alpha \pm B\sin\alpha \tag{2K317012-1}$$

$$Y = b + A\sin\alpha \pm B\cos\alpha \tag{2K317012-2}$$

以及

$$A = (X-a)\cos\alpha + (Y-b)\sin\alpha \tag{2K317012-3}$$

$$B = (X-a)\sin\alpha + (Y-b)\cos\alpha \tag{2K317012-4}$$

二、场区平面控制网

（一）控制网类型选择

应根据场区建（构）筑物的特点、设计要求、场地条件等因素选择控制网类型。一般情况下，建筑方格网，多用于场地平整的大型场区控制；三角形网，多用于建筑场地在山区的施工控制网；导线测量控制网，可视构筑物定位的需要灵活布设网点，便于控制点的使用和保存。导线测量多用于扩建或改建的施工区，新建区也可采用导线测量法建控制网。卫星定位测量控制点位应选在稳固地段，同时应方便观测、加密和扩展，对空开阔、周围无强烈干扰接收卫星信号的干扰源。

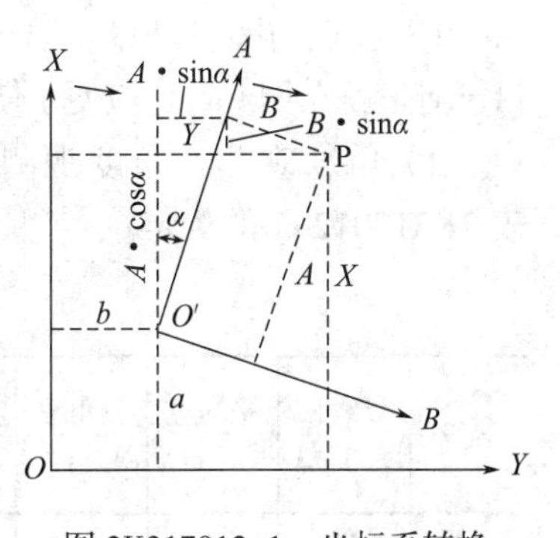

图 2K317012-1　坐标系转换

首级控制网可采用轴线法或布网法，测量精度应满足规范规定和施工安装的精度要求。

（二）准备工作

（1）根据施工方案和场区构筑物特点及设计要求的施测精度，编制工程测量方案。

（2）在桩点交接基础上，施工单位应进行现场踏勘、复核。

（3）复核过程中发现不符或与相邻工程矛盾时，应向建设单位提出，进行查询，并取得准确结果。

（三）作业程序

以导线测量控制网为例简介控制测量作业程序：

（1）对于一般场区，通常采用导线法在地面上测定一条附合在已知控制点（一般采用大地控制点或 GPS 控制点）坐标上的主导线，作为首级控制（见图 2K317012-2）导线，再根据施工顺序和需求布设加密导线。

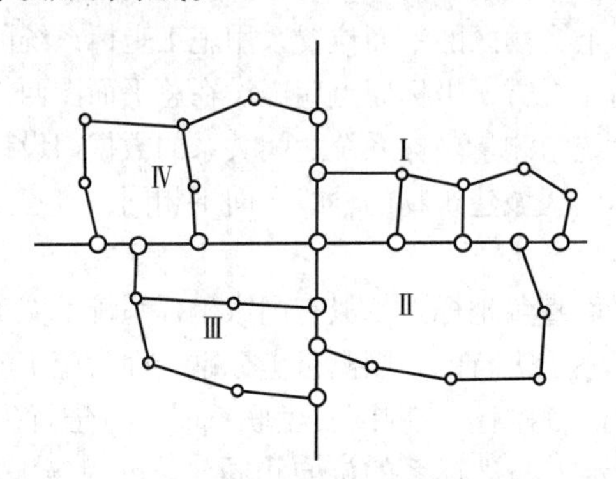

图 2K317012-2　导线控制网

（2）以主导线上的已知点作为起算点，用导线网来进行加密。加密导线可以按照建筑物施工精度不同要求或按照不同的开工时间来分期测设。

（3）导线布设原则：

1）根据构筑物本身的重要性和工程施工系统性适当地选择导线的线路，各条导线应均匀分布于整个场区，每个环形控制面积应尽可能均匀。

2）各条导线尽可能布成直伸导线，导线网应构成互相联系的环形，构成严密平差图形。

（4）测量步骤：

1）选点与标桩埋设。对于新建和扩建的场区，导线应根据总平面图布设，改建区应沿已有道路布网。点位应便于使用、安全和能长期保存。导线点选定之后，应及时埋设标桩。

2）角度观测。角度观测采用测回法进行。各等级导线测量的主要技术要求参照表 2K317012-1 的规定。

各等级导线测量的主要技术要求　　**表 2K317012-1**

等级	导线长度（km）	平均边长（km）	测角中误差（″）	测距中误差（mm）	测距相对中误差	测回数				方位角闭合差（″）	导线全长相对闭合差
						0.5″级仪器	1″级仪器	2″级仪器	6″级仪器		
三等	14	3	1.8	20	1/150000	4	6	10	—	$3.6\sqrt{n}$	≤1/55000
四等	9	1.5	2.5	18	1/80000	2	4	6	—	$5\sqrt{n}$	≤1/35000
一级	4	0.5	5	15	1/30000	—	—	2	4	$10\sqrt{n}$	≤1/15000
二级	2.4	0.25	8	15	1/14000	—	—	1	3	$16\sqrt{n}$	≤1/10000
三级	1.2	0.1	12	15	1/7000	—	—	1	2	$24\sqrt{n}$	≤1/5000

注：① n 为测站数；

② 当测区测图的最大比例尺为 1：1000 时，一、二、三级导线的导线长度、平均边长可放长，但最大长度不应大于表中规定相应长度的 2 倍。

3）边长测量。一般采用全站仪光电测距法测量导线边长，边长测量的各项要求及限差参照场区导线测量技术要求见表 2K317012–2。

场区导线测量的主要技术要求　　表 2K317012–2

等级	导线长度（km）	平均边长（m）	测角中误差（″）	测距相对中误差	测回数		方位角闭合差（″）	导线全长相对闭合差
					2″级仪器	6″级仪器		
一级	2.0	100～300	5	1/30000	3	—	$10\sqrt{n}$	≤1/15000
二级	1.0	100～200	8	1/14000	2	4	$16\sqrt{n}$	≤1/10000

注：n 为测站数。

4）导线的起算数据。在扩建、改建厂区，新导线应附合在已有施工控制网上（将已有控制点作为起算点）；原有的施工控制网点已被破坏或依照设计要求既有控制点不能满足布网要求，则应根据大地测量控制网点或主要建筑物轴线确定起算数据。新建厂区的导线网起算数据应根据大地测量控制点测定。

5）导线网的平差。一级及以上导线网采用严密平差法；二级导线可以采用严密或简化方法平差。关于导线网平差方法的选择，必须全面考虑导线的形状、长度和精度要求等因素，导线构成环形，应采用环形平差。附合在已知点上的导线，由于已知点较多，可以采用结点平差法。对于具有 2～3 个结点的导线，则采用等权代替法。只有一个结点的导线，可以按照等权平均值的原理进行平差计算。

（四）主要技术要求

（1）坐标系统应与工程设计所采用的坐标系统相同。当利用原有的平面控制网时，应进行复测，其精度应符合需要；投影所引起的长度变形，不应超过 1/40000。

（2）当原有控制网不能满足需要时，应在原控制网的基础上适当加密控制点。控制网的等级和精度应符合下列规定：

1）场地大于 $1km^2$ 或城市综合管廊或其他重要的建（构）筑物，应建立一级及以上导线精度的平面控制网。

2）场地小于 $1km^2$ 或一般性建筑区，应根据需要建立相当于二、三级导线精度的平面控制网。

3）场区平面控制网相对于勘察阶段控制点的定位精度不应大于 50mm。

（3）导线测量的主要技术指标见表 2K317012–2。

（4）施工现场的平面控制点有效期不宜超过一年，特殊情况下可适当延长有效期，但应经过控制校核。

三、卫星定位测量

（一）适用范围

卫星定位测量可用于二、三、四等和一、二级控制网的建立；导线测量可用于三、四等和一、二、三级控制网的建立；三角形网测量可用于二、三、四等和一、二级控制网的建立。

（二）卫星定位测量控制网的主要技术指标

卫星定位测量控制网的主要技术指标见表 2K317012–3。

卫星定位测量控制网的主要技术要求　　表 2K317012-3

等级	平均边长（km）	固定误差 A（mm）	比例误差系数 B（mm/km）	约束点间的边长相对中误差	约束平差后最弱边相对中误差
一级	1	≤ 10	≤ 20	≤ 1/40000	≤ 1/20000
二级	0.5	≤ 10	≤ 40	≤ 1/20000	≤ 1/10000

（三）卫星定位测量控制网布设要求

（1）应根据测区的实际情况、精度要求、卫星状况、接收机的类型和数量以及测区已有的测量资料进行综合设计。

（2）首级网布设时，宜联测 2 个以上高等级国家控制点或地方坐标系的高等级控制点；对控制网内的长边，宜构成大地四边形或中点多边形。

（3）控制网应由独立观测边构成一个或若干个闭合环或附合路线，各等级控制网中构成闭合环或附合路线的边数不宜多于 6 条。

（4）各等级控制网中独立基线的观测总数，不宜少于必要观测基线数的 1.5 倍。

（四）卫星定位测量控制网的设计、选点与埋石

卫星定位测量控制网的设计、选点与埋石应符合现行国家相关标准的规定。

（五）卫星定位控制测量作业的基本技术要求

卫星定位控制测量作业的基本技术要求见表 2K317012-4。

卫星定位控制测量作业的基本技术要求　　表 2K317012-4

等级	接收机类型	仪器标称精度	观测量	卫星高度角（°）		有效观测卫星数		观测时段长度（min）		数据采样间隔（s）		点位几何图形强度因子
				静态	快速静态	静态	快速静态	静态	快速静态	静态	快速静态	—
一级	双频或单频	10mm＋5ppm	载波相位	≥ 15	≥ 15	≥ 4	≥ 5	10～30	10～15	10～30	5～15	≤ 8
二级	双频或单频	10mm＋5ppm	载波相位	≥ 15	≥ 15	≥ 4	≥ 5	10～30	10～15	10～30	5～15	≤ 8

（六）规模较大的测区

对于规模较大的测区，应编制作业计划。

（七）卫星定位控制测量测站作业要求

（1）观测前，应对接收机进行预热和静置，同时应检查电池的容量、接收机的内存和可储存空间是否充足。

（2）天线安置的对中误差，不应大于 2mm；天线高的量取应精确至 1mm。

（3）观测中，应避免在接收机近旁使用无线电通信工具；还应避开周围高压线、信号接收塔、变压器等影响因素。

（4）作业同时，应做好测站记录，包括控制点的点名、接收机序列号、仪器高、开关机时间等相关的测站信息。

（八）卫星定位控制测量外业观测的数据整理

全部数据应经同步环、异步环和复测基线检核，并应符合现行国家相关标准的规定。

（九）观测数据不能满足检核要求时的处理方法

应对成果进行全面分析，并舍弃不合格基线，但应保证舍弃基线后，所构成异步环的边数不应超过上文（三）（3）的规定。否则，应重测该基线或有关的同步图形。

四、场区高程控制网

（一）测量等级与方法

（1）场区高程控制网系采用三、四等水准测量的方法建立，大型场区的高程控制网应分两级布设。首级为三等水准，其下用四等水准加密。小型场区或重要建（构）筑物可用四等水准一次布设。水准网的绝对高程应从附近的高级水准点引测（被引用的水准点应经过检查），联系于水准网中至少一点，作为推算高程的依据。

（2）为保证水准网能得到可靠的起算依据和检查水准点的稳定性，应在场地适当地点建立高程控制基点组，其点数不得少于3个，点间距离以50～100m为宜，高差应用一等水准测定。每隔一定时间或发现有变动的可能时，应将全区水准网与高程控制基点组进行联测，以查明水准点高程是否变动。如经检测证实个别点有较大的变化，应及时求得新的高程值。

（3）各级水准点标桩要求坚固、稳定。四等水准点可利用平面控制点，点间距离随平面控制点而定。三等水准点一般应单独埋设，点间距离一般以600m为宜，可在400～800m之间变动。三等水准点一般距离厂房或高大建筑物应不小于25m、距振动影响范围以外应不小于5m、距回填土边线应不小于15m。水准基点组应采用深埋水准标桩。

（4）三、四等水准测量的仪器应符合表2K317012-5中的要求。

（5）应在水准点埋设两周后进行水准点的观测，且应在成像清晰、稳定时进行。

水准仪技术要求表　　**表2K317012-5**

序号	仪器名称	最低型号		备注
		三等	四等	
1	自动安平光学水准仪、自动安平数字水准仪、气泡式水准仪	DSZ3 DS3	DSZ3 DS3	用于水准测量，其基本参数见《水准仪》GB/T 10156—2009
2	双面区格式木质标尺、条码式因瓦标尺	—	—	用于水准测量
3	经纬仪	DJ2	DJ2	用于高程导线测量和跨河水准测量，其基本参数见《光学经纬仪》GB/T 3161—2015
4	光电测距仪	—	Ⅱ级	用于高程导线测量和跨河水准测量，其精度分级见《中、短程光电测距规范》GB/T 16818—2008
5	GPS接收机	大地型双频接收机	大地型双频或单频接收机	用于跨河水准测量

（二）观测程序

1. 选点与标桩埋设

水准点的间距，宜小于1km。建（构）筑物高程控制的水准点，可单独埋设在建（构）筑物的平面控制网的标桩上，也可利用场地附近的水准点，其间距宜在200m左右。

施工中使用的临时水准点与栓点，宜引测至现场既有建（构）筑物上，引测点的精度不得低于原有水准点的等级要求。

2. 水准观测

（1）数字水准仪观测的主要技术要求应符合表 2K317012-6 的规定。

数字水准仪观测的主要技术要求　　　　表 2K317012-6

等级	水准仪级别	水准尺类别	视线长度（m）	前后视的距离较差（m）	前后视的距离较差累积（m）	视线离地面最低高度（m）	测站两次观测的高差较差（mm）	数字水准仪重复测量次数
二等	DSZ1	条码式因瓦尺	50	1.5	3.0	0.55	0.7	2
三等	DSZ1	条码式因瓦尺	100	2.0	5.0	0.45	1.5	2
四等	DSZ1	条码式因瓦尺	100	3.0	10.0	0.35	3.0	2
	DSZ1	条码式玻璃钢尺	100	3.0	10.0	0.35	5.0	2
五等	DSZ3	条码式玻璃钢尺	100	近似相等	—	—	—	—

注：① 二等数字水准测量观测顺序，奇数站应为后→前→前→后。偶数站应为前→后→后→前；

② 三等数字水准测量观测顺序应为后→前→前→后；四等水准测量观测顺序应为后→后→前→前；

③ 水准观测时，若受地面震动影响时，应停止测量。

（2）光学水准仪观测的主要技术要求，应符合表 2K317012-7 的规定。

光学水准仪观测的主要技术要求　　　　表 2K317012-7

等级	水准仪级别	视线长度（m）	前后视距差（m）	任一测站上前后视距差累积（m）	视线离地面最低高度（m）	基、辅分划或黑、红面读数较差（mm）	基、辅分划或黑、红面所测高差较差（mm）
二等	DS1、DSZ1	50	1.0	3.0	0.5	0.5	0.7
三等	DS1、DSZ1	100	3.0	6.0	0.3	1.0	1.5
	DS3、DSZ3	75				2.0	3.0
四等	DS3、DSZ3	100	5.0	10.0	0.2	3.0	5.0
五等	DS3、DSZ3	100	近似相等	—	—	—	—

注：① 二等光学水准测量观测顺序，往测时，奇数站应为后→前→前→后，偶数站应为前→后→后→前；返测时，奇数站应为前→后→后→前，偶数站应为后→前→前→后；

② 三等光学水准测量观测顺序应为后→前→前→后；四等光学水准测量观测顺序后→后→前→前；

③ 二等水准视线长度小于 20m 时，视线高度不应低于 0.3m；

④ 三、四等水准采用变动仪器高度观测单面水准尺时，所测两次高差较差，应与黑面、红面所测高差之差的要求相同。

（3）两次观测高差较差超限时应重测。重测后，二等水准应选取两次异向观测的合格结果，其他等级应将重测结果与原测结果分别比较，较差不超过限值时，应取两次测量结果的平均数。

3. 水准测量的限差

水准测量的关键技术要求即是水准测量的限差要求，不符合限差要求的水准测量成果不得使用。

二、三、四等水准测量均应进行往返测，或单程双线观测，其测量结果应符合表 2K317012-8 的规定。

水准测量结果限差　表 2K317012-8

等级	每千米高差全中误差（mm）	路线长度（km）	水准仪级别	水准尺	观测次数		往返较差、附合或环线闭合差	
					与已知点联测	附合或环线	平地（mm）	山地（mm）
二等	2	—	DS1、DSZ1	条码因瓦、线条式因瓦	往返各一次	往返各一次	$4\sqrt{L}$	—
三等	6	≤ 50	DS1、DSZ1	条码因瓦、线条式因瓦	往返各一次	往一次	$12\sqrt{L}$	$4\sqrt{n}$
			DS3、DSZ3	条码式玻璃钢、双面		往返各一次		
四等	10	≤ 16	DS3、DSZ3	条码式玻璃钢、双面	往返各一次	往一次	$20\sqrt{L}$	$6\sqrt{n}$
五等	15	—	DS3、DSZ3	条码式玻璃钢、单面	往返各一次	往一次	$30\sqrt{L}$	—

注：① 结点之间或结点与高级点之间的路线长度不应大于表中规定的 70%；
② L 为往返段、附合或环线的水准路线长度（km），n 为测站数；
③ 数字水准测量和同等级的光学水准测量精度要求相同，作业方法在没有特指的情况下均称为水准测量；
④ DSZ1 级数字水准仪若与条码式玻璃钢水准尺配套，精度降低为 DSZ3 级；
⑤ 条码式因瓦水准尺和线条式因瓦水准尺在没有特指的情况下均称为因瓦水准尺。

4. 水准测量的平差

水准网的平差，根据水准路线布设情况，可采用各种不同的方法。附合在已知点上构成结点的水准网，采用结点平差法。若水准网只具有 2～3 个结点，路线比较简单，则采用等权代替法。作为厂区高程控制的水准网，一般都构成环形，而且网中只具有唯一的高程起算点，因而多采用多边形图解平差法。这种方法全部计算都在图上进行，可迅速求得平差结果。

（三）其他技术要求

（1）首级高程控制网的等级应根据工程规模、控制网的用途和精度要求选择。首级网应布设成环形网，加密网宜布设成附合路线或结点网。

（2）场区高程控制网应布设成闭合环线、附合环线或结点网。高程测量的精度不宜低于三等水准的精度。

（3）卫星定位高程测量可适用于五等高程测量。若需采用卫星定位技术进行更高等级的高程测量，特别是较大区域高程测量或高程跨河传递，则应进行专项设计与论证，并应符合相关标准高程精度的相关要求。

（4）施工现场的高程控制点有效期不宜超过半年，如有特殊情况可适当延长有效期，但应经过控制校核。

2K317013　竣工图编绘与实测

一、竣工图编绘

（一）市政公用工程特点

市政公用工程施工过程中常会因现场情况变化而致使设计变更，导致构筑物的竣工位置与设计位置存在偏差；市政公用工程竣工投入运行后，为了安全运行、方便维修及日后改（扩）建，需要保存完整、真实的竣工资料。因此，市政公用工程竣工测量至关重要，其成果应符合《城市建设工程竣工测量成果规范》CH/T 6001—2014 规定。

（二）工程竣工测量特点

（1）市政公用工程竣工图编绘具有边竣工、边编绘，分部编绘竣工图，实测竣工图等特点。需要在施工过程中收集一切有关的资料，加以整理，及时进行编绘。

（2）工程开工前应考虑和统筹安排竣工测量。

（3）测图方法应灵活，在传统测绘方法基础上引用新型的测图技术；以实测现状图为主，以资料收集为辅，并有编制、测绘相结合的特点。

（三）竣工图编绘基本要求

（1）市政公用工程竣工图应包括与施工图（及设计变更）相对应的全部图纸及根据工程竣工情况需要补充的图纸。

（2）各专业竣工图应符合规范、标准以及合同文件规定。

（3）竣工总图编绘完成后，应经施工单位项目技术负责人审核、会签。

二、编绘竣工图的方法和步骤

（一）准备工作

1. 决定竣工图的比例尺

厂区宜选用 1∶500，线状工程宜选用 1∶2000；坐标系统、高程基准、图幅大小、图上标记、线条规格应与原设计图一致，图例符号应符合现行国家标准《总图制图标准》GB/T 50103—2010 的规定。

2. 竣工测量与竣工图绘制

竣工测量应按规范规定补设控制网。受条件制约无法补设测量控制网时，可考虑以施工中有效的测量控制网点为依据进行测量，但应在条件允许的范围内对重复利用的施工控制网点进行校核。控制点被破坏时，应在保证施测细部点的精度下进行恢复。对已有的资料应进行实地检测、校核，其允许偏差应符合《城市测量规范》CJJ/T 8—2011 的规定。

竣工图的绘制成图一般采用外业测量记录，经过数据传输处理后，利用专业的成图软件进行成图处理，再通过绘图仪打印出图。

（二）竣工图的编绘

1. 绘制竣工图的依据

总平面布置图、施工设计图、设计变更文件、施工检测记录、竣工测量资料及其他有关资料。

2. 根据设计资料展点成图

凡按设计坐标定位施工的工程，应以测量定位资料为依据，按设计坐标（或相对尺寸）和标高编绘。若原设计变更，则应根据设计变更和竣工测量资料编绘。

3. 根据竣工测量资料或施工检查测量资料展点成图

市政公用工程施工过程中，在每一个单位（体）工程完成后应进行竣工测量，并提出其竣工测量成果。

对凡有竣工测量资料的工程，若竣工测量成果与设计值之差不超过所规定的定位允许偏差时，按设计值编绘；否则，应按竣工测量资料编绘。

4. 展绘竣工位置时的要求

对于各种地上、地下管线等构筑物，应用各种不同颜色的线体绘出其中心位置，注明转折点及井位的坐标、高程及有关注明。在没有设计变更的情况下，通过实测的建（构）筑物竣工位置应与设计原图的位置重合，但坐标及标高数据与设计值比较会有微小出入。

（三）凡属下列情况之一者，必须进行现场实测编绘竣工图

（1）由于未能及时提出建筑物或构筑物的设计坐标，而在现场指定施工位置的工程。

（2）设计图上只标明工程与地物的相对尺寸而无法推算坐标和标高。

（3）由于设计多次变更，而无法查对设计资料。

（4）竣工现场的竖向布置、围墙和绿化情况，施工后尚保留的大型临时设施。

为了进行实测工作，应尽量在经济和技术可行的前提下，利用大地测量控制点，并且首级控制资料应经控制点附合。此外，也可以利用施工期间使用的平面控制点和水准点进行施测。如原有控制点不够使用时，应补测控制点。

构筑物的竣工位置应根据控制点采用双极坐标法进行测量，即由两个已知控制点或条件点测出一个位置点的坐标位置。实测坐标与标高的精度应不低于建筑物和构筑物的定位精度。外业实测时，必须在现场绘出草图并编好唯一点号顺序记录，最后根据实测成果和草图在室内进行展绘，成为完整的竣工图。当平面布置改变超过图上面积 1/3 时，不宜在原施工图上修改和补充，应重新绘制竣工图。

（四）竣工图最终绘制

1. 分类竣工图编绘

对于大型和较复杂的工程，为了使图面清晰、醒目，便于使用，可根据工程结构物的密集与复杂程度，按工程性质分类编绘竣工图。

2. 综合竣工图编绘

综合竣工图即全场性的总体竣工图，包括地上、地下一切建（构）筑物和竖向布置及绿化情况等。

3. 场区道路、地下管线、建（构）筑物工程竣工图编绘

（1）场区道路工程竣工测量包括中心线位置、高程、横断面形式、附属构筑物和地下管线的实际位置（坐标）、高程。

（2）新建管线施工前应按有关规定完成施工影响范围内地下管线探查记录表。新建地下管线竣工测量应在覆土前进行。当不能在覆土前施测时，应在覆土前设置管线待测点并将设置的位置准确地引到地面上，做好栓点。

（3）场区建（构）筑物竣工测量，如工艺处理和调蓄等构筑物，对矩形建（构）筑物应注明两点以上坐标，圆形建（构）筑物应注明中心坐标及接地外半径；建（构）筑物室内地坪标高；构筑物间连接管线及各线交叉点的坐标和标高。

（4）应将场区设计或合同规定的永久观测坐标及其初始观测成果，随竣工资料一并移交建设单位。

（5）竣工测量采集的数据应符合有关规范关于数据入库的要求。

（6）测绘结果应在竣工图中标明。

（五）随工程的竣工相继进行编绘

市政公用工程上道工序的成品会被下道工序隐蔽，或工程未验收已投入使用，工程持续时间长，过程变化因素多，必须随着分项、分部工程的竣工，及时编绘工程平面图；并由专人汇总各单位工程平面图编绘竣工图。

随着工程进度应及时利用当时竣工测量成果进行编绘，如发现问题，应及时到现场实测查对。同时，由于边竣工、边编绘竣工图，可以辅助考核和反映施工进度。

（六）竣工图的图面内容和图例

竣工图的图面内容和图例，一般应与设计图取得一致。当设计图的图例不足时，可补充编制，但必须加图例说明。

（七）竣工图的附件

为了全面反映竣工成果，便于运行管理、维修和日后改（扩）建，下列与竣工图有关的一切资料应分类装订成册，作为竣工图的附件保存。

（1）地下管线、地下隧道竣工纵断面图。

（2）道路、桥梁、水工构筑物竣工纵断面图。工程竣工以后，应进行有关道路路面（沿中心线）水准测量，以编绘竣工纵断面图。

（3）建（构）筑物所在场地及其附近的测量控制点布置图和坐标与高程一览表。

（4）建（构）筑物沉降、位移等变形观测资料。

（5）工程定位、检查及竣工测量的资料。

（6）设计变更文件。

（7）建（构）筑物所在场地原始地形图。

2K317020　监控量测

2K317021　监控量测主要工作

一、工作内容

监控量测，简称监测，在《工程测量标准》GB 50026—2020 和《城市轨道交通工程测量规范》GB/T 50308—2017 中称为变形监测。

根据《工程测量标准》GB 50026—2020，变形监测是对监测对象的形状或位置变化及相关影响因素进行监测，确定被监测体随时间的变化特征，并进行变形分析的过程。重要的工程建（构）筑物，在工程设计时，应对变形监测的内容和范围作出要求，并应由有关单位制作变形监测技术设计方案。首次观测宜获取被测体初始状态的观察数据。

市政公用工程，特别是地下工程与城市轨道交通工程在施工过程中对一定范围内桥涵、路面结构和地下围岩都会产生影响。因此，在施工过程中需要对所产生施工扰动影响的环境和结构体进行监测；通过施工过程的连续监测和分析，及时预测结构变形的发展，反馈有关方面，可有效地控制施工对周边环境以及交通设施的影响程度。

在现今的城市建设中，工程施工安全越来越受到有关部门和单位重视。监测作为工程施工安全重要的保障技术，近些年来得到了不断提升，在工程实践中应用更加规范。

二、主要目的

监测在市政公用工程施工中有着重要的作用，其主要目的如下：

（1）保证现有城市基础设施安全。依据监测结果，结合相关规范规定以及设施权属单位所给出的指导意见，判断建（构）筑物以及结构的安全及周边环境的安全，及时反馈有关方面，调整设计、施工参数，减小建（构）筑物以及结构和周边环境的变形，保证交通安全。

（2）预测施工引起的环境变化。根据建（构）筑物和路面以及地下结构变形的发展趋势，分析预测施工中的各项控制指标变化趋势，为有关方确定有效的保护措施提供基础数据。

（3）控制各项监测指标。依据现场监测结果，为有关方判断施工中的各项控制指标是否超过允许值范围时，依据相关法律法规、规范、标准、专家意见、既定方案等提供仲裁依据。

三、工作原则

监测是一项系统工程，监测工作的成效与监测方法的选取及测点的布置直接相关。归纳以下主要原则：

（一）可靠性原则

可靠性原则是监测系统设计中所考虑的最重要的原则。为了确保其可靠性，必须做到：

（1）系统要采用技术先进、性能可靠的仪器。

（2）监测点、基准点设置应合理，在监测期间测点应得到良好的保护。

（二）方便、实用原则

为减少监测与施工之间的干扰，监测系统的安装和监测，应尽量做到方便实用。

（三）经济、合理原则

系统设计时采取先进、实用的方法，合理的精度要求，以降低监测费用。

四、工作基本流程

（1）依据设计要求，进行现场情况的初始调查。

（2）编制监测方案。方案应包括监测的目的、技术依据、精度等级、监测方法、监测基准及基准网精度估算和点位布设、观测周期、项目预警值、使用的仪器设备、数据处理方法和成果质量检验等内容。

（3）依据获准的监测方案，布设控制网和测点，并取得初始监测值。

（4）监测前应对所使用的仪器和设备进行检查、校正并应作好记录。

（5）每期观测结束后，应将观测数据转存至计算机，并进行处理。还应按照有关规定，提交监测成果（报告）。

2K317022　监控量测方法

一、方法选择与要求

（一）监测方法

应根据工程项目的特点、监测对象和监测项目的特点、工程监测等级、设计要求、精度要求、场地条件和当地工程经验等综合考虑确定，并应合理易行。

监测方法通常包括仪器测量和现场巡视（查）。监测方法需满足合同的约定和设计要求。当合同没有明确的约定、设计没有提出具体要求时，应依据有关规范或标准进行选择。监测方法选择应遵循“简单、可靠、经济、实用”的原则，依据监测项目和精度等要求，考虑有关因素进行选择。

（二）测量仪器设施

1. 测量仪器机具

常见的测量（检测）仪器设备可分为光学测量仪器、机械式测量仪表（器）和电测式传感器（元件）。

通常用于变形观测的光学仪器有：精密电子水准仪、静力水准仪、全站仪；机械式仪表常用的有倾斜仪、千分表、轴力计等；电测式传感器可分为电阻式、电感式、差动式和钢弦式。

2. 基点与测点

变形监测基准点（包括强制对中墩、光标把等）、监测点的布设应符合设计要求和规范的规定。

（三）监测精度

（1）监测精度应根据监测项目、控制值大小、工程要求、国家现行有关标准等综合确定，并应满足对监测对象的受力或变形特征分析的要求。

（2）监测过程中，应做好监测点和传感器的保护工作。

（四）测量仪器的校验

不论是微倾式水准仪还是自动安平水准仪在监测作业过程中都会产生 i 角误差，根据《国家一、二等水准测量规范》GB/T 12897—2006 中的要求，i 角限差应控制在 ±15″之内，《国家三、四等水准测量规范》GB/T 12898—2009 中的要求，i 角限差应控制在 ±20″之内。

在变形监测过程中，要注意及时进行 i 角检验，在采集基准数据以及连续作业或者仪器静置较长时间之后都要进行 i 角检验，若 i 角超限，则及时进行 i 角校正。

i 角检验与计算有很多种方法，本教材选择简便且常用的一种方法进行讲解，以水准仪 i 角检验与计算为例，如下图所示在 A、B 两点立尺，分别在 C、D 两点设站且调整不同的仪器高度对两尺进行中丝读数，并用测距仪测量 AC、BC 距离为 20.6m，BD 距离为 41.2m。

读数如下：

$a_1 = 308\text{cm}$;

$a_2 = 394\text{cm}$;

$b_1 = 296\text{cm}$;

$b_2 = 378\text{cm}$;

（1）当测站为 C 时：$h_{AB} = a_1' - b_1' = a_1 - b_1$;

（2）当测站为 D 时：$h_{AB} = a_2' - b_2' = (a_1 - 2\Delta) - (b_2 - \Delta) = (a_2 - b_2) - \Delta$;

（3）所以 $\Delta = (a_2 - b_2) - (a_1 - b_1)$;

（4）$i'' = \Delta / S \times \rho'' \approx \Delta \times 206265'' / 41200 \approx 5''\Delta$;

根据以上步骤，可依据（3）中公式先计算出 $\Delta = (a_2 - b_2) - (a_1 - b_1) = (394-378) - (308-296) = 16-12 = 4\text{cm}$，然后可根据（4）中公式计算出该仪器的 i 角 $i = 5'' \times 4 = 20''$，通过对比《国家一、二等级水准测量规范》GB/T 12897—2006 中规定的水准测量 i 角误差限差应在 ±15″之内，则 i 角超限，应进行校正。

（5）i 角校正（以微倾式水准仪为例）

如图 2K317022 所示：

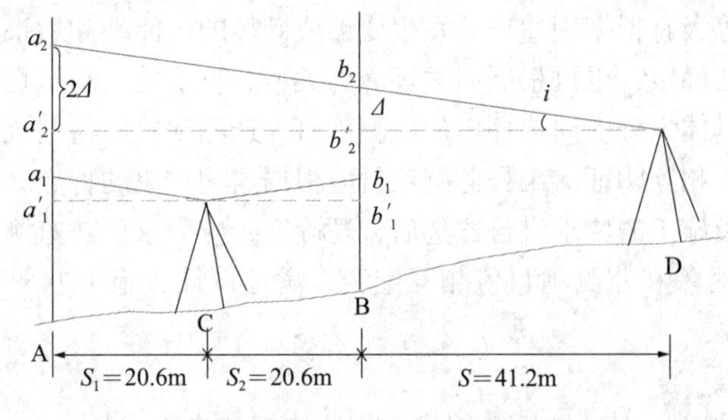

图 2K317022　水准仪 i 角检验图

1）校正在 D 点进行。检验计算结束后，用微调螺旋使水平中丝照准 A 点标尺上的正确读数 a_2'：使得 $a_2'=a_2-2\Delta$，即 $a_2'=394-2\times4=386$cm。

2）此时精水准气泡的两瓣影像必不符合，用改针校正水准器的校正螺旋使气泡影像符合。校正后，将仪器照准 B 点上的标尺，其读数应为 $b_2'=b_2-\Delta=374$cm，以此作为检核。

3）校正需反复进行，使 i 角满足要求为止。

4）一般要使 i 角为零是困难的，只能将 i 角限制在一定的范围内，i 角超限才需校正。

（6）监测新技术、新方法在应用前，应与传统方法进行验证，且监测精度应符合规范的规定。

二、监测项目确定

《城市轨道交通工程监测技术规范》GB 50911—2013 将监测分为三个等级，对明挖与盖挖法、矿山法和盾构法施工、周边环境的应测项目和选测项目做出了具体规定。工程监测等级宜根据基坑、隧道工程的自身风险等级、周边环境风险等级和地质条件监控量测复杂程度进行划分。基坑、隧道工程的自身风险等级宜根据支护结构发生变形或破坏、岩土体失稳等的可能性和后果的严重程度，采用工程风险评估的方法确定，也可根据基坑设计深度、隧道埋深和断面尺寸等按表 2K317022–1 划分。

基坑、隧道工程的自身风险等级　　　　**表 2K317022–1**

工程自身风险等级		等级划分标准
基坑工程	一级	设计深度大于或等于 20m 的基坑
	二级	设计深度大于或等于 10m 且小于 20m 的基坑
	三级	设计深度小于 10m 的基坑
隧道工程	一级	超浅埋隧道；超大断面隧道
	二级	浅埋隧道；近距离并行或交叠的隧道；盾构始发与接收区段；大断面隧道
	三级	深埋隧道；一般断面隧道

注：① 超大断面隧道是指断面尺寸大于 100m^2 的隧道；大断面隧道是指断面尺寸在 50～100m^2 的隧道；一般断面隧道是指断面尺寸在 10～50m^2 的隧道；

② 近距离隧道是指两隧道间距在一倍开挖宽度（或直径）范围以内；

③ 隧道深埋、浅埋和超浅埋的划分根据施工工法、围岩等级、隧道覆土厚度与开挖宽度（或直径），结合当地工程经验综合确定。

周边环境风险等级宜根据周边环境发生变形或破坏的可能性和后果的严重程度，采用工程风险评估的方法确定，也可根据周边环境的类型、重要性、与工程的空间位置关系和对工程的危害性来具体划分。周边环境的应测项目和选测项目应与基坑、隧道工程应测项目和选测项目配套、相互印证。工程监测项目应根据监测对象的特点、工程监测等级、工程影响范围、设计及施工的要求进行比选后合理确定，应力求反映监测对象的变化特征和安全状态。各监测对象和监测项目应相互配套，满足设计、施工方案的要求，并形成有效、完整的监测体系。

三、监测项目

明挖法、盖挖法基坑支护结构和周围土体监测项目见表 2K317022-2，矿山法隧道支护结构和周围土体监测项目见表 2K317022-3。

明挖法和盖挖法基坑支护结构和周围岩土体监测项目　　表 2K317022-2

序号	监测项目	工程监测等级		
		一级	二级	三级
1	支护桩（墙）、边坡顶部水平位移	√	√	√
2	支护桩（墙）、边坡顶部竖向位移	√	√	√
3	支护桩（墙）体水平位移	√	√	○
4	支护桩（墙）结构应力	○	○	○
5	立柱结构竖向位移	√	√	○
6	立柱结构水平位移	√	○	○
7	立柱结构应力	○	○	○
8	支撑轴力	√	√	√
9	顶板应力	○	○	○
10	锚杆拉力	√	√	√
11	土钉拉力	○	○	○
12	地表沉降	√	√	√
13	竖井井壁支护结构净空收敛	√	√	√
14	土体深层水平位移	○	○	○
15	土体分层竖向位移	○	○	○
16	坑底隆起（回弹）	○	○	○
17	地下水位	√	√	√
18	孔隙水压力	○	○	○
19	支护桩（墙）侧向土压力	○	○	○

注：√——应测项目，○——选测项目。

矿山法隧道支护结构和周围岩土体监测项目　　表 2K317022-3

序号	监测项目	工程监测等级		
		一级	二级	三级
1	初期支护结构拱顶沉降	√	√	√
2	初期支护结构底板竖向位移	√	○	○
3	初期支护结构净空收敛	√	√	√
4	隧道拱脚竖向位移	○	○	○
5	中柱结构竖向位移	√	√	○
6	中柱结构倾斜	○	○	○
7	中柱结构应力	○	○	○
8	初期支护结构、二次衬砌应力	○	○	○
9	地表沉降	√	√	√
10	土体深层水平位移	○	○	○
11	土体分层竖向位移	○	○	○
12	围岩压力	○	○	○
13	地下水位	√	√	√

注：√——应测项目，○——选测项目。

2K317023　监控量测报告

一、类型与要求

变形监测报告统称为监测成果，可分类为监测日报、警情快报、阶段（月、季、年）性报告和总结报告。每种类型都有一定的内容要求、格式的规定和报送程序，应依据合同约定和施工项目部的规定进行编制，并及时向相关单位报送。

监测报告应完整、清晰、签字齐全，监测成果应包括现场监测资料、计算分析资料、图表、曲线、文字报告等，表达应直观、明确。

现场监测资料宜包括外业观测记录、现场巡查记录、记事项目以及仪器、视频等电子数据资料。外业观测记录、现场巡查记录和记事项目应在现场直接记录在正式的监测记录表格中，监测记录表格中应有相应的工况描述。

取得现场监测资料后，应及时对监测资料进行整理、分析和校对。监测数据出现异常时，应分析原因，必要时应进行现场核对或复测。

监测成果应及时计算累计变化值、变化速率值，并绘制时程曲线，必要时绘制断面曲线图、等值线图等，并应根据施工工况、地质条件和环境条件分析监测数据的变化原因和变化规律，预测其发展趋势。

监测报告应标明工程名称、监控量测单位、报告的起止日期、报告编号，并应有监控量测单位用章及项目负责人、审核人、审批人签字。

二、监测报告主要内容

（一）日报

（1）工程施工概况；

（2）现场巡查信息：巡查照片、记录等；

（3）监测项目日报表：仪器型号、监测日期、观测时间、天气情况、监测项目的累计变化值、变化速率值、控制值、监测点平面位置图等；

（4）监测数据、现场巡查信息的分析与说明；

（5）结论与建议。

（二）警情快报

（1）警情发生的时间、地点、情况描述、严重程度、施工工况等；

（2）现场巡查信息：巡查照片、记录等；

（3）监测数据图表：监测项目的累计变化值、变化速率值、监测点平面位置图；

（4）警情原因初步分析；

（5）警情处理措施建议。

（三）阶段性报告

（1）工程概况及施工进度；

（2）现场巡查信息：巡查照片、记录等；

（3）监测数据图表：监测项目的累计变化值、变化速率值、时程曲线、必要的断面曲线图、等值线图、监测点平面位置图等；

（4）监测数据、巡查信息的分析与说明；

（5）结论与建议。

（四）总结报告

（1）工程概况；

（2）监测目的、监测项目和监测依据；

（3）监测点布设；

（4）采用的仪器型号、规格和元器件标定资料；

（5）监测数据采集和观测方法；

（6）现场巡查信息：巡查照片、记录等；

（7）监测数据图表：监测值、累计变化值、变化速率值、时程曲线、必要的断面曲线图、等值线图、监测点平面位置图等；

（8）监测数据、巡查信息的分析与说明；

（9）结论与建议。

2K320000　市政公用工程项目施工管理

2K320000
看本章精讲课
配套章节自测

2K320010　市政公用工程施工招标投标管理

2K320011　招标投标管理

一、招投标管理相关法规

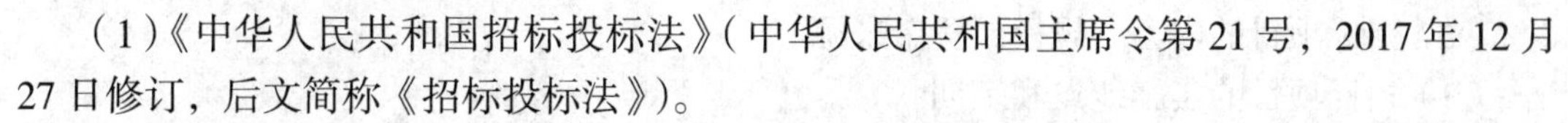

（1）《中华人民共和国招标投标法》（中华人民共和国主席令第21号，2017年12月27日修订，后文简称《招标投标法》）。

（2）《中华人民共和国建筑法》（中华人民共和国主席令第91号，2019年4月23日修订，后文简称《建筑法》）。

（3）《中华人民共和国招标投标法实施条例》（中华人民共和国国务院令第613号，2019年3月2日修订，后文简称《招标投标法实施条例》）。

（4）《必须招标的工程项目规定》（中华人民共和国国家发展改革委员会令第16号）。

（5）《必须招标的基础设施和公用事业项目范围规定》（发改法规〔2018〕843号）。

（6）《工程建设项目施工招标投标办法》（七部委令〔2003〕第30号，2013年5月1日经中华人民共和国国家发展改革委员会等九部委第23号令修订）。

（7）《住房城乡建设部关于修改〈房屋建筑和市政基础设施工程施工招标投标管理办法〉的决定》（中华人民共和国住房和城乡建设部令第43号，2019年3月13日经中华人民共和国住房和城乡建设部令第47号修订）。

（8）《住房城乡建设部印发〈园林绿化工程建设管理规定〉的通知》（建城〔2017〕251号）。

二、必须招标的项目规模

根据《必须招标的工程项目规定》（中华人民共和国国家发展改革委员会令第16号），从2018年6月1日起凡属于该规定范围内的项目，施工单项合同估算大于400万元的必须进行招标。为指导此规定的正确实施，中华人民共和国国家发展改革委员会办公厅于2020年10月19日发布了《国家发展改革委办公厅关于进一步做好〈必须招标的工程项目规定〉和〈必须招标的基础设施和公用事业项目范围规定〉实施工作的通知》（发改办法规〔2020〕770号）。

三、招标投标原则

工程施工招标投标活动应当遵循公开、公平、公正和诚实信用的原则。

依法必须招标的工程施工项目，其招标投标活动依法由招标人负责。任何单位和个人均不得以任何方式非法干涉工程施工招标投标活动。

施工招标投标活动不受地区或者部门的限制。

《关于建立健全招标投标领域优化营商环境长效机制的通知》（发改法规〔2021〕240号）重申了坚持平等准入、公正监管、开放有序、诚信守法，形成高效规范、公平竞争的国内统一市场的决策部署。

四、招标活动的主要文件与一般规定

（一）招标形式

工程施工招标分为公开招标和邀请招标。

公开招标是指招标人通过发布招标公告，向不特定的法人或者其他组织发出投标邀请。

邀请招标是指招标人向三家以上具备承担施工招标项目能力的，资信良好的特定法人或者其他组织发出投标邀请。

（二）招标公告（投标邀请书）

招标公告或者投标邀请书应当载明以下内容：

（1）招标项目的名称和地址。

（2）招标项目的内容、规模、资金来源。

（3）招标项目的实施地点和工期。

（4）获取招标文件或资格预审文件。

（5）对投标人的资质等级以及相应类似业绩的要求。

（三）招标公告的法定期限

自招标文件出售之日起至停止出售之日止，最短不得少于5个工作日。

（四）资格审查

招标人可以根据招标项目自身的特点和需要，要求潜在的投标人或者投标人提供满足其资格要求的文件，对潜在投标人或者投标人进行资格预审。

资格审查分为资格预审和资格后审：资格预审是指在投标前对潜在投标人进行资格审查；资格后审是指开标后对投标人进行的资格审查。

《国家发展改革委办公厅 市场监管总局办公厅关于进一步规范招标投标过程中企业经营资质资格审查工作的通知》（发改办法规〔2020〕727号）针对深化招标投标领域“放、管、服”改革，推进“证照分离”改革，依法保障企业经营自主权，破除招标投标领域的各种隐性壁垒和不合理门槛，维护公平竞争的招标投标营商环境，作出了具体要求。

（五）招标文件

招标人应当根据施工项目的特点和需要编制招标文件。招标文件一般包括以下内容：

（1）投标邀请书。

（2）投标人须知。

（3）合同主要条款。

（4）投标文件格式。

（5）工程量清单。

（6）技术条款。

（7）施工图纸。

（8）评标标准和方法。

（9）要求投标的其他辅助材料。

（六）投标文件

投标人应当按照招标文件的要求编制投标文件。投标文件应当对招标文件提出的实质性要求和条件作出响应。

投标文件一般包括以下内容：

（1）投标函。

（2）投标报价。

（3）施工组织设计或施工方案。

（4）招标要求的其他材料。

投标人根据招标文件载明的项目实际情况，拟在中标后将中标项目的部分非主体、非关键性工作进行分包的，应当在投标文件载明。

（七）其他规定

（1）投标保证金的规定：招标人可以在招标文件中要求投标人提交保证金。投标保证金一般不得超过投标总价的2%，但最高不得超过50万元人民币。投标保证金有效期应当与投标有效期一致。

（2）提交投标文件的投标人少于3个的，招标人应当依法重新招标。

（3）招标人应当确定投标人编制投标文件所需要的合理时间，但是依法必须进行招标的项目，自招标文件开始发售之日起至投标人提交投标文件截止之日，最短不得少于20个日历天。

（4）评标委员会提出书面评标报告后，招标人一般应当在15个日历天内确定中标人，但最迟应当在投标有效期结束日的30个工作日前确定。

（八）电子招标投标

自2013年颁布《电子招标投标办法》（八部委令第20号）以及2017年发布并实施《房屋建筑和市政工程项目电子招标投标系统技术标准》JGJ/T 393—2017以来，电子招标投标在建设工程施工招标投标中广泛应用，全面替代线下招标投标已指日可待。

以下内容主要罗列建筑工程施工电子招标投标与传统招标投标的不同之处。

（1）招标文件网上下载——投标单位在网上报名，满足招标文件对投标单位的资格要求后，可自行从网上下载招标文件，不再需要去招标代理单位购买。

（2）现场踏勘——招标单位不再组织现场踏勘，投标单位可以根据招标文件上标明的项目地址，去拟投标项目的现场自行踏勘。

（3）取消了现场答疑环节——投标单位对招标文件的疑问或在自行踏勘后对项目现场的疑问可以在网上向招标方提出问题，招标单位将以补遗招标文件形式在网上发布，投标单位须重新下载招标补遗文件。

（4）投标——在招标文件规定的投标截止时间前，按照招标文件的要求在线上提交投标文件，不再需要打印包装。

（5）投标保证金——电子招标中投标保证金主要由投标保函体现，开具投标保函主要关注：

1）保函有效期与投标有效期一致并满足招标文件要求；

2）保函的开具银行要注意满足招标文件中的要求。

（6）开标——这是招标方与投标方第一次的见面，投标单位拿着投标文件的密钥以及招标文件要求参与开标会的资料参加开标会。

特别说明：在政府采购建设项目招标投标过程中，开标也在线上进行。

（7）评标——评标工作在线上进行，无纸质文件翻阅，故投标文件必须根据投标模块对照否决评审条款，逐条仔细编制，以防止由于违反否决条款的规定导致投标文件不能通过初步评审的情况出现。

2K320012　招标条件与程序

一、招标条件

（1）依法必须招标的工程建设项目，应当具备下列条件才能进行施工招标：

1）招标人已依法成立。

2）初步设计及概算应当履行审批手续的，已经获得批准。

3）招标范围、招标方法和招标组织形式等应当履行核准手续的，已经核准。

4）有相应资金或资金来源已经落实。

5）有招标所需的设计图纸及技术资料。

6）采用招标方式选择工程总承包单位的，其招标条件参照《住房和城乡建设部 国家发展改革委关于印发〈房屋建筑和市政基础设施项目工程总承包管理办法〉的通知》（建市规〔2019〕12号）的规定。

（2）符合公开招标条件，又有下述情形之一的，经批准可以进行邀请招标：

1）项目技术复杂或有特殊要求，只有少数几家潜在投标人可供选择的。

2）受自然地域环境限制的。

3）涉及国家安全、国家秘密或者抢险救灾，适宜招标但不宜公开招标的。

4）拟公开招标的费用与项目的价值相比，不值得的。

5）法律、法规规定不宜公开招标的。

二、招标程序

（1）编制招标文件：

招标文件的重要部分：① 投标须知中应当包括工程概况，招标范围，资格审查条件，工程资金来源或者资金落实情况，标段划分，工期要求，质量标准，现场踏勘和答疑安排，投标文件的编制、提交、修改、撤回的要求，投标报价的要求，投标有效期，开标时间和地点，评标方法和标准等；② 拟签订合同的主要条款，包括预付款比例，进度款支付方式，对逾期竣工或质量未达标的惩罚措施以及竣工结算的方式；③ 工程量清单文件。

依法必须进行施工招标的工程，招标人应当在招标文件发出的同时，将招标文件报工程所在地的县级以上地方人民政府建设行政主管部门备案，但实施电子招标投标的项目除外。

（2）发布招标公告，发售招标文件：

应当在指定的媒体、行业或当地政府规定的招标信息网上发布招标公告。

（3）组织现场踏勘，接受招标答疑。

（4）发布招标答疑文件或补充招标文件。

招标人根据投标人现场踏勘发现的问题，理解招标文件中遇到的问题进行答疑，招标人也可以主动对招标文件进行必要的澄清或者补充修改，并发出招标答疑文件或招标补充文件，根据规定该补充文件的发出至投标文件截止时间至少大于等于15个日历天。

（5）接受投标，组织开标会议。

（6）从评标专家库抽取评标专家，组织评标会议，评标委员会推荐中标候选人：

评标委员会的专家成员应当从评标专家库内相关专业的专家名单中以随机抽取方式

确定，并采用严格的保密措施和相关利益关系的回避制度。评标委员会的人数由5～7名（奇数）专家组成。《园林绿化工程建设管理规定》要求，园林绿化项目评标委员会中园林专业专家人数不少于委员会专家人数的1/3。

评标委员会对投标文件的评判标准就是招标文件中拟定的评标办法。

（7）评标公示：

评标结束后，评标委员会向招标人提交由所有评标专家签字的评标报告。招标人在收到评标报告之后的3个日历天内向社会公示中标候选人，公示期不得少于3个日历天。

（8）定标。

（9）订立合同。

（10）退还投标保证金。

2K320013　投标条件与程序

一、投标条件

施工招标的投标人是响应施工招标，参与投标竞争的施工企业。

投标人应当具备相应的施工企业资质，并在工程业绩、技术能力、项目负责人的资格条件、企业财务状况以及企业信用得分等方面满足招标文件的要求。

二、投标程序

（一）投标报名

网上报名是目前通常采用的报名方式，报名时需要记下购买招标文件的时间、地点以及所需验证的材料，按时购买招标文件。

（二）购买招标文件

若需进行资格预审，则需要购买资格预审文件。

（三）参与项目现场踏勘

现场踏勘有助于投标单位对招标文件的理解，对投标单位根据项目实地情况编制施工方案、整体措施项目的费用安排以及对投标风险的评估起着至关重要的作用。

（四）参加招标答疑会

带着问题参加招标答疑会。答疑会前，招标方通常会给投标单位一个提问题的时间，并且要求是书面提问，这些问题不仅限于项目现场的踏勘问题，还在于投标单位对招标文件以及招标图纸的理解或发现的其他问题，譬如工程量有漏算、计量不准确等问题；譬如项目特征、项目内容与图纸不相符合等问题。投标的准备工作越充分，对投标文件的编制就越有的放矢。

（五）接受招标答疑文件或补充招标文件。

（六）编制投标文件

投标文件应当包括投标函、施工组织设计或施工方案、投标报价和招标文件要求提供的其他资料。

其中投标函和投标报价组成投标文件中的商务标书部分，施工方案形成技术标书部分，其他资料作为投标文件的附册，以上三部分组成一套完整的投标文件。

1. 编制商务标书主要内容

（1）根据招标文件提供的招标图纸和图纸说明，重新校对工程量清单中的工程数量，并根据核对的工程数量来确定报价。

（2）分部分项工程量清单中给出的数量有时还是工程的实体数量，在组价过程中还需要计算施工中的实际数量，如：填方量，工程量清单中的数量是完成填筑后的数量，其中的松方数量在组价过程中必须重新计算。

（3）措施项目清单应根据施工方案作必要的调整，投标人应分析研究清单子目内容，采取相应的措施降低投标报价的风险。对于招标文件有报价范围限定的措施费投报子目，应根据项目的特点重要措施重点报价，关键不突破限定范围。

《住房和城乡建设部办公厅关于印发〈房屋建筑和市政基础设施工程施工现场新冠肺炎疫情常态化防控工作指南〉的通知》（建办质函〔2020〕489号）附则第一条明确规定：因疫情常态化防控发生的防疫费用，可计入工程造价。具体在措施项目清单中列入。

（4）暂估价部分的报价一定要严格遵照招标清单的投报原则，决不能擅自修改。暂估价中的材料、设备单价严格按照清单中的暂估价计入综合单价中，而暂列金额则原封不动地计入总价中。对于计日工的单价投报应根据工程特点、有关计价依据和本企业的投标宗旨，报出综合单价。注意：该价格对投标总价的影响微乎其微，可以忽略，但是对以后点工的计价却可以起到四两拨千斤的作用，所以在投标报价中千万别放弃。

（5）组成综合单价的人、材、机的取价，应根据投标企业的采购渠道和劳动力的来源方向以及企业的自身机械设备能力进行投报；而企业管理费、利润，则需要根据投标企业的投标策略来决定取值。

（6）组价中还可以针对招标工程量清单中的漏洞，采用一些不平衡报价技巧，对个别项目的报价进行调整，以获得既不影响中标，也不影响收益的有竞争力的投标报价。

2. 编制技术标书的主要内容

技术标书的编制依据应该以技术评分为标准，通常的技术文件包括以下内容：

（1）对项目的理解以及对项目实施中的重点、难点分析和应对的处理措施。

（2）主要施工方案：把握关键的分部分项工程的施工方案和危险性较大的分部分项工程施工的专项方案，针对性强，重点、难点分析准确，保障措施得当。

（3）进度计划及措施：根据招标文件要求工期制定标有关键线路的施工进度计划，并有相对应的保障措施。

（4）质量保证体系及质量保证措施：完整的质量保证体系并落实到各责任人，对关键部位的质量控制重点分析到位且措施有力。

（5）安全管理体系及保证措施：体系完整，人员到位，措施有力，对突发事故的应急预案全面，针对性强。

（6）文明施工、环境保护体系及措施：符合施工区域相关规定，内容全面。

（7）风险管理体系及措施：风险识别明确，应对措施得当。

（8）劳动力、材料、机械设备配置计划及保障措施均能够满足招标项目要求。

（9）项目管理机构及运行保证体系：专业岗位设置齐全、责任明确，奖罚分明。

（10）施工现场总平面图：能根据施工进程合理调整布局；生活设施总平面布置能满足文明施工、卫生防疫、消防等要求，相应设施齐全。

3. 投标文件的制作

（1）投标文件完成编制后，应该进行核对校验，商务文件应避免电子文件与书面文件发生差异，电子文件应保证能在开标会上顺利打开；报价文件避免漏缺子目；技术文件应尽量避免涂改。

（2）投标文件装帧后，应按照评标办法否决评审条款逐条对照检查，保证所提交的投标文件不发生与否决条款相类似的问题。

（3）按照招标文件的要求对投标文件进行密封包装，万万不可随意封包，以免前功尽弃。

（七）提交投标保证金

在提交投标文件前，千万记得提交投标保证金，并记得保证金的有效期要与投标有效期一致。

（八）提交投标文件，参加开标会议

准时参加开标会议，并按照招标须知的要求携带好相应的书面资料。

（九）若中标则签订合同

2K320020 市政公用工程造价管理

工程造价管理的基本内容就是合理确定和有效地控制工程造价，合理确定工程造价就是在建设工程的各个阶段，合理确定估算造价、概算造价、预算造价、合同造价和竣工结算造价，有效控制工程造价也就是在优化建设方案、设计方案的基础上，在建设工程的各个阶段采用适当的方法和措施，把工程造价控制在合理的范围和核定的造价限额以内，就如通常规定的设计概算不得大于投资估算，施工图预算不得大于设计概算，竣工结算不得大于施工图预算。

2K320021 施工图预算的应用

一、施工图预算的作用

（一）施工图预算对建设单位的作用

（1）施工图预算是设计阶段控制工程造价的重要环节，是控制施工图设计不突破概算设计的重要措施。

（2）施工图预算是控制造价及资金合理使用的依据。施工图预算确定的预算造价是工程的计划成本，建设单位按施工图预算造价筹集建设资金，合理安排建设资金计划，确保建设资金的有效使用，保证项目建设顺利进行。

（3）施工图预算是建设单位在实施施工招标时计算招标控制价的重要参考依据。

（二）施工图预算对施工单位的作用

（1）施工图预算是建筑施工单位投标报价的基础。在激烈的建筑市场竞争中，建筑施工企业需要根据施工图预算，结合企业的投标策略，确定投标报价。

（2）施工图预算是施工企业安排调配施工力量、组织材料供应的依据。

（3）施工图预算是进行“两算”对比的依据。施工单位可以通过施工图预算和施工预算的对比分析，找出差距，采取相应的措施。

二、施工图预算的内容和组成

（一）施工图预算的内容

（1）建设项目总预算是反映施工图设计阶段建设项目投资总额的造价文件，是施工图预算文件的主要组成部分，由组成该建设项目的各个单项工程综合预算和相关费用组成。具体包括：建筑安装工程费、设备及工器具购置费、工程建设其他费用、预备费、建设期利息及铺底流动资金。施工图总预算应控制在已批准的设计总概算投资范围以内。

（2）单项工程综合预算是反映施工图设计阶段一个单项工程造价的文件，是总预算的组成部分，由构成该单项工程的各个单位工程施工图预算组成。其编制的费用项目是各单项工程的建筑安装工程费、设备及工器具购置费。

（3）单位工程预算是依据单位工程施工图设计文件、现行预算定额以及人工、材料和施工机械台班价格等，按照规定的计价方法编制的工程造价文件。市政公用工程施工图预算包括各专业工程预算和通用安装工程预算。市政公用工程施工图预算是城市功能各专业单位工程施工图预算的总称。

（二）施工图预算文件的组成

（1）施工图预算由建设项目总预算、单项工程综合预算和单位工程预算组成。

（2）施工图预算根据建设项目实际情况可采用三级预算编制或二级预算编制形式。

（3）当建设项目有多个单项工程时，应采用三级预算编制形式。三级预算编制形式由建设项目总预算、单项工程综合预算、单位工程预算组成。采用三级预算编制形式的工程预算文件包括：封面、签署页及目录、编制说明、总预算表、综合预算表、单位工程预算表、附件等内容。

（4）当建设项目只有一个单项工程时，应采用二级预算编制形式。二级预算编制形式由建设项目总预算和单位工程预算组成。采用二级预算编制形式的工程预算文件包括：封面、签署页及目录、编制说明、总预算表、单位工程预算表、附件等内容。

三、施工图预算的编制方法

施工图预算的编制主要包括三大内容：单位工程施工图预算编制、单项工程综合预算编制、建设项目总预算编制。

单位工程施工图预算是施工图预算的关键。

（一）编制施工图预算的计价模式

（1）定额单价法。定额单价法又称工料单价法或预算单价法，是指采用国家主管部门或地方统一颁布的定额以及取费标准，通过对施工图的工程计量，来编制施工图预算的方法。由于市政公用工程涉及的专业工程范围较广，故适用其取费标准的依据有《市政工程定额》《城市轨道交通工程定额》《园林绿化工程定额》《燃气工程预算定额》等。

（2）工程量清单计价法。工程量清单计价法是指按照国家统一的工程量计算规则，计算施工图工程数量，并采用综合单价的形式计算工程造价的方法。

（二）施工图预算的编制方法

（1）单价法。用单价法编制施工图预算，就是根据地区统一单位估价表中的各分项工程综合单价，乘以相应的各分项工程量，并相加，得到单位工程的人工费、材料费和机械使用费三者费用之和。再加上企业管理费、利润、规费和增值税，即可得到单位工程的施工图预算。

（2）实物法。用实物法编制施工图预算，主要是先用计算出的各分项工程的实物工程量，分别套取预算定额，并按类相加，求出单位工程所需的各种人工、材料、施工机械台班的消耗量，然后分别乘以当时当地各种人工、材料、施工机械台班的实际单价，求得人工费、材料费和施工机械使用费，再汇总求和。企业管理费、利润、规费和增值税等费用的计算方法均与单价法相同。

四、施工图预算的应用

（一）招标投标阶段

（1）施工图预算是招标单位编制标底的依据，也是工程量清单编制依据。

（2）施工图预算造价是施工单位投标报价的依据。投标报价时应在分析企业自身优势和劣势的基础上进行报价，以便在市场激烈竞争中赢得工程项目。

（二）工程实施阶段

（1）施工图预算在施工单位进行工程项目施工准备和编制实施性施工组织设计时，提供重要的参考作用。

（2）施工图预算是施工单位进行成本控制的依据，也是项目部进行成本目标控制的主要依据。

（3）施工图预算也是工程费用调整的依据。工程预算批准后，一般情况下不得调整。在出现重大设计变更、政策性调整及不可抗力等情况时可以调整。调整预算编制深度与要求、文件组成及表格形式同原施工图预算。调整预算还应对工程预算调整的原因做详尽分析说明，所调整的内容在调整预算总说明中要逐项与原批准预算对比，并编制调整前后预算对比表，分析主要变更原因。在上报调整预算时，应同时提供有关文件和调整依据。

2K320022 工程量清单计价的应用

适用于市政公用工程的工程量清单评价规范有:《建设工程工程量清单计价规范》GB 50500—2013、《市政工程工程量计算规范》GB 50857—2013、《园林绿化工程工程量计算规范》GB 50858—2013、《城市轨道交通工程工程量计算规范》GB 50861—2013、《构筑物工程工程量计算规范》GB 50860—2013，上述这些计价规范都是现行的工程量清单计价规范，于2013年7月开始启用。

一、工程量清单与工程量清单计价

（一）工程量清单

工程量清单是表现拟建工程所涉及的各分部分项工程内容、措施项目内容、其他项目内容、规费和税金项目内容的名称和数量的明细清单。

工程量清单是由招标人或由其委托的造价咨询公司代为编制，并作为招标文件的重要部分通过购买招标文件的形式转移给投标人。

（二）工程量清单计价

工程量清单计价是投标人完成招标人提供的拟建工程项目的工程量清单内容所需要的全部费用，包括分部分项工程费、措施项目费、其他项目费和规费以及税金。

工程量清单计价由投标单位依据招标方提供的工程量清单数量，结合本企业内部的核算机制编制出的投标价格，而编制招标限价的造价咨询单位则根据现行的定额编制出招标控制价。

（三）工程量清单与工程量清单计价的关系

（1）工程量清单与工程量清单计价是两个不同阶段的关于拟建工程项目的文件，由不同身份的人员编制。

（2）工程量清单的十二位项目编码、工程量清单的项目特征描述以及分部分项工程量清单的计量单位、工程数量的计算规则均遵照《建设工程工程量清单计价规范》GB 50500—2013。

（3）工程清单的结果是数量，清单计价的结果是费用。

二、工程量清单计价的应用

（一）工程量清单计价的一般规定

（1）全部使用国有资金投资或国有资金投资为主的建设工程发、承包，必须采用工程量清单计价。

国有资金（含国家融资资金）为主的工程建设项目是指国有资金占投资总额 50% 以上，或虽不足 50% 但国有投资实质上拥有控股权的工程建设项目。

（2）工程量清单应采用综合单价计价。

工程量清单不论分部分项工程项目，还是措施项目，不论单价项目，还是总价项目，均应采用综合单价法计价，即包括除规费、税金以外的全部费用。

（3）措施项目中的安全文明施工费必须按国家或省级、行业建设主管部门的规定计价，不得作为竞争性费用。

（4）规费和税金必须按国家或省级、行业建设主管部门的规定计价，不得作为竞争性费用。

（二）投标阶段

根据招标人提供的工程量清单，并根据清单中描述的项目特征和工作内容结合对招标图纸的理解，根据企业的自身实力来填报相应的综合单价，报出完成招标人提供的工程量清单所需的全部费用。

该阶段的重点是根据招标图纸以及工艺找出招标人提供的工程量清单中的漏洞，利用报价形成在投标竞争中的优势，取得中标机会。

（三）工程实施阶段

根据计价规范中的工程量计算规则，结合投标时的综合单价和经过现场工程师确认的实际工程数量，构成工程进度款的支付额度。

该阶段重点关注的是对施工方有利的项目具体实施工艺与原招标清单特征描述的差异，原招标图与施工图之间的工程量差异、工程内容特征的差异，原招标现场与实施现场的差异等并做好有效的原始记录。

（四）竣工结算阶段

“投标报价＋实施过程中的有效签证＝结算工程费用”，自然实施过程中的签证费用也是依据合同中约定的工程量清单计价规范来执行。

（五）施工索赔费用的计算依据

来源于招标文件约定的工程量清单计价规范。

2K320030　市政公用工程合同管理

2K320031　施工阶段合同履约与管理要求

本条简要介绍市政公用工程施工阶段合同履约与管理。

一、施工项目合同管理

（一）合同管理依据

（1）必须遵守《中华人民共和国民法典》（后文简称《民法典》）第三编合同、《中华人民共和国建筑法》（后文简称《建筑法》）以及有关法律、法规。

（2）必须依据与承包人订立的合同条款执行，依照合同约定行使权利，履行义务。

（3）合同订立主体是发包人和承包人，由其法定代表人行使法律行为；项目负责人受承包人委托，具体履行合同的各项约定。

（二）合同管理主要内容

（1）遵守《民法典》第三编合同规定的各项原则，组织施工合同的全面执行；合同管理包括相关的分包合同、买卖合同、租赁合同、借款合同等。

（2）必须以书面形式订立合同、洽商变更和记录，并应签字确认。

（3）发生不可抗力使合同不能履行或不能完全履行时，应依法及时处理。

（4）依《民法典》第三编合同规定进行合同订立、变更、转让、终止、解除工作。

二、分包合同管理

（一）专业分包管理

（1）实行分包的工程，应是合同文件中规定的工程部分。

（2）分包项目招标文件的编制：

1）依据总承包工程合同和有关规定，确定分包项目划分、分包模式、合同形式、计价模式及材料（设备）的供应方式，是编制招标文件的基础。

2）计算工程量和相应工程量费用：

依据工程设计图纸、市场价格、相关定额及计价方法进行工程量及相应工程量费用计算。

3）确定开、竣工日期：

根据项目总工期的需求和工程实施总计划、各项目、各阶段的衔接要求，确定各分包项目的开、竣工时间。

4）确定工程的技术要求和质量标准：

根据对工程技术、设计要求及有关规范的规定，确定分包项目执行的规范标准和质量验收标准，满足总承包人对分包项目提出的特殊要求。

5）拟定合同主要条款：

一般施工合同均分为通用条款、专用条款和协议书三部分，招标文件应对专用条款中的主要内容做出实质性规定，使投标人能够做出正确的响应。

（3）应经招投标程序选择合格分包人。

（二）劳务分包管理（详见 2K320063 条）

（1）劳务分包应实施实名制管理。承包人和项目部应加强劳务工及劳务管理日常工作。

（2）项目总包、分包人必须分别设置专（兼）职劳务管理员，明确劳务管理员职责；劳务管理员须参加各单位统一组织的上岗培训，并实行持证上岗。

（三）分包合同履行

履行分包合同时，承包人应当就承包项目向发包人负责；分包人就分包项目向承包人负责；因分包人过失给发包人造成损失，承包人承担连带责任。

三、合同变更与评价

（一）合同变更

（1）施工过程中遇到的合同变更，如工程量增减，质量及特性变更，高程、基线、尺寸等变更，施工顺序变化，永久工程附加工作、设备、材料和服务的变更等，当事人协商一致，可以变更合同。项目负责人必须掌握变更情况，遵照有关规定及时办理变更手续。

（2）承包人根据施工合同，向监理工程师提出变更申请；监理工程师进行审查，将审查结果通知承包人。监理工程师向承包人出具变更令。

（3）承包人必须掌握索赔知识，在有正当理由和充分证据条件下按规定进行索赔；按施工合同文件有关规定办理索赔手续；准确、合理地计算索赔工期和费用。

（二）合同评价

当合同约定内容完成后，承包人应进行总结与评价，内容应包括：合同订立情况评价、合同履行情况评价、合同管理工作评价、合同条款评价。

2K320032　施工合同索赔

工程索赔是在工程承包合同履行中，当事人一方由于另一方未履行合同所规定的义务或者出现了应当承担的风险而遭受损失时，向另一方提出索赔要求的行为。本条简要介绍工程索赔在工程实践中的应用。

一、工程索赔的处理原则

承包人必须掌握有关法律政策和索赔知识，进行索赔须做到：

（1）有正当索赔理由和充分证据。

（2）索赔必须以合同为依据，按施工合同文件有关规定办理。

（3）准确、合理地记录索赔事件和计算工期、费用。

二、索赔的程序

（1）根据招标文件及合同要求的有关规定提出索赔意向书。合同实施过程中，凡不属于承包人责任导致项目拖延和成本增加事件发生后的 28d 内，必须以正式函件通知监理工程师，声明对此事件要求索赔，同时仍需遵照监理工程师的指令继续施工，逾期提出时，监理工程师有权拒绝承包人的索赔要求。

（2）正式提出索赔申请后，承包人应抓紧准备索赔的证据资料，包括事件的原因、对其权益影响的资料、索赔的依据，以及其他计算出该事件影响所要求的索赔额和申请延期的天数，在索赔申请发出的 28d 内报出。

（3）监理工程师在收到承包人送交的索赔报告和有关资料后，于 28d 内给予答复，或要求承包人进一步补充索赔理由和证据。监理工程师在 28d 内未予答复或未对承包人作进一步要求，视为该项索赔已经认可。

（4）当索赔事件持续进行时，承包人应当阶段性向监理工程师发出索赔意向通知，在索赔事件终了后 28d 内，向监理工程师提出索赔的有关资料和最终索赔报告。

三、索赔项目概述及起止日期计算方法

施工过程中主要是工期索赔和费用索赔。

（一）延期发出图纸产生的索赔

接到中标通知书后 28d 内，未收到监理工程师送达的图纸及其相关资料，作为承包人

应依据合同提出索赔申请，接中标通知书后第29天为索赔起算日，收到图纸及相关资料的日期为索赔结束日。由于是施工前准备阶段，该类项目一般只进行工期索赔。

（二）恶劣的气候条件导致的索赔

可分为工程损失索赔及工期索赔。发包人一般对在建项目进行投保，故由恶劣天气影响造成的工程损失可向保险机构申请损失费用理赔；在建项目未投保时，应根据合同条款及时进行索赔。该类索赔计算方法：在恶劣气候条件开始影响的第1天为起算日，恶劣气候条件终止日为索赔结束日。

（三）工程变更导致的索赔

工程施工项目已进行施工又进行变更、工程施工项目增加或局部尺寸、数量变化等。计算方法：承包人收到监理工程师书面工程变更令或发包人下达的变更图纸日期为起算日期，变更工程完成日为索赔结束日。

（四）以承包人能力不可预见引起的索赔

由于工程投标时图纸不全，有些项目承包人无法作正确计算，如地质情况、软基处理等。该类项目一般发生的索赔有工程数量增加或需要重新投入新工艺、新设备等。计算方法：以承包人未预见的情况开始出现的第1天为起算日，终止日为索赔结束日。

（五）由外部环境而引起的索赔

属发包人原因，由于外部环境影响（如征地拆迁、施工条件、用地的出入权和使用权等）引起的索赔。

以监理工程师批准的施工计划受影响的第1天为起算日，经发包人协调或外部环境影响自行消失日为索赔事件结束日。该类项目一般进行工期及工程机械停滞费用索赔。

（六）监理工程师指令导致的索赔

以收到监理工程师书面指令之日为起算日，按其指令完成某项工作的日期为索赔事件结束日。

（七）其他原因导致的承包人的索赔

视具体情况确定起算日期和结束日期。

四、同期记录

（1）索赔意向书提交后，就应从索赔事件起算日起至索赔事件结束日止，认真做好同期记录。每天均应有记录，并经现场监理工程师签认；索赔事件造成现场损失时，还应做好现场照片、录像资料。

（2）同期记录的内容有：事件发生及过程中现场实际状况；现场人员、设备的闲置清单；对工期的延误；对工程损害程度；导致费用增加的项目及所用的工作人员、机械、材料数量、有效票据等。

五、最终报告

最终报告应包括以下内容：

（1）索赔申请表：填写索赔项目、依据、证明文件、索赔金额和日期。

（2）批复的索赔意向书。

（3）编制说明：索赔事件的起因、经过和结束的详细描述。

（4）附件：与本项费用或工期索赔有关的各种往来文件，包括承包人发出的与工期和费用索赔有关的证明材料及详细计算资料。

六、索赔的管理

（1）由于索赔引起费用或工期的增加，往往成为上级主管部门复查的对象。为真实、准确反映索赔情况，承包人应建立、健全工程索赔台账或档案。

（2）索赔台账应反映索赔发生的原因，索赔发生的时间、索赔意向提交时间、索赔结束时间，索赔申请工期和费用，监理工程师审核结果，发包人审批结果等内容。

（3）对合同工期内发生的每笔索赔均应及时登记。工程完工时应形成完整的资料，作为工程竣工资料的组成部分。

2K320033 施工合同风险防范措施

本条简要介绍市政公用工程施工合同风险的识别与防范。

一、合同风险管理主要内容

（1）在合同签订前对风险作全面分析和预测。

（2）对风险采取有效的对策和计划。

（3）在合同实施中对可能发生或已经发生的风险进行有效的控制。

二、常见风险种类

（一）工程常见的风险种类

（1）工程项目的技术、经济、法律等方面的风险。现代工程规模大，功能要求高，需要新技术、新工艺、新设备，承包人的技术力量、施工力量、装备水平、工程管理水平不足，在投标报价和工程实施过程中存在一些失误；承包人资金供应不足，周转困难；在国际工程中还常常出现对当地法律、语言不熟悉，对技术文件、工程说明和规范理解不正确或误解。

（2）建设单位资信风险。应对建设单位的资信进行评价，以控制风险程度（如建设单位的业绩、管理运作能力、经济状况）。预防因建设单位无力支付工程款，致使工程被迫中止（建设单位的信誉差，有意拖欠或少支付工程款；建设单位因管理运作能力差经常改变设计方案、实施方案，打乱工程施工秩序，但又不愿意给承包人以补偿等）。

（3）外界环境的风险。在国际工程中，工程所在国政治环境的变化（如发生战争、禁运、罢工、社会动乱等造成工程中断或终止）；经济环境的变化（如通货膨胀、汇率调整、工资和物价上涨）；合同所依据的法律变化（如新的法律颁布、国家调整税率或增加新税种、新的外汇管理政策等）。现场条件复杂，干扰因素多；施工技术难度大，特殊的自然环境（如场地狭小、地质条件复杂、气候条件恶劣）；水电供应、建材供应不能保证等。自然环境的变化（如百年未遇的洪水、地震、台风等，以及工程水文、地质条件的不确定性）。

（4）合同风险。工程承包合同中一般都有风险条款和一些明显的或隐含的对承包人不利的条款。

（二）合同风险因素的识别

1. 合同风险因素的分类

（1）按风险严峻程度分为特殊风险（非常风险）和其他风险。

（2）按工程实施不同阶段分为投标阶段的风险、合同谈判阶段的风险、合同实施阶段的风险。

（3）按风险的范围分为项目风险、国别风险和地区风险。

（4）从风险的来源性质可分为政治风险、经济风险、技术风险、商务风险、公共关系风险和管理风险等。

2. 合同风险因素的分析

（1）在国际工程承包中，由于政治风险要比国内大，情况更复杂，造成损失也会较大。

（2）在国际工程承包中，可能会遇到的经济风险比较多，受制约面相对较广。

（3）在国内工程总承包中，经济、技术、公共关系等方面风险同时存在，有时会相互制约、发生连带责任关系。

三、合同风险的管理与防范

（一）合同风险管理与防范

应从递交投标文件、合同谈判阶段开始，到工程实施完成合同为止。

（二）管理与防范措施

1. 合同风险的规避

充分利用合同条款；增设保值条款；增设风险合同条款；增设有关支付条款；外汇风险的回避；减少承包人资金、设备的投入；加强索赔管理，进行合理索赔。

2. 风险的分散和转移

向保险公司投保；向分包人转移部分风险。

3. 确定和控制风险费

工程项目部必须加强成本控制，制定成本控制目标和保证措施。编制成本控制计划时，每一类费用及总成本计划都应适当留有余地。

2K320040　市政公用工程施工成本管理

2K320041　施工成本管理

本条介绍施工项目成本管理的基本要求和具体应用。

一、施工成本管理的主要内容

（1）按其类型分有计划管理、施工组织管理、劳务费用管理、机具及周转材料租赁费用的管理、材料采购及消耗的管理、管理费用的管理、合同的管理、成本核算八个方面。

（2）在工程施工过程中，在满足合同约定条件下，以尽量少的物质消耗和工力消耗来降低成本。

（3）把影响施工成本的各项耗费控制在计划范围内，在控制目标成本情况下，开源节流，向管理要效益，靠管理求生存和发展。

（4）在企业和项目管理体系中建立成本管理责任制与激励机制。

二、施工成本管理组织与方法

（一）施工成本管理组织

施工成本管理组织机构设置应符合下列要求：

1. 高效精干

施工成本管理组织机构设置的根本目的，是为了实现施工成本管理总目标。施工成本管理组织机构的人员设置，应以能实现施工成本管理目标所要求的工作任务为原则。施工成本管理需要内行来管理，因事而设岗。

2. 分层统一

施工项目成本管理要从施工作业班组开始，各负其责，上下协调统一，才能发挥管理组织的整体优势。

3. 业务系统化

施工项目成本管理和企业施工成本管理在组织上必须防止职能分工权限和信息沟通等方面的矛盾或重叠，各部门（系统）之间必须形成互相制约、互相联系的有机整体，以便发挥管理组织的整体优势。

4. 适应变化

市政公用工程施工项目具有多变性、流动性、阶段性等特点，这就要求成本管理工作和成本管理组织机构随之进行相应调整，以使组织机构适应施工项目的变化。

（二）施工成本管理方法

国内外有许多施工成本管理方法，企业和施工项目部应依据自身情况和实际需求进行选用，选用时应遵循以下原则：

（1）实用性原则——施工成本管理方法具有时效性、针对性，首先应对成本管理环境进行调查分析，以判断成本管理方法应用的可行性以及可能产生的干扰和效果。

（2）坚定性原则——施工成本管理通常会遇到各种干扰，人们的习惯性、传统心理会对新方法产生抵触，认为老方法用起来顺手。应用某些新方法时可能受许多条件限制，产生干扰或制约等。这时，成本管理人员就应该有坚定性，克服困难，才能取得预期效果。

（3）灵活性原则——影响成本管理的因素多且不确定，必须灵活运用各种有效的成本管理方法（根据变化了的内部、外部情况，灵活运用，防止盲目套用）。

（4）开拓性原则——施工成本管理方法的创新，既要创造新方法，又要对成熟方法的应用方式进行创新。

三、施工成本管理的基础工作

（一）施工成本管理流程

（1）施工成本管理的基本流程：成本预测→成本计划→成本控制→成本核算→成本分析→成本考核。

（2）施工项目管理的核心是施工成本管理，应根据企业下达的成本控制目标，管理控制各种支出。通过项目投标与合同签订、项目标价分离、下达项目部目标管理责任书、编制项目部实施计划、进行过程控制、成本计算和分析等一系列项目管理工作，实现工程项目的预期收益。

（二）施工成本管理措施

为搞好施工成本管理，必须做好以下工作：

1. 加强成本管理观念

施工项目部是企业施工经营管理的基础和载体，成功的项目成本管理要依靠施工项目中各个环节上的管理人员，因此要树立强烈的成本意识，不断加强成本管理观念，使项目部人员自觉地参与施工项目全过程的成本管理。

2. 加强定额和预算管理

完善的定额资料、做好施工预算和施工图预算是施工项目成本管理的基础。定额资料包括：《全国统一市政工程预算定额》及地方定额等，劳务与材料的市场价格信息，以及企业内部的施工定额。根据国家统一定额、取费标准编制施工图预算；依据企业的施工定额编制单位工程施工预算，通过两算对比，可以确定成本控制的重点和可控程度。

3. 完善原始记录和统计工作

原始记录应直接记载施工生产经营情况，是编制成本计划的依据，是统计和成本管理的基础。项目施工中的工、料、机和费用开支都要有及时、完整、准确的原始记录，且符合成本管理的格式要求，由专人负责记录和统计。

4. 建立健全责任制度

施工项目各项责任制度，如计量验收、考勤、原始记录、统计、成本核算分析、成本目标等责任制是实现有效的全过程成本管理的保证和基础。

5. 建立考核和激励机制

施工企业的成本管理工作必须注重实效，对施工项目部应实行目标成本控制（见2K320042条）并进行考核；对于达到考核指标的施工项目部和项目部经理应兑现奖励承诺，以便推进项目成本管理工作。

2K320042　施工成本目标控制的措施

本条简要介绍项目施工目标（又称目标成本）控制原则以及可供借鉴的方法。

一、施工成本控制目标的原则

（一）成本最低原则

掌握施工成本最低化原则应注意降低成本的可能性和合理的成本最低化，既要挖掘各种降低成本的能力，使可能成为现实；也要从实际出发，制定通过主观努力达到合理的最低成本水平。

（二）全员成本原则

施工项目成本的全员，包括项目部负责人、各部室、各作业队等。成本控制全员参与，人人有责，才能使工程成本自始至终置于有效的控制之下。

（三）目标分解原则

项目经理作为项目成本控制的第一责任人，在充分考虑内部挖潜的措施下，确定项目内部目标成本，并把项目施工成本目标层层分解，分解落实到各部门再进行层层控制，分级负责，形成一个成本控制网络。

（四）动态控制原则

又称过程控制原则，施工成本控制应随着工程进展的各个阶段连续进行，特别强调过程控制、检查目标的执行结果，评价目标和修正目标；发现成本偏差，及时调整纠正，形成目标管理的计划、实施、检查、处理循环，即PDCA循环。

（五）责、权、利相结合的原则

在确定项目经理和各个岗位管理人员后，同时要确定其各自相应的责、权、利。“责”是指完成成本控制指标的责任；“权”是指责任承担者为了完成成本控制目标必须具备的权限；“利”是指根据成本控制目标完成情况给予责任承担者相应的奖惩。做好责、权、利相结合，成本控制才能收到预期效果。三者和谐统一，缺一不可。

二、施工成本目标控制主要依据

（一）工程承包合同

施工成本控制要以工程承包合同为依据，围绕降低施工成本的目标，从预算收入和实际成本两方面，充分挖掘增收节支潜力，以求获得最大的经济效益。

（二）施工成本计划

施工成本计划是根据施工项目的具体情况制定的施工成本控制方案，既包括预定的具体成本控制目标，又包括实现控制目标的措施和规划，是施工成本控制的指导文件。

（三）进度报告

进度报告（详见 2K320073 条）提供了报告期内工程实际完成量，施工成本实际支付情况等重要信息。施工成本控制工作就是通过实际情况与施工成本计划相比较，找出二者之间的差别，分析偏差产生的原因，从而采取措施加以改进。

（四）工程变更

在工程实施过程中，由于各方面的原因，工程变更是很难避免的。工程变更一般包括设计变更、进度计划变更、施工条件变更、技术规范与标准变更、施工顺序变更、工程数量变更等。一旦出现变更，工程量、工期、成本都将发生变化，从而使得施工成本控制变得复杂和困难。项目施工成本管理人员应通过对变更要求中各类数据的计算、分析，随时掌握变更情况，包括已发生工程量、将要发生工程量、工期是否拖延、支付情况等重要信息，判断变更以及变更可能带来的索赔额度等。

三、施工成本目标控制的方法

施工成本控制方法很多，而且有一定的随机性；市政公用工程大多采用施工图预算控制成本支出。在施工成本目标控制中，可按施工图预算实行“以收定支”，或者叫“量入为出”，是最有效的方法之一。

可供借鉴的具体方法如下：

（一）人工费的控制

定额人工费，各个地区的定额不同。比如河南地区的定额人工费，对于 2008 定额来说，定额人工费是每个工日 43 元，2016 年定额站发布的人工指导价是每个工日 75 元。合同规定人工费补贴为 25 元 / 工日，二者相加，人工费的预算定为 100 元 / 工日。在这种情况下，项目部与施工队签订劳务合同时，应将人工费单价定在 75 元以下（辅工还可再低一些），其余部分考虑用于定额外人工费和关键工序的奖励费。如此安排，人工费就不会超支，而且还留有余地，以备关键时的应急之用。

（二）材料费的控制

在对材料成本进行控制的过程中，首先要以预算价格来控制地方材料的采购成本，至于材料消耗数量的控制，则应通过“限额领料单”去落实。

材料管理人员必须关注材料价格的变动，积累系统市场材料价格信息。企业有条件或有资金的可以通过集中采购等方式，以平衡项目间材料需求的时差、价差。

（三）支架脚手架、模板等周转设备使用费的控制

施工图预算中的“周转设备使用费＝耗用数 × 市场价格”，而实际发生的“周转设备使用费＝使用数 × 企业内部的租赁单价或摊销价”。由于二者的计量基础和计价方法各不相同，只能以周转设备预算收费的总量来控制实际发生的周转设备使用费的总量。

（四）施工机械使用费的控制

施工图预算中的“机械使用费＝工程量 × 定额台班单价”。由于施工的特殊性，实

际的机械使用率不可能达到预算定额的取定水平，再加上预算定额所设定的施工机械原值和折旧率又有较大滞后性，因而使施工图预算的机械使用费往往小于实际发生的机械使用费，形成机械使用费超支。

由于上述原因，有些施工项目在取得发包人的谅解后，在工程合同中明确规定一定数额的机械费补贴。在这种情况下，就可以用施工图预算的机械使用费和增加的机械费补贴来控制机械费支出。

（五）构件加工费和分包工程费的控制

在市场经济体制下，木制成品、混凝土构件、金属构件和成型钢筋的加工，以及桩基础、土方、吊装、安装和专项工程的分包，都可能委托专业单位进行加工或施工，必须通过经济合同来明确双方的权利和义务。在签订这些经济合同时，特别要坚持"以施工图预算控制合同金额"的原则，绝不容许合同金额超过施工图预算。根据市政公用工程的资料分析测算，上述各种合同金额的总和约占全部工程造价的55%～70%。由此可见将构件加工和分包工程的合同金额控制在施工图预算内，是十分重要的。

除了以施工图预算来控制成本支出外，还有以施工预算控制人力资源和物资资源的消耗、以应用成本与进度同步跟踪的方法控制分部分项工程成本等。

四、营业税改增值税后进项税抵扣和成本管理的关系

2016年5月1日以后，营业税改增值税工作在建筑业全面实施。增值税管理重点在于采购环节，增值税的进项税额抵扣和成本管理直接相关。

（一）取得发票与采购定价的策略

实行增值税后，从不同的企业采购取得的增值税专用发票是不一样的，得到的进项税额也不一样，比如，从一般纳税人企业采购材料，取得的增值税发票是按照13%计算增值税额；而从小规模纳税人企业进行采购，采用简易征收办法，征收率一般为3%，不同的可抵扣进项税额导致不同的增值税额，从而产生的不同城市维护建设税及教育费附加等税负，最终影响企业的利润。因此，在采购环节上，企业必须确定供应商是一般纳税人还是小规模纳税人，能否提供增值税专用发票，能提供何种税率的增值税专用发票，进而提供企业的采购价格条件，得出优选后的采购策略。

（二）进项税抵扣必须取得合格的票据

进项税额，是指纳税人购进货物或者接受加工修理修配劳务和应税服务，支付或者负担的增值税额。纳税人取得的增值税扣税凭证不符合法律、行政法规或者国家税务总局有关规定的，其进项税额不得从销项税额中抵扣，也就是说，必须取得合格的票据，相应的增值税进项税额才有可能得到抵扣。

（三）增值税专用发票必须经过认证才允许抵扣

按照规定，增值税一般纳税人取得的增值税专用发票，应在规定之日内进行认证，并在认证通过的次月申报期内，向主管税务机关申报抵扣进项税额。未及时认证和申报抵扣的发票，将不得抵扣该发票进项税额。这就要求企业必须加强采购票据的管理，确保专用发票能够得到及时认证。

增值税专用发票由基本联或者基本联次附加其他联次构成，基本联次为三联：发票联、抵扣联和记账联。发票联，作为购买方核算采购成本和增值税进税项额的记账凭证；抵扣联，作为购买方进行认证和留存备查的凭证；记账联，作为销售方核算销售收入和增值税销项税额的记账凭证。

（四）增值税后虚开发票的风险增加

《国家税务总局关于纳税人虚开增值税专用发票征补税款问题的公告》（国家税务总局公告 2012 年第 33 号）规定，纳税人虚开增值税专用发票，未就其虚开金额申报并缴纳增值税的，应按照其虚开金额补缴增值税；已就其虚开金额申报并缴纳增值税的，不再按照其虚开金额补缴增值税。

纳税人取得虚开的增值税专用发票，不得作为增值税合法有效的扣税凭证抵扣其进项税额。

（五）基础工作的规范性影响进项税额的抵扣

按照有关规定，一般纳税人会计核算不健全或者不能够提供准确税务资料的，应当申请办理一般纳税人资格认定而未申请的，应当按照销售额和增值税税率计算应纳税额，不得抵扣进项税额，也不得使用增值税专用发票。

纳税人资料不齐全的，其进项税额不得从销项税额中抵扣。纳税人凭中华人民共和国税收通用缴款书抵扣进项税额的，应当向主管税务机关提供书面合同、付款凭证和发票备查，无法提供资料或提供资料不全的，其进项税额不得从销项税额中抵扣。

因此，企业应建立健全并落实内部管理制度，加强基础管理工作，为增值税的纳税管理奠定基础。

2K320043 施工成本核算

施工项目成本核算和成本分析是企业、项目部成本管理控制的基础，本条仅介绍项目部成本核算与分析。

一、施工项目成本核算

项目部应根据财务制度与会计制度的有关规定，建立项目成本核算制，明确项目成本核算的范围、原则、程序、方法、内容、责任与要求，设置核算台账记录原始数据。项目部可根据各单位、各部门的具体情况，选择每天、每周、每旬或每月（每季）进行成本核算，但每月必须进行 1 次成本核算。

（一）项目施工成本核算的对象

施工成本核算的对象是指在计算工程成本中，确定、归集和分配产生费用的具体对象，即产生费用承担的客体。

单位工程是合同签约、编制工程预算和工程成本计划、结算工程价款的计算单位。按照分批（订单）法原则，施工成本一般应以每一独立编制施工图预算的单位工程为成本核算对象，但也可以按照承包工程的规模、工期、结构类型、施工组织和施工现场等情况，结合成本管理要求，灵活划分成本核算对象。一般而言，划分成本核算对象有以下几种：

（1）一个单位工程由多个施工单位共同施工时，各个施工单位均以同一单位工程为成本核算对象，各自核算自行完成的部分。

（2）规模大、工期长的单位工程，可以按工程分阶段或分部位作为成本核算对象。

（3）同一“建设项目合同”内的多项单位工程或主体工程和附属工程可列为同一成本核算对象。

（4）改建、扩建的零星工程，可把开竣工时间相近的一批工程，合为一个成本核算对象。

（5）土石方工程、桩基工程，可按实际情况与管理需要，以一个单位工程或合并若干单位工程为成本核算对象。

（6）专业分包施工单位应与总承包单位确定的成本核算对象保持一致。

（二）项目施工成本核算的内容

项目部在承建工程并收到设计图纸后，一方面要进行现场“三通一平”等施工前期准备工作；另一方面，还要组织力量分头编制施工图预算、施工组织设计，降低成本计划和控制措施；最后，将实际成本与预算成本、计划成本对比考核。

（1）工程开工后记录各分项工程中消耗的人工费（内包人工费、外包人工费）、材料费（工程耗用的材料，根据限额领料单、退料单、报损报耗单、大堆材料耗用计算单等，由料具员按单位工程编制“材料耗用汇总表”计入成本）、周转材料费、机械台班数量及费用等，这是成本控制的基础工作。

（2）本期内工程完成状况的量度。已完工程的量度比较简单，对已开始但未完成的工作包，可以按照工作包中工序的完成进度计算。

（3）工程工地（点）管理费及项目部管理费实际开支的汇总、核算和分摊。

（4）对各分项工程以及总工程的各个项目费用核算及盈亏核算，提出工程成本核算报表。

（三）项目施工成本核算的方法

1. 表格核算法

建立在内部各项成本核算的基础上，由各要素部门与核算单位定期采集信息，按相关规定填制表格，完成数据比较、考核与简单核算，形成项目施工成本核算体系，作为支撑项目施工成本核算的平台。由于表格核算法具有便于操作和表格格式自由特点，可以根据企业管理方式和要求设置各种表格，因而对项目内各岗位成本的责任核算比较实用。

2. 会计核算法

建立在会计核算的基础上，利用会计核算所独有的借贷记账法和收支全面核算的综合特点，按照项目施工成本内容与收支范围，组织项目施工成本核算。其优点是核算严密、逻辑性强、人为调教的因素较小、核算范围较大，但对核算人员的专业水平要求很高。

总的说来，用表格核算法进行项目施工各个岗位成本的责任核算与控制；用会计核算法进行项目成本核算，两者互补，可以确保项目施工成本核算工作的质量。

二、项目施工成本分析

（一）施工成本分析的任务

（1）正确计算成本计划的执行结果，计算产生的差异。

（2）找出产生差异的原因。

（3）对成本计划的执行情况进行正确评价。

（4）提出进一步降低成本的措施和方案。

（二）施工成本分析的形式

施工成本分析的形式一般包括三个方面：

1. 按施工进展进行的成本分析

包括：分部分项工程成本分析、月（季）度成本分析、年度成本分析、竣工成本分析。

2. 按成本项目进行的成本分析

包括：人工费分析、材料费分析、机械使用费分析、企业管理费分析。

3. 针对特定问题和与成本有关事项的分析

包括：施工索赔分析、成本盈亏异常分析、工期成本分析、资金成本分析、技术组织措施节约效果分析、其他有利因素和不利因素对成本影响的分析。

（三）成本分析的方法

由于工程成本涉及的范围很广，需要分析的内容很多，应该在不同的情况下采取不同的分析方法。

1. 比较法

比较法又称指标对比分析法，是通过技术经济指标的对比，检查目标的完成情况，分析产生差异的原因，进而挖掘内部潜力的方法。应用时必须注意各项技术经济指标的可比性。比较法的应用形式有：将实际指标与目标指标对比；本期实际指标与上期实际指标对比；与本行业平均水平、先进水平对比。

2. 因素分析法

因素分析法又称连锁置换法或连环替代法。可用这种方法分析各种因素对成本形成的影响程度。在进行分析时，首先要假定众多因素中的一个因素发生了变化，而其他因素则不变，然后逐个替换，并分别比较其计算结果，以确定各个因素变化对成本的影响程度。

3. 差额计算法

差额计算法是因素分析法的一种简化形式，是利用各个因素的目标值与实际值的差额，计算对成本的影响程度。

4. 比率法

比率法是用两个以上指标的比例进行分析的方法，常用的比率法有相关比率、构成比率和动态比率三种。

2K320050 市政公用工程施工组织设计

2K320000
看本章精讲课
配套章节自测

2K320051 施工组织设计编制注意事项

市政公用工程施工组织设计，是市政公用工程项目在投标、施工阶段必须提交的技术文件，本条所指的施工组织设计是中标后组织实施阶段的施工组织设计。

一、基本规定

（1）市政工程应编制施工组织设计和施工方案，并形成文件。

（2）市政工程施工组织设计的编制应符合下列原则：

1）符合施工合同有关工程进度、质量、安全、环境保护及文明施工等方面的要求。

2）优化施工方案，达到合理的技术经济指标，并具有先进性和可实施性。

3）结合工程特点推广应用新技术、新工艺、新材料、新设备。

4）推广应用绿色施工技术，实现节能、节地、节水、节材和环境保护。

（3）市政工程施工组织设计应以下列内容作为编制依据：

1）与工程建设有关的法律、法规、规章和规范性文件。

2）国家现行标准和技术经济指标。

3）工程施工合同文件。

4）工程设计文件。

5）地域条件和工程特点，工程施工范围内及周边的现场条件，气象、工程地质及水文地质等自然条件。

6）与工程有关的资源供应情况。

7）企业的生产能力、施工机具状况、经济技术水平等。

（4）施工前应以施工内容为对象编制施工组织设计，并符合下列要求：

1）施工组织设计应包括工程概况、施工总体部署、施工现场平面布置、施工准备、施工技术方案、主要施工保证措施等基本内容。

2）施工组织设计应由项目负责人主持编制。

3）施工组织设计可根据需要分阶段编制。

（5）分部（分项）工程施工前应根据施工组织设计单独编制施工方案，并符合下列要求：

1）施工方案应包括工程概况、施工安排、施工准备、施工方法及主要施工保证措施等基本内容。

2）施工方案应由项目负责人主持编制。

3）由专业承包单位施工的分部（分项）工程，施工方案应由专业承包单位的项目技术负责人主持编制。

（6）危险性较大的分部（分项）工程施工前，应根据施工组织设计单独编制专项施工方案，详见 2K320053 条。

（7）施工组织设计的审批应符合下列规定：

1）施工组织设计可根据需要分阶段审批。

2）施工组织设计应经总承包单位技术负责人审批并加盖企业公章。

（8）施工方案的审批应符合下列规定：

1）施工方案应由项目技术负责人审批。重点、难点分部（分项）工程的施工方案应由总承包单位技术负责人审批。

2）由专业承包单位施工的分部（分项）工程，施工方案应由专业承包单位的技术负责人审批，并由总承包单位项目技术负责人核准备案。

（9）施工组织设计应实行动态管理，并符合下列规定：

1）施工作业过程中发生下列情况之一时，施工组织设计应及时修改或补充：

① 工程设计有重大变更。

② 主要施工资源配置有重大调整。

③ 施工环境有重大改变。

2）经修改或补充的施工组织设计应按审批权限重新履行审批程序。

3）具备条件的施工企业可采用信息化手段对施工组织设计进行动态管理。

二、施工组织设计主要内容

（一）工程概况

工程概况应包括工程主要情况及现场施工条件等内容。

（1）工程主要情况包括工程地理位置、承包范围、各专业工程结构形式、主要工程量、合同要求等。

（2）现场施工条件应包括下列内容：

1）气象、工程地质和水文地质状况。

2）影响施工的构（建）筑物情况。

3）周边主要单位（居民区）、交通道路及交通情况。

4）可利用的资源分布等其他应说明的情况。

（二）施工总体部署

施工总体部署应包括主要工程目标、总体组织安排、总体施工安排、施工进度计划及总体资源配置等。

（1）主要工程目标应包括进度、质量、安全和环境保护等目标。

（2）总体组织安排应确定项目经理部的组织机构及管理层级，明确各层级的责任分工，宜采用框图的形式辅助说明。

（3）总体施工安排应根据工程特点，确定施工顺序、空间组织，并对施工作业的衔接进行总体安排。

（4）划分施工阶段，确定施工进度计划及施工进度关键节点。施工进度计划宜采用网络图或横道图及进度计划表等形式编制，并附必要说明。

（5）总体资源配置应确定主要资源配置计划，主要资源配置计划包括下列内容：

1）确定总用工量、各工种用工量及工程施工过程各阶段的各工种劳动力投入计划。

2）确定主要建筑材料、构配件和设备进场计划，并明确规格、数量、进场时间等。

3）确定主要施工机具进场计划，并明确型号、数量、进出场时间等。

（6）确定专业工程分包的施工安排。

（三）施工现场平面布置

（1）施工现场平面布置应符合下列原则：

1）占地面积少，平面布置合理。

2）总体策划满足工程分阶段管理需要。

3）充分利用既有道路、构（建）筑物、降低临时设施费用。

4）符合安全、消防、文明施工、环境保护及水土保持等相关要求。

5）符合当地主管部门、建设单位及其他部门的相关规定。

（2）施工现场平面布置安排应包括下列内容：

1）生产区、生活区、办公区等各类设施建设方式及动态布置安排。

2）确定临时便道、便桥的位置及结构形式，并对现场交通组织形式进行简要说明。

3）根据工程量和总体施工安排，确定加工厂、材料堆放场、拌合站、机械停放场等辅助施工生产区域并说明位置、面积及结构形式和运输路径。

4）确定施工现场临时用水、临时用电布置安排，并进行相应的计算和说明。

5）确定现场消防设施的配置并进行简要说明。

（3）依据工程项目施工影响范围内的地形、地貌、地物及拟建工程主体等，绘制施工现场总平面布置图。

（四）施工准备

（1）施工准备应根据施工总体部署确定。

（2）施工准备应包括技术准备、现场准备、资金准备等：

1）技术准备包括技术资料准备及工程测量方案等。

2）现场准备包括现场生产、生活、办公等临时设施的安排与计划。

3）资金准备包括资金使用计划及筹资计划等，并结合图表形式辅助说明。

（五）施工技术方案

（1）各专业工程应通过技术、经济比较编制施工技术方案。

（2）施工技术方案应包括施工工艺流程及施工方法，并满足下列要求：

1）结合工程特点、现行标准、工程图纸和现有的资源，明确施工起点、流向和施工顺序，确定各分部（分项）工程施工工艺流程，宜采用流程图的形式表示。

2）确定各分部（分项）工程的施工方法，并结合工程图表形式等进行辅助说明。

（六）主要施工保证措施

应根据工程特点编写主要施工保证措施，并可根据工程特点和复杂程度对季节性施工保证措施、交通组织措施、成本控制措施、构（建）筑物及文物保护措施加以取舍。

1. 进度保证措施

进度保证措施应包括管理措施、技术措施等。

（1）管理措施应包括下列内容：

1）资源保证措施。

2）资金保障措施。

3）沟通协调措施等。

（2）技术措施应包括下列内容：

1）分析影响施工进度的关键工作，制定关键节点控制措施。

2）充分考虑影响进度的各种因素，进行动态管理，制定必要的纠偏措施。

2. 质量保证措施

质量保证措施应包括管理措施、技术措施等。

（1）管理措施应包括下列内容：

1）建立质量管理组织机构，明确职责和权限。

2）建立质量管理制度。

3）制定对资源供方及分包人的质量管理措施等。

（2）技术措施应包括下列内容：

1）施工测量误差控制措施。

2）建筑材料、构配件和设备、施工机具、成品（半成品）进场检验措施。

3）重点部位及关键工序的保证措施。

4）建筑材料、构配件和设备、成品（半成品）保护措施。

5）质量通病预防和控制措施。

6）工程检测保证措施。

参见 2K320081 条。

3. 安全管理措施

（1）根据工程特点，项目经理部应建立安全施工管理组织机构，明确职责和权限。

（2）应根据工程特点建立安全施工管理制度。

（3）应根据危险源辨识和评价的结果，按工程内容和岗位职责对安全目标进行分解，并制定必要的控制措施。

（4）应根据工程特点和施工方法编制专项施工方案目录及需要专家论证的专项施工方案目录。

（5）确定安全施工管理资源配置计划。

参见 2K320140 目。

4. 环境保护及文明施工管理措施

（1）根据工程特点，建立环境保护及文明施工管理组织机构，明确职责和权限。

（2）建立环境保护及文明施工管理检查制度。

（3）施工现场环境保护措施应包括下列内容：

1）扬尘、烟尘防治措施。

2）照明、噪声污染防治措施。

3）生活、生产污水排放控制措施。

4）固体废弃物管理措施。

5）水土流失防治措施等。

（4）施工现场文明施工管理措施应包括下列内容：

1）封闭管理措施。

2）办公、生活、生产、辅助设施等临时设施管理措施。

3）施工机具管理措施。

4）建筑材料、构配件和设备管理措施。

5）卫生管理措施。

6）便民措施等。

（5）确定环境保护及文明施工资源配置计划。

参见 2K320061 条、2K320062 条。

5. 成本控制措施

（1）应建立成本控制体系，对成本控制目标进行分解。

（2）应根据工程规模和特点进行技术经济分析并制定管理和技术措施，控制人工费、材料费、机械费、管理费等成本。

6. 季节性施工保证措施

（1）依据当地气候、水文地质和工程地质条件、施工进度计划等，制定雨期、低（高）温及其他季节性施工保证措施。

（2）针对雨期对分部（分项）工程施工的影响，应制定雨期施工保证措施，并编制施工资源配置计划。

（3）针对低（高）温对分部（分项）工程施工的影响，应制定低（高）温施工保证措施，并编制施工资源配置计划。

（4）制定其他季节性施工保证措施。

7. 交通组织措施

应针对施工作业区域内及周边交通编制交通组织措施。交通组织措施应包括交通现状情况、交通组织安排等。

（1）交通现状情况应包括施工作业区域内及周边的主要道路、交通流量及其他影响因素。

（2）交通组织安排应包括下列内容：

1）依据总体施工安排划分交通组织实施阶段，并确定各实施阶段的交通组织形式及人员配置。绘制各实施阶段交通组织平面示意图，交通组织平面示意图应包括下列内容：

① 施工作业区域内及周边的现状道路。

② 围挡布置、施工临时便道及便桥设置。

③ 车辆及行人通行路线。

④ 现场临时交通标志、交通设施的设置。

⑤ 图例及说明。

⑥ 其他应说明的相关内容。

2）确定施工作业影响范围内的主要交通路口及重点区域的交通疏导方式，并绘制交通疏导示意图，交通疏导示意图应包括下列内容：

① 车辆及行人通行路线。

② 围挡布置及施工区域出入口设置。

③ 现场临时交通标志，交通设施的设置。

④ 图例及说明。

⑤ 其他应说明的相关内容。

3）有通航要求的工程，应制定通航保障措施。

8. 构（建）筑物及文物保护措施

（1）应对施工影响范围内的构（建）筑物及地表文物进行调查。调查情况宜采用文字、表格或平面布置图等形式说明。

（2）分析工程施工作业对施工影响范围内构（建）筑物的影响，并制定保护、监测和管理措施。

（3）应制定构（建）筑物发生意外情况时的应急处理措施。

（4）针对施工过程中发现的文物制定现场保护措施。

9. 应急措施

（1）应急措施应针对施工过程中可能发生事故的紧急情况编制。

（2）应急措施应包括下列内容：

1）建立应急救援组织机构，组建应急救援队伍，并明确职责和权限。

2）分析评价事故可能发生的地点和可能造成的后果，制定事故应急处置程序、现场应急处置措施及定期演练计划。

3）应急物资和装备保障。

三、编制方法与程序

（一）掌握设计意图和确认现场条件

编制施工组织设计应在现场踏勘、调研基础上，做好设计交底和图纸会审等技术准备工作后进行。

（二）计算工程量和计划施工进度

根据合同和定额资料，采用工程量清单中的工程量，准确计算劳动力和资源需要量；按照工期要求、工作面的情况、工程结构对分层分段的影响以及其他因素，决定劳动力和机械的具体需要量以及各工序的作业时间，合理组织分层分段流水作业，编制网络计划安排施工进度。

（三）确定施工技术方案

按照进度计划，需要研究确定主要分部、分项工程的施工方法（工艺）和施工机械的选择，制定整个单位工程的施工流程。具体安排施工顺序和划分流水作业段，设置围挡和疏导交通。

（四）计算各种资源的需要量和确定供应计划

依据采用的劳动定额和工程量及进度计划确定劳动量（以工日为单位）和每日的工人需要量。依据有关定额和工程量及进度计划，来计算确定材料和预制品的主要种类与数量及供应计划。

（五）平衡劳动力、材料物资和施工机械的需要量并修正进度计划

根据对劳动力和材料物资的计算可以绘制出相应的曲线以检查其平衡状况。如果发现有过大的高峰或低谷，即应将进度计划作适当调整与修改，使其尽可能趋于平衡，以便使劳动力的利用和物资的供应更为合理。

（六）绘制施工平面布置图

设计施工平面布置图，应使生产要素在空间上的位置合理、互不干扰，能加快施工速度。

（七）确定施工质量保证体系和组织保证措施

建立质量保障体系和控制流程，实行各质量管理制度及岗位责任制；落实质量管理组织机构，明确质量责任。确定重点、难点及技术复杂分部、分项工程质量的控制点和控制措施。

（八）确定施工安全保证体系和组织保证措施

建立安全施工组织，制定施工安全制度及岗位责任制、消防保卫措施、不安全因素监控措施、安全生产教育措施、安全技术措施。

（九）确定施工环境保护体系和组织保证措施

建立环境保护、文明施工的组织及责任制，针对环境要求和作业时限，制定落实技术措施。

（十）其他有关方面措施

视工程具体情况制定与各协作单位配合完成服务承诺、成品保护、工程交验后服务等措施。

2K320052　施工技术方案确定的依据

施工技术方案是施工组织设计的核心。本条简要介绍施工技术方案的主要内容及编制的基本要求。

一、制定施工技术方案原则

（1）制定切实可行的施工技术方案，首先必须从实际出发，一切要切合实际情况，有实现的可能性。选定的方案在人力、物力、财力、技术上所提出的要求，应该是当前已具备条件或在一定的时期内有可能争取到。

（2）施工期限满足规定要求，保证工程特别是重点工程按期或提前完成，迅速发挥投资效益。这就要在确定施工技术方案时，在施工组织上统筹安排，照顾均衡施工；尽可能运用先进的施工经验和技术，力争提高机械化和装配化的程度。

（3）确保工程“质量第一，安全生产”。在制定方案时，要充分考虑工程的质量和安

全，在提出施工技术方案的同时，要提出保证工程质量和安全的技术组织措施，使方案完全符合技术规范与安全规程的要求。

（4）施工费用最低。施工技术方案在满足其他条件的同时，还必须使方案经济、合理，以增加生产盈利。这就要求在制定方案时，尽量采用降低施工费用的一切有效措施，从人力、材料、机具和企业管理费等方面找出节约的因素，发掘节约的潜力，使工料消耗和施工费用降到最低程度。

每个工程的施工，存在着多种可能的方案，因此在确定施工技术方案时，要以上述几点作为衡量标准，经技术经济分析比较，全面权衡，选出最优方案。

二、施工技术方案主要内容

包括施工方法的确定、施工机具的选择、施工顺序的确定，还应包括季节性措施、四新技术措施以及结合市政公用工程特点和由施工组织设计安排的、工程需要所应采取的相应方法与技术措施等方面的内容。重点分项工程、关键工序、季节性施工还应制定专项施工方案。

（一）施工方法

施工方法（工艺）是施工技术方案的核心内容，具有决定性作用。施工方法应明确工艺流程、工艺要求及质量检验标准并根据相关技术要求进行必要的核算。施工方法（工艺）一经确定，机具设备和材料的选择就只能以满足它的要求为基本依据，施工组织也是在这个基础上进行。

（二）施工机械

正确拟定施工方法和选择施工机械是合理组织施工的关键，二者有紧密的关系。施工方法在技术上必须满足保证施工质量、提高劳动生产率、加快施工进度及充分利用机械的要求，做到技术上先进、经济上合理；而正确地选择施工机械能使施工方法更为先进、合理、经济。因此施工机械选择的好与坏，很大程度上决定了施工方法的优劣。

（三）施工组织

施工组织是研究施工项目施工过程中各种资源合理组织的科学。施工项目是通过施工活动完成的。进行这种活动，需要有大量的各种各样的建筑材料、施工机械、机具和具有一定生产经验和劳动技能的劳动者，如特殊工种，并且要把这些资源按照施工技术规律与组织规律，以及设计文件的要求，在空间上按照一定的位置，在时间上按照先后顺序，在数量上按照不同的比例，将它们合理地组织起来，让劳动者在统一的指挥下行动，由不同的劳动者运用不同的机具以不同的方式对不同的建筑材料进行加工。

（四）施工顺序

施工顺序安排是编制施工方案的重要内容之一，施工顺序安排得好，可以加快施工进度，减少人工和机械的停歇时间，并能充分利用工作面，避免施工干扰，达到均衡、连续施工的目的，实现科学组织施工，做到不增加资源、加快工期、降低施工成本。

（五）现场平面布置

科学的布置现场可以减少材料二次搬运和频繁移动施工机械产生的现场搬运费用，从而节省开支。

（六）技术组织措施

技术组织措施是保证选择的施工技术方案实施的措施，它包括加快施工进度，保证工程质量和施工安全，降低施工成本的各种技术措施（如采用新材料、新工艺、先进技术，建立安全质量保证体系及责任制，编写工序作业指导书，实行标准化作业，采用网络技术编制施工进度计划等）。

三、施工技术方案的确定

（一）施工方法选择的依据

正确地选择施工方法是确定施工方案的关键。各个施工过程均可采用多种施工方法进行施工，而每一种施工方法都有其各自的优势和使用的局限性。我们的任务就是从若干可行的施工方法中选择最可行、最经济的施工方法。选择施工方法的依据主要有以下几点：

（1）工程特点，主要指工程项目的规模、构造、工艺要求、技术要求等方面。

（2）工期要求，要明确本工程的总工期和各分部、分项工程的工期是属于紧迫、正常和充裕三种情况的哪一种。

（3）施工组织条件，主要指气候等自然条件，施工单位的技术水平和管理水平，所需设备、材料、资金等供应的可能性。

（4）标书、合同书的要求，主要指招标书或合同条件中对施工方法的要求。

（5）设计图纸，主要指根据设计图纸的要求，确定施工方法。

（二）施工方法的确定与机械选择的关系

施工方法一经确定，机械设备的选择就只能以满足其要求为基本依据，施工组织也只能在此基础上进行。但是，在现代化施工条件下，施工方法的确定主要还是选择施工机械、机具的问题，这有时甚至成为最主要的问题。例如，钻孔灌注桩的施工，是选择冲抓式钻机还是旋转式钻机，钻机一旦确定，施工方法也就确定了。

确定施工方法，有时由于施工机具与材料等的限制，只能采用一种施工方法。可能此方案不一定是最佳的，但别无选择。这时，就需要从这种方案出发，制定更好的施工顺序，以达到较好的经济性，弥补方案少而无选择余地的不足。

（三）施工机械的选择和优化

施工机械对施工工艺、施工方法有直接的影响，施工机械化是现代化大生产的显著标志，对加快建设速度、提高工程质量、保证施工安全、节约工程成本起着至关重要的作用。因此，选择施工机械成为确定施工技术方案的一个重要内容，应主要考虑下列问题：

（1）在选用施工机械时，应尽量选用施工单位现有机械，以减少资金的投入，充分发挥现有机械的效率。若现有机械不能满足过程需要，则可考虑租赁或购买。

（2）机械类型应符合施工现场的条件：施工现场的条件指施工现场的地质、地形、工程量大小和施工进度等，特别是工程量和施工进度计划，是合理选择机械的重要依据。

（3）在同一个工地上施工机械的种类和型号应尽可能少：为了便于现场施工机械的管理及减少转移，对于工程量大的工程应采用专用机械；对于工程量小而分散的工程，则应尽量采用多用途的施工机械。

（4）要考虑所选机械的运行成本是否经济：施工机械的选择应以能否满足施工需要为目的，如本来土方量不大，却用了大型的土方机械，结果不到一周就完工了，进度虽然加快了，但大型机械的台班费、进出场的运输费、便道的修筑费以及折旧费等固定费用相当庞大，使运行费用过高，超过缩短工期所创造的价值。

（5）施工机械的合理组合：选择施工机械时要考虑各种机械的合理组合，这样才能使选择的施工机械充分发挥效益。合理组合一是指主机与辅机在台数和生产能力上相互适应；二是指作业线上的各种机械相互配套的组合。

（6）选择施工机械时应从全局出发统筹考虑：全局出发就是不仅考虑本项工程，而且还要考虑所承担的同一现场或附近现场其他工程的施工机械的使用。

（四）施工顺序的选择

施工顺序是指各个施工过程或分项工程之间施工的先后次序。施工顺序安排得好，可以加快施工进度，减少人工和机械的停歇时间，并能充分利用工作面，避免施工干扰，达到均衡、连续施工的目的，并能实现科学地组织施工，做到不增加资源，加快工期，降低施工成本。

（五）技术组织措施的设计

技术组织措施是施工企业为完成施工任务，保证工程工期，提高工程质量，降低工程成本，在技术上和组织上所采取的措施。企业应把编制技术组织措施作为提高技术水平、改善经营管理的重要工作认真抓好。通过编制技术组织措施，结合企业内部实际情况，很好地学习和推广同行业的先进技术和行之有效的组织管理经验。

2K320053 专项施工方案编制、论证与实施要求

本条所指专项施工方案系指危险性较大的分部分项工程专项施工方案，是在编制施工组织设计的基础上，针对危险性较大的分部分项工程单独编制的专项施工方案。

一、超过一定规模的危险性较大的分部分项工程范围

《危险性较大的分部分项工程安全管理规定》（中华人民共和国住房和城乡建设部令第37号，2019年3月13日由中华人民共和国住房和城乡建设部令第47号修订）和《住房城乡建设部办公厅关于实施〈危险性较大的分部分项工程安全管理规定〉有关问题的通知》（建办质〔2018〕31号）规定如下：

（1）危险性较大的分部分项工程（以下简称“危大工程”），是指房屋建筑和市政基础设施工程在施工过程中，容易导致人员群死群伤或者造成重大经济损失的分部分项工程。施工单位应当在危大工程施工前组织工程技术人员编制专项施工方案；对于超过一定规模的危大工程，施工单位应当组织召开专家论证会对专项施工方案进行论证。实行施工总承包的，由施工总承包单位组织召开专家论证会。专家论证前专项施工方案应当通过施工单位审核和总监理工程师审查。

（2）需要专家论证的工程范围：

1）深基坑工程：

开挖深度超过5m（含5m）的基坑（槽）的土方开挖、支护、降水工程。

2）模板工程及支撑体系：

① 各类工具式模板工程：包括滑模、爬模、飞模、隧道模等工程。

② 混凝土模板支撑工程：搭设高度8m及以上，或搭设跨度18m及以上，或施工总荷载（设计值）15kN/m^{2}及以上，或集中线荷载（设计值）20kN/m及以上。

③ 承重支撑体系：用于钢结构安装等满堂支撑体系，承受单点集中荷载7kN以上。

3）起重吊装及安装拆卸工程：

① 采用非常规起重设备、方法，且单件起吊重量在 100kN 及以上的起重吊装工程。

② 起重量 300kN 及以上，或搭设总高度 200m 及以上，或搭设基础标高在 200m 及以上的起重机械安装和拆卸工程。

4）脚手架工程：

① 搭设高度 50m 及以上落地式钢管脚手架工程。

② 提升高度在 150m 及以上附着式升降脚手架工程或附着式升降操作平台工程。

③ 分段架体搭设高度 20m 及以上的悬挑式脚手架工程。

5）拆除工程：

① 码头、桥梁、高架、烟囱、水塔或拆除中容易引起有毒有害气（液）体或粉尘扩散、易燃易爆事故发生的特殊建、构筑物的拆除工程。

② 文物保护建筑、优秀历史建筑或历史文化风貌区影响范围内的拆除工程。

6）暗挖工程：

采用矿山法、盾构法、顶管法施工的隧道、洞室工程。

7）其他：

① 施工高度 50m 及以上的建筑幕墙安装工程。

② 跨度 36m 及以上的钢结构安装工程，或跨度 60m 及以上的网架和索膜结构安装工程。

③ 开挖深度 16m 及以上的人工挖孔桩工程。

④ 水下作业工程。

⑤ 重量 1000kN 及以上的大型结构整体顶升、平移、转体等施工工艺。

⑥ 采用新技术、新工艺、新材料、新设备可能影响工程施工安全，尚无国家、行业及地方技术标准的分部分项工程。

二、专项施工方案编制

（1）实行施工总承包的，专项施工方案应当由施工总承包单位组织编制。危大工程实行分包的，专项施工方案可以由相关专业分包单位组织编制。

（2）专项施工方案应当包括以下主要内容：

1）工程概况：危大工程概况和特点、施工平面布置、施工要求和技术保证条件。

2）编制依据：相关法律、法规、规范性文件、标准、规范及施工图设计文件、施工组织设计等。

3）施工计划：包括施工进度计划、材料与设备计划。

4）施工工艺技术：技术参数、工艺流程、施工方法、操作要求、检查要求等。

5）施工安全保证措施：组织保障措施、技术措施、监测监控措施等。

6）施工管理及作业人员配备和分工：施工管理人员、专职安全生产管理人员、特种作业人员、其他作业人员等。

7）验收要求：验收标准、验收程序、验收内容、验收人员等。

8）应急处置措施。

9）计算书及相关施工图纸。

（3）各类专项方案的具体编制要求见《住房和城乡建设部办公厅关于印发〈危险性较大的分部分项工程专项施工方案编制指南〉的通知》（建办质〔2021〕48 号）。

三、专项施工方案的专家论证

（一）应出席论证会人员

（1）专家。

（2）建设单位项目负责人。

（3）有关勘察、设计单位项目技术负责人及相关人员。

（4）总承包单位和分包单位技术负责人或授权委派的专业技术人员、项目负责人、项目技术负责人、专项施工方案编制人员、项目专职安全生产管理人员及相关人员。

（5）监理单位项目总监理工程师及专业监理工程师。

（二）专家组构成

专家应当从地方人民政府住房城乡建设主管部门建立的专家库中选取，符合专业要求且人数不得少于5名。与本工程有利害关系的人员不得以专家身份参加专家论证会。

（三）专家论证的主要内容

（1）专项施工方案内容是否完整、可行。

（2）专项施工方案计算书和验算依据、施工图是否符合有关标准、规范。

（3）专项施工方案是否满足现场实际情况，并能够确保施工安全。

（四）论证报告

专家论证会后，应当形成论证报告，对专项施工方案提出通过、修改后通过或者不通过的一致意见。专家对论证报告负责并签字确认。

专项施工方案经论证后不通过的，施工单位应当按照论证报告修改，并重新组织专家进行论证。

四、危大工程专项施工方案实施和现场安全管理

（1）施工单位应当根据论证报告修改完善专项施工方案，并经施工单位技术负责人签字、加盖单位公章，并由项目总监理工程师签字、加盖执业印章后，方可组织实施。危大工程实行分包并由分包单位编制专项施工方案的，专项施工方案应当由总承包单位技术负责人及分包单位技术负责人共同审核签字并加盖单位公章。

（2）施工单位应当严格按照专项施工方案组织施工，不得擅自修改专项施工方案。

因规划调整、设计变更等原因确需调整的，修改后的专项施工方案应当重新组织专家进行论证。

（3）专项施工方案实施前，编制人员或者项目技术负责人应当向施工现场管理人员进行方案交底。施工现场管理人员应当向作业人员进行安全技术交底，并由双方和项目专职安全生产管理人员共同签字确认。

（4）施工单位应当在施工现场显著位置公告危大工程名称、施工时间和具体责任人员，并在危险区域设置安全警示标志。

（5）施工单位应当对危大工程施工作业人员进行登记，项目负责人应当在施工现场履职。

项目专职安全生产管理人员应当对专项施工方案实施情况进行现场监督，对未按照专项施工方案施工的，应当要求立即整改，并及时报告项目负责人，项目负责人应当及时组织限期整改。

（6）对于按照规定需要验收的危大工程，施工单位、监理单位应当组织相关人员进行验收。验收合格的，经施工单位项目技术负责人及总监理工程师签字确认后，方可进入下一道工序。危大工程验收合格后，施工单位应当在施工现场明显位置设置验收标识牌，公示验收时间及责任人员。

（7）施工单位应当按照规定对危大工程进行施工监测和安全巡视，发现危及人身安全的紧急情况，应当立即组织作业人员撤离危险区域。

（8）危大工程发生险情或者事故时，施工单位应当立即采取应急处置措施，并报告工程所在地住房城乡建设主管部门。建设、勘察、设计、监理等单位应当配合施工单位开展应急抢险工作。

（9）施工单位应当将专项施工方案及审核、专家论证、交底、现场检查、验收及整改等相关资料纳入档案管理。

2K320054　交通导行方案设计要求

本条简要介绍交通导行方案设计和实施要点。

一、现况交通调查

（1）现况交通调查是制定科学、合理交通疏导方案的前提，项目部应根据施工设计图纸及施工部署，调查现场及周围的交通车行量及高峰期，预测高峰流量，研究设计占路范围、期限及围挡警示布置。

（2）应对现场居民出行路线进行核查，并结合规划围挡的设计，划定临时用地范围、施工区、办公区等出口位置，应减少施工车辆与社会车辆交叉，以避免出现交通拥堵。

（3）应对预计设置临时施工便道、便桥位置进行实地详勘，以便尽可能利用现况条件。

二、交通导行方案设计原则

（1）满足社会交通流量，保证高峰期的需求，确保车辆行人安全顺利通过施工区域。

（2）有利于施工组织和管理，且使施工对人民群众、社会经济生活的影响降到最低。

（3）根据不同的施工阶段设计交通导行方案。

（4）应与现场平面布置图协调一致。

三、交通导行方案实施

（一）获得交通管理和道路管理部门的批准后组织实施

（1）占用慢行道和便道要获得交通管理及道路管理部门的批准，按照获准的交通疏导方案修建临时施工便道、便桥。

（2）按照施工组织设计设置围挡，严格控制临时占路范围和时间。

（3）按照有关规定设置临时交通导行标志，设置路障、隔离设施。

（4）组织现场人员协助交通管理部门组织交通。

（二）交通导行措施

（1）严格划分警示区、上游过渡区、缓冲区、作业区、下游过渡区、终止区范围。

（2）统一设置各种交通标志、隔离设施、夜间警示信号。

（3）依据现场变化，及时引导交通车辆，为行人提供方便。

（三）保证措施

（1）对作业工人进行安全教育、培训、考核，并应与作业队签订《施工交通安全责任合同》。

（2）施工现场按照施工方案，在主要道路交通路口设专职交通疏导员，积极协助交通民警搞好施工和社会交通的疏导工作，减少由于施工造成的交通堵塞现象。

（3）沿街居民出入口要设置足够的照明装置，必要处搭设便桥，为保证居民出行和夜间施工创造必要的条件。

2K320060 市政公用工程施工现场管理

2K320061 施工现场布置与管理的要点

本条所指的施工现场管理仅限于施工现场平面布置与场容场貌管理等内容。

一、施工现场的平面布置

（一）基本要求

（1）在施工用地范围内，将各项生产、生活设施及其他辅助设施进行规划和布置，满足施工及维持社会交通要求。

（2）市政公用工程的施工平面布置图有明显的动态特性，必须详细考虑好每一步的平面布置及其合理衔接；科学、合理规划，绘制出施工现场平面布置图。

（3）工程施工阶段按照施工总平面图要求，设置道路、组织排水、搭建临时设施、堆放物料和停放机械设备等。

（二）总平面图设计依据

（1）现场勘察、信息收集、分析数据资料；工程所在地区的原始资料，包括建设、勘察、设计单位提供的资料，工程所在地区的自然条件及技术、经济条件。

（2）经批准的工程项目施工组织设计、交通导行（方案）图、施工总进度计划。

（3）现有和拟建工程的具体位置、相互关系及净距离尺寸。

（4）各种工程材料、构件、半成品，施工机械和运输工具等资源需要计划。

（5）建设单位可提供的房屋和其他设施。

（6）批准的临时占路和用地等文件。

（三）总平面布置原则

（1）满足施工进度、方法、工艺流程及施工组织的需求，布置合理、紧凑，用地少。

（2）运输组织合理，场内道路畅通，各种材料能按计划分期、分批进场，避免二次搬运，充分利用场地。

（3）因地制宜划分施工区域和临时用地，满足施工流程要求，减少各工种之间干扰。

（4）尽可能利用施工现场附近的原有建筑物作为施工临时设施，减少临时设施搭设。

（5）应方便生产和生活，办公用房靠近施工现场，福利设施应在生活区范围之内。

（6）施工平面布置应符合主管部门相关规定和建设单位安全保卫、消防、环境保护的要求。

（四）平面布置的内容

（1）施工图上一切地上、地下建筑物、构筑物以及其他设施的平面位置。

（2）给水、排水、供电管线等临时位置。

（3）生产、生活临时区域及仓库、材料构件、机具设备堆放位置。

（4）现场运输通道、便桥及安全消防临时设施。

（5）环保、绿化区域位置。

（6）围墙（挡）与出入口位置。

二、施工现场封闭管理

（一）封闭管理的原因

未封闭管理的施工现场作业条件差，不安全因素多，在作业过程中既容易伤害作业人员，也容易伤害现场以外的人员。因此，施工现场必须实施封闭式管理，将施工现场与外界隔离，以保护环境、美化市容。

（二）围挡（墙）

（1）施工现场围挡（墙）应沿工地四周连续设置，不得留有缺口，并根据地质、气候、围挡（墙）材料进行设计与计算，确保围挡（墙）的稳定性和安全性。

（2）围挡的用材应坚固、稳定、整洁、美观，宜选用砌体、金属材板等硬质材料，不宜使用彩布条、竹篱笆或安全网等。

（3）施工现场的围挡一般应不低于 1.8m，在市区内应不低于 2.5m，且应符合当地主管部门有关规定。

（4）禁止在围挡内侧堆放泥土、砂石等散状材料以及架管、模板等。

（5）雨后、大风后以及春融季节应当检查围挡的稳定性，发现问题及时处理。

（三）大门和出入口

（1）施工现场应当有固定的出入口，出入口处应设置大门，并应在适当位置留有供紧急疏散的出口。

（2）施工现场的大门应牢固美观，大门上应标有企业名称或企业标识。

（3）出入口应当设置专职门卫及安保人员，制定门卫管理制度及交接班记录制度。

（4）施工现场的进口处应有整齐明显的“五牌一图”：

1）五牌——工程概况牌、管理人员名单及监督电话牌、消防安全牌、安全生产（无重大事故）牌、文明施工牌。有些地区还要签署文明施工承诺书，制作文明施工承诺牌，内容主要是文明施工承诺（泥浆不外流、轮胎不沾泥、管线不损坏、渣土不乱抛、爆破不扰民、夜间少噪声）。工程概况牌内容一般应写明工程名称、主要工程量、建设单位、设计单位、施工单位、监理单位、开竣工日期、项目负责人（经理）以及联系电话。

2）一图——施工现场总平面图。可根据情况再增加其他牌图，如工程效果图、项目部组织机构及主要管理人员名单图等。

（四）警示标牌布置与悬挂

（1）施工现场应当根据工程特点及施工的不同阶段，有针对性地设置、悬挂安全警示标志。在施工现场的危险部位和有关设备、设施上设置安全警示标志，是为了提醒、警示进入施工现场的管理人员、作业人员和有关人员，要时刻认识到所处环境的危险性，随时保持清醒和警惕，避免事故发生。

（2）根据国家有关规定，施工现场入口处、施工起重机械、临时用电设施、脚手架、出入通道口、楼梯口、电梯井口、孔洞口、桥梁口、隧道口、基坑边沿、爆破物及有害危险气体和液体存放处等属于危险部位，应当设置明显的安全警示标志，必要时设置重大危险源公示牌。

（3）安全警示标志的类型、数量应当根据危险部位的性质不同，设置不同的安全警示标志（如：在爆破物及有害危险气体和液体存放处设置禁止烟火、禁止吸烟等禁止标志；在施工机具旁设置当心触电、当心伤手等警告标志；在施工现场入口处设置必须戴安全帽等指令标志；在通道口处设置安全通道等指示标志；在施工现场的沟、坎、深基坑等处，夜间要设红灯示警）。

（4）施工现场安全标志设置后应当进行统计记录，绘制安全标志布置图，并填写施工现场安全标志登记表。有条件的地方可设置视频监控与监控室，确保工地安全。

三、施工现场场地与道路

（一）施工现场的场地要求

（1）现场的场地应当整平，无障碍物，无坑洼和凹凸不平，雨期不积水，暖季应适当绿化。

（2）施工现场应具有良好的排水系统，设置排水沟及沉淀池，现场废水未经允许不得直接排入市政污水管网和河流。

（3）现场存放的化学品等应设有专门的库房，库房地面应进行防渗漏处理。现场地面应当经常洒水，对粉尘源进行覆盖遮挡。

（二）施工现场的道路要求

（1）施工现场应悬挂限速标志，道路应畅通，应当有循环干道，满足运输、消防要求。

（2）主干道应当平整、坚实，硬化材料可以采用混凝土、预制块或用石屑、焦渣、砂石等压实整平，保证不沉陷、不扬尘，防止泥土带入市政道路。

（3）道路应当中间起拱，两侧设排水设施，主干道宽度不宜小于3.5m，载重汽车转弯半径不宜小于15m。如因条件限制，应当采取措施。

（4）道路的布置要与现场的材料、构件、仓库等堆场、吊车位置相协调、配合。

（5）施工现场主要道路应尽可能利用永久性道路，或先建好永久性道路的路基，在主体工程结束之前再铺路面。

四、临时设施搭设与管理

（一）临时设施的种类

（1）办公设施，包括办公室、会议室、门卫传达室等。

（2）生活设施，包括宿舍、食堂、厕所、淋浴室、小卖部、阅览娱乐室、卫生保健室等。

（3）生产设施，包括材料仓库、防护棚、加工棚（站、厂，如混凝土搅拌站、砂浆搅拌站、木材加工厂、钢筋加工厂、机具（械）维修厂等）、操作棚等。

（4）辅助设施，包括道路、院内绿化、旗杆、停车场、现场排水设施、消防安全设施、围墙、大门等。

（二）临时设施的搭设与管理

1. 办公室

施工现场应设置办公室及相配套的无线网络，办公室内布局应合理，文件资料宜归类存放，并应保持室内清洁卫生。

2. 职工宿舍

（1）宿舍应当选择在通风、干燥的位置，防止雨水、污水流入；不得在尚未竣工的建筑物内设置员工集体宿舍。

（2）宿舍必须设置可开启式窗户，宽0.9m、高1.2m，设置外开门；宿舍内应保证有必要的生活空间，室内净高不得小于2.5m，通道宽度不得小于0.9m，每间宿舍人均居住面积满足相关规定。

（3）宿舍内的单人铺不得超过两层，严禁使用通铺，床铺应高于地面0.3m，人均床铺面积不得小于1.9m×0.9m，床铺间距不得小于0.3m。

（4）宿舍内应有足够的插座，线路统一套管，宿舍用电单独配置漏电保护器、断路器。每间宿舍应配备一个灭火器材。宿舍内应设置生活用品专柜、鞋柜或鞋架，有条件的宿舍宜设置生活用品储藏室；宿舍内严禁存放施工材料、施工机具和其他杂物；宿舍周围应当搞好环境卫生，应设置垃圾分类桶；生活区内应为作业人员提供晾晒衣物的场地，房屋外应道路平整，晚间有充足的照明。

（5）寒冷地区冬季宿舍应有保暖措施、防煤气中毒措施，有条件的鼓励采用清洁能源制冷及采暖，炎热季节应有防暑降温设备和防蚊虫叮咬措施。

（6）为保持宿舍有一个良好、清洁、整齐的环境，保证员工在工作之余能得到充分的休息，应当制定宿舍管理制度。住集体宿舍的员工应服从管理、团结友爱、互相帮助、讲究卫生、文明礼貌、注意安全。各宿舍可设宿舍长、制定宿舍成员值日表，轮流负责卫生或安排专人管理。

3. 食堂

（1）食堂应当选择在通风、干燥的位置，防止雨水、污水流入，应当保持环境卫生，远离厕所、垃圾站、有毒有害场所等污染源的地方，装修材料必须符合环保、消防要求。

（2）食堂应设置独立的制作间、储藏间；食堂应配备必要的排风设施和冷藏设施，安装纱门、纱窗，室内不得有蚊蝇，门下方应设不低于0.2m的防鼠挡板；食堂的燃气罐应单独设置存放间，存放间应通风良好并严禁存放其他物品。

（3）食堂制作间灶台及其周边应贴瓷砖，瓷砖的高度不宜小于1.5m；地面应做硬化和防滑处理，按规定设置污水排放设施，有条件的应设置油烟净化装置及餐饮油水分离回收设备。

（4）食堂制作间的刀、盆、案板等炊具必须生熟分开，食品必须有遮盖，遮盖物品应有正反面标识，炊具宜存放在封闭的橱柜内。

（5）食堂内应有存放各种佐料和副食的密闭器皿，并应有标识，粮食存放台距墙和地面应大于0.2m。

（6）食堂外应设置密闭式泔水桶，并应及时清运，保持清洁；应当制定并在食堂张挂食堂卫生责任制，责任落实到人，加强管理。

4. 厕所

（1）厕所大小应根据施工现场作业人员的数量设置。

（2）施工现场应设置水冲式或移动式厕所，厕所地面应硬化，门窗齐全。蹲坑间宜设置隔板，隔板高度不宜低于0.9m。

（3）厕所应设专人负责，定时进行清扫、冲刷、消毒，防止蚊蝇孳生。

5. 仓库

（1）仓库的面积应通过计算确定，根据各个施工阶段需要的先后进行布置；水泥仓库应当选择地势较高、排水方便、靠近搅拌机的地方。

（2）仓库内各种工具器件物品应分类集中放置，设置标牌，标明规格、型号。

（3）易燃易爆仓库的布置应当符合防火、防爆安全距离要求；易燃、易爆和剧毒物品不得与其他物品混放，并建立严格的进出库制度，由专人管理。

6. 照明灯具

白炽灯、碘钨灯、卤素灯不得用于建设工地的生产、办公室、生活等区域的照明。

（三）材料堆放与库存

1. 一般要求

（1）由于城区施工场地受到严格控制，项目部应合理组织材料的进场，减少现场材料的堆放量，减少场地和仓库面积。

（2）对已进场的各种材料、机具设备，严格按照施工总平面布置图位置码放整齐。

（3）停放到位且便于运输和装卸，应减少二次搬运。

（4）地势较高、坚实、平坦，回填土应分层夯实，要有排水措施，符合安全、防火的要求。

（5）各种材料应当按照品种、规格堆放，并设明显标牌，标明名称、规格和产地等。

（6）施工过程中做到“活儿完、料净、脚下清”。

2. 主要材料半成品的堆放

（1）大型工具，应当一头见齐。

（2）钢筋应当堆放整齐，用方木垫起，不宜放在潮湿处和暴露在外。

（3）砖应丁码成方垛，不准超高并距沟槽坑边不小于0.5m，防止坍塌。

（4）砂应堆成方，石子应当按不同粒径、规格分别堆放成方。

（5）各种模板应当按规格分类堆放整齐，地面应平整、坚实，叠放高度一般不宜超过1.6m；大模板存放应放在经专门设计的存架上，应当采用两块大模板面对面存放。当存放在施工楼层上时，应当满足自稳角度并有可靠的防倾倒措施。

（6）混凝土构件堆放场地应坚实、平整，按规格、型号堆放，垫木位置要正确，多层构件的垫木要上下对齐，垛位不准超高；混凝土墙板宜设插放架，插放架要焊接或绑扎牢固，防止倒塌。

3. 场地清理

作业区内，要做到工完场地清，拆模时应当随拆随清理运走，不能马上运走的应码放整齐，模板上的钉子要及时拔除或敲弯，防止钉子戳脚。

4. 垃圾处置

（1）施工现场产生的生活垃圾要实现分类投放、分类收集、分类运输、分类处理。

（2）建筑垃圾是指施工单位新建、改建、扩建和拆除各类建筑物、构筑物、管网等所产生的弃土、弃料及其他废弃物。施工单位应当向城市人民政府市容环境卫生主管部门提出处置建筑垃圾申请，获得城市建筑垃圾处置核准后，方可处置。施工单位不得将建筑垃圾交给个人或者未经核准从事建筑垃圾运输的单位运输。

五、施工现场的卫生管理

（一）卫生保健

（1）施工现场应设置保健卫生室，配备保健药箱、常用药及绷带、止血带、颈托、担架等急救器材，小型工程可以用办公用房兼作保健卫生室。

（2）施工现场应当配备兼职或专职急救人员，处理伤员和职工保健，对生活卫生进行监督和定期检查食堂、饮食等卫生情况。

（3）要利用板报等形式向职工介绍防病的知识和方法，针对季节性流行病、传染病等做好对职工卫生防病的宣传教育工作。

（4）当施工现场作业人员发生法定传染病、食物中毒、急性职业中毒时，必须在 2h 内向事故发生所在地建设行政主管部门和卫生防疫部门报告，并应积极配合调查处理。

（5）现场施工人员患有法定的传染病或属病源携带者时，应及时进行隔离，并由卫生防疫部门进行处置。

（6）办公区和生活区应设专职或兼职保洁员，负责卫生清扫和保洁，应有灭鼠、蚊、蝇、蟑螂等措施，并应定期投放和喷洒药物。

（二）食堂卫生

（1）集体食堂必须有卫生许可证。

（2）炊事人员必须持有所在地区卫生防疫部门办理的身体健康证、岗位培训合格证；上岗应穿戴洁净的工作服、工作帽和口罩，并应保持个人卫生，坚持“四勤”（勤洗手、勤剪指甲、勤洗澡、勤理发）。

（3）炊具、餐具和饮水器具必须及时清洗消毒。

（4）必须加强食品、原料的进货管理，做好进货登记，严禁购买无照、无证商贩经营的食品和原料，施工现场的食堂严禁出售变质食品。

（5）建筑工地食堂每餐次的食品成品应按品种分别留样，盛放于清洗消毒后的专用密闭容器内，在专用冷藏设备中冷藏存放 48h 以上，每个品种的留样量应能满足检验检测需求且不少于 125g。留样容器上标注留样食品名称、留样时间。

2K320062　环境保护管理要点

工程环境保护和文明施工管理是施工组织设计的重要组成部分，本条简要介绍市政公用工程环境保护和文明施工管理的内容与要求。

一、管理目标与基本要求

（一）管理目标

（1）满足国家和当地政府主管部门有关规定。

（2）满足工程合同和施工组织设计要求。

（3）兑现投标文件承诺。

（二）基本要求

（1）市政公用工程常常处于城镇区域，具有与市民近距离相处的特殊性，因而必须在施工组织设计中贯彻绿色施工管理，详细安排好文明施工、安全生产和环境保护方面措施，把对社会、环境的干扰和不良影响降至最低程度。

（2）文明施工做到组织落实、责任落实、形成网络，项目部每月应进行一次文明施工检查，将文明施工管理列入生产活动议事日程当中。

（3）定期走访沿线机关单位、学校、街道和当地政府等部门，及时征求他们的意见，并在施工现场设立群众信访接待站和投诉电话或手机号码，有条件的可留有邮箱号、QQ

号和微信号，也可将专用的二维码公示于众，由专人负责处理沿线居民反映的情况和意见，对反映的问题要及时解答并尽快落实解决。

（4）建立文明施工管理制度，现场应成立专职的文明施工组织，负责全线文明施工的管理工作。

二、管理主要内容与要求

（一）防治大气污染

2018年修订的《中华人民共和国大气污染防治法》，于2018年10月26日起施行。建设单位应当将防治扬尘污染的费用列入工程造价，并在施工承包合同中明确施工单位扬尘污染防治责任。施工单位应当制定具体的施工扬尘污染防治实施方案。

县级以上地方人民政府生态环境主管部门负责组织建设与管理本行政区域大气环境质量和大气污染源监测网，开展大气环境质量和大气污染源监测，统一发布本行政区域大气环境质量状况信息。

（1）为减少扬尘，施工场地的主要道路、料场、生活办公区域应按规定进行硬化处理；裸露的场地和集中堆放的土方应采取覆盖、固化、绿化、洒水降尘措施。

（2）使用密闭式防尘网对在建建筑物、构筑物进行封闭。拆除旧有建筑物、构筑物时，应采用隔离、洒水等措施防止施工过程扬尘，并应在规定期限内将废弃物清理完毕。

（3）不得在施工现场熔融沥青，严禁在施工现场焚烧沥青、油毡、橡胶、塑料、皮革、垃圾以及其他产生有毒、有害烟尘和恶臭气体的物质。

（4）施工现场应根据风力和大气湿度的具体情况，进行土方回填、转运作业；沿线安排洒水车，洒水降尘。

（5）施工现场混凝土搅拌场所应采取封闭、降尘措施；水泥和其他易飞扬的细颗粒建筑材料应密闭存放，砂石等散料应采取覆盖措施。

（6）施工现场应设置密闭式垃圾站，施工垃圾、生活垃圾应分类存放，并及时清运出场；施工垃圾的清运，应采用专用封闭式容器吊运或传送，严禁凌空抛撒。

（7）城区、旅游景点、疗养区、重点文物保护地及人口密集区的施工现场应使用清洁能源；施工现场的机具设备、车辆的尾气排放应符合国家环保排放标准要求。

（二）防治水污染

2017年6月27日修订的《中华人民共和国水污染防治法》于2018年1月1日起正式施行，规定了水污染防治应当坚持预防为主、防治结合、综合治理的原则，县级以上人民政府生态环境主管部门对水污染防治实施统一监督管理。

（1）施工场地应设置排水沟及沉淀池，污水、泥浆必须防止泄漏外流污染环境；污水应按照规定排入市政污水管道或河流，泥浆应采用专用罐车外弃。

（2）现场存放的油料、化学溶剂等应设有专门的库房，地面应进行防渗漏处理。

（3）食堂应设置隔油池，并应及时清理。

（4）厕所的化粪池应进行抗渗处理。

（5）食堂、盥洗室、淋浴间的下水管线应设置隔离网，并应与市政污水管线连接，保证排水通畅。

（6）给水管道严禁取用污染水源施工，如施工管段距离污染水水域较近时，须严格控制污染水进入管道：如不慎污染管道，应按有关规定处理。

（三）防治施工噪声污染

（1）施工现场应按照2021年版的《中华人民共和国噪声污染防治法》（中华人民共和国主席令第一〇四号）制定噪声污染防治实施方案，采取有效措施减少振动，降低噪声，各单位应依据程序、文件规定对施工现场的噪声值进行监测和记录。

（2）施工现场的强噪声设备宜设置在远离居民区的一侧。

（3）对因生产工艺要求或其他特殊需要，确需在22时—次日6时期间进行强噪声施工的，施工前建设单位和施工单位应到有关部门提出申请，经批准后方可进行夜间施工，并协同当地居委会公告附近居民。

（4）夜间运输材料的车辆进入施工现场，严禁鸣笛，装卸材料应做到轻拿轻放。

（5）对使用时产生噪声和振动的施工机具，应当采取消声、吸声、隔声等有效控制和降低噪声的措施；禁止在夜间进行打桩作业；在规定的时间内不得使用空压机等噪声大的机具设备，如必须使用，需采用隔声棚降噪。

（四）防治施工固体废物污染

依据2020年4月29日修订并于2020年9月1日起施行的《中华人民共和国固体废物污染环境防治法》第20条规定，产生、收集、贮存、运输、利用、处置固体废物的单位和其他生产经营者，应当采取防扬散、防流失、防渗漏或者其他防止污染环境的措施，不得擅自倾倒、堆放、丢弃、遗撒固体废物。

禁止任何单位或者个人向江河、湖泊、运河、渠道、水库及其最高水位线以下的滩地和岸坡以及法律法规规定的其他地点倾倒、堆放、贮存固体废物。

（1）运输砂石、土方、渣土和建筑垃圾的施工车辆，在出场前一律用苫布覆盖，要采取密封措施，避免泄漏、遗撒，并按指定地点倾卸，防止固体废物污染环境。

（2）运送车辆不得装载过满；车辆出场前设专人检查，在场地出口处设置洗车池，待土方车出口时将车轮冲洗干净；应要求司机在转弯、上坡时减速慢行，避免遗撒；安排专人对土方车辆行驶路线进行检查，发现遗撒及时清扫。

（五）防治施工照明污染

（1）夜间施工严格按照建设行政主管部门和有关部门的规定，未经批准，禁止夜间施工。

（2）对施工照明器具的种类、灯光亮度应严格控制，现场照明灯具应配备定向照明灯罩，使用前调整好照射角，不得射入居民家，夜间施工照明灯罩使用率达100%。

2K320063　劳务管理要点

本条简要介绍关于总承包项目劳务管理和劳务实名制管理基本规定。

依据《住房和城乡建设部 人力资源和社会保障部关于印发〈建筑工人实名制管理办法（试行）〉的通知》（建市〔2019〕18号）及《人力资源和社会保障部 住房和城乡建设部关于修改〈建筑工人实名制管理办法（试行）〉的通知》（建市〔2022〕59号），施工现场实行劳务实名制管理。

一、分包人员实名制管理的目的、意义

（一）目的

企业劳务实名制管理是劳务管理的一项基础工作。实行劳务实名制管理，使总包企业

对劳务分包人数清、情况明、人员对号、调配有序，从而促进劳务企业合法用工、切实维护劳务工权益、调动劳务工积极性、实施劳务精细化管理，增强企业的核心竞争力。

（二）意义

（1）实行劳务实名制管理，督促劳务企业、劳务人员依法签订劳动合同，明确双方权利义务，规范双方履约行为，使劳务用工管理逐步纳入规范有序的轨道，从根本上规避用工风险、减少劳动纠纷、促进企业稳定。

（2）实行劳务实名制管理，掌握劳务人员的技能水平、工作经历，有利于有计划、有针对性地加强劳务工的培训，切实提高劳务人员的知识和技能水平，确保工程质量和安全生产。

（3）实行劳务实名制管理，逐人做好出勤、完成任务的记录，按时支付工资，张榜公示工资支付情况，使总包企业可以有效监督劳务企业的工资发放。

（4）实行劳务实名制管理，使总包企业了解劳务企业用工人数、工资总额、考勤情况，便于总包企业监督劳务企业按时、足额缴纳社会保险费。

二、实名制管理范围、内容

（一）范围

进入施工现场的建设单位、承包单位、监理单位的项目管理人员及建筑工人均纳入建筑工人实名制管理范畴。

（二）内容

（1）市政公用工程施工现场管理人员和关键岗位人员实名制管理的内容有：个人身份证、个人执业注册证或上岗证件、个人工作业绩、个人劳动合同或聘用合同等内容。

（2）总承包企业、招标投标代理公司、监理企业、监管部门要对市政公用工程施工现场管理人员和关键岗位人员实名制管理。

其中，由招标投标代理公司负责市政公用工程项目招标投标代理的，应将监理企业和拟参与投标的施工企业的项目部领导机构报市政公用工程市场管理部门备案，未通过备案的项目部领导机构，不得进入招标投标市场。

三、管理措施及管理方法

（一）管理措施

（1）劳务企业要与劳务人员依法签订书面劳动合同，明确双方权利义务、工资支付标准、支付形式、支付时间和项目。应将劳务人员花名册、身份证、劳动合同文本、岗位技能证书复印件报总包方项目部备案，并确保人、册、证、合同、证书相符统一。劳务队的劳务工必须符合国家规定的用工条件，对关键岗位和特种作业人员，必须持有相应的职业（技术）资格证书或国家认可的操作证书。人员有变动的要及时变动花名册，并向总包方办理变更备案。无身份证、无劳动合同、无岗位证书的“三无”人员不得进入现场施工。

（2）加强劳务企业注册、准入、选用、监督、考核、评价以及分类、建档、编号等工作，现场一线作业人员年龄不得超过50周岁，辅助作业人员不得超过55周岁，要逐人建立劳务人员入场、继续教育培训档案，档案中应记录培训内容、时间、课时、考核结果、取证情况，并注意动态维护，确保资料完整、齐全。项目部要定期检查劳务人员培训档案，了解培训开展情况，抽查检验培训效果。

（3）劳务企业要根据劳务人员花名册编制考勤表，每日点名考勤；逐人记录工作量完成情况，并定期制定考核表。考核表须报总包方项目部备案。进入施工现场的劳务人员要佩戴工作卡，工作卡应注明姓名、身份证号、工种、所属劳务企业。没有佩戴工作卡的人员不得进入施工现场。

（4）总承包企业应按照《关于印发〈工程建设领域农民工工资保证金规定〉的通知》（人社部发〔2021〕65号）相关要求在银行存储农民工工资保证金。劳务企业要根据劳务人员花名册按月编制工资台账，记录工资支付时间、支付金额，经本人签字确认后，张贴公示。劳务人员工资发放表须报总包方项目部备案。合同履行期间，要求劳务企业每月25日向项目办公室提供上月劳务工工资费用发放清单（签名栏应签字或加按手印），清单内容必须真实、有效，按时上交，并不得漏报瞒报，外部劳务队应有劳务工工资垫付能力，不能因为验工计价滞后而影响劳务工工资发放，在项目部拨付验工计价工程款时，先由财务部将劳务工工资清算发放完毕后，再行支付劳务队剩余工程款。

（5）劳务企业要按照施工所在地政府要求，根据劳务人员花名册为劳务人员缴纳社会保险，并将缴费收据复印件、缴费名单报总包方项目部备案。

（6）提高劳务队伍文化，搞好文明施工：

1）努力营造施工现场的文化氛围。抓规划，从平面布局上保证有条不紊的现场观瞻；抓净化，增强环保意识，搞好文明施工；抓绿化，生活区空地多种草木。

2）让劳务工有一个"安居"之所，宿舍、食堂、浴室、厕所等生活设施要建设齐全，并要提高标准，保持卫生，多检查、多维护，保证施工过程发挥最大功能，改善生活条件和环境，用"安居"换安心，增强凝聚力。

3）大力开展丰富多彩的群众性文娱活动和岗位技能培训，不断提高劳务工的文化素质、技术素质和职业道德素质。娱乐场地、娱乐设施和娱乐用品都应配备齐全，保证劳务工节假日有健康的娱乐活动，文化生活丰富多彩。在紧张、艰苦的施工环境中营造浓郁的文化气息。

（二）管理方法

1. IC卡

目前，劳务实名制管理手段主要有手工台账、电子EXCEL表格和IC卡。使用IC卡进行实名制管理是将科技手段引入项目管理中的体现，能够体现总包方的项目管理水平。因此，项目可逐步推行使用IC卡进行劳务实名制管理。IC卡可实现如下管理功能：

（1）人员信息管理：劳务企业将劳务人员基本身份信息，培训、继续教育信息等录入IC卡，便于保存和查询。

（2）工资管理：劳务企业按月将劳务人员的工资在规定时间内通过银行存入个人管理卡，劳务人员使用管理卡可在ATM机支取现金，查询余额，异地支取。

（3）考勤管理：在施工现场进出口通道安装打卡机，劳务人员进出施工现场进行打卡，打卡机记录出勤状况，项目劳务管理员通过采集卡对打卡机的考勤记录进行采集并打印，作为考勤的原始资料存档备查，另作为公示资料进行公示，让劳务人员明确自己的出勤情况。

（4）门禁管理：作为劳务人员准许出入项目施工区、生活区的管理系统。

2. 监督检查

（1）项目部应每月进行一次劳务实名制管理检查，主要检查内容：劳务管理员身份证、上岗证；劳务人员花名册、身份证、岗位技能证书、劳动合同证书；考勤表、工资表、工资发放公示单；劳务人员岗前培训、继续教育培训记录；社会保险缴费凭证。不合格的劳务企业应限期进行整改，逾期不改的要予以处罚。

（2）各法人单位要每季度进行项目部实名制管理检查，并对检查情况进行打分，年底进行综合评定。总包人应组织对劳务工及劳务管理工作领导小组办公室的不定期抽查。

2K320070 市政公用工程施工进度管理

2K320071 施工进度计划编制方法的应用

施工进度计划是项目施工组织设计的重要组成部分，对工程履约起着主导作用。编制施工总进度计划的基本要求是：保证工程施工在合同规定的期限内完成，迅速发挥投资效益；保证施工的连续性和均衡性；节约费用、实现成本目标。本条简要介绍施工进度计划编制方法。

一、施工进度计划编制原则

（一）符合有关规定

（1）符合国家政策、法律法规和工程项目管理的有关规定。

（2）符合合同条款有关进度的要求。

（3）兑现投标书的承诺。

（二）先进可行

（1）满足企业对工程项目要求的施工进度目标。

（2）结合项目部的施工能力，切合实际地安排施工进度。

（3）应用网络计划技术编制施工进度计划，力求科学化，尽量在不增加资源的条件下缩短工期。

（4）能有效调动施工人员的积极性和主动性，保证施工过程中施工的均衡性和连续性。

（5）有利于节约施工成本，保证施工质量和施工安全。

二、施工进度计划编制

（一）编制依据

（1）以合同工期为依据安排开、竣工时间。

（2）设计图纸、材料定额、机械台班定额、工期定额、劳动定额等。

（3）机械设备和主要材料的供应及到货情况。

（4）项目部可能投入的施工力量及资源情况。

（5）工程项目所在地的水文、地质等方面自然情况。

（6）工程项目所在地资源可利用情况。

（7）影响施工的经济条件和技术条件。

（8）工程项目的外部条件等。

（二）编制流程

（1）首先要落实施工组织；其次为实现进度目标，应注意分析影响工程进度的风险，并在分析的基础上采取风险管理的措施；最后采取必要的技术措施，对各种施工方案进行论证，选择既经济又能缩短工期的施工方案。

（2）施工进度计划应准确、全面地表示施工项目中各个单位工程或各分项、分部工程的施工顺序、施工时间及相互衔接关系。施工进度计划的编制应根据各施工阶段的工作内容、工作程序、持续时间和衔接关系，以及进度总目标，按资源优化配置的原则进行。在计划实施过程中应严格检查各工程环节的实际进度，及时纠正偏差或调整计划，跟踪实施，如此循环、推进，直至工程竣工验收。

（3）施工总进度计划是以工程项目群体工程为对象，对整个工地的所有工程施工活动提出时间安排表；其作用是确定分部、分项工程及关键工序准备、实施期限、开工和完工的日期；确定人力资源、材料、成品、半成品、施工机械的需要量和调配方案，为项目经理确定现场临时设施、水、电、交通的需要数量和需要时间提供依据。因此，正确地编制施工总进度计划是保证工程施工按合同期交付使用、充分发挥投资效益、降低工程成本的重要基础。

（4）规定各工程的施工顺序和开、竣工时间，以此为依据确定各项施工作业所必需的劳动力、机械设备和各种物资的供应计划。

（三）工程进度计划方法

常用的表达工程进度计划的方法有横道图和网络计划图两种形式。

（1）采用网络图的形式表达单位工程施工进度计划，能充分揭示各项工作之间的相互制约和相互依赖关系，并能明确反映出进度计划中的主要矛盾；可采用计算软件进行计算、优化和调整，使施工进度计划更加科学，也使得进度计划的编制更能满足进度控制工作的要求。

（2）采用横道图的形式表达单位工程施工进度计划可比较直观地反映出施工资源的需求及工程持续时间。

（3）图例：

1）图 2K320071-1 为分成两个施工段的某一基础工程施工横道图进度计划。该基础工程的施工过程是：挖基槽→铺垫层→做基础→回填。

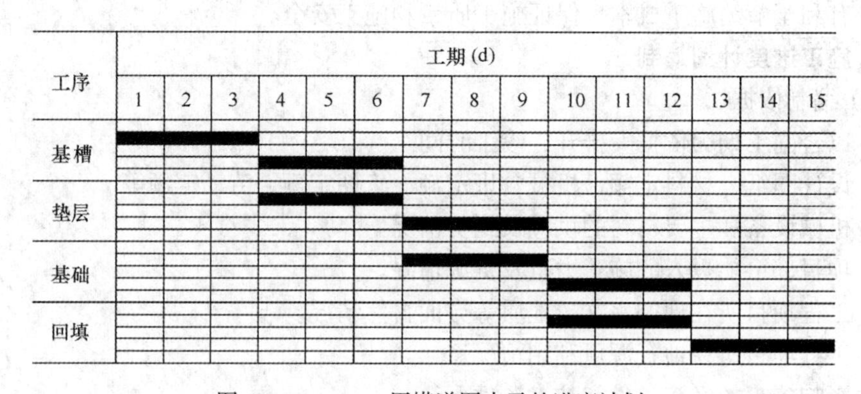

图 2K320071-1 用横道图表示的进度计划

2）图 2K320071-2 为用双代号时间坐标网络计划（简称时标网络计划）表示的进度计划。

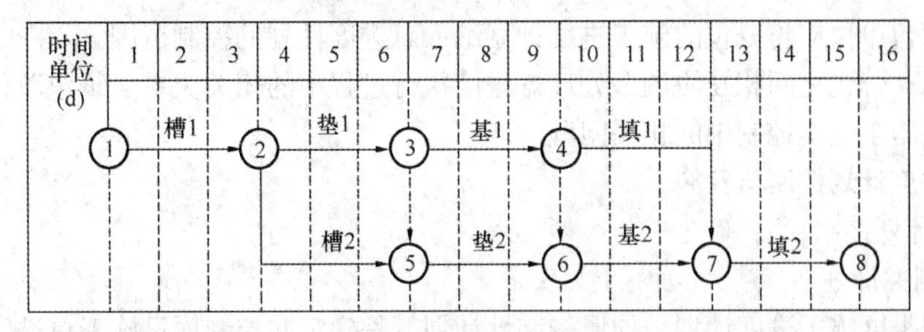

图 2K320071-2 用双代号时标网络计划表示的进度计划

3）图 2K320071-3 为用双代号标注时间网络计划（简称标时网络计划，又称非时标网络计划）表示的进度计划。

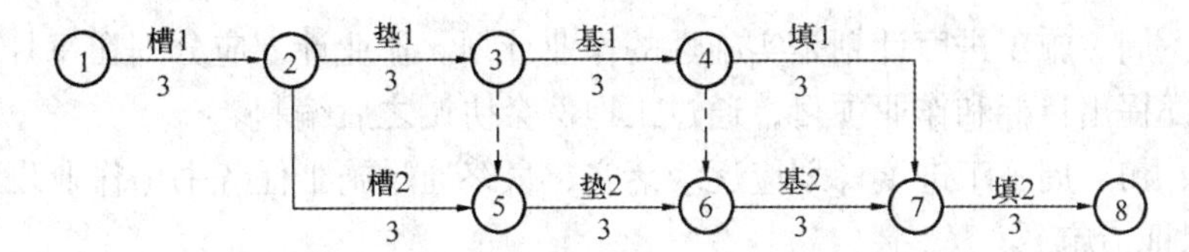

图 2K320071-3 用双代号标时网络计划表示的进度计划

4）图 2K320071-4 为用单代号网络计划表示的进度计划。

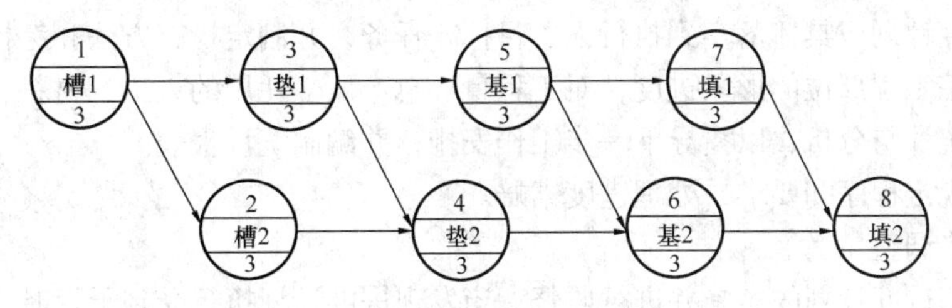

图 2K320071-4 用单代号网络计划表示的进度计划

以上网络计划都是图 2K320071-1 中用横道图表示的进度计划的不同表示方法。

2K320072 施工进度调控措施

本条简要介绍施工进度计划实施与调控方法。

一、施工进度目标控制

（一）总目标及其分解

（1）总目标对工程项目的施工进度加以控制，并以实现施工合同约定的竣工日期为最终目标，总目标应按需要进行分解。

（2）按单位工程分解为交工分目标，制定子单位工程或分部工程交工目标。

（3）按承包的专业或施工阶段分解为阶段分目标，重大市政公用工程可按专业工程分解进度目标分别进行控制；也可按施工阶段划分确定控制目标。

（4）按年、季、月分解为时间分目标，适用于有形象进度要求时。

（二）分包工程控制

（1）分包单位的施工进度计划必须依据承包单位的施工进度计划编制。

（2）承包单位应将分包的施工进度计划纳入总进度计划的控制范围。

（3）总、分包之间相互协调，处理好进度执行过程中的相关关系，承包单位应协助分包单位解决施工进度控制中的相关问题。

二、进度计划控制与实施

（一）计划控制

1. 控制性计划

年度和季度施工进度计划，均属控制性计划，是确定并控制项目施工总进度的重要节点目标。计划总工期跨越一个年度以上时，必须根据施工总进度计划的施工顺序，划分出不同年度的施工内容，编制年度施工进度计划，并在此基础上按照均衡施工原则，编制各季度施工进度计划。

2. 实施性计划

月、旬（周）施工进度计划是实施性的作业计划。作业计划应分别在每月、旬（周）末，由项目部提出目标和作业项目，通过工地例会协调之后编制。

年、月、旬、周施工进度计划应逐级落实，最终通过施工任务书由作业班组实施。

（二）保证措施

（1）严格履行开工、延期开工、暂停施工、复工及工期延误等报批手续。

（2）在进度计划图上标注实际进度记录，并跟踪记载每个施工过程的开始日期、完成日期、每日完成数量、施工现场发生的情况、干扰因素的排除情况。

（3）进度计划应具体落实到执行人、目标、任务，并制定检查方法和考核办法。

（4）跟踪工程部位的形象进度，对工程量、总产值、耗用的人工、材料和机械台班等的数量进行统计与分析，以指导下一步工作安排，并编制统计报表。

（5）按规定程序和要求，处理进度索赔。

三、进度调整

（1）跟踪进度计划的实施并进行监督，当发现进度计划执行受到干扰时，应及时采取调整计划措施。

（2）施工进度计划在实施过程中进行的必要调整必须依据施工进度计划检查审核结果进行。调整内容应包括：工程量、起止时间、持续时间、工作关系、资源供应。

（3）在施工进度计划调整中，工作关系的调整主要是指施工顺序的局部改变或作业过程相互协作方式的重新确认，目的在于充分利用施工的时间和空间进行合理交叉衔接，从而达到控制进度计划的目的。

2K320073　施工进度计划执行情况的检查、报告与总结

本条简要介绍施工进度计划检查、审核与总结方法。

一、进度计划检查审核

（一）目的

工程施工过程中，项目部对施工进度计划应进行定期或不定期审核。目的在于判断进度计划执行状态，并在工程进度受阻时，分析存在的主要影响因素，寻找实现进度目标的纠正措施，为计划做出重大调整提供依据。

（二）主要内容

（1）工程施工项目总进度目标和所分解的分目标的内在联系合理性，能否满足施工合同工期的要求。

（2）工程施工项目计划内容是否全面，有无遗漏项目。

（3）工程项目施工程序和作业顺序安排是否正确、合理；是否需要调整，如何调整。

（4）施工各类资源计划是否与进度计划实施的时间要求相一致；有无脱节；施工的均衡性如何。

（5）总包人和分包人之间、各专业之间，在施工时间和位置的安排上是否合理；有无相互干扰；主要矛盾是什么。

（6）工程项目施工进度计划的重点和难点是否突出；对风险因素的影响是否有防范对策和应急预案。

（7）工程项目施工进度计划是否能保证工程施工质量和安全的需要。

二、工程进度报告

（一）目的

（1）工程施工进度计划检查完成后，项目部应向企业及有关方面提供施工进度报告。

（2）根据施工进度计划的检查审核结果，研究分析存在问题，制定调整方案及相应措施，以便保证工程施工合同的有效执行。

（二）主要内容

（1）工程项目进度执行情况的综合描述，主要内容是：报告的起止期，当地气象及晴雨天数统计；施工计划的原定目标及实际完成情况，报告计划期内现场的主要大事记（如停水、停电、事故处理情况，收到建设单位、监理工程师、设计单位等指令文件情况）。

（2）实际施工进度图。

（3）工程变更，价格调整，索赔及工程款收支情况。

（4）进度偏差的状况和导致偏差的原因分析。

（5）解决问题的措施。

（6）计划调整意见和建议。

三、施工进度控制总结

在工程施工进度计划完成后，项目部应编写施工进度控制总结，以便企业总结经验，提高管理水平。

（一）编制总结时应依据的资料

（1）施工进度计划。

（2）施工进度计划执行的实际记录。

（3）施工进度计划检查结果。

（4）施工进度计划的调整资料。

（二）施工进度控制总结应包括的内容

（1）合同工期目标及计划工期目标完成情况。

（2）施工进度控制经验与体会。

（3）施工进度控制中存在的问题及分析。

（4）施工进度计划科学方法的应用情况。

（5）施工进度控制的改进意见。

2K320080　市政公用工程施工质量管理

2K320081　质量计划编制注意事项

通常，市政公用工程施工项目的质量计划即为施工组织设计中的质量保证计划，本条简要介绍其主要内容及编制原则。

一、编制原则

（1）质量保证计划应由施工项目负责人主持编制，项目技术负责人、质量负责人、施工生产负责人应按企业规定和项目分工负责编制。

（2）质量保证计划应体现从工序、分项工程、分部工程到单位工程的过程控制，且应体现从资源投入到完成工程施工质量最终检验试验的全过程控制。

（3）质量保证计划应成为对外质量保证和对内质量控制的依据。

二、质量保证计划

应包括以下内容：

（一）明确质量目标

（1）贯彻执行国家相关法规、规范、标准及企业质量目标。

（2）兑现投标书的质量承诺。

（3）确定质量目标及分解目标。

（二）确定管理体系与组织机构

（1）建立以项目负责人为首的质量保证体系与组织机构，实行质量管理岗位责任制。

（2）确定质量保证体系框图及质量控制流程图。

（3）明确项目部质量管理职责与分工。

（4）制定项目部人员及资源配置计划。

（5）制定项目部人员培训计划。

（三）质量管理措施

（1）确定工程关键工序和特殊过程，编制专项质量技术标准、保证措施及作业指导书。

（2）根据工程实际情况，按分项工程项目分别制定质量保证技术措施，并配备工程所需的各类技术人员。

（3）确定主要分项工程项目质量标准和成品保护措施。

（4）明确与施工阶段相适应的检验、试验、测量、验证要求。

（5）对于特殊过程，应对其连续监控；作业人员持证上岗，并制定相应的措施和规定。

（6）明确材料、设备物资等质量管理规定。

（四）质量控制流程

（1）实施班组自检、工序或工种间互检、专业检查的“三检制”流程。

（2）明确施工项目部内、外部（监理）验收及隐蔽工程验收程序。

（3）确定分包工程的质量控制流程。

（4）确定更改和完善质量保证计划的程序。

（5）确定评估、持续改进流程。

2K320082　质量计划实施要点

本条简要介绍施工组织设计中的质量保证计划实施与控制。

一、质量计划实施

（一）基本规定

（1）质量保证计划实施的目的是确保施工质量满足工程施工技术标准和工程施工合同的要求。

（2）项目管理人员应按照岗位责任分工，控制质量计划的实施。项目负责人对质量控制负责，质量管理由每一道工序和各岗位的责任人负责，并按规定保存控制记录。

（3）承包人对工程施工质量和质量保修工作向发包人负责。分包工程的质量由分包人向承包人负责。承包人对分包人的工程质量向发包人承担连带责任。分包人应接受承包人的质量管理。

（4）质量控制应实行样板制和首件（段）验收制。施工过程均应按要求进行自检、互检和交接检。隐蔽工程、指定部位和分项工程未经验收或已经验收定为不合格的，严禁转入下道工序施工。

（5）施工项目部应建立质量责任制和考核评价办法。

（二）质量管理与控制重点

（1）关键工序和特殊过程：包括质量保证计划中确定的关键工序，施工难度大、质量风险大的重要分项工程。

（2）质量缺陷：针对不同专业工程的质量通病制定保证措施。

（3）施工经验较差的分项工程：应制定专项施工方案和质量保证措施。

（4）新材料、新技术、新工艺、新设备：制定技术操作规程和质量验收标准，并应按规定报批。

（5）实行分包的分项、分部工程：应制定质量验收程序和质量保证措施。

（6）隐蔽工程：实行监理的工程应严格执行分项工程验收制；未实行监理的工程应事先确定验收程序和组织方式。

二、质量管理与控制

（一）按照施工阶段划分质量控制目标和重点

（1）施工准备阶段质量控制，重点是质量计划和技术准备。

（2）施工阶段质量控制，应随着工程进度、施工条件变化确定重点。

（3）分项工程成品保护，重点是不同施工阶段的成品保护。

（二）控制方法

（1）制定不同专业工程的质量控制措施。

（2）重点部位动态管理，专人负责跟踪和记录。

（3）加强信息反馈，确保人、材料、机械、方法、环境等质量因素处于受控状态。

（4）当发生质量缺陷或事故时必须分析原因，分清责任，采取有效措施进行整改。

三、质量计划的验证

（1）项目技术负责人应定期组织具有资质的质检人员进行内部质量审核，验证质量计划的实施效果。当存在问题或隐患时，应提出解决措施。

（2）对重复出现的质量不合格问题，责任人应按规定承担责任，并应依据验证评价的结果进行处罚。

（3）质量控制应坚持“质量第一，预防为主”的方针和实施《质量管理体系 基础和术语》GB/T 19000—2016族标准中“计划、执行、检查、处理”（PDCA）循环的工作方法，不断改进过程控制。

2K320083　施工准备阶段质量管理措施

本条介绍了施工准备阶段质量管理的内容和要求。

一、施工准备阶段质量管理要求

（1）市政公用工程通常具有专业工程多、地上地下障碍物多、专业之间及社会之间配合工作多、干扰多，导致施工变化多。项目部进场后应由技术负责人组织工程现场和周围环境调研与详勘。

（2）在调研和详勘基础上，针对工程项目的不确定因素和质量影响因素，进行质量影响分析和质量风险评估。

（3）在质量影响分析和质量风险评估基础上编制实施性施工组织设计和质量保证计划。

二、施工准备阶段质量管理内容

（一）组织准备

（1）组建施工组织机构。采用适当的建制形式组建施工项目部，建立质量管理体系和组织机构，建立各级岗位责任制。

（2）确定作业组织。在满足施工质量和进度的前提下合理组织和安排施工队伍，选择熟悉本项工程专业操作技能的人员组成骨干施工队。

（3）施工项目部组织全体施工人员进行质量管理和质量标准的培训，并应保存培训记录。

（二）技术管理的准备工作

（1）施工合同签订后，施工项目部及时索取工程设计图纸和相关技术资料，指定专人管理并公布有效文件清单。

（2）熟悉设计文件。项目技术负责人主持由有关人员参加的对设计图纸的学习与审核，认真领会设计意图，掌握施工设计图纸和相关技术标准的要求，并应形成会审记录。如发现设计图纸有误或存在不合理的地方，及时提出质疑或修改建议，并履行规定的手续予以核实、更正。

（3）编制能指导现场施工的实施性施工组织设计，确定主要（重要）分项工程、分部工程的施工方案和质量保证计划。

（4）根据施工组织，分解和确定各阶段质量目标和质量保证措施。

（5）确认分项、分部和单位工程的质量检验与验收程序、内容及标准等。

（三）技术交底与培训

（1）单位工程、分部工程和分项工程开工前，项目技术负责人对承担施工的负责人或分包人全体人员进行书面技术交底。技术交底资料应办理签字手续并归档。

（2）对施工作业人员进行质量和安全技术培训，经考核后持证上岗。

（3）对包括机械设备操作人员的特殊工种资格进行确认，无证或资格不符合者严禁上岗。

（四）物资准备

（1）项目负责人按质量计划中关于工程分包和物资采购的规定，经招标程序选择并评价分包人和供应商，保存评价记录。各类原材料、成品、半成品质量，必须具有质量合格证明资料并经进场检验，不合格不准用。

（2）机具设备根据施工组织设计进场，性能检验应符合施工需求。

（3）按照安全生产规定，配备足够的质量合格的安全防护用品。

（五）现场准备

（1）对设计技术交底、交桩中给定的工程测量控制点进行复测。当发现问题时，应与勘察设计方协商处理并形成记录。

（2）做好设计、勘测的交桩和交线工作，并进行测量放样。

（3）建设符合国家或地方标准要求的现场试验室。

（4）按照交通疏导（行）方案修建临时施工便道、导行临时交通。

（5）按施工组织设计中的总平面布置图搭建临时设施包括：施工用房、用电、用水、用热、燃气、环境维护等。

2K320084 施工质量控制要点

本条介绍施工过程质量控制的要点。

一、施工质量因素控制

（一）施工人员控制

（1）项目部管理人员保持相对稳定。

（2）作业人员满足施工进度计划需求，关键岗位工种符合要求。

（3）按照岗位标准对项目部管理人员的工作状态进行考核，并记录考核结果。

（4）按考核结果，对项目部管理人员进行奖罚。

（5）劳务人员实行实名制管理（见 2K320063 条）。

（二）材料的质量控制

（1）材料进场必须检验，依样品及相关检测报告进行报验，报验合格的材料方能使用。

（2）材料的搬运和贮存应按搬运储存有关规定进行，并应建立台账。

（3）按照有关规定，对材料、半成品、构件进行标识。

（4）未经检验和已经检验为不合格的材料、半成品、构件和工程设备等，必须按规定进行检验或退场处理。

（5）对发包人提供的材料、半成品、构配件、工程设备和检验设备等，必须按规定进行检验和验收。

（6）对承包人自行采购的物资应报监理工程师进行验证。

（7）在进场材料的管理上，采用限额领料制度，由施工人员签发限额领料单，库管员按单发货。

（三）机械设备的质量控制

（1）应按设备进场计划进行施工设备的调配。

（2）进场的施工机械应经检测合格，满足施工需要。

（3）应对机械设备操作人员的资格进行确认，无证或资格不符合者严禁上岗。

（4）计量人员应按规定控制计量器具的使用、保管、维修和验证，计量器具应符合有关规定。

二、施工过程质量控制

（一）分项工程（工序）控制

（1）施工管理人员在每分项工程（工序）施工前应对作业人员进行书面技术交底，交底内容包括工具及材料准备、施工技术要点、质量要求及检查方法、常见问题及预防措施。

（2）在施工过程中，项目技术负责人对发包人或监理工程师提出的有关施工方案、技术措施及设计变更要求，应在执行前向执行人员进行书面交底。

（3）分项工程（工序）的检验和试验应符合过程检验和试验的规定，对查出的质量缺陷应按不合格控制程序及时处置。

（4）施工管理人员应记录工程施工的情况。

（二）特殊过程控制

（1）对工程施工项目质量计划规定的特殊过程，应设置工序质量控制点进行控制。

（2）对特殊过程的控制，除应执行一般过程控制的规定外，还应由专业技术人员编制专门的作业指导书。

（3）不太成熟的工艺或缺少经验的工序应安排试验，编制成作业指导书，并进行首件（段）验收。

（4）编制的作业指导书，应经项目部或企业技术负责人审批后执行。

（三）不合格产品控制

（1）控制不合格物资进入项目施工现场，严禁不合格工序或分项工程未经处置而转入下道工序或分项工程施工。

（2）对发现的不合格产品和过程，应按规定进行鉴别、标识、记录、评价、隔离和处置。

（3）应进行不合格评审。

（4）不合格处置应根据不合格严重程度，按返工、返修，让步接收或降级使用，拒收或报废四种情况进行处理。构成等级质量事故的不合格，应按国家法律、行政法规进行处理。

（5）对返修或返工后的产品，应按规定重新进行检验和试验，并应保存记录。

（6）进行不合格让步接收时，工程施工项目部应向发包人提出书面让步接收申请，记录不合格程度和返修的情况，双方签字确认让步接收协议和接收标准。

（7）对影响建筑主体结构安全和使用功能不合格的产品，应邀请发包人代表或监理工程师、设计人，共同确定处理方案，报工程所在地建设主管部门批准。

（8）检验人员必须按规定保存不合格控制的记录。

三、质量管理与控制的持续改进

（一）预防与策划

（1）施工项目部应定期召开质量分析会，对影响工程质量的潜在原因采取预防措施。

（2）对可能出现的不合格产品，应制定预防措施并组织实施。

（3）对质量通病应采取预防措施。

（4）对潜在的严重不合格产品，应实施预防措施控制程序。

（5）施工项目部应定期评价预防措施的有效性。

（二）纠正

（1）对发包人、监理方、设计方或质量监督部门提出的质量问题，应分析原因，制定纠正措施。

（2）对已发生或潜在的不合格信息，应分析并记录处理结果。

（3）对检查发现的工程质量问题或不合格报告提出的问题，应由工程施工项目技术负责人组织有关人员判定不合格程度，制定纠正措施。

（4）对严重不合格或重大质量事故，必须实施纠正方案及措施。

（5）实施纠正措施的结果应由施工项目技术负责人验证并记录；对严重不合格或等级质量事故的纠正措施和实施效果应验证，并上报企业管理层。

（6）施工项目部或责任单位应定期评价纠正措施的有效性，进行分析、总结。

（三）检查、验证

（1）项目部应对项目质量计划执行情况组织检查、内部审核和考核评价，验证实施效果。

（2）项目负责人应依据质量控制中出现的问题、缺陷或不合格，召开有关专业人员参加的质量分析会进行总结，并制定进一步改进措施。

2K320090 城镇道路工程施工质量检查与检验

2K320091 无机结合料稳定基层施工质量检查与验收

一、石灰稳定土基层

（一）材料

（1）宜采用塑性指数10～15的粉质黏土、黏土，土中的有机物含量宜小于10%。

（2）宜用1～3级的新石灰，其技术指标应符合规范要求；磨细生石灰，可不经消解直接使用，块灰应在使用前2～3d完成消解，未能消解的生石灰应筛除，消解石灰的粒径不得大于10mm。

（3）宜使用饮用水或不含油类等杂质的清洁中性水（pH值为6～8），水质应符合《混凝土用水标准》JGJ 63—2006的规定。

（二）拌合运输

（1）石灰土配合比设计应准确，通过配合比设计确定石灰最佳含量和石灰土的最佳含水量，达到设计要求的7d无侧限抗压强度的要求。

（2）应严格按照配合比拌合，并根据原材料的含水量变化及时调整拌合用水量。

（3）在城镇人口密集区，应使用厂拌石灰土，不得使用路拌石灰土。宜采用强制式搅拌机，拌合应均匀，石灰土应过筛。运输时，应采取遮盖封闭措施防止水分损失。

（三）施工

（1）控制虚铺厚度，确保基层厚度和高程，其路拱横坡应与面层要求一致。

（2）碾压时压实厚度与碾压机具相适应，含水量在最佳含水量的 ±2% 范围内，以满足压实度的要求。

（3）严禁用薄层贴补的办法找平。

（4）石灰土应湿养，直至上层结构施工为止。养护期应封闭交通。

二、水泥稳定土基层

（一）材料

（1）应采用初凝时间 3h 以上和终凝时间 6h 以上的 42.5 级普通硅酸盐水泥、32.5 级及以上矿渣硅酸盐水泥、火山灰质硅酸盐水泥。水泥应有出厂合格证与生产日期，复验合格方可使用。贮存期超过 3 个月或受潮，应进行性能试验，合格后方可使用。

（2）宜选用粗粒土、中粒土；土的均匀系数不应小于 5，宜大于 10，塑性指数宜为 10～17。

（3）粒料可选用级配碎石、砂砾、未筛分碎石、碎石土、砾石和煤矸石、粒状矿渣等材料；用作基层时，粒料最大粒径不宜超过 37.5mm；用作底基层时粒料最大粒径：城镇快速路、主干路不得超过 37.5mm；次干路及以下道路不得超过 53mm。各种粒料应按其自然级配状况，经人工调整使其符合规范要求。碎石、砾石和煤矸石等的压碎值：城镇快速路、主干路基层与底基层不得大于 30%；其他道路基层不得大于 30%，底基层不得大于 35%。

（4）集料中有机质含量不得超过 2%；硫酸盐含量不得超过 0.25%。

（5）水的要求同石灰稳定土基层。

（二）拌合运输

（1）水泥稳定土的配合比要符合设计要求与规范规定。

（2）集料应过筛，级配符合设计要求；混合料配合比符合要求，计量准确、含水量符合施工要求且拌合均匀。

（3）运输时，应采取遮盖封闭措施防止水分损失和遗撒。

（三）施工

（1）宜采用专用摊铺机摊铺，施工前应通过试验确定压实系数。

（2）水泥稳定土自拌合至摊铺完成，不得超过 3h；分层摊铺时，应在下层养护 7d 后，方可摊铺上层材料。

（3）宜在水泥初凝时间到达前碾压成型。

（4）宜采用洒水养护，保持湿润，常温下成型后应经 7d 养护，方可在其上铺筑面层。

三、石灰工业废渣（石灰粉煤灰）稳定砂砾（碎石）基层（也可称二灰混合料）

（一）材料

（1）石灰要求同石灰稳定土。

（2）粉煤灰中 SiO_2、Al_2O_3 和 Fe_2O_3 的总量宜大于 70%；在温度为 700℃时的烧失量宜小于或等于 10%。细度应满足比表面积大于 $2500cm^2/g$，或 90% 通过 0.3mm 筛孔，70% 通过 0.075mm 筛孔。

（3）砂砾应经破碎、筛分，级配符合规范要求，破碎砂砾中最大粒径不得大于 37.5mm。

（4）水的要求同石灰稳定土基层。

（二）拌合运输

（1）宜采用强制式拌合机拌合，配合比设计应遵守设计与规范要求。

（2）应做延迟时间试验，确定混合料在贮存场（仓）存放时间及现场完成作业时间。

（3）应采用集中拌制，运输时应采取遮盖封闭措施防止水分损失和遗撒。

（三）施工

（1）混合料在摊铺前其含水量宜为最佳含水量 ±2%。摊铺中发生粗、细集料离析时，应及时翻拌均匀。

（2）摊铺、碾压要求与石灰稳定土相同。

（3）应在潮湿状态下养护，养护期视季节而定，常温下不宜少于 7d。采用洒水养护时，应及时洒水，保持混合料湿润。

（4）采用喷洒沥青乳液养护时，应及时在乳液面撒嵌丁料。

（5）养护期间宜封闭交通，需通行的机动车辆应限速，严禁履带车辆通行。

四、质量检查

石灰稳定土、水泥稳定土、石灰工业废渣（石灰粉煤灰）稳定砂砾（碎石）等无机结合料稳定基层现场质量检验项目主要有：基层压实度、7d 无侧限抗压强度等。

2K320092 沥青混合料面层施工质量检查与验收

本条简要介绍热拌沥青混合料面层施工质量验收要点。

一、市政行业标准——《城镇道路工程施工与质量验收规范》CJJ 1—2008

（1）面层施工外观质量要求是：表面应平整、坚实，接缝紧密，无枯焦；不应有明显轮迹、推挤、裂缝、脱落、烂边、油斑、掉渣等现象，不得污染其他构筑物。面层与路缘石、平石及其他构筑物应接顺，不得有积水现象。

（2）面层施工质量检测与验收一般项目：平整度、宽度、中线偏位、纵断面高程、横坡、井框与路面的高差、抗滑性能等。

（3）面层施工质量验收主控项目：原材料、压实度、面层厚度、弯沉值。

二、国家标准——《沥青路面施工及验收规范》GB 50092—1996

（1）沥青混合料路面施工过程质量检查项目：外观、接缝、施工温度、矿料级配、沥青用量、马歇尔试验指标、压实度等；同时还应检查厚度、平整度、宽度、纵断面高程、横坡度等外形尺寸。

（2）城镇道路沥青混合料路面竣工验收应检查项目：面层总厚度、上面层厚度、平整度（标准差 σ 值）、宽度、纵断面高程、横坡度、沥青用量、矿料级配、压实度、弯沉值等。抗滑表层还应检查构造深度、摩擦系数（摆值）等。

三、质量控制要点

（1）城镇道路施工质量验收必须满足设计要求和合同制定的规范标准要求，还应满足发包人对工程项目的特定要求。

（2）检查验收时，应注意压实度测定中标准密度的确定，是沥青混合料拌合厂试验室马歇尔密度还是试验路钻孔芯样密度。标准密度不同，压实度要求也不同，比较而言后者要求更高。如对城镇快速路、主干路的沥青混合料面层，交工检查验收阶段的压实度代表值应达到试验室马歇尔试验密度的 96% 或试验路钻孔芯样密度的 98%。

（3）除压实度外，城镇道路施工质量主控项目还有弯沉值和面层厚度；工程实践表明：对面层厚度准确度的控制能力直接反映出施工项目部和企业的施工技术质量管理水平。

2K320093　水泥混凝土面层施工质量检查与验收

本条介绍现浇水泥混凝土路面施工质量控制要求。

一、材料与配合比

（一）原材料控制

（1）重交通以上等级道路、城镇快速路、主干路应采用42.5级以上的道路硅酸盐水泥或硅酸盐水泥、普通硅酸盐水泥；中、轻交通等级道路可采用矿渣水泥，其强度等级宜不低于32.5级。水泥应有出厂合格证（含化学成分、物理指标），并经复验合格，方可使用。不同等级、厂牌、品种、出厂日期的水泥不得混存、混用。水泥出厂期超过3个月、快硬硅酸盐水泥出厂期超过1个月、受潮的水泥，必须经过试验，合格后方可使用。

（2）粗集料应采用质地坚硬、耐久、洁净的碎石、砾石、破碎砾石，技术指标应符合规范要求；宜使用人工级配，粗集料的最大公称粒径，碎砾石不应大于26.5mm，碎石不应大于31.5mm，砾石不宜大于19.0mm；钢纤维混凝土粗集料最大粒径不宜大于19.0mm。

（3）宜采用质地坚硬，细度模数在2.5以上，符合级配规定的洁净粗砂、中砂，技术指标应符合规范要求。使用机制砂时，还应检验砂浆磨光值，其值宜大于35，不宜使用抗磨性较差的水成岩类机制砂。城镇快速路、主干路宜采用一级砂和二级砂。海砂不得直接用于混凝土面层。淡化海砂不得用于城镇快速路、主干路、次干路，可用于支路。

（4）外加剂宜使用无氯盐类的防冻剂、引气剂、减水剂等，且应符合国家标准《混凝土外加剂》GB 8076—2008的有关规定，并有合格证。使用外加剂应经掺配试验，并应符合国家标准《混凝土外加剂应用技术规范》GB 50119—2013的有关规定。

（5）钢筋的品种、规格、成分，应符合设计和现行国家标准规定，具有生产厂的牌号、炉号，检验报告和合格证，并经复试（含见证取样）合格。钢筋不得有锈蚀、裂纹、断伤和刻痕等缺陷。

（6）传力杆（拉杆）、滑动套材质、规格应符合规定。胀缝板宜用厚20mm、水稳定性好、具有一定柔性的板材制作，且应经防腐处理。填缝材料宜用树脂类、橡胶类、聚氯乙烯胶泥类、改性沥青类填缝材料，并宜加入耐老化剂。

（二）混凝土配合比

（1）混凝土配合比在兼顾经济性的同时应满足弯拉强度、工作性和耐久性三项技术要求。

（2）配合比设计应符合设计要求和规范规定。

二、拌合与运输

（一）拌合

（1）应提前标定混凝土的搅拌设备，以保证计量准确。

（2）每盘的搅拌时间应根据拌合机的性能和拌合物的和易性、匀质性、强度稳定性确定。

（3）严格控制总搅拌时间和纯搅拌时间，每盘最长总搅拌时间宜为80～120s。

（二）运输

（1）配备足够的运输车辆，总运力应比总拌合能力略有富余，以确保混凝土在规定时间到场。混凝土拌合物从搅拌机出料到铺筑完成时间不能超过规范规定。

（2）城镇道路施工中，一般采用混凝土罐车运送。

（3）运输车辆要防止漏浆、漏料和离析，高温期烈日、大风、雨天和低温天气远距离运输时，应遮盖混凝土，冬期要保温。

三、常规施工

（一）摊铺

（1）模板选择应与摊铺方式相匹配，模板的强度、刚度、断面尺寸、直顺度、板间错台等制作偏差与安装偏差不能超过规范要求。

（2）摊铺前应全面检查模板的间隔、高程、润滑、支撑稳定情况和基层的平整、润湿情况及钢筋（单、双层钢筋网片，角隅钢筋，边缘钢筋）设置的位置、传力杆装置等。

（3）摊铺时，混凝土混合料由运输车辆直接卸在基层上。卸料时应不使混凝土离析，且应尽可能将其卸成几小堆，便于摊铺，如发现有离析现象，应在铺筑时用铁锹拌均匀，但严禁第二次加水。摊铺厚度应考虑振捣的下落高度，预留高度一般为设计厚度的0.1～0.25倍。

（二）振捣密实

（1）已铺好的混凝土，应迅速振捣密实，并控制混凝土振动时间，不应过振且不宜少于30s，移动间距不宜大于500mm，以达到表面不再下沉并泛出水泥浆为准。

（2）振动器的振动顺序为：插入式振捣器→平板式振捣器→振动梁（重）→振动梁（轻）→无缝钢管滚杆提浆赶浆。应使混凝土表面有5～6mm的砂浆层，以利于密封和抹面。

（3）在整个振捣过程中，要随时注意模板，发现问题及时纠正。严禁在混凝土初凝后进行任何形式的振捣。混凝土板抹面前，应做好清边整缝、清除粘浆、修补掉边、缺角。

（三）抹面养护

（1）现场应采取防风、防晒等措施；抹面拉毛等应在跳板上进行，抹面时严禁在面板混凝土上洒水、撒水泥粉。

（2）混凝土抹面不宜少于4次，先找平、抹平，待混凝土表面无泌水时再抹面，并依据水泥品种与气温控制抹面间隔时间。

（3）混凝土面层应拉毛、压痕或刻痕，其平均纹理深度应为1～2mm。

（4）为保证混凝土面板质量，要求达到设计强度时，才允许开放交通。

（四）做好接缝处理

（1）纵缝。小型机具施工时，通常是按一个车道的宽度（3.0～4.0m）一次施工，纵缝一般采用平缝加拉杆的形式，拉杆采用螺纹钢筋，其位置设在板厚的中央。

（2）胀缝。一般采用真缝形式。胀缝应与路中心线垂直，缝壁必须垂直，缝宽宜为20mm，缝隙宽度应一致，缝中不得连浆，缝隙下部设胀缝板，上部灌注嵌缝料。胀缝应设传力杆，传力杆设在板厚中间，平行于混凝土板面及路面中心线，传力杆可动的一端应很光滑，这一段传力杆在50mm范围内需涂上沥青或油漆，套上100mm长有润滑剂的套管。胀缝使用的传力杆一般采用光圆钢筋。

（3）横缩缝。一般采用假缝形式，缝宽4～6mm，假缝可在混凝土结硬后锯切或在混凝土浇筑过程中做出压入缝。与压入缝相比，切缝做出的缩缝质量较好，接缝处比较平顺，因此，缩缝施工应尽量采用切缝法施工。

（4）灌注嵌缝材料。混凝土养护期满后，缝槽应及时填缝，在填缝前必须保持缝内清洁，可用空气压缩机将缝槽内垃圾清理干净，并保持混凝土干燥。嵌缝料灌注高度，夏天宜与板面平，冬天宜稍低于板面。

2K320094　冬、雨期施工质量保证措施

城镇道路施工应制定冬、雨、高温期等季节性施工技术措施和施工质量控制措施。

一、雨期施工质量控制

（一）雨期施工基本要求

（1）加强与气象部门联系，掌握天气预报，安排在不下雨时施工。

（2）调整施工步序，集中力量分段施工。

（3）做好防雨准备，在料场和搅拌站搭雨棚，或施工现场搭可移动的罩棚。

（4）建立完善的排水系统，防排结合；并加强巡视，发现积水、挡水处，及时疏通。

（5）道路工程如有损坏，及时修复。

（二）路基施工

（1）对于土路基施工，要有计划地集中力量，组织快速施工，分段流水，切忌全线展开。

（2）挖方地段要留好横坡，做好截水沟。坚持当天挖完、压完，不留后患。因雨翻浆地段，坚决换料重做。

（3）填方地段施工，应留2%～3%的横坡整平压实，以防积水。

（三）基层施工

（1）对稳定类材料基层，摊铺段不宜过长，应坚持拌多少、铺多少、压多少、完成多少，当日碾压成型。

（2）下雨来不及完成时，要尽快碾压，防止雨水渗透。未碾压的料层受雨淋后，应进行测试分析，按配合比要求重新搅拌。及时开挖排水沟或排水坑，以便尽快排除积水。

（3）在多雨地区，应避免在雨期进行石灰土基层施工；施工石灰稳定中粒土和粗粒土时，应采用排除地表面水的措施，防止集料过分潮湿，并应保护石灰免遭雨淋。

（4）雨期施工水泥稳定土，特别是水泥土基层时，应特别注意天气变化，防止水泥和混合料遭雨淋。降雨时应停止施工，已摊铺的水泥混合料应尽快碾压密实。路拌法施工时，应排除下承层表面的水，防止集料过湿。

（四）面层施工

（1）沥青面层不允许在下雨或下层潮湿时施工。雨期应缩短施工工期，加强施工现场与气象部门及沥青拌合厂联系，做到及时摊铺、及时完成碾压。沥青混合料运输车辆应有防雨措施。

（2）水泥混凝土面层施工时，搅拌站应具有良好的防水条件与防雨措施。根据天气变化情况及时测定砂、石含水量，准确控制混合料的水胶比。雨天运输混凝土时，车辆必须采取防雨措施。施工前应准备好防雨棚等防雨设施。施工中遇雨时，应立即使用防雨设施

完成对已铺筑混凝土的振实成型，不应再开新作业段，并应采用覆盖等措施保护尚未硬化的混凝土面层。

二、冬期施工质量控制

（一）冬期施工基本要求

（1）当施工现场日平均气温连续5d稳定低于5℃，或最低环境气温低于-3℃时，应视为进入冬期施工。

（2）科学、合理安排施工部署，应尽量将土方和土基施工项目安排在上冻前完成。

（3）冬期施工中，既要防冻又要快速，以保证质量。

（4）准备好防冻覆盖和挡风、加热、保温等物资。

（二）路基施工

（1）采用机械为主、人工为辅方式开挖冻土，挖到设计标高立即碾压成型。

（2）如当日达不到设计标高，下班前应将操作面刨松或覆盖，防止冻结。

（3）室外平均气温低于-5℃时，填土高度随气温下降而减少，-10～-5℃时，填土高度为4.5m；-15～-11℃时，高度为3.5m。

（4）城镇快速路、主干路的路基不得用含有冻土块的土料填筑。次干路以下道路填土材料中冻土块最大尺寸不应大于100mm，冻土块含量应小于15%。

（三）基层施工

（1）石灰及石灰粉煤灰稳定土（粒料、钢渣）类基层，宜在进入冬期前30～45d停止施工，不得在冬期施工。

（2）水泥稳定土（粒料）类基层，宜在进入冬期前15～30d停止施工。当上述材料养护期进入冬期时，应在基层施工时向基层材料中掺入防冻剂。

（3）级配砂石（砾石）、级配碎石施工，应根据施工环境最低温度洒布防冻剂溶液，随洒布随碾压。

（四）沥青混凝土面层

（1）城镇快速路、主干路的沥青混合料面层严禁冬期施工。次干路及其以下道路在施工环境温度低于5℃时，应停止施工。当风力6级及以上时，沥青混合料面层不应施工。粘层、透层、封层严禁冬期施工。

（2）必须进行施工时，适当提高沥青混合料拌合、出厂及施工时的温度。运输中应覆盖保温，并应达到摊铺和碾压的温度要求。下承层表面应干燥、清洁，无冰、雪、霜等。施工中做好充分准备，采取“快卸、快铺、快平”和“及时碾压、及时成型”的方针。摊铺时间宜安排在一日内气温较高时进行：热拌普通沥青混合料施工环境温度不应低于5℃，热拌改性沥青混合料施工环境温度不应低于10℃。

（五）水泥混凝土面层

（1）搅拌站应搭设工棚或其他挡风设备，混凝土拌合物的浇筑温度不应低于5℃。

（2）当昼夜平均气温在0～5℃时，应将水加热至60℃（不得高于80℃）后搅拌；必要时还可以加热砂、石，但不应高于50℃，且不得加热水泥。

（3）混凝土拌合料的温度应不高于35℃。拌合物中不得使用带有冰雪的砂、石料，可加经优选确定的防冻剂、早强剂，搅拌时间适当延长。

（4）混凝土板浇筑前，基层应无冰冻、不积冰雪，摊铺混凝土温度不低于5℃。

（5）尽量缩短各工序时间，快速施工。成型后及时覆盖保温层，减缓热量损失，混凝土面层的最低温度不应低于5℃。

（6）混凝土板弯拉强度低于1MPa或抗压强度低于5MPa时，严禁受冻。

（7）养护时间不少于28d。

三、高温期施工

（一）水泥混凝土路面施工规定

（1）气温高于30℃，混凝土拌合物温度在30～35℃、同时空气相对湿度小于80%时，应按高温期施工的规定进行。

（2）应避开高温期施工水泥混凝土面板。

（二）高温施工规定

（1）严控混凝土的配合比，保证其和易性，必要时可适当掺加缓凝剂，特高温时段混凝土拌合可掺加降温材料（如冰水）。尽量避开气温过高的时段，一般选择早晨与晚间施工。

（2）加强拌制、运输、浇筑、抹面等各工序衔接，尽量使运输和操作时间缩短。

（3）加设临时罩棚，避免混凝土面板遭日晒，减少蒸发量，及时覆盖，加强养护，多洒水，保证正常硬化过程。

（4）采用洒水覆盖保湿养护时，应控制养护水温与混凝土面层表面的温差不大于12℃，不得采用冰水或冷水养护以免造成骤冷而导致表面开裂。

（5）高温期水泥混凝土路面切缝宜比常温施工提早。

2K320095　压实度的检测方法与评定标准

一、击实试验

在试验室进行击实试验是研究土压实性质的基本方法。击实试验分轻型和重型两种，轻型击实试验适用于粒径小于5mm的黏性土，重型击实试验适用于粒径不大于20mm的土。试验时，先将土样烘干、碾碎、过筛后掺入一定量的水成为扰动土样。将含水量为一定值的扰动土样分层装入击实筒中，每铺一层厚，均用击锤按规定的落距和击数锤击土样，直到被击实的土样（共3～5层）充满击实筒。由击实筒的体积和筒内击实土的总重计算出湿密度ρ，再根据测定的含水量ω，即可算出干密度$\rho_d=\dfrac{\rho}{1+\omega}$。用一组（通常为5个）不同含水量的同一种土样，分别按上述方法进行试验，即可绘制一条击实曲线，如图2K320095所示。

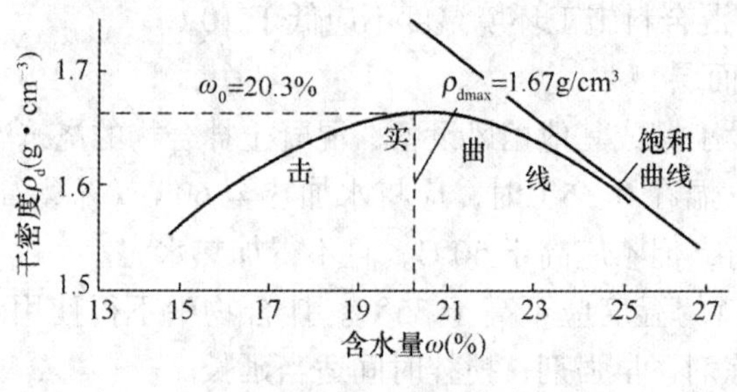

图2K320095　击实曲线

由图可见，对某一土样，在一定的击实功能作用下，只有当水的含量为某一适宜值时，土样才能达到最密实。击实曲线的极值为最大干密度 ρ_{dmax}，相应的含水量即为最佳含水量 ω_0。

在工程中，填土的质量标准常用压实系数来控制，即 $k=\rho_r/\rho_{dmax}$（用百分比表示），ρ_r 为工地实测干密度，压实系数愈接近 1，表明对压实质量的要求越高。

二、压实度的测定

（一）路基、基层

1. 环刀法

适用于细粒土及无机结合料稳定细粒土的压实度检测。

2. 灌砂法

在所测层位挖坑，利用灌砂测定体积，计算密度。适用于土路基压实度检测；不宜用于填石路堤等大空隙材料的压实度检测。在路面工程中也适用于基层、砂土路面、沥青路面表面处置及沥青贯入式路面的密度及压实度检测。

3. 灌水法

在所测层位挖坑，利用薄塑料袋灌水测定体积，计算密度。亦可适用于沥青路面表面处置及沥青贯入式路面的压实度检测。

（二）沥青路面

1. 钻芯法检测

现场钻芯取样送试验室检验，以评定沥青面层的压实度。测定其密度并与最大理论密度相比较，一般控制孔隙率在 3%～7%，也就是压实度在 93%～97% 为理想状态。

2. 核子密度仪检测

检测各种土基的密实度和含水率，采用直接透射法测定；检测路面或路基材料的密度和含水率时采用散射法，再换算成施工压实度。

三、压实度的测定过程

（1）重型击实试验：由建设单位或监理单位委托与承包人无隶属关系的、资质合格的试验单位，找出施工用土的最佳含水量和最大干（质量）密度。

（2）现场实测干密度和含水量：一般黏性土采用环刀法、灌水法（水袋）或灌砂法；砂质土及粗粒的石质土采用灌砂法。

（3）计算压实度：实测干（质量）密度与最大干（质量）密度的比值，一般以百分率表示。

（4）压实度均为主控项目，必须达到 100% 合格。

四、压实质量标准

（一）土方路基

设计有要求的，按设计给出的标准执行，设计无要求的则按照土方路基填挖类型（填方、挖方、半填半挖路段）、填筑深度及道路类型（城镇快速路及主干路、次干路、支路），对照表 2K320095-1（依据《城镇道路工程施工与质量验收规范》CJJ 1—2008），判断是否达到质量要求。

（二）沥青路面

按照路面类型：热拌沥青混合料（快速路及主干路、次干路、支路）、冷拌沥青混合料、沥青贯入式对照表 2K320095-2，判断是否达到质量要求。

路基压实度标准（*k*）　　表 2K320095-1

填挖类型	路床顶面以下深度（cm）	道路类别	压实度（%）（重型击实）	检验频率		检验方法
				范围	点数	
挖方	0～30	城镇快速路、主干路	≥ 95	每 $1000m^2$	每层一组（3 点）	细粒土可用环刀法，粗粒土用灌水法或灌砂法
		次干路	≥ 93			
		支路及其他小路	≥ 90			
填方	0～80	城镇快速路、主干路	≥ 95	每 $1000m^2$	每层一组（3 点）	细粒土可用环刀法，粗粒土用灌水法或灌砂法
		次干路	≥ 93			
		支路及其他小路	≥ 90			
	80～150	城镇快速路、主干路	≥ 93			
		次干路	≥ 90			
		支路及其他小路	≥ 90			
	＞ 150	城镇快速路、主干路	≥ 90			
		次干路	≥ 90			
		支路及其他小路	≥ 87			

注：表中数字为重型击实标准压实度，以相应的标准击实试验法求得的最大干密度为 100%。

路面压实度标准　　表 2K320095-2

路面类型	道路类型	压实度（%）	检验频率		检验方法
			范围	点数	
热拌沥青混合料	快速路、主干路	≥ 96	$1000m^2$	1 点	查试验记录
	次干路	≥ 95			
	支路	≥ 95			
冷拌沥青混合料		≥ 95			查配合比、复测
沥青贯入式		≥ 95			灌水法、灌砂法、蜡封法

五、压实度质量的评定

路基、基层、沥青面层压实质量检验的项目中，压实度均为主控项目，必须达到 100% 合格；检验结果达不到要求值时，应采取措施保证压实度。

2K320100　城市桥梁工程施工质量检查与检验

2K320101　钻孔灌注桩施工质量事故预防措施

本条简要介绍钻孔灌注桩施工质量控制的常见措施。

一、地质勘探资料和设计文件

（一）可能存在的问题

地质勘探主要存在勘察孔间距太大、孔深太浅，土工试验数量不足、土工取样和土工试验不规范，桩周摩阻力和桩端承载力不足等问题。设计文件主要存在对地质勘察资料没有认真研究、桩型选择不当、地面高程不清等问题。

（二）预防措施

在桩基开始施工前，对地质勘探资料和设计文件进行认真研究。对桩基持力层厚度变化较大的场地，应适当加密地质勘探孔；必要时进行补充勘探，防止桩端落在较薄的持力层上而发生持力层剪切破坏。场地有较厚的回填层和软土层时，设计者应认真校核桩基是否存在负摩擦现象。

二、孔口高程及钻孔深度的误差

（一）孔口高程的误差

孔口高程的误差主要有两方面：一是由于地质勘探完成后场地再次回填，计算孔口高程时疏忽而引起的误差；二是由于施工场地在施工过程中废渣的堆积，地面不断升高，孔口高程发生变化造成的误差。

其对策是认真校核原始水准点和各孔口的绝对高程，每根桩开孔前复测一次桩位孔口高程。

（二）钻孔深度的误差

有些工程在场地回填平整前就进行工程地质勘探，地面高程较低，当工程地质勘探采用相对高程时，施工应把高程换算一致，避免出现钻孔深度的误差。另外，孔深测量应采用丈量钻杆的方法，取钻头的2/3长度处作为孔底终孔界面，不宜采用测绳测定孔深。对于端承桩钻孔的终孔高程，应以桩端进入持力层深度为准，不宜以固定孔深的方式终孔。因此，钻孔到达桩端持力层后应及时取样鉴定，确定钻孔是否进入桩端持力层。

三、孔径误差

孔径误差主要是由于作业人员疏忽错用其他规格的钻头，或因钻头陈旧，磨损后直径偏小所致。对于直径800～1200mm的桩，钻头直径比设计桩径小30～50mm是合理的。每根桩开孔时，应验证钻头规格，实行签证手续。

四、钻孔垂直度不符合规范要求

（一）主要原因

（1）场地平整度和密实度差，钻机安装不平整或钻进过程发生不均匀沉降，导致钻孔偏斜。

（2）钻杆弯曲、钻杆接头间隙太大，造成钻孔偏斜。

（3）钻头翼板磨损不一，钻头受力不均，造成偏离钻进方向。

（4）钻进中遇到软硬土层交界面或倾斜岩面时，钻压过高使钻头受力不均，造成偏离钻进方向。

（二）控制钻孔垂直度的主要技术措施

（1）压实、平整施工场地。

（2）安装钻机时应严格检查钻机的平整度和主动钻杆的垂直度，钻进过程中应定时检查主动钻杆的垂直度，发现偏差立即调整。

（3）定期检查钻头、钻杆、钻杆接头，发现问题及时维修或更换。

（4）在软硬土层交界面或倾斜岩面处钻进，应低速、低钻压钻进。发现钻孔偏斜，应及时回填黏土，冲平后再低速、低钻压钻进。

（5）在复杂地层钻进，必要时在钻杆上加设扶正器。

五、塌孔与缩径

（一）主要原因

塌孔与缩径产生的原因基本相同，主要是地层复杂、钻进速度过快、护壁泥浆性能差、成孔后放置时间过长没有灌注混凝土等原因所造成。

（二）预防措施

钻（冲）孔灌注桩穿过较厚的砂层、砾石层时，成孔速度应控制在2m/h以内，泥浆性能主要控制其密度为1.3～1.4g/cm^3、黏度为20～30Pa·s、含砂率不大于6%。若孔内自然造浆不能满足以上要求时，可采用加黏土粉、烧碱、木质素的方法，改善泥浆的性能。通过对泥浆的除砂处理，可控制泥浆的密度和含砂率。没有特殊原因，钢筋骨架安装后应立即灌注混凝土。

六、桩端持力层判别错误

持力层判别是钻孔桩成败的关键，现场施工必须给予足够的重视。对于非岩石类持力层，判断比较容易，可根据地质资料，结合现场取样进行综合判定。

对于桩端持力层为强风化岩或中风化岩的桩，判定岩层界面难度较大，可采用以地质资料的深度为基础，结合钻机受力、主动钻杆抖动情况和孔口捞样来综合判定，必要时进行原位取芯验证。

七、孔底沉渣过厚或灌注混凝土前孔内泥浆含砂量过大

孔底沉渣过厚除清孔泥浆质量差，清孔无法达到设计要求外，还有测量方法不当造成的误判。要准确测量孔底沉渣厚度，首先需准确测量桩的终孔深度，应采用丈量钻杆长度的方法测定，取“孔内钻杆长度＋钻头长度”，钻头长度取至钻尖的2/3处。

在含粗砂、砾砂和卵石的地层钻孔，有条件时应优先采用泵吸反循环清孔。当采用正循环清孔时，前阶段应采用高黏度浓浆清孔，并加大泥浆泵的流量，使砂石粒能顺利地浮出孔口。孔底沉渣厚度符合设计要求后，应把孔内泥浆密度降至1.1g/cm^{3}以下。整个清孔过程应安排专人负责孔口捞渣和测量孔底沉渣厚度。及时对孔内泥浆含砂率和孔底沉渣厚度的变化进行分析，若出现清孔前期孔口泥浆含砂量过低，捞不到粗砂粒，或后期把孔内泥浆密度降低后，孔底沉渣厚度增大较多，则说明前期清孔时泥浆的黏度和稠度偏小，砂粒悬浮在孔内泥浆里，没有真正达到清孔的目的，施工时应特别注意这种情况。

八、水下混凝土灌注和桩身混凝土质量问题

混凝土质量关系到混凝土灌注过程是否顺利和桩身混凝土质量两大方面。要配制出高质量的混凝土，首先要设计好配合比和做好现场试配工作。采用高强度水泥时，应注意混凝土的初凝和终凝时间与单桩灌注时间的关系，必要时添加缓凝剂。施工现场应严格控制好配合比（特别是水胶比）和搅拌时间。掌握好混凝土的和易性及其坍落度，防止混凝土在灌注过程中发生离析和堵管。

（一）初灌时埋管深度达不到规范要求

规范规定，灌注导管底端至孔底的距离应为0.3～0.5m，初灌时导管首次埋深应不小于1.0m。在计算混凝土的初灌量时，除计算桩长所需的混凝土量外，还应计算导管内积存的混凝土量。

（二）灌注混凝土时堵管

（1）灌注混凝土时发生堵管主要由灌注导管破漏、灌注导管底距孔底深度太小、完成二次清孔后灌注混凝土的准备时间太长、隔水栓不规范、混凝土配制质量差、灌注过程中灌注导管埋深过大等原因引起。

（2）灌注导管在安装前应有专人负责检查，可采用肉眼观察和敲打听声相结合的方法进行检查，检查项目主要有灌注导管是否存在孔洞和裂缝、接头是否密封、厚度是否合格。

（3）灌注导管使用前应进行水密承压和接头抗拉试验，严禁用气压。进行水密试验的水压不应小于孔内水深 1.5 倍的压力。

（4）灌注导管底部至孔底的距离应为 300～500mm，在灌浆设备的初灌量足够的条件下，应尽可能取大值。隔水栓应认真、细致制作，其直径和椭圆度应符合使用要求，其长度不应大于 200mm。

（5）完成第二次清孔后，应立即开始灌注混凝土，若因故推迟灌注混凝土，应重新进行清孔，否则，可能造成孔内泥浆悬浮的砂粒下沉而使孔底沉渣过厚，并导致隔水栓无法正常工作而发生堵管事故。

（三）灌注混凝土过程中钢筋骨架上浮

1. 主要原因

（1）混凝土初凝和终凝时间太短，使孔内混凝土过早结块，当混凝土面上升至钢筋骨架底时，结块的混凝土托起钢筋骨架。

（2）清孔时孔内泥浆悬浮的砂粒太多，混凝土灌注过程中砂粒回沉在混凝土面上，形成较密实的砂层，并且随着孔内混凝土逐渐升高，当砂层上升至钢筋骨架底部时托起钢筋骨架。

（3）混凝土灌注至钢筋骨架底部时，灌注速度太快，造成钢筋骨架上浮。

2. 预防措施

除认真清孔外，当灌注的混凝土面距钢筋骨架底部 1m 左右时，应降低灌注速度。当混凝土面上升到骨架底口 4m 以上时，提升导管，使导管底口高于骨架底部 2m 以上，然后恢复正常灌注速度。

（四）桩身混凝土强度低或混凝土离析

主要原因是施工现场混凝土配合比控制不严、搅拌时间不够和水泥质量差。预防措施：严格把好进场水泥的质量关，控制好施工现场混凝土配合比，掌握好搅拌时间和混凝土的和易性。

（五）桩身混凝土夹渣或断桩

1. 主要原因

（1）初灌混凝土量不够，造成初灌后埋管深度太小或导管根本就没有进入混凝土。

（2）混凝土灌注过程拔管长度控制不准，导管拔出混凝土面。

（3）混凝土初凝和终凝时间太短，或灌注时间太长，使混凝土上部结块，造成桩身混凝土夹渣。

（4）清孔时孔内泥浆悬浮的砂粒太多，混凝土灌注过程中砂粒回沉在混凝土面上，形成沉积砂层，阻碍混凝土的正常上升，当混凝土冲破沉积砂层时，部分砂粒及浮渣被包入混凝土内。严重时可能造成堵管事故，导致混凝土灌注中断。

2. 预防办法

导管的埋置深度宜控制在 2～6m。混凝土灌注过程中拔管应有专人负责指挥，并分别采用理论灌入量计算孔内混凝土面和重锤实测孔内混凝土面，取两者的低值来控制拔管长度，确保导管的埋置深度不小于 2m。单桩混凝土灌注时间宜控制在 1.5 倍混凝土初凝时间内。

（六）桩顶混凝土不密实或强度达不到设计要求

主要原因是超灌高度不够、混凝土浮浆太多、孔内混凝土面测定不准。

根据《城市桥梁工程施工与质量验收规范》CJJ 2—2008 中相关规定，桩顶混凝土灌注完成后应高出设计标高 0.5～1m。对于大体积混凝土的桩，桩顶 10m 内的混凝土应适当调整配合比，增大碎石含量，减少桩顶浮浆。在灌注最后阶段，孔内混凝土面测定应采用硬杆筒式取样法测定。

九、混凝土灌注过程因故中断

混凝土灌注过程中断的原因较多，在采取抢救措施后仍无法恢复正常灌注的情况下，可采用如下方法进行处理：

（1）若刚开灌不久，孔内混凝土较少，可拔起导管和吊起钢筋骨架，重新钻孔至原孔底，安装钢筋骨架和清孔后再开始灌注混凝土。

（2）迅速拔出导管，清理导管内积存混凝土和检查导管后，重新安装导管和隔水栓，然后按初灌的方法灌注混凝土，待隔水栓完全排出导管后，立即将导管插入原混凝土内，此后便可按正常的灌注方法继续灌注混凝土。此法的处理过程必须在混凝土的初凝时间内完成。

2K320102　大体积混凝土浇筑施工质量检查与验收

本条以城市桥梁工程为主简要介绍市政公用工程大体积混凝土浇筑质量控制措施，重点是防止裂缝。

一、控制混凝土裂缝

（一）裂缝分类

大体积混凝土出现的裂缝按深度的不同，分为贯穿裂缝、深层裂缝及表面裂缝三种。

（1）表面裂缝主要是温度裂缝，一般危害性较小，但影响外观质量。

（2）深层裂缝部分地切断了结构断面，对结构耐久性产生一定危害。

（3）贯穿裂缝是由混凝土表面裂缝发展为深层裂缝，最终形成贯穿裂缝；贯穿裂缝切断了结构的断面，可能破坏结构的整体性和稳定性，其危害性是较严重的。

（二）裂缝发生原因

1. 水泥水化热影响

水泥在水化过程中产生了大量的热量，因而使混凝土内部的温度升高，当混凝土内部与表面温差过大时，就会产生温度应力和温度变形。温度应力与温差成正比，温差越大，温度应力越大，当温度应力超过混凝土内外约束力时，就会产生裂缝。混凝土内部的温度与混凝土的厚度及水泥用量有关，混凝土越厚，水泥用量越大，内部温度越高。

2. 内外约束条件的影响

混凝土在早期温度上升时，产生的膨胀受到约束而形成压应力。当温度下降，则产生较大的拉应力。另外，混凝土内部由于水泥的水化热影响导致中心温度高、热膨胀大，进而在中心区产生压应力，在表面产生拉应力。若拉应力超过混凝土的抗拉强度，混凝土将会产生裂缝。

3. 外界气温变化的影响

大体积混凝土在施工阶段，常受外界气温的影响。混凝土内部温度是由水泥水化热引起的绝热温度、浇筑温度和散热温度三者的叠加。当气温下降，特别是气温骤降，会大大增加外层混凝土与混凝土内部的温度梯度，产生温差和温度应力，使混凝土产生裂缝。

4. 混凝土的收缩变形

混凝土中的80%水分要蒸发，约20%的水分是水泥硬化所必需的。而最初失去的30%自由水分几乎不引起收缩，随着混凝土的陆续干燥而使20%的吸附水逸出，就会出现干燥收缩，而表面干燥收缩快，中心干燥收缩慢。由于表面的干缩受到中心部位混凝土的约束，因而在表面产生拉应力并出现裂缝。在设计上，混凝土表层布设抗裂钢筋网片可有效地防止混凝土收缩时产生干裂。

5. 混凝土的沉陷裂缝

支架、支撑变形下沉会引发结构裂缝，过早拆除模板支架易使未达到强度的混凝土结构发生裂缝和破损。

二、质量控制要点

（一）大体积混凝土施工组织设计

应包括下列主要内容：

（1）大体积混凝土浇筑体温度应力和收缩应力计算结果。

（2）施工阶段主要抗裂构造措施和温控指标的确定。

（3）原材料优选、配合比设计、制备与运输计划。

（4）主要施工设备和现场总平面布置。

（5）温控监测设备和测试布置图。

（6）浇筑顺序和施工进度计划。

（7）保温和保湿养护方法。

（8）应急预案和应急保障措施。

（9）特殊部位和特殊气候条件下的施工措施。

（二）混凝土非沉陷裂缝的预防

防止混凝土非沉陷裂缝的关键是混凝土浇筑过程中温度和混凝土内外部温差控制（温度控制）。温度控制就是对混凝土的浇筑温度和混凝土内部的最高温度进行人为控制。施工前应进行热工计算，施工措施应符合国家现行标准《大体积混凝土施工标准》GB 50496—2018的有关规定。

（三）质量控制主要措施

1. 优化混凝土配合比

（1）大体积混凝土因其水泥水化热的大量积聚，易使混凝土内外形成较大的温差，而产生温差应力，因此应选用水化热较低的水泥，以降低水泥水化所产生的热量，从而控制大体积混凝土的温度升高。

（2）充分利用混凝土的中后期强度，尽可能降低水泥用量。

（3）严格控制骨料的级配及其含泥量。如果含泥量大的话，不仅会增加混凝土的收缩，而且会引起混凝土抗拉强度的降低，对混凝土抗裂不利。

（4）选用合适的缓凝剂、减水剂等外加剂，以改善混凝土的性能。加入外加剂后，可延长混凝土的凝结时间。

（5）控制好混凝土坍落度，不宜大于 180mm，一般在 120±20mm 即可。

2. 浇筑与振捣措施

（1）大体积混凝土浇筑应符合下列规定：

1）混凝土浇筑层厚度应根据所用振捣器作用深度及混凝土的和易性确定，整体连续浇筑时宜为 300～500mm，振捣时应避免过振和漏振。

2）整体分层连续浇筑或推移式连续浇筑，应缩短间歇时间，并应在前层混凝土初凝之前将次层混凝土浇筑完毕。层间间歇时间不应大于混凝土初凝时间。混凝土初凝时间应通过试验确定。当层间间歇时间超过混凝土初凝时间时，层面应按施工缝处理。

3）混凝土的浇灌应连续、有序，宜减少施工缝。

4）混凝土宜采用泵送方式和二次振捣工艺。

（2）当采取分层间歇浇筑混凝土时，水平施工缝的处理应符合下列规定：

1）在已硬化的混凝土表面，应清除表面的浮浆、松动的石子及软弱混凝土层。

2）在上层混凝土浇筑前，应采用清水冲洗混凝土表面的污物，并应充分润湿，但不得有积水。

3）新浇筑混凝土应振捣密实，并应与先期浇筑的混凝土紧密结合。

（3）大体积混凝土底板与侧墙相连接的施工缝，当有防水要求时，宜采取钢板止水带等处理措施。

（4）在大体积混凝土浇筑过程中，应采取措施防止受力钢筋、定位筋、预埋件等移位和变形，并应及时清除混凝土表面泌水。

（5）应及时对大体积混凝土浇筑面进行多次抹压处理。

3. 养护措施

大体积混凝土养护的关键是保持适宜的温度和湿度，以便控制混凝土内外温差，在促进混凝土强度正常发展的同时防止混凝土裂缝的产生和发展。大体积混凝土的养护，不仅要满足强度增长的需要，还应通过温度控制，防止因温度变形引起混凝土开裂。

混凝土养护阶段的温度控制措施：

（1）混凝土的中心温度与表面温度之间、混凝土表面温度与室外最低气温之间的差值均应小于 20℃；当结构混凝土具有足够的抗裂能力时，不大于 25～30℃。

（2）混凝土拆模时，混凝土的表面温度与中心温度之间、表面温度与外界气温之间的温差不超过 20℃。

（3）采用内部降温法来降低混凝土内外温差。内部降温法是在混凝土内部预埋水管，通入冷却水，降低混凝土内部最高温度。冷却在混凝土刚浇筑完成时就开始进行。

（4）保温法是在结构外露的混凝土表面以及模板外侧覆盖保温材料（如塑料薄膜、土工布、麻袋、阻燃保温被等）。在缓慢散热的过程中，保持混凝土的内外温差小于 20℃。根据工程的具体情况，尽可能延长养护时间，拆模后立即回填或再覆盖保护，同时预防近期骤冷气候影响，防止混凝土早期和中期裂缝。

（5）大体积混凝土保湿养护时间不宜少于14d，应经常检查塑料薄膜或养护剂、涂层的完整情况，并应保持混凝土表面湿润。

（6）保温覆盖层拆除应分层逐步进行，当混凝土表面温度与环境最大温差小于20℃时，可全部拆除。

2K320103 预应力张拉施工质量事故预防措施

本条介绍预应力张拉施工质量控制措施和质量事故预防的主要措施。

一、基本规定

（一）人员控制

（1）承担预应力施工的单位应具有相应的施工资质。

（2）预应力张拉施工应由工程项目技术负责人主持。

（3）张拉作业人员应经培训考核，合格后方可上岗。

（二）设备控制

（1）张拉设备的校准期限不得超过半年，且不得超过200次张拉作业。

（2）张拉设备应配套校准，配套使用。

二、准备阶段质量控制

（一）方案编制

预应力施工应按设计要求，编制专项施工方案和作业指导书，并按相关规定审批。

（二）预应力筋进场检验

（1）外观检验：要求预应力筋展开后应平顺，不得有弯折，表面不应有裂纹、小刺、机械损伤、氧化铁皮和油污等。

（2）按照《预应力混凝土用钢绞线》GB/T 5224—2014规定，按进场的批次抽样进行力学性能等检验，并检查产品合格证、出厂检验报告和进场试验报告。

（3）进场检验批和项目的规定，详见2K312015条。

（三）预应力用锚具、夹具和连接器进场检验

（1）外观检验：核对数量、型号及相应配件。锚具应无锈蚀、机械损伤和裂纹等，尺寸满足允许偏差要求。

（2）按照相关规范规定，按进场的批次抽样复验其硬度、静载锚固试验等，并检查产品合格证、出厂检验报告和进场试验报告。

（3）进场检验批和项目的规定，详见2K312015条。

（四）波纹管进厂检验

（1）金属波纹管外观检查应无锈蚀、孔洞和不规则皱褶，咬口开裂、脱扣等现象。

（2）塑料波纹管内壁应光滑，壁厚均匀，且不应有气泡、裂口、分解变色线及明显杂质。

三、施工过程控制要点

（一）下料与安装

（1）预应力筋及孔道的品种、规格、数量必须符合设计要求。

（2）预应力筋下料长度应经计算，并考虑模具尺寸及张拉千斤顶所需长度；严禁使用电弧焊切割。

（3）锚垫板和螺旋筋安装位置应准确，保证预应力筋与锚垫板面垂直。锚板受力中心应与预应力筋合力中心一致。

（4）管道安装应严格按照设计要求确定位置，曲线平滑、平顺；架立筋应绑扎牢固，管道接头应严密不得漏浆。管道应留压浆孔和溢浆孔。

（5）预应力筋及管道安装应避免电焊火花等造成损伤。

（6）预应力筋穿束宜用卷扬机整束牵引，应依据具体情况采用先穿法或后穿法。但必须保证预应力筋平顺，没有扭绞现象。

（二）张拉与锚固

（1）张拉时，混凝土强度、张拉顺序和工艺应符合设计要求和相关规范规定。

（2）张拉前应根据设计要求对孔道的摩阻损失进行实测，以便确定张拉控制应力，并确定预应力筋的理论伸长值。

（3）张拉应保证逐渐加大拉力，不得突然加大拉力，以保证应力正确传递。预应力筋张拉后应可靠锚固且不应有断筋、断丝或滑丝。

（4）张拉施工质量控制应做到“六不张拉”，即：没有预应力筋出厂材料合格证，预应力筋规格不符合设计要求，配套件不符合设计要求，张拉前交底不清，准备工作不充分、安全设施未做好，混凝土强度达不到设计要求，不张拉。

（5）张拉控制应力达到稳定后方可锚固，锚固后预应力筋的外露长度不宜小于30mm。对锚具应采用封端混凝土保护，当需较长时间外露时，应采取防锈蚀措施。锚固完毕经检验合格后，方可切割端头多余的预应力筋，严禁使用电弧焊切割。

（三）压浆与封锚

（1）张拉后应及时进行孔道压浆，宜采用真空辅助法压浆；水泥浆的强度应符合设计要求，且不得低于30MPa。

（2）压浆时排气孔、排水孔应有水泥浓浆溢出。应从检查孔抽查压浆的密实情况，如有不实应及时处理。

（3）孔道灌浆应填写灌浆记录。

（4）压浆过程中及压浆后48h内，结构混凝土的温度不得低于5℃。当白天气温高于35℃时，压浆宜在夜间进行。

（5）压浆后应及时浇筑封锚混凝土。封锚混凝土的强度应符合设计要求，不宜低于结构混凝土强度等级的80%，且不得低于30MPa。

2K320110　城市轨道交通工程施工质量检查与检验

2K320111　地铁车站工程施工质量检查与验收

本条简要介绍地铁车站施工质量控制的主要措施。

一、基坑开挖施工

（1）确保围护结构位置、尺寸、稳定性。

（2）土方必须自上而下分层、分段依次开挖，钢筋网片安装及喷射混凝土紧跟开挖流水段，及时施加支撑或锚杆。基底经勘察、设计、监理、施工单位验收合格后，应及时施工混凝土垫层。

二、结构施工

（1）钢筋、混凝土等原材料的使用，模板支架安装等方面内容应满足相关规定，具体参照 2K312010 目。

（2）底板混凝土应沿线路方向分层留台阶灌注，灌注至高程初凝前，应用表面振捣器振捣一遍后抹面；墙体混凝土左右对称、水平、分层连续灌注，至顶板交界处间歇 1～1.5h，然后再灌注顶板混凝土；顶板混凝土连续水平、分台阶由边墙、中墙分别向结构中间方向灌注。灌注至高程初凝前，应用表面振捣器振捣一遍后抹面；混凝土柱可单独施工，并应水平、分层灌注。

（3）混凝土终凝后及时养护，垫层混凝土养护期不得少于 7d，结构混凝土养护期不得少于 14d。

（4）应落实防水层基面、每层防水层铺贴和保护层施工以及结构混凝土灌注前的模板（支架）、钢筋施工质量的查验和隐蔽前的查验。

三、基坑回填

（1）基坑回填料不应使用淤泥、粉砂、杂土、有机质含量大于 8% 的腐殖土、过湿土、冻土和大于 150mm 粒径的石块，并应符合设计文件要求。

（2）基坑回填质量验收的主控项目有：

1）基坑回填土的土质、含水率应符合设计文件要求。

2）基坑回填宜分层、水平机械压实，压实后的厚度应根据压实机械确定，且不应大于 0.3m；结构两侧应水平、对称同时填压；基坑分段回填接槎处，已填土坡应挖台阶，其宽度不应小于 1.0m，高度不应大于 0.5m。

3）基坑位于道路下方时，基坑回填碾压密实度应符合现行行业标准《城镇道路工程施工与质量验收规范》CJJ 1—2008 的规定。

四、主体结构防水施工

（1）防水采用的原材料、配件等应符合设计要求，并有出厂合格证，经检验符合要求后方可使用。

（2）防水卷材铺贴的基层面应符合以下规定：

1）基层面应洁净、干燥。

2）基层面必须坚实、平整，其平整度允许偏差为 3mm，且每米范围内不多于一处。

3）基层面阴、阳角处应做成 100mm 圆弧或 50mm×50mm 钝角。

4）保护墙找平层采用水泥砂浆抹面，其配合比为 1∶3，厚度为 15～20mm。

5）基层面应干燥，含水率不宜大于 9%。

（3）结构底板防水卷材先铺平面，后铺立面，交接处应交叉搭接；卷材从平面折向立面铺贴时，与永久保护墙粘贴应严密，与临时保护墙应临时贴附于墙上。

（4）卷材防水层采用满粘法施工时，搭接允许宽度值为 80mm；采用空铺法、点粘法、条粘法施工时，搭接允许宽度值为 100mm。

（5）防水卷材在以下部位必须铺设附加层，其尺寸应符合以下规定：

1）阴阳角处：500mm 幅宽。

2）变形缝处：600mm 幅宽，并上下各设一层。

3）穿墙管周围：300mm 幅宽，150mm 长。

（6）底板底部防水卷材与基层面应按设计确定采用点粘法、条粘法或满粘法粘贴；立面和顶板的卷材与基层面、附加层与基层面、附加层与卷材及卷材之间必须全粘贴。

（7）结构顶板采用涂膜防水层时，防水基层面必须坚实、平整、清洁，不得有渗水、结露、凸角、凹坑及起砂现象。涂膜防水层施工前应先在基层面上涂一层基层处理剂。

（8）涂膜防水层涂料应分层涂布，并在前层干燥后方可涂布后一层，过程中检查涂膜厚度应符合设计要求。每层涂料应顺向均匀涂布，且前、后层方向应垂直；分片涂布的片与片之间应搭接 80～100mm。

五、特殊部位防水处理

（1）结构变形缝处止水带宽度和材质的物理性能均应符合设计要求，且无裂纹和气泡。

（2）结构变形缝处的端头模板应钉填缝板，填缝板与嵌入式止水带中心线应和变形缝中心线重合，并用模板固定牢固。止水带不得穿孔或用铁钉固定。留置垂直施工缝时，端头模板不设填缝板。

（3）结构变形缝处设置嵌入式止水带时，混凝土灌注应符合以下规定：

1）灌注前应校正止水带位置，表面清理干净，止水带损坏处应修补。

2）顶、底板结构止水带的下侧混凝土应振实，将止水带压紧后方可继续灌注混凝土。

3）边墙处止水带必须牢固固定，内外侧混凝土应均匀、水平灌注，保持止水带位置正确、平直、无卷曲现象。

（4）结构外墙穿墙管处防水施工应符合以下规定：

1）穿墙管止水环和翼环应与主管连续满焊，并做防腐处理。

2）穿墙管处防水层施工前，应将翼环和管道表面清理干净。

3）预埋防水套管内的管道安装完毕，应在两管间嵌防水填料，内侧用法兰压紧，外侧铺贴防水层。

4）每层防水层应铺贴严密，不留接槎，增设附加层时应按设计要求施工。

2K320112　喷锚支护施工质量检查与验收

喷锚支护法施工质量检查与验收分为开挖、初期支护、防水、二衬四个环节，本条简要介绍各主要环节的质量控制。

一、施工准备阶段质量控制

（1）施工前施工管理人员进行踏勘调研，由施工项目负责人组织编制施工组织设计，评估作业难易程度及质量风险，制定质量保证计划。

（2）对关键部位、特殊工艺、危险性较大分项工程分别编制专项施工方案和质量保证措施：

1）危险性较大分部分项工程专项方案和降（排）水方案必须考虑其影响范围内的建（构）筑物的影响与安全，并应通过专家论证。

2）工作井施工方案，包括马头门细部结构和超前加固措施。

3）隧道施工方案，主要包括土方开挖、衬砌结构、防水结构等。

二、土方开挖、初期支护施工质量控制

（一）土方开挖

（1）宜用激光准直仪控制中线和隧道断面仪控制外轮廓线。

（2）按设计要求确定开挖方式，经试验选择开挖步序。

（3）每开挖一榀钢拱架的间距，应及时支护、喷锚、闭合，严禁超挖。

（4）在稳定性差的地层中停止开挖，或停止作业时间较长时，应及时喷射混凝土封闭开挖面。

（5）相向开挖的两个开挖面相距约2倍管（隧）径时，应停止一个开挖面作业，进行封闭；由另一开挖面作贯通开挖。

（二）初期衬砌施工

（1）支护钢格栅、钢拱架以及钢筋网的加工、安装符合设计要求；安装前应除锈并抽样试拼装，合格后方可使用。

（2）喷射混凝土前准备工作：

1）钢格栅、钢拱架及钢筋网安装检查合格。

2）埋设控制喷射混凝土厚度的标志。

3）检查开挖断面尺寸，清除松动的浮石、土块和杂物。

4）作业区的通风、照明设置符合规定。

5）做好降、排水；疏干地层的积、渗水。

（3）喷射混凝土施工：

1）喷射作业分段、分层进行，喷射顺序由下而上。

2）喷头应保持垂直于工作面，喷头距工作面不宜大于1m。

3）一次喷射混凝土的厚度：侧壁宜为70～100mm，拱部宜为50～60mm；分层喷射时，应在前一层混凝土终凝后进行。

4）钢筋网的喷射混凝土保护层不应小于20mm。

5）喷射混凝土终凝2h后进行养护，时间不小于14d；气温低于5℃时不得喷水养护。

三、防水、二次衬砌施工质量控制

（一）防水层施工

（1）应在初期支护基本稳定且衬砌检查合格后进行。

（2）清理混凝土表面，剔除尖、突部位并用水泥砂浆压实、找平，防水层铺设基面凹凸高差不应大于50mm，基面阴阳角应处理成圆角或钝角，圆弧半径不宜小于100mm。

（3）衬垫材料应直顺，用垫圈固定，钉牢在基面上；固定衬垫的垫圈，应与防水卷材同材质并焊接牢固；衬垫固定时宜交错布置，间距应符合设计要求；固定钉距防水卷材外边缘的距离不应小于0.5m；衬垫材料搭接宽度不宜小于500mm。

（4）防水卷材固定在初期衬砌面上；采用软塑料类防水卷材时，宜采用热焊固定在垫圈上。

（5）采用专用热合机焊接，焊缝应均匀、连续；双焊缝搭接的焊缝宽不应小于10mm。焊缝不得有漏焊、假焊、焊焦、焊穿等现象；焊缝应经充气试验合格：气压0.15MPa经3min其下降值不大于20%。

（二）二次衬砌施工

（1）结构变形基本稳定的条件下施作；变形缝应根据设计设置，并与初期支护变形缝位置重合；止水带安装应在两侧加设支撑筋并固定牢固，浇筑混凝土时不得有移动位置、卷边、跑灰等现象。

（2）模板施工质量保证措施：

1）模板和支架的强度、刚度和稳定性应满足设计要求，使用前应经过检查，重复使用时应检查、修整。

2）模板支架预留沉降量为：10～30mm。

3）模板接缝拼接严密，不得漏浆。

4）变形缝端头模板处的填缝中心应与初期支护变形缝位置重合，端头模板支设应垂直、牢固。

（3）混凝土浇筑质量保证措施：

1）应按施工方案划分浇筑部位。

2）灌注前，应对组立模板的外形尺寸、中线、标高、各种预埋件等进行隐蔽工程验收，并填写记录；检查合格后方可进行灌注。

3）应从下向上浇筑，各部位应对称浇筑、振捣密实，且振捣器不得触及防水层。

4）应采取措施作好施工缝处理。

（4）泵送混凝土质量保证措施：

1）坍落度为：150～180mm。

2）碎石级配，骨料最大粒径≤ 25mm。

3）减水型、缓凝型外加剂，其掺量应经试验确定；掺加防水剂、微膨胀剂时应以动态运转试验控制掺量；严禁在浇筑过程中向混凝土中加水。

4）骨料的含碱量控制符合有关规范规定。

（5）仰拱混凝土强度达到 5MPa 后人员方可通行，达到设计文件规定强度的 100% 后车辆方可通行。

四、安全质量控制主要措施

（一）进出工作井

（1）按照设计要求，采取大管棚或者超前小导管注浆加固措施。

（2）根据设计给定的暗挖施工步骤，凿除进出位置的工作井支护结构。

（3）在进出位置安放钢拱架并及时喷射混凝土。

（二）减少地面沉降措施

（1）依据监测数据信息反馈，调整设计和施工参数，保证沉降值控制在允许范围。

（2）根据实际情况采取地面预注浆、隧道内小导管注浆和衬砌结构背后注浆等措施，控制地层变形在允许范围。

（三）监控量测与信息化施工

（1）监测点和监测断面布设应符合设计要求，并力求反映工程实际状态。

（2）监测数据分析处理，及时反馈设计、施工。

（3）预警管理与应急抢险。

2K320120　城镇水处理场站工程施工质量检查与检验

2K320121　水处理构筑物施工质量检查与验收

本条适用于净水、污水处理厂站构筑物中结构工程施工质量主控项目的检查与验收。

一、模板质量验收主控项目

（1）模板及其支架应满足浇筑混凝土时的承载能力、刚度和稳定性要求，且应安装牢固。

（2）各部位的模板安装位置正确、拼缝紧密不漏浆；对拉螺栓、垫块等安装稳固；模板上的预埋件、预留孔洞不得遗漏且安装牢固。

（3）模板清洁、隔离剂涂刷均匀，钢筋和混凝土接槎处无污渍。

二、钢筋质量验收主控项目

（1）进场钢筋的质量保证资料应齐全，每批的出厂质量合格证明书及各项性能检验报告应符合国家有关标准规定和设计要求；受力钢筋的品种、级别、规格和数量必须符合设计要求；钢筋的力学性能检验、化学成分检验等应符合现行国家标准《混凝土结构工程施工质量验收规范》GB 50204—2015 的相关规定。

（2）钢筋加工时，受力钢筋的弯钩和弯折、箍筋的末端弯钩形式等应符合现行国家标准《混凝土结构工程施工质量验收规范》GB 50204—2015 的相关规定和设计要求。

（3）纵向受力钢筋的连接方式应符合设计要求；受力钢筋采用机械连接接头或焊接接头时，其接头应按现行国家标准《混凝土结构工程施工质量验收规范》GB 50204—2015 的相关规定进行力学性能检验。

（4）同一连接区段内的受力钢筋，采用机械连接或焊接接头时，接头面积百分率应符合现行国家标准《混凝土结构工程施工质量验收规范》GB 50204—2015 的相关规定；采用绑扎接头时，接头面积百分率及最小搭接长度应符合规范规定。

三、现浇混凝土质量验收主控项目

（1）现浇混凝土所用的水泥、细骨料、粗骨料、外加剂等原材料的产品质量保证资料应齐全，每批的出厂质量合格证明书及各项性能检验报告应符合规范规定和设计要求。

（2）混凝土配合比应满足施工和设计要求。

（3）结构混凝土的强度、抗渗和抗冻性能应符合设计要求，其试块的留置及质量评定应符合规范规定。

（4）混凝土结构应外光内实；施工缝后浇带部位应表面密实，无冷缝、蜂窝、露筋现象，否则应修理补强。

（5）拆模时的混凝土结构强度应符合规范规定和设计要求。

四、后张法预应力混凝土质量验收主控项目

（1）预应力筋和预应力锚具、夹具、连接器以及有粘结预应力筋孔道灌浆所用水泥、砂、外加剂、波纹管等的产品质量保证材料应齐全，每批的出厂质量合格证明书及各项性能检验报告应符合规范规定和设计要求。

（2）预应力筋的品种、级别、规格、数量下料加工必须符合设计要求。

（3）张拉时混凝土强度应符合规范规定。

（4）后张法张拉应力和伸长值、断裂或滑脱数量、内缩量等应符合规范规定和设计要求。

（5）有粘结预应力筋孔道灌浆应饱满、密实；灌浆水泥砂浆强度应符合设计要求。

五、混凝土结构水处理构筑物质量验收主控项目

（1）水处理构筑物结构类型、结构尺寸以及预埋件、预留孔洞、止水带等规格、尺寸

应符合设计要求。

（2）混凝土强度符合设计要求；混凝土抗渗、抗冻性能符合设计要求。

（3）混凝土结构外观无严重质量缺陷。

（4）构筑物外壁不得渗水。

（5）构筑物各部位以及预埋件、预留孔洞、止水带等的尺寸、位置、高程、线形等的偏差，不得影响结构性能和水处理工艺的平面布置、设备安装、水力条件。

六、砖石砌体结构水处理构筑物质量验收主控项目

（1）砖、石以及砌筑、抹面用的水泥、砂等材料的产品质量保证资料应齐全，每批的出厂质量合格证明书及各项性能检验报告应符合规范规定和设计要求。

（2）砌筑、抹面砂浆配合比应满足施工和规范规定。

（3）砌筑、抹面砂浆的强度应符合设计要求；其试块的留置及质量评定应符合规范规定。

（4）砌体结构各部位的构造形式以及预埋件、预留孔洞、变形缝位置、构造等应符合设计要求。

（5）砌筑应垂直稳固、位置正确；灰缝必须饱满、密实、完整，无透缝、通缝、开裂等现象；砖砌体抹面时，砂浆与基层及各层间应粘结紧密、牢固，不得有空鼓及裂纹等现象。

七、构筑物变形缝质量验收主控项目

（1）构筑物变形缝的止水带、柔性密封材料等的产品质量保证资料应齐全，每批的出厂质量合格证明书及各项性能检验报告应符合规定和设计要求。

（2）止水带位置应符合设计要求；安装固定稳固，无孔洞、撕裂、扭曲、褶皱等现象。

（3）先行施工一侧的变形缝结构端面应平整、垂直，混凝土或砌筑砂浆应密实，止水带与结构咬合紧密；端面混凝土外观严禁出现严重质量缺陷，且无明显的一般质量缺陷。

八、工艺辅助构筑物的质量验收主控项目

（1）有关工程材料、型材等的产品质量保证资料应齐全，并符合国家有关标准的规定和设计要求。

（2）位置、高程、结构和工艺线形尺寸、数量等应符合设计要求，满足运行功能。

（3）混凝土、水泥砂浆抹面等光洁、密实，线形和顺，无阻水、滞水现象。

（4）堰板、槽板、孔板等安装应平整、牢固，安装位置及高程应准确，接缝应严密；堰顶、穿孔槽、孔眼的底缘在同一水平面上。

九、梯道、平台、栏杆、盖板、走道板、设备行走的钢轨轨道等细部结构质量验收主控项目

（1）原材料、成品构件、配件等的产品质量保证资料应齐全，并符合国家有关标准的规定和设计要求。

（2）位置和高程、线形尺寸、数量等应符合设计要求，安装应稳固、可靠。

（3）固定构件与结构预埋件应连接牢固；活动构件安装平稳、可靠，尺寸匹配，无走动、翘动等现象；混凝土结构外观质量无严重缺陷。

（4）安全设施应符合国家有关安全生产的规定。

十、水处理构筑物的水泥砂浆防水层

质量验收应符合现行国家标准《地下防水工程质量验收规范》GB 50208—2011 的相关规定。

十一、水处理构筑物的防腐层

质量验收应按现行国家标准《建筑防腐蚀工程施工规范》GB 50212—2014 的相关规定执行。

十二、水处理构筑物的钢结构工程

应按现行国家标准《钢结构工程施工质量验收标准》GB 50205—2020 的相关规定执行。

2K320122 给水排水混凝土构筑物防渗漏措施

一、设计应考虑的主要措施

（1）合理增配构造（钢）筋，提高结构抗裂性能。构造配筋应尽可能采用小直径、小间距。全断面的配筋率不小于 0.3%。

（2）避免结构应力集中。避免结构断面突变产生的应力集中，当不能避免断面突变时，应做局部处理，设计成逐渐变化的过渡形式。

（3）按照设计规范要求，设置变形缝或结构单元。如果变形缝超出规范规定的长度时，应采取有效的防开裂措施。

二、施工应采取的措施

（一）一般规定

（1）给水排水构筑物施工时，应按"先地下后地上、先深后浅"的顺序施工，并应防止各构筑物交叉施工时相互干扰。对建在地表水水体中、岸边及地下水位以下的构筑物，其主体结构宜在枯水期施工。

（2）在冬、雨期施工时，应按特殊时期施工方案和相关技术规程执行，制定切实可行的防水、防雨、防冻、混凝土保温及地基保护等措施。

（3）对沉井和构筑物基坑施工降水、排水，应对其影响范围内的原有建（构）筑物和拟建水池进行沉降观测，必要时采取防护措施。

（二）混凝土原材料与配合比

（1）材料品种、规格、质量、性能应符合设计要求和国家有关标准规定，并应进行进场验收；进场时应具备订购合同、产品质量合格证书、说明书、性能检测报告、进口产品的商检报告及证件等。

（2）严格控制混凝土原材料质量：砂和碎石要连续级配，含泥量不能超过规范要求。水泥宜为质量稳定的普通硅酸盐水泥。外加剂和掺合料必须性能可靠，有利于降低混凝土凝固过程的水化热。

（3）使混凝土配合比有利于减少和避免裂缝出现，在满足混凝土强度、耐久性和工作性能要求的前提下，宜适当减少水泥用量和水用量，降低水胶比中的水灰比；通过使用外加剂改善混凝土性能，降低水化热峰值。

（4）预拌混凝土的配合比应满足设计要求并经试验确定；现场配制的材料如混凝土、砂浆、防水涂料等应经检测或鉴定合格后使用。

（5）热期浇筑水池，应及时更换混凝土配合比，且严格控制混凝土坍落度。抗渗混凝土宜避开冬期和热期施工，减少温度裂缝产生。

（三）模板支架（撑）安装

（1）模板支架、支撑应符合施工方案要求，在设计、安装和浇筑混凝土过程中，应采取有效的措施保证其稳固性，防止沉陷性裂缝的产生。

（2）模板接缝处应严密、平整，变形缝止水带安装符合设计要求。

（3）后浇带处的模板及支架应独立设置。

（四）浇筑与振捣

（1）避免混凝土结构内外温差过大：首先，降低混凝土的入模温度，且不应大于25℃，使混凝土凝固时其内部在较低的温度起升点升温，从而避免混凝土内部温度过高。

（2）控制入模坍落度，做好浇筑振捣工作：在满足混凝土运输和布放要求前提下，要尽可能减小入模坍落度，混凝土入模后要及时振捣，并做到既不漏振，也不过振。重点部位还要做好二次振捣工作。

（3）合理设置后浇带：对于大型给水排水混凝土构筑物，合理地设置后浇带有利于控制施工期间的较大温差与收缩应力，减少裂缝。设置后浇带时，要遵循"数量适当，位置合理"的原则。

（五）养护

（1）采取延长拆模时间和外保温等措施，使内外温差在一定范围之内。通过减少混凝土结构内外温差，减少温度裂缝。

（2）对于地下部分结构，拆模后及时回填土控制早期、中期开裂。

（3）加强冬期施工混凝土质量控制，特别是新浇混凝土入模温度，拆模时内、外部温差控制。

2K320130　城镇管道工程施工质量检查与检验

2K320131　城镇燃气、供热管道施工质量检查与验收

一、工程质量验收的规定

（1）工程质量验收分为"合格"和"不合格"。不合格的不予验收，直到返修、返工合格。经过返修仍不能满足安全使用要求的工程，严禁验收。

（2）工程质量验收按分项、分部、单位工程划分。

1）分项工程包括下列内容：

① 沟槽、模板、钢筋、混凝土（垫层、基础、构筑物）、砌体结构、防水、止水带、预制构件安装、检查室、回填土等土建分项工程。

② 管道安装、焊接、无损检测、支架安装、设备及管路附件安装、除锈及防腐、水压试验、管道保温等安装分项工程。

③ 换热站、中继泵站的建筑和结构部分等的质量验收按国家现行有关标准的规定划分。

2）分部工程可按长度划分为若干个部位，当工程规模较小时可不划分。

3）单位工程为具备独立施工条件并能形成独立使用功能的工程，可为一个或几个设计阶段的工程。

（3）验收评定应符合下列要求：

1）分项工程符合下列两项要求者为合格：

① 主控项目的合格率应达到 100%。

② 一般项目的合格率不应低于 80%，且不符合规范要求的点，其最大偏差应在允许偏差的 1.5 倍之内。

凡达不到合格标准的分项工程，必须返修或返工，直到合格。

2）分部工程的所有分项工程均为合格，则该分部工程为合格。

3）单位工程的所有分部工程均为合格，则该单位工程为合格。

二、对焊工资格和施焊环境的检查

（一）对焊工资格的检查

从事燃气、热力工程施工的焊工，应按《特种设备焊接操作人员考核细则》TSG Z6002—2010 的规定考试合格，并持有国家市场监督管理总局统一印制的《特种设备作业人员证》，证书应在有效期内，且焊工的焊接工作不能超出持证项目允许范围；中断焊接工作超过 6 个月，再次上岗前应复审抽考。

（二）对施焊环境的检查

（1）焊接的环境温度应符合焊件焊接所需的温度，并不得影响焊工的操作技能。

（2）当存在下列任一情况且未采取有效的防护措施时，严禁进行焊接作业：

1）焊条电弧焊时风速大于 8m/s（相当于 5 级风）。

2）气体保护焊时风速大于 2m/s（相当于 2 级风）。

3）焊接电弧 1m 范围内的相对湿度大于 90%。

4）雨、雪环境。

三、城镇燃气管道施工质量检查与验收

（一）沟槽开挖质量应符合的规定

详见 2K315032 条中二、（六）1.（2）～（4）有关内容。

（二）回填质量应符合的规定

（1）管道主体安装检验合格后，沟槽应及时回填，但需留出未检验的安装接口。回填前，须将槽底施工遗留的杂物清除干净。

对特殊地段，应经监理（建设）单位认可并采取有效的技术措施，方可在管道焊接、防腐检验合格后全部回填。

（2）回填土压实后，应分层检查密实度，沟槽各部位的密实度应符合下列要求（如图 2K320131–1 所示）。

1）对（Ⅰ）、（Ⅱ）区部位，密实度不应小于 90%。

2）对（Ⅲ）区部位，密实度应符合相应地面对密实度的要求。

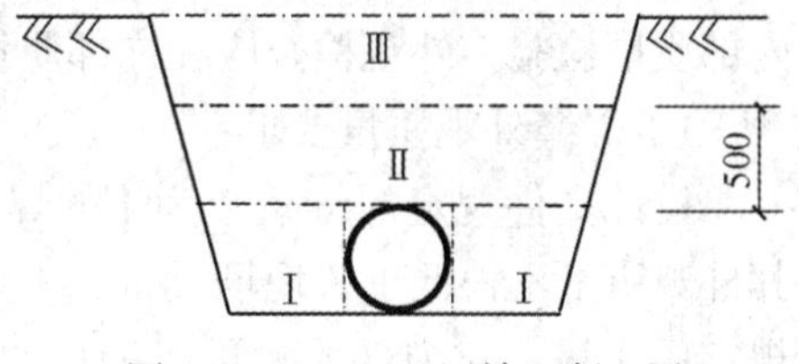

图 2K320131–1　回填土断面图（单位：mm）

3）其他规定详见 2K315032 条中二、（六）2.（1）～（5）有关内容。

（三）警示带、示踪线、保护板、地面标志的敷设和设置应符合的规定

详见 2K315032 条中二、（六）3. 及三、（六）（5）1）～4）有关内容。

（四）管道及附件的防腐应符合的规定

（1）管材及管件防腐前应逐根进行外观检查和测量，并应符合下列规定：

1）钢管弯曲度应小于钢管长度的 0.2%，椭圆度应小于或等于钢管外径的 0.2%。

2）焊缝表面应无裂纹、夹渣、重皮、气孔等缺陷。

3）管材表面局部凹凸应小于 2mm。

4）管材表面应无斑疤、重皮和严重锈蚀等缺陷。

（2）防腐前应对防腐原材料进行检查，有下列情况之一者，不得使用：

1）无出厂质量证明文件或检验证明。

2）出厂质量证明书的数据不全或对数据有怀疑，且未经复验或复验后不合格。

3）无说明书、生产日期和储存有效期。

（3）防腐前钢管表面的处理应符合《涂装前钢材表面处理规范》SY/T 0407—2012 和所使用的防腐材料对钢管除锈的要求。除锈后的钢管应及时进行防腐，如在防腐前钢管出现二次锈蚀，必须重新除锈。

（4）钢管防腐层外观检查要求表面平整，色泽均匀，无气泡、开裂及缩孔等缺陷，表面防腐允许有轻度橘皮状花纹；防腐管每 20 根为一组，每组抽查 1 根，随机取三个位置，每个位置测量四周均匀分布的四个点的防腐层厚度，应符合相关标准的要求；同时按相关规范进行黏接力检查，并采用电火花检漏仪对防腐管逐根进行漏点检查，以无漏点为合格。

（5）管道埋设前应对防腐层进行 100% 的外观检查，防腐层表面不得出现气泡、破损、裂纹、剥离等缺陷，不符合质量要求时，应返工处理直至合格。

（6）阴极保护准则：

1）阴极保护不应间断。

2）一般情况下，管道阴极保护电位应为 -850mV（CSE）或更负，阴极保护状态下管道的极限保护电位不能比 -1200mV（CSE）更负。

（五）对焊接工程质量检查与验收

（1）不应在管道焊缝上开孔。管道开孔边缘与管道焊缝的间距不应小于 100mm。当无法避开时，应对以开孔中心为圆心，1.5 倍开孔直径为半径的圆中所包容的全部焊缝进行 100% 射线照相检测。

（2）管道焊接完成后，强度试验及严密性试验之前，必须对所有焊缝进行外观检查和内部质量检验，外观检查应在内部质量检验前进行。

1）焊缝外观质量要求：

设计文件规定焊缝系数为 1 的焊缝或设计文件要求进行 100% 内部质量检验的焊缝，其外观质量不得低于《现场设备、工业管道焊接工程施工质量验收规范》GB 50683—2011 规定的Ⅰ级；对内部质量进行抽检的设备焊缝，其外观质量不得低于上述标准规定的Ⅱ级；对内部质量进行抽检的管道焊缝，其外观质量不得低于上述标准规定的Ⅱ级（不小于 20% 检验）、Ⅲ级（不小于 10% 检验）、Ⅳ级（不小于 5% 检验）。

焊缝外观应成形良好，不应有电弧擦伤；焊道与焊道、焊道与母材之间应平滑过渡；

焊渣和飞溅物应清除干净。

2）焊缝内部质量应符合下列要求：

① 设计文件规定焊缝系数为1的焊缝或设计要求进行100%内部质量检验的焊缝，焊缝内部质量射线照相检验不得低于《无损检测 金属管道熔化焊环向对接接头射线照相检测方法》GB/T 12605—2008规定的Ⅱ级；超声检测不得低于《焊缝无损检测 超声检测 技术、检测等级和评定》GB/T 11345—2013规定的Ⅰ级。当采用100%射线照相或超声检测方法时，还应按设计的要求进行超声或射线照相复查。

② 对内部质量进行抽检的焊缝，焊缝内部质量射线照相检验不得低于《无损检测 金属管道熔化焊环向对接接头射线照相检测方法》GB/T 12605—2008规定的Ⅲ级；超声检测不得低于《焊缝无损检测 超声检测 技术、检测等级和评定》GB/T 11345—2013规定的Ⅱ级。

3）焊缝内部质量的抽样检验应符合下列要求：

① 焊缝内部质量的无损检测数量，应按设计规定执行。当设计无规定时，抽查数量不应少于焊缝总数的15%，且每个焊工不应少于一个焊缝。抽查时，应侧重抽查固定焊口。

② 管道公称直径大于或等于500mm时，应对每条环向焊缝按规定的检验数量进行局部检验，且不得少于150mm的焊缝长度。

③ 对穿越或跨越铁路、公路、河流、桥梁、有轨电车及敷设在套管内的管道环向焊缝，必须进行100%的射线照相检验。

④ 当抽样检验的焊缝全部合格时，则此次抽样所代表的该批焊缝应为全部合格；当抽样检验出现不合格焊缝时，对不合格焊缝返修后，按下列规定扩大检验：

每出现一道不合格焊缝，应再抽检两道该焊工所焊的同一批焊缝，按原检测方法进行检验；如第二次抽检仍出现不合格焊缝，则应对该焊工所焊全部同批的焊缝按原检测方法进行检验。对出现的不合格焊缝必须进行返修，并应对返修的焊缝按原检测方法进行检验；焊缝上同一部位的返修次数不应超过两次，根部缺陷只允许返修一次。

（六）对聚乙烯管道连接质量检查与验收

1. 热熔对接连接接头质量检验应符合的规定

热熔对接连接完成后，应对接头进行100%卷边对称性和接头对正性检验，并应对开挖敷设不少于15%的接头进行卷边切除检验。水平定向钻非开挖施工应进行100%接头卷边切除检验。

（1）卷边对称性检验：

沿管道整个圆周内的接口卷边应平滑、均匀、对称，卷边融合线的最低处（A）不应低于管道的外表面（如图2K320131-2所示）。

（2）接头对正性检验：

接口两侧紧邻卷边的外圆周上任何一处的错边量（V）不应超过管道壁厚的10%（如图2K320131-3所示）。

（3）卷边切除检验：

在不损伤对接管道的情况下，应使用专用工具切除接口外部的熔接卷边（如图2K320131-4所示）。卷边切除检验应符合下列规定：

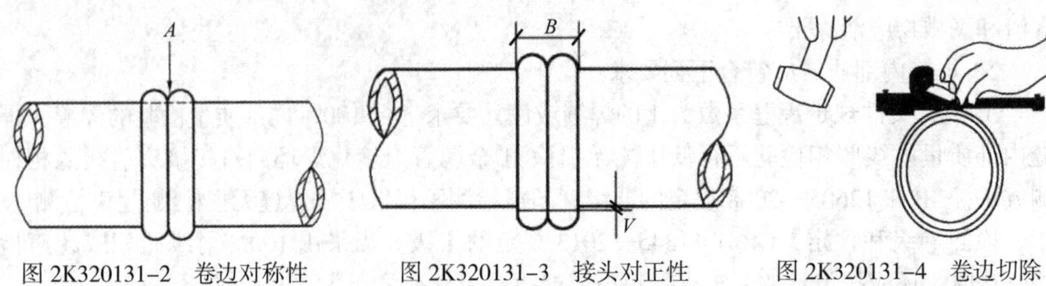

图 2K320131-2　卷边对称性示意图　图 2K320131-3　接头对正性示意图　图 2K320131-4　卷边切除示意图

1）卷边应是实心圆滑的，根部较宽（如图 2K320131-5 所示）。

2）卷边切割面中不应有夹杂物、小孔、扭曲和损坏。

3）每隔 50mm 应进行一次 180° 的背弯检验（如图 2K320131-6 所示），卷边切割面中线附近不应有开裂、裂缝，不得露出熔合线。

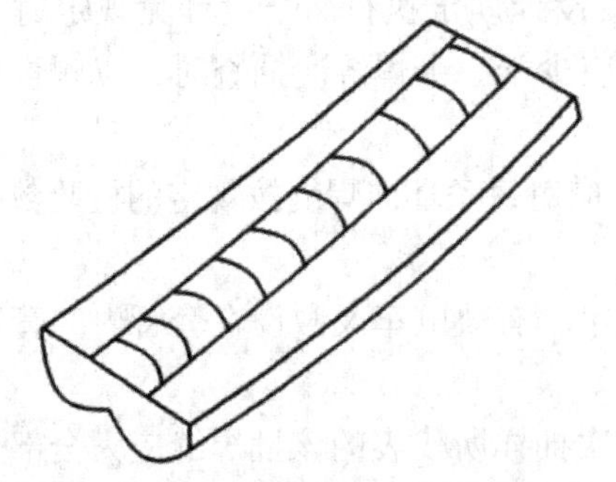

图 2K320131-5　合格实心卷边示意图

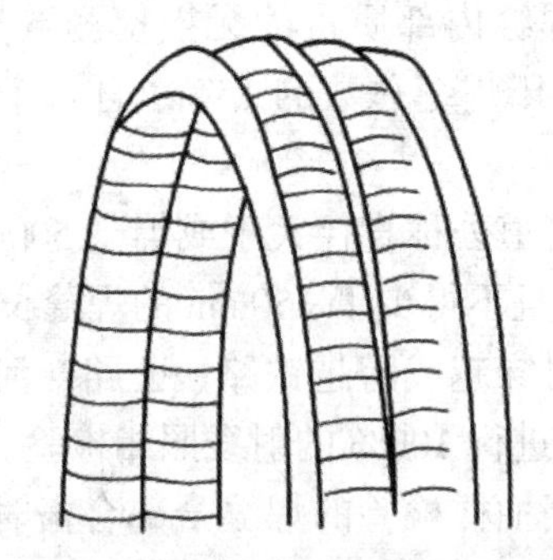

图 2K320131-6　切除卷边背弯试验示意图

（4）当抽样检验的全部接口合格时，应判定该批接口全部合格。当抽样检验的接口出现不合格情况时，应判定该接口不合格，并应按下列规定加倍抽样检验：

1）每出现一道不合格接口，应加倍抽检该焊工所焊的同一批接口，按《聚乙烯燃气管道工程技术标准》CJJ 63—2018 的规定进行检验。

2）如第二次抽检仍出现不合格接口时，则应对该焊工所焊的同批接口全部进行检验。

工程中使用的切边器如图 2K320131-7 所示。

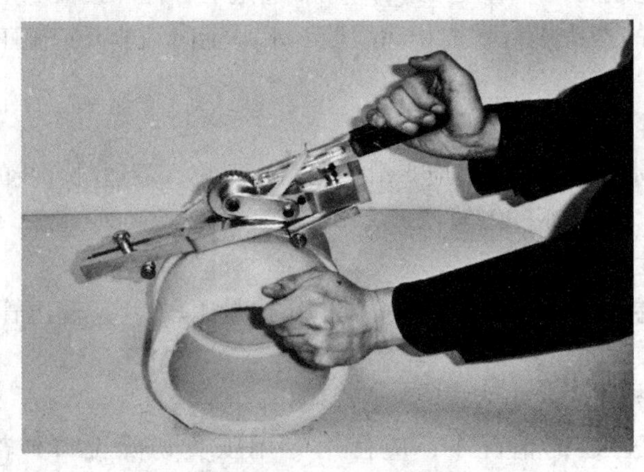

图 2K320131-7　切边器

2. 电熔连接接头质量检验应符合的规定

（1）电熔承插连接：

1）电熔管件与管材或插口管件的轴线应对正。

2）管材或插口管件在电熔管件端口处的周边表面应有明显的刮皮痕迹。

3）电熔管件端口的接缝处不应有熔融料溢出。

4）电熔管件内的电阻丝不应被挤出。

5）从电熔管件上的观察孔中应能看到指示柱移动或有少量熔融料溢出，溢料不得呈流淌状。

6）每个电熔承插连接接头均应进行上述检验，出现与上述条款不符合的情况，应判定为不合格。

（2）电熔鞍形连接：

1）电熔鞍形管件周边的管道表面上应有明显的刮皮痕迹。

2）鞍形分支或鞍形三通的出口应垂直于管道的中心线。

3）管道管壁不应塌陷。

4）熔融料不应从鞍形管件周边溢出。

5）从鞍形管件上的观察孔中应能看到指示柱移动或有少量熔融料溢出，溢料不得呈流淌状。

6）每个电熔鞍形连接接头均应进行上述检验，出现与上述条款不符合的情况，应判定为不合格。

（七）法兰连接应符合的规定

（1）设计压力大于或等于 1.6MPa 的管道使用的高强度螺栓、螺母应按以下规定进行检查：

1）螺栓、螺母应每批各取两个进行硬度检查，若有不合格，需加倍检查，如仍有不合格则应逐个检查，不合格者不得使用。

2）硬度不合格的螺栓应取该批中硬度值最高、最低的螺栓各 1 只，校验其机械性能，若不合格，再取其硬度最接近的螺栓加倍校验，如仍不合格，则该批螺栓不得使用。

（2）法兰与管道组对应符合下列要求：

1）法兰端面应与管道中心线相垂直，其偏差值可采用角尺和钢尺检查。当管道公称直径小于或等于 300mm 时，允许偏差值为 1mm；当管道公称直径大于 300mm 时，允许偏差值为 2mm。

2）管道与法兰的焊接结构应符合国家现行标准的要求。

（3）法兰应在自由状态下安装连接，并应符合下列要求：

1）法兰连接时应保持平行，其偏差不得大于法兰外径的 1.5‰，且不得大于 2mm，不得采用紧螺栓的方法消除偏斜。

2）法兰连接应保持同一轴线，其螺孔中心偏差不宜超过孔径的 5%，并应保证螺栓自由穿入。

3）法兰垫片应符合标准，不得使用斜垫片或双层垫片。采用软垫片时，周边应整齐，垫片尺寸应与法兰密封面相符。

4）螺栓与螺孔的直径应配套，并使用同一规格螺栓，安装方向一致，紧固螺栓应对称均匀，紧固适度，紧固后螺栓外露长度不应大于1倍螺距，且不得低于螺母。

5）螺栓紧固后应与法兰紧贴，不得有楔缝。需要加垫片时，每个螺栓所加垫片每侧不应超过1个。

（4）法兰直埋时，须对法兰和紧固件按管道相同的防腐等级进行防腐。

（5）聚乙烯管道所用法兰连接应符合的规定详见2K315032条中三、（四）3.有关内容。

（6）绝缘接头、绝缘法兰安装应符合的规定详见2K315033条中三、的有关内容。

（八）管道附件和设备安装应符合的规定

（1）阀门、排水器及补偿器等在正式安装前，应按其产品标准要求单独进行强度和严密性试验，经试验合格的设备、附件应做好标记并填写试验记录。

（2）阀门、补偿器及调压器等设施严禁参与管道的清扫。

（3）排水器盖和阀门井盖面与路面的高度差应控制在0～＋5mm范围内。

（4）管道附件、设备安装完成后，应与管线一起进行严密性试验。

（5）阀门安装应符合的规定：

详见2K315033条中一、的有关内容。

（6）排水器安装应符合的规定：

详见2K315033条中四、的有关内容。

（7）补偿器安装应符合的规定：

1）波形补偿器安装要求：

详见2K315033条中二、的有关内容。

2）填料式补偿器安装应符合下列要求：

① 应按设计规定的安装长度及温度变化，留有剩余的收缩量，允许偏差应满足产品的安装说明书的要求。

② 应与管道保持同心，不得歪斜。

③ 导向支座应保证运行时自由伸缩，不得偏离中心。

④ 插管应安装在燃气流入端。

⑤ 填料石棉绳应涂石墨粉并应逐圈装入，逐圈压紧，各圈接口应相互错开。

（九）对管道吹扫、强度试验和严密性试验检查与验收

参见2K315034条。

四、城镇供热管网施工质量检查与验收

（一）沟槽开挖与地基处理后的质量应符合的规定

（1）槽底不得受水浸泡或受冻。

（2）沟槽开挖不应扰动原状地基。

（3）槽壁应平整，边坡坡度应符合相应技术要求。

（4）沟槽中心线每侧的最小净宽不应小于沟槽设计底部开挖宽度的1/2。

（5）开挖土方时槽底高程的允许偏差应为±20mm；开挖石方时槽底高程的允许偏差应为−200～＋20mm。

（6）地基处理应符合设计要求。

（二）管沟及检查室砌体结构质量应符合的规定

（1）砌筑方法应正确，不应有通缝。

（2）砌体室壁砂浆应饱满，灰缝应平整，抹面应压光，不得有空鼓、裂缝等现象。

（3）清水墙面应保持清洁，勾缝应密实，深浅应一致，横竖缝交接处应平整。

（4）砌体的允许偏差及检验方法应符合规定。其中，砂浆抗压强度和砂浆饱满度为主控项目。

（三）卷材防水施工应符合的规定

（1）卷材应有出厂质量证明和复验合格证明，品种、规格应正确。

（2）卷材及其胶粘剂应具有良好的耐水性、耐久性、耐刺穿性、耐腐蚀性和耐菌性。

（3）卷材防水层应在基层验收合格后铺贴。

（4）铺贴卷材应贴紧、压实，不得有空鼓、翘边、撕裂、褶皱等现象。

（5）卷材铺贴搭接宽度：长边搭接宽度不小于100mm，短边搭接宽度不小于150mm。

（6）变形缝应使用经检测合格的橡胶止水带，不得使用再生橡胶止水带。

（四）钢筋工程质量应符合的规定

（1）绑扎成型时，应采用钢丝扎紧，不得有松动、折断、移位等情况。

（2）绑扎或焊接成型的网片或骨架应稳定牢固，在安装及浇筑混凝土时不得松动或变形。

（3）钢筋安装位置的允许偏差及检验方法应符合规定。

其中，按照《混凝土结构工程施工质量验收规范》GB 50204—2015的规定，钢筋的力学性能、弯曲性能和重量偏差，机械连接接头、焊接接头的力学性能、弯曲性能，受力钢筋的品种、级别、规格、数量、安装位置、锚固方式、连接方式、弯钩和弯折等为主控项目。检查方法：检查产品合格证、出厂检验报告、进场复验报告、接头力学性能试验报告；目视检查和尺量检查。

（五）模板安装质量应符合的规定

（1）模板安装应牢固，模内尺寸应准确，模内木屑等杂物应清除干净。

（2）模板拼缝应严密，在灌注混凝土时不得漏浆。

（3）模板安装的允许偏差及检验方法应符合规定。

（六）混凝土施工质量应符合的规定

（1）混凝土配合比应符合设计规定。

（2）混凝土垫层、基础表面应平整，不得有石子外露；构筑物不得有蜂窝、露筋等现象。

（3）混凝土垫层、基础、混凝土构筑物的允许偏差及检验方法应符合规定。

其中，基础垫层高程、混凝土抗压强度、构筑物混凝土抗压强度、混凝土抗渗为主控项目，通过复测以及查看检验报告进行检查。

（七）检查室施工质量应符合的规定

（1）室内底应平顺，坡向集水坑，爬梯（踏步）应安装牢固，位置应符合设计规定。

（2）井圈、井盖型号应符合设计规定，安装应平稳。

（3）检查室尺寸、井盖顶高程的允许偏差及检验方法应符合规定。

（八）回填质量应符合的规定

（1）回填料的种类、密实度应符合设计要求。

（2）回填土时沟槽内应无积水，不得回填淤泥、腐殖土及有机物质。

（3）不得回填碎砖、石块、大于100mm的冻土块及其他杂物。

（4）检查室周围的回填应与管沟的回填同时进行，当不能同时进行时应留回填台阶。

（5）回填土的密实度应逐层进行测定，设计无规定时，宜按回填土部位划分（如图2K320131-8所示），回填土的密实度应符合下列要求：

图2K320131-8　回填土部位划分示意图

1）胸腔部位（Ⅰ区内）不应小于95%。

2）结构顶上500mm范围（Ⅱ区内）不应小于87%。

3）Ⅲ区不应小于87%，或应符合道路、绿地等对地面回填的要求。

4）直埋管线胸腔部位、Ⅱ区的回填材料应按设计要求执行或填砂夯实。

（6）直埋保温管道管顶以上不小于300mm处应铺设警示带。

（九）套管安装应符合的规定

详见2K315022条中三、（二）（6）有关内容。

（十）管道支、吊架安装质量应符合的规定

（1）支、吊架安装位置应正确，标高和坡度应符合设计要求，安装应平整，埋设应牢固；支架结构接触面应洁净、平整；导向支架、滑动支架、滚动支架和吊架不得有歪斜及卡涩现象。

（2）活动支架的偏移方向、偏移量及导向性能应符合设计要求。

（3）管道支、吊架安装的允许偏差及检验方法应符合表2K320131-1的规定。

管道支、吊架安装的允许偏差及检验方法　　表2K320131-1

序号	项目		允许偏差（mm）	检验方法
1	支、吊架中心点平面位置		0～25	用钢尺测量
2	△支架标高		-10～0	用水准仪测量
3	两个固定支架间的其他支架中心线	距固定支架每10m处	0～5	用钢尺测量
		中心处	0～25	用钢尺测量

注：表中带△的为主控项目，其余为一般项目。

（十一）管道安装质量检验应符合的规定

（1）管道安装坡向、坡度应符合设计要求。

（2）安装前应清除封闭物及其他杂物。

（3）运输吊装应平稳，不得损坏管道、管件。

（4）管件上不得安装、焊接任何附件。

（5）管道、管件安装的允许偏差及检验方法应分别符合表2K320131-2、表2K320131-3的规定。

管道安装允许偏差及检验方法　表 2K320131–2

项目			允许偏差（mm）	检验频率		检验方法
				范围	点数	
△高程			±10	50m	—	用水准仪测量
中心线位移			每 10m 不超过 5，全长不超过 30	50m	—	挂边线，用尺量
立管垂直度			每米不超过 2，全高不超过 10	每根	—	用垂线，用尺量
△对口间隙（mm）	管道壁厚	间隙	—	每 10 个口	1	用焊口检测器测量
	4～9	1.5～2.0	±1.0			
	≥ 10	2.0～3.0	−2.0～＋1.0			

注：表中带△的为主控项目，其余为一般项目。

管件安装对口间隙允许偏差及检验方法　表 2K320131–3

项目			允许偏差（mm）	检验频率		检验方法
				范围	点数	
△对口间隙（mm）	管件壁厚	间隙	—	每个口	2	用焊口检测器测量
	4～9	1.0～1.5	±1.0			
	≥ 10	1.5～2.0	−1.5～＋1.0			

注：表中带△的为主控项目。

（十二）阀门安装检验应符合的规定

1. 阀门安装前的检验规定

（1）供热管网工程所用的阀门，必须有制造厂的产品合格证。

（2）阀门进场前应进行强度和严密性试验，并按规定进行记录。

2. 阀门安装后的检验规定

详见 2K315023 条中一、（二）2. 有关内容。

（十三）换热器安装应符合的规定

1. 安装前应对下列项目进行验收

（1）规格、型号、设计压力、设计温度、换热面积、重量等参数。

（2）产品标识牌、产品合格证和说明书。

（3）换热设备不得有缺损件，表面应无损坏和锈蚀，不应有变形、机械损伤，紧固件不应松动。

（4）设备安装前应对管道进行冲洗。

2. 安装的允许偏差及检验方法应符合规定

（十四）换热机组安装应符合的规定

（1）除应符合上述（十三）1. 的规定外，还应包括换热机组的操作说明书、系统图、电气原理图、端子接线图、主要配件清单和合格证明。

（2）换热机组应按产品说明书的要求安装，安装的允许偏差及检验方法应符合规定。

（十五）水泵安装检验应符合的规定

（1）水泵安装前应做下列检查：

1）基础的尺寸、位置、标高应符合设计要求。

2）设备应完好，盘车应灵活，不得有阻滞、卡涩和异常声响现象。

3）出厂前已配装、调试完善的部位应无拆卸现象。

（2）水泵安装应在泵的进出口法兰面或其他水平面上进行找平，纵向安装水平允许偏差为0～0.1‰，横向安装水平偏差为0～0.2‰。

（3）当水泵主、从动轴用联轴器连接时，两轴的同轴度、两半联轴节端面的间隙应符合设备技术文件的规定。主、从动轴找正及连接后应进行盘车检查。

（4）同型号水泵并列安装时，水泵轴线标高的允许偏差为 ±5mm。

（十六）水处理装置安装检验应符合的规定

（1）水处理系统中的设备、再生装置等在系统安装完毕后应单体进行工作压力水压试验。

（2）水处理系统的严密性试验合格后应进行试运行，并应进行水质化验，水质应符合相关标准的规定。

（十七）水位计安装应符合的规定

（1）水位计应有指示最高、最低水位的明显标志，玻璃管水位计的最低水位可见边缘应比最低安全水位低25mm，最高可见边缘应比最高安全水位高25mm。

（2）玻璃管式水位计应有保护装置。

（3）放水管应引至安全地点。

（十八）安全阀安装检验应符合的规定

（1）安全阀在安装前，应送具有检测资质的单位按设计要求进行调校。

（2）安全阀应垂直安装，并在两个方向检查其垂直度，发现倾斜时应予以校正。

（3）安全阀的开启压力和回座压力应符合设计规定值，安全阀最终调校后，在工作压力下不得泄漏。

（4）安全阀调校合格后，应填写安全阀调整试验记录。

（十九）压力表安装应符合的规定

（1）压力表应安装在便于观察的位置，并不得受高温、振动的影响。

（2）压力表宜安装内径不小于10mm的缓冲管。

（3）压力表和缓冲管之间应安装阀门，蒸汽管道安装压力表时不得使用旋塞阀。

（4）当设计对压力表的量程无要求时，其量程应为工作压力的1.5～2倍。

（二十）防腐和保温工程应符合的规定

（1）防腐材料及涂料的品种、规格、性能应符合设计和环保要求。产品应具有质量合格证明文件。

（2）防腐材料在运输、储存和施工过程中应采取防止变质和污染环境的措施。涂料应密封保存，不得遇明火和曝晒。所用材料应在有效期内使用。

（3）涂料的涂刷层数、涂层厚度及表面标记等应按设计规定执行，设计无规定时，应符合下列规定：

1）涂刷层数、厚度应符合产品质量要求。

2）涂料的耐温性能、抗腐蚀性能应按供热介质温度及环境条件进行选择。

（4）当用涂料和玻璃纤维做加强防腐层时，应符合下列规定：

1）底漆应涂刷均匀、完整，不得有空白、凝块和流痕。

2）玻璃纤维的厚度、密度、层数应符合设计要求，缠绕重叠部分宽度应大于布宽的1/2，压边量应为20～30mm。当采用机械缠绕时，缠布机应稳定、匀速，并应与钢管旋转转速相配合。

3）玻璃纤维两面沾油应均匀，经刮板或挤压滚轮后，布面应无空白，且不得淌油和滴油。

4）防腐层的厚度不得小于设计厚度。玻璃纤维与管壁应粘结牢固、无空隙，缠绕应紧密且无皱褶。防腐层表面应光滑，不得有气孔、针孔和裂纹。钢管两端应留150～200mm的空白段。

（5）埋地钢管牺牲阳极防腐应符合下列规定：

安装的牺牲阳极规格、数量及埋设深度应符合设计要求，设计无规定时，应按《埋地钢质管道阴极保护技术规范》GB/T 21448—2017的相关规定执行。

（6）保温材料的品种、规格、性能等应符合设计和环保要求，产品应具有质量合格证明文件。

（7）保温材料应按下列要求进行检验：

1）保温材料进场的复验详见2K315022条中三、（四）（2）（3）有关内容。

其中，预制直埋保温管的复验项目应包括保温管的抗剪切强度、保温层的厚度、密度、压缩强度、吸水率、闭孔率、导热系数及外护管的密度、壁厚、断裂伸长率、拉伸强度、热稳定性。

2）按工程要求可进行现场抽检。

（8）保护层应做在干燥、经检查合格的保温层表面上，应确保各种保护层的严密性和牢固性。

（9）保护层质量检验应符合下列规定：

1）缠绕式保护层应裹紧，搭接部分应为100～150mm，不得有松脱、翻边、皱褶和鼓包等缺陷，缠绕的起点和终点应采用镀锌钢丝或箍带捆扎结实，接缝处应进行防水处理。

2）保护层表面应平整、光洁，轮廓整齐，镀锌钢丝头不得外露，抹面层不得有酥松和裂缝。

3）金属保护层不得有松脱、翻边、豁口、翘缝和明显的凹坑。保护层的环向接缝应与管道轴线保持垂直。纵向接缝应与管道轴线保持平行。保护层的接缝方向应与设备、管道的坡度方向一致。保护层的不圆度不得大于10mm。

4）保护层表面不平度允许偏差及检验方法应符合规定要求。

（二十一）对焊接工程质量检查与验收

1. 焊接质量检验次序

（1）对口质量检验。

（2）外观质量检验。

（3）无损检验。

（4）强度和严密性试验。

2. 对口质量检验项目

对口质量应检验坡口质量、对口间隙、错边量和纵焊缝位置。

（1）对口焊接前应检查坡口的外形尺寸和坡口质量。坡口表面应整齐、光洁，不得有裂纹、锈皮、熔渣和其他影响焊接质量的杂物，不合格的管口应进行修整。对口焊接时应有合理间隙。对口错边量应不大于表2K315022的规定。

（2）钢管上焊缝的位置应合理选择，使焊缝处于便于焊接、检验、维修的位置，并避开应力集中的区域。

（3）在有缝钢管上焊接分支管时，分支管外壁与其他焊缝中心的距离应大于分支管外径，且不得小于70mm。

（4）不宜在焊缝及其边缘上开孔。当必须在焊缝上开孔或开孔补强时，应对开孔直径1.5倍或开孔补强板直径范围内的焊缝进行射线或超声检测，确认焊缝合格后，方可进行开孔。被补强板覆盖的焊缝应磨平，管孔边缘不应存在焊接缺陷。

（5）其他要求详见2K315022条中三、（二）（4）（5）（7）～（10）有关内容。

3. 焊缝外观质量检验应符合的规定

（1）焊缝表面应清理干净，焊缝应完整并与母材圆滑过渡，不得有裂纹、气孔、夹渣及熔合性飞溅物等缺陷。

（2）焊缝余高不应低于母材表面，也不应大于被焊件壁厚的30%且不超过5mm，焊缝宽度应焊出坡口边缘1.5～2mm。

（3）局部咬边深度不得大于0.5mm，连续咬边长度不得大于100mm，且每道焊缝的咬边长度总和不得大于该焊缝总长的10%。

（4）表面凹陷深度不得大于0.5mm，且每道焊缝表面凹陷长度不得大于该焊缝总长的10%。

4. 焊缝无损检测应符合的规定

（1）焊缝无损检测应由有资质的检测单位完成。

（2）无损检测人员应按照国家特种设备无损检测人员考核的相关规定取得相应资格。

（3）宜采用射线检测。当采用超声检测时，应采用射线检测复检，复检数量应为超声检测数量的20%。角焊缝处的无损检测可采用磁粉或渗透检测。

（4）无损检测数量应符合设计的要求，当设计未规定时，应符合下列规定：

1）干线管道与设备、管件连接处和折点处的焊缝应进行100%无损检测。

2）穿越铁路、高速公路的管道在铁路路基两侧各10m范围内，穿越城市主要道路的不通行管沟在道路两侧各5m范围内，穿越江、河、湖等的管道在岸边各10m范围内的焊缝应进行100%无损检测。

3）不具备强度试验条件的管道对接焊缝，应进行100%无损检测。

4）现场制作的各种承压设备和管件，应进行100%无损检测。

5）其他无损检测数量应按《城镇供热管网工程施工及验收规范》CJJ 28—2014的规定执行，且每个焊工不应少于一个焊缝。

（5）无损检测合格标准应符合设计的要求，当设计未规定时，应符合下列规定：

1）要求进行100%无损检测的焊缝，射线检测不得低于《无损检测 金属管道熔化焊环向对接接头射线照相检测方法》GB/T 12605—2008规定的Ⅱ级，超声检测不得低于《焊

缝无损检测 超声检测 技术、检测等级和评定》GB/T 11345—2013 规定的Ⅰ级。

2）要求进行无损检测抽检的焊缝，射线检测不得低于《无损检测 金属管道熔化焊环向对接接头射线照相检测方法》GB/T 12605—2008 规定的Ⅲ级，超声检测不得低于《焊缝无损检测 超声检测 技术、检测等级和评定》GB/T 11345—2013 规定的Ⅱ级。

（6）当无损检测抽检出现不合格焊缝时，对不合格焊缝返修后，应按下列规定扩大检验：

1）每出现一道不合格焊缝，应再抽检两道该焊工所焊的同一批焊缝，按原检测方法进行检验。

2）第二次抽检仍出现不合格焊缝，应对该焊工所焊全部同批的焊缝按原检测方法进行检验。

3）焊缝上同一部位的返修次数不应超过两次，根部缺陷只允许返修一次。

5. 固定支架的安装应做如下项目的检查

（1）固定支架位置。

（2）固定支架结构情况（钢材型号、材质、外形尺寸、卡板、卡环尺寸、焊接质量等）。

（3）固定支架混凝土浇筑前情况（支架安装相对位置，上、下生根情况，垂直度等）。

（4）固定支架混凝土浇筑后情况（支架相对位置、垂直度、防腐情况等）。

6. 强度和严密性试验

（1）供热管网工程的管道和设备等，应按设计要求进行强度试验和严密性试验；当设计无要求时应按规范的规定进行。

详见 2K315024 条中一、的有关内容。

（2）强度试验应在试验段内的管道接口防腐、保温施工及设备安装前进行；严密性试验应在试验范围内的管道工程全部安装完成后进行，其试验长度宜为一个完整的设计施工段。

（3）供热管网工程水压试验应以清洁水作为试验介质。水压试验的检验内容及检验方法应符合表 2K320131-4 的规定。对地面高差较大的管道，应将试验介质的静压计入试验压力中。热水管道的试验压力应为最高点的压力，但最低点的压力不得超过管道及设备所能承受的额定压力。

压力试验方法和合格判定标准　　表 2K320131-4

<table>
<tr><th>序号</th><th>项目</th><th colspan="2">试验方法及质量标准</th><th>检验范围</th></tr>
<tr><td>1</td><td>△强度试验</td><td colspan="2">升压到试验压力稳压 10min 无渗漏、无压降后降至设计压力，稳压 30min 无渗漏、无压降为合格</td><td>每个试验段</td></tr>
<tr><td rowspan="3">2</td><td rowspan="3">△严密性试验</td><td colspan="2">升压至试验压力，当压力趋于稳定后，检查管道、焊缝、管路附件及设备等无渗漏，固定支架无明显的变形等</td><td rowspan="3">全段</td></tr>
<tr><td>一级管网及站内</td><td>稳压在 1h，前后压降不大于 0.05MPa 为合格</td></tr>
<tr><td>二级管网</td><td>稳压在 30min，前后压降不大于 0.05MPa 为合格</td></tr>
</table>

注：表中带△的均为主控项目。

（4）当试验过程中发现渗漏时，严禁带压处理。消除缺陷后，应重新进行试验。

（二十二）对管道清（吹）洗质量检查与验收

详见2K315024条中二、（2）（8）（9）有关内容。

2K320132　柔性管道回填施工质量检查与验收

柔性管道是指在外荷载作用下变形显著，在结构设计上需考虑管节和管周土体弹性抗力共同承担荷载的管道，在市政公用工程中通常指采用钢管、柔性接口的球墨铸铁管和化学建材管（如聚乙烯管PE、玻璃纤维增强热固性树脂夹砂管RPM）等管材敷设的管道。柔性管道的沟槽回填质量控制是柔性管道工程施工质量控制的关键，本条介绍这类管道的回填施工质量控制。

一、回填前的准备工作

（一）管道检查

回填前，检查管道有无损伤或变形，有损伤的管道应修复或更换；管内径大于800mm的柔性管道，回填施工时应在管内设竖向支撑。中小管道应采取防止管道移动措施。

（二）现场试验段

长度应为一个井段或不少于50m，按设计要求选择回填材料，特别是管道周围回填需用的中粗砂；按照施工方案的回填方式进行现场试验，以便确定压实机具和施工参数；因工程因素变化改变回填方式时，应重新进行现场试验。

二、回填作业

（一）回填

（1）根据每层虚铺厚度的用量将回填材料运至槽内，且不得在影响压实的范围内堆料。

（2）管道两侧和管顶以上500mm范围内的回填材料，应由沟槽两侧对称运入槽内，不得直接扔在管道上；回填其他部位时，应均匀运入槽内，不得集中推入。

（3）需要拌合的回填材料，应在运入槽内前拌合均匀，不得在槽内拌合。

（4）管基有效支承角范围应采用中粗砂填充密实，与管壁紧密接触，不得用土或其他材料填充。

（5）管道半径以下回填时应采取防止管道上浮、位移的措施；回填作业每层的压实遍数，按压实度要求、压实工具、虚铺厚度和土的含水量，经现场试验确定。

（6）管道回填时间宜在一昼夜中气温最低时段，从管道两侧同时回填，同时夯实。

（7）管道回填从管底基础部位开始到管顶以上500mm范围内，必须采用人工回填；管顶500mm以上部位，可用机械从管道轴线两侧同时夯实；每层回填高度应不大于200mm。

（8）管道位于车行道下，铺设后即修筑路面；管道位于软土地层以及低洼、沼泽、地下水位高地段时，沟槽回填宜先用中、粗砂将管底腋角部位填充密实，再用中、粗砂分层回填到管顶以上500mm。

（二）压实

（1）管道两侧和管顶以上500mm范围内胸腔夯实，应采用轻型压实机具，管道两侧压实面的高差不应超过300mm。

（2）压实时，管道两侧应对称进行，且不得使管道位移或损伤。

（3）同一沟槽中有双排或多排管道的基础底面位于同一高程时，管道之间的回填压实应与管道与槽壁之间的回填压实对称进行。

（4）同一沟槽中有双排或多排管道但基础底面的高程不同时，应先回填基础较低的沟槽；当回填至较高基础底面高程后，再按本条二、（二）（3）规定回填。

（5）分段回填压实时，相邻段的接槎应呈台阶形且不得漏夯。

（6）采用轻型压实设备时，应夯夯相连；采用压路机时，碾压的重叠宽度不得小于200mm。

（7）采用重型压实机械压实或较重车辆在回填土上行驶时，管道顶部以上应有一定厚度的压实回填土，其最小厚度应按压实机械的规格和管道的设计承载力，通过计算确定。

三、变形检测与超标处理

（一）变形检测

柔性管道回填至设计高程时，应在12～24h内测量并记录管道变形率。

（二）变形超标的处理

变形率应符合设计要求，设计无要求时：

（1）钢管或球墨铸铁管道变形率超过2%但不超过3%时，化学建材管道变形率超过3%但不超过5%时：

1）挖出回填材料至露出管径85%处，管道周围应人工挖掘以避免损伤管壁。

2）挖出管节局部有损伤时，应进行修复或更换。

3）重新夯实管道底部的回填材料。

4）选用适合回填材料按《给水排水管道工程施工及验收规范》GB 50268—2008第4.5.11条的规定重新回填施工，直至设计高程。

5）按规定重新检测管道的变形率。

（2）钢管或球墨铸铁管道的变形率超过3%时，化学建材管道变形率超过5%时，应挖出管道，并会同设计研究处理。

四、质量检验标准

（一）回填材料应符合设计要求

检查方法：目视检查；按国家有关规范的规定和设计要求进行检查，检查检测报告。

检查数量：条件相同的回填材料，每铺筑1000m^{2}应取样一次，每次取样至少应做两组测试；回填材料条件变化或来源变化时，应分别取样检测。

（二）沟槽不得带水回填，回填应密实

检查方法：目视检查，检查施工记录。

（三）柔性管道变形要求

柔性管道的变形率不得超过设计或上述要求，管壁不得出现纵向隆起、环向扁平和其他变形情况。

检查方法：目视检查，方便时用钢尺直接量测，不方便时用圆度测试板或芯轴仪在管内拖拉量测管道变形值；检查记录，检查技术处理资料。

检查数量：试验段（或初始50m）不少于3处，每100m正常作业段（取起点、中间点、终点近处各一点），每处平行测量3个断面，取其平均值。

（四）回填土压实度应符合设计要求

当设计无要求时，应符合《给水排水管道工程施工及验收规范》GB 50268—2008 表 4.6.3-1、表 4.6.3-2 的规定。柔性管道沟槽回填部位与压实度如图 2K320132 所示。

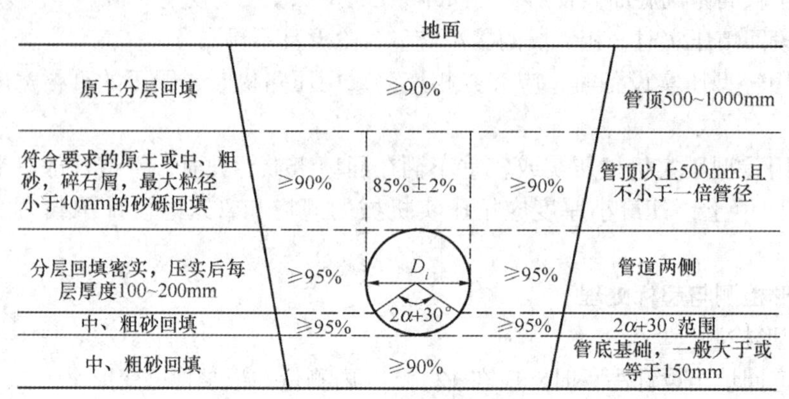

图 2K320132　柔性管道沟槽回填部位与压实度示意图

2K320140　市政公用工程施工安全管理

2K320141　施工安全风险识别与预防措施

一、施工安全风险的识别

建筑施工企业的施工安全风险的识别，是指对企业建筑施工资质所允许承接的范围内的各类工程，进行各类潜在风险的系统归类和全面识别。在这一阶段应强调识别的全面性，要求对客观存在的、尚未发生的潜在风险加以识别，尤其需作周密系统地调查分析、综合归类，揭示潜在的风险及其性质等。应该强调：识别风险对风险管理具有关键的作用，如果没有系统、科学的方法来识别各种风险，将难以把握可能发生的风险种类及其程度，难以制定选择控制和处置风险的措施。风险识别的方法有：故障类型及影响分析（FMEA）、预计危险分析（PHA）、危险与可操作性分析（HAZOP）、事件树分析（ETA）、人的可靠性分析（HRA）等。

市政公用工程项目部的施工安全风险的识别，应针对其所承接的实体工程项目展开，可以在其所属市政公用施工企业已完成的施工安全风险资料中找出与本工程相对应的施工风险识别资料，再结合本工程所处地域的气候、地质、水文、人文与环境等因素加以深入分析，力求提高本工程施工安全风险识别的准确度。

二、施工安全风险的预防措施

施工安全风险在市政公用工程项目部施工全过程中客观存在，当其没有得到有效控制时，就可能发生事故。因此，正确认识危害、风险、事故之间的关系（如下所示：危害→暴露在人类的生产作业活动中→风险→控制失效→事故），并对施工风险采取有效的控制与预防措施，是减少施工安全事故的唯一方法。

市政公用工程项目部可以从以下步骤来考虑施工安全风险的预防措施：

（1）首先对其承接的市政公用工程进行危险源与不利环境因素分析，确定本工程的重大危险源与不利环境因素。

（2）根据本工程的重大危险源与不利环境因素来确定本工程危险性较大的分部分项工程。

（3）针对本工程危险性较大的分部分项工程，选择可降低施工安全风险的施工工艺与安全技术。

（4）编制本工程危险性较大的分部分项工程专项施工方案。

2K320142 施工项目安全目标的制定和管理要点

当工程项目部承接企业指定的施工工程项目后，首先应组建施工组织管理体系，在确定项目经理和项目技术负责人之后，项目安全管理体系必须同时建立并开展具体活动。

一、施工安全生产管理方案的作用

施工现场安全管理体系是一套文件化的管理制度和方法，施工现场安全生产管理方案是其不可缺少的内容，是建立并保持施工现场安全管理体系的重要基础工作之一，也是工程项目部达到预定安全文明施工目标、评价和改进安全管理体系、实现持续改进、事故预防的必不可少的依据。

二、安全生产管理方案编制的基本要求

（1）安全生产管理方案应在施工活动开始前编制完成。

（2）必须针对本工程的特点、难点进行由浅入深、由表及里的剖析，准确识别出本工程的重大危险源和重大不利环境因素。

（3）贯彻安全生产预防为主的原则，制定出针对本工程的重大危险源和重大不利环境因素的管理控制方案。

（4）落实各类资源，从组织上、人力上、财力上给予保证。

（5）按照策划、实施、检查、改进的PDCA循环的管理模式，结合本工程特点制定符合规范要求的管理程序，并认真加以论证，付诸实施。

三、施工安全生产管理方案编制要点与步骤

施工安全生产管理方案应在项目技术负责人主持下开展编制活动，应覆盖项目施工全过程，其要点与步骤如下：

（1）开展本工程危险源与不利环境因素分析：

1）本工程所处地域环境、生态、气候、水文、人文、地质等因素分析。

2）本工程施工特点、难点分析。

3）本工程重大危险源与一般危险源的识别与评价。

4）找出本工程重大危险源及其所存在的危险性较大的分部分项工程。

5）找出本工程重大不利环境因素和生态保护要求。

6）找出本工程职业健康不利因素和安全保护要求。

7）找出本工程所在地正在发生的疫情和卫生防控的要求。

（2）针对本工程重大危险源与不利环境及职业亚健康因素制定对策，尤其是危险性较大的分部分项工程必须制定专项施工方案。超过一定规模时，按要求进行各级审批与专家论证。

（3）针对每个重大危险源可能引发的潜在事故类型、事故险兆，作业人员可能发生的

人身伤害，根据现场特点制定相应应急预案。针对工程所在地正在发生的疫情的性质和特点制定相应的卫生防控方案和管理措施。

（4）明确工程项目部各管理层的安全职责

根据项目管理的组织机构，明确并落实现场施工各层次、各职能部门（或岗位）的安全职责、权限和相互关系，依据安全职责进行考核奖惩。

（5）根据政府行业主管部门、建设单位、上级企业主管部门下达的安全管理目标及项目部的安全控制能力及工程的安全风险特点，综合考虑后制定本工程安全管理目标，并将各项指标分解至各层次、各职能部门（或岗位）。

（6）依据安全管理目标和风险预防措施制定项目部资源配置计划，应包括：

1）法律法规、标准规范、规章制度、操作规程。

2）施工技术和工艺。

3）技术、管理人员、分包单位和作业班组。

4）物资、设施、设备、检测器具和劳防用品。

5）安全生产费用。

资源配置的时间应与项目部生产进度匹配，配置数量及标准与风险程度匹配，配置主体应根据组织体系设定。资源配置计划应根据项目安全生产的实际实施动态调整。资源配置计划完成后，应形成策划文件并发布。

（7）制定项目部教育培训制度，有计划地分层次、分岗位、分工种实施，明确未经教育培训、未持相应有效资格证书的从业人员不得上岗。

（8）选择合适的分包单位承担本工程的专业工程施工或劳务分包，并依照合同明确条款对其进行全方位、全过程的控制与管理。承发包合同必须符合《住房和城乡建设部关于印发〈建筑工程施工发包与承包违法行为认定查处管理办法〉的通知》（建市规〔2019〕1号）及《住房和城乡建设部 国家发展改革委关于印发〈房屋建筑和市政基础设施项目工程总承包管理办法〉的通知》（建市规〔2019〕12号）文件的规定。

（9）根据风险控制措施的要求，实施对专业分包单位、施工作业班组的安全技术交底制度。

（10）依据资源配置计划和风险控制措施，制定对现场人员、实物、资金、管理及其组合的相符性的安全验收制度。

安全验收应明确分阶段按以下要求实施：

1）施工作业前，对安全施工作业条件进行验收。

2）危险性较大的分部分项工程，其他重大危险源工程以及设施、设备施工过程中，对可能给下道工序造成影响的节点进行过程验收。

3）物资、设施、设备和检测器具在投入使用前进行使用验收。

4）建立必要的安全验收标识，未经安全验收或安全验收不合格不得进入后续工序或投入使用。

（11）制定项目部安全检查制度，按照所属地域行业要求，明确具体实施要求。

（12）依据风险控制要求，对本工程易发生生产安全事故的部位、环节的作业活动制定动态监控方案，落实监控人员。

（13）制定对本工程施工过程中发现的安全隐患及不合格情况的整改和复查办法。

（14）制定依据应急预案、结合现场实际，配备应急物资器材以及应急救援人员的培训与演练计划及实施要求。

（15）制定根据安全生产考核奖惩办法在本工程施工全过程中的实施计划。

（16）制定本工程的安全生产管理体系内、外审计划及实施要求。

（17）明确本工程安全生产管理资料和记录的具体分类及要求。

2K320143 施工项目全过程安全管理内容与方法

一、安全管理职责内容的确定与管理方法

（一）成立工程项目部，明确项目管理的组织结构，落实项目领导层与各职能部门（或岗位）管理层

（1）注册建造师一旦被确定为某工程项目部的项目经理后，应认真阅读与研究该工程建设单位的招标文件、公司投标文件（商务标书与技术标书）以及公司对该项目的具体要求等资料，确定组建该工程项目部的组织结构和管理构思。

（2）在与公司领导和相关上级部门沟通与协商后确定项目部组织结构和各职能部门（或岗位）的具体配置。

（3）在公司内部（必要时可对外招聘），物色能够胜任该工程项目施工管理综合需求的项目领导层（项目副经理、技术负责人、安全总监等）和各职能部门（或岗位）的合适人选，经公司确认后落实就位。

（二）明确并落实工程项目部领导层，各职能部门（或岗位）的安全职责、权限和相互关系的要点（以下简称“要点”）

1. 项目负责人员的主要安全职责

（1）项目经理应对本项目安全生产负总责，并负责项目安全生产管理活动的组织、协调、考核、奖惩；负责事故隐患排查与整治；负责疫情（如：新冠肺炎、禽流感、流行性甲肝、猴痘等）防控工作。

（2）项目副经理（包括项目技术负责人）应对分管范围内的职能部门（或岗位）安全生产管理活动负责。

2. 各职能部门（或岗位）应负责实施分管业务范围内相关的安全管理活动，并配合其他职能部门（或岗位）安全管理活动的实施，其主要安全职责分别为

（1）技术管理部门（或岗位）负责安全技术的归口管理，提供安全技术保障，并控制其实施的相符性。

（2）施工管理部门（或岗位）负责安全生产的归口管理，组织落实生产计划、布置、实施活动的安全管理。

（3）材料管理部门（或岗位）负责物资和劳防用品的安全管理。

（4）动力设备管理部门（或岗位）负责机具设备和临时用电的安全管理。

（5）安全管理部门（或岗位）负责安全管理的检查、处理的归口管理。

（6）其他管理部门（或岗位）分别负责对人员、分包单位的安全管理，以及安全宣传教育、安全生产费用、消防、卫生防疫、劳动保护、环境保护、职业健康安全、文明施工等的管理。

3. 项目负责人、技术负责人、质量负责人、安全负责人、劳务负责人等项目管理人

员应承担所承接项目的建筑工人实名制管理相应责任

4. 作业人员应服从班组管理，遵守操作规范和劳动纪律，正确佩戴和使用劳动防护用品和卫生防疫用品

（三）落实方法

（1）建立本工程项目部的安全生产管理网络图，明确项目领导层、各职能部门（或岗位）、各专业分包、劳务分包和自有施工班组之间的各级安全生产隶属关系。

（2）针对本项目的领导层与各职能部门（或岗位）的特定设置，按照“要点”的要求明确其安全管理职责。

（3）项目经理作为项目部安全生产第一责任人批准项目管理层，各职能部门（或岗位）的安全管理职责并予以发布。

（4）按照本项目部的安全生产管理网络图的安全生产隶属关系，实施由上一级作为交底人，本部门（或岗位）作为被交底人的各级、各层次的安全职责的交底手续，交底人与被交底人在责任书分别签字予以确认。

（5）项目经理主持并发布本项目部的安全生产责任制考核与奖罚标准，依照安全生产管理网络的隶属关系，定期实施上一级对下一级的各级安全责任制考核，并作为实施奖罚的依据。

（6）领导层、各职能部门（或岗位）的安全责任书一经签字确认，同时也作为各类生产安全事故的安全生产责任追究依据。

二、安全管理策划的内容和方法

（一）项目安全管理目标的内容与确定方法

1. 项目安全管理目标内容

（1）生产安全事故控制指标。

（2）安全生产、文明施工达标目标。

（3）环境保护、职业健康安全的控制目标。

2. 项目安全管理目标的确定方法

项目经理应召开项目领导层、各职能部门（或岗位）有关人员参加的专题会议，讨论并确定本项目的安全管理目标。

（1）项目安全管理目标确定时应参考的依据为：

1）项目的上级公司的安全生产方针以及对项目部安全管理的指标要求。

2）项目所在地的政府行业主管部门、安监部门、建设单位、监理单位等对项目部的安全管理要求。

3）项目部自身的实际安全管理与控制能力剖析。

4）查询以往类似施工项目的安全管理目标以及实现状况。

5）查询以往类似施工项目的施工项目部安全管理与控制能力，与本项目部比较状况。

6）其他相关资料。

（2）项目安全管理目标确定原则：

1）应满足项目所在地政府行业主管部门、安监部门、建设单位、上级公司对项目部安全管理的要求。

2）应满足项目部安全管理与控制能力能够有效控制项目特定风险的要求。

3）不宜制定超越常态的过高目标，以免过度投入成本的要求。

4）不应提出超越项目部安全管理与控制能力的过高要求。

（3）项目部经过集思广益后通过本项目部的安全管理目标，报送上级公司认可后由项目经理批准予以发布。

（4）项目部应当将安全管理目标适时合理地分解至领导层与各管理部门（或岗位），共同保障项目安全管理目标的实现。

（二）项目施工风险控制策划内容和方法

1. 项目施工风险控制策划的内容包括

（1）对危险性较大的分部分项工程，在施工组织（总）设计的基础上，应按规定单独编制专项施工方案，针对其重大危险源制定专项安全技术措施。

（2）对其他危险源：在施工组织设计中制定安全技术措施，明确相关的安全生产规章制度和操作规程，需要时也可单独编制专项施工方案。

2. 专项施工方案编制的方法（参见 2K320053 专项施工方案编制、论证与实施要求）

由项目技术负责人会同项目安全总监和其他相关施工、安全、质量、技术、材料设备等岗位人员组成专项施工方案编制小组，必要时可邀请专业分包和劳务分包单位有关人员参加。其工作流程是：

（1）综合学习经公司审批通过的施工组织（总）设计，细化本工程项目施工工艺和工序，充分利用新工艺、新技术，使施工流程更科学、合理、安全。

（2）针对本工程项目的施工组织（总）设计，列出本工程项目的危险性较大的分部分项工程（以下简称“危大工程”）和需由专家进行论证的危大工程清单（以下简称清单）。

（3）根据“清单”内容，由项目技术负责人根据各位编制小组成员的施工业务专长和安全控制策划能力组成若干小组承担“清单”中各项危大工程专项施工方案的编写任务。其中，专项施工方案的主体安全施工内容由专业施工技术人员担任，相关安全控制与事故预防方案（安全技术措施）可由安全、材料设备、质量等管理人员担任，以充分发挥各类管理人员的专长，最大程度地保证专项施工方案的编制质量。

（4）需由专家进行论证的危大工程专项施工方案应按住房城乡建设部、交通运输部、地方建设行政主管部门的有关规定组织专家论证，对专家论证中提出的各项意见和建议作出认真落实修改后形成正式方案。

3. 施工现场新冠肺炎疫情常态化防控工作专项方案的制定按照《住房和城乡建设部办公厅关于印发〈房屋建筑和市政基础设施工程施工现场新冠肺炎疫情常态化防控工作指南〉的通知》（建办质函〔2020〕489 号）及《住房和城乡建设部办公厅关于全面加强房屋市政工程施工工地新冠肺炎疫情防控工作的通知》（建办质电〔2021〕45 号）文件要求实施。

（三）本工程相关资源配置计划的内容与编制方法

1. 相关资源配置计划的内容

（1）适用本工程项目的安全生产法律法规、标准规范、规章制度、操作规程。

（2）施工技术与工艺。

（3）技术、管理人员、分包单位和作业班组。

（4）应急及日常物资、设施、设备、检测器具和劳防用品。

（5）安全生产费用。

2. 编制资源配置计划的方法

相关资源配置计划可由项目副经理负责，由项目技术负责人，技术、施工管理，材料管理，动力设备管理，安全管理，其他管理部门（或岗位）人员组成编制小组并实施分工。

（1）适用本工程项目的安全生产法律法规、标准规范、规章制度、操作规程由各岗位人员收集，项目技术负责人负责在针对性选择汇总后形成有效文件清单，清单内容要求全面性和针对性。

（2）施工技术与工艺由项目技术负责人负责，技术、施工等管理岗位人员汇总整理后形成文件，应重点要求尽可能采取能降低安全风险的施工技术和工艺。

（3）技术、管理人员、分包单位和作业班组的选择与配置由项目副经理、技术负责人负责，要求注意以下方面的选择条件：

1）对技术人员的要求是能够具有相应的安全知识和技能，能够有针对性地编制本工程危险性较大的分部分项工程专项施工方案和应急预案。

2）在各类管理人员选择与配置中，对专职安全员的要求是：

① 市政工程合同价在5000万元以下时应配置1名及以上专职安全员。当配置1名时，必须要求该人员具有施工现场综合性的安全管理知识和技能。

② 当市政工程合同价在5000万元以上，1亿元以下时应配置2名及以上专职安全员。配置2名时，可要求1名人员具有现场安全管理与监控的技能，另1名人员具有项目安全、文明施工资料管理及安全教育与培训管理和内部协调的能力。

③ 当市政工程合同价在1亿元以上时，应配置3名及以上专职安全员。配置3名时，可要求1名人员具有现场综合安全管理与监控的技能（安全部门主管），1名人员具有安全检查与安全验收的技能，1名人员具有项目安全、文明施工资料及安全教育与培训管理的能力。

3）对作业单位（含作业班组）的选择要求是曾具有担任类似施工任务的业绩且自身具有良好的安全管理能力。

（4）物资、设施、设备、检测器具和劳防用品的配置，由项目副经理、技术负责人负责，技术、施工管理，材料管理、动力设备管理、安全管理等岗位人员按岗位职责分工编制汇总后形成文件清单，内容要求符合性、适用性、有效性和安全性等。

（5）安全生产费用的编制由项目副经理负责。施工、预算、安全、文明施工、材料等岗位人员按岗位职责分工编制汇总后形成文件清单（见表2K320143-1）。

（6）工程项目部在施工全过程中应当按计划适时、足额使用安全费用以保障施工的安全进行。每月由专人实施费用统计并上报监理单位和建设单位审核备案。

（四）当法定要求、工程环境或施工条件变化时

项目部应及时对原安全管理目标、风险控制措施以及资源配置计划的充分性与适宜性进行评价，必要时可进行修订和调整。

三、施工过程中的安全管理内容与方法

（一）安全教育培训

1. 安全教育培训的内容

（1）项目部各类管理人员安全教育培训的考试与继续教育培训。

（2）各类进场的特种作业人员的安全继续教育培训。

（3）新进场各类作业人员的三级安全教育培训。

（4）施工全过程中的经常性安全教育、季节性安全教育以及其他安全教育等。

（5）工地所在地正在发生的疫情的专项疾病防控与处置教育。

2. 安全教育培训的方法

（1）针对各类管理人员安全教育证书（如建造师的B证、安全员的C证等）的有效性。项目部负责安全教育培训岗位人员应建立起台账，对证书有效期提前两个月设置警示提醒标志，一旦得到警示就及时与该持证人员联系，安排其及时参加安全继续教育培训，使证书的有效性得以延续。一旦在施工过程中有该类人员离岗，必须及时收集新上岗人员有关安全教育证书并验证其有效性。

（2）针对各类特种作业人员的安全操作证也可参照如上方法处理。

（3）项目部可按照本工程的特点编制项目部内部安全教育培训计划，其方法与内容见表2K320143-2。

（二）分包队伍控制与管理要点

1. 项目部应在公司的合格分包队伍名录中有针对性地选择适合本工程施工的专业和劳务分包队伍，并对其有效证照进行检查

（1）审核其营业执照、资质证书和安全生产许可证是否有效，其资质证书所许可的承包施工内容是否和该工程发包内容相符。

（2）审核其前三年来的安全生产业绩。

（3）审核其以往承担类似工程项目的业绩和安全生产标准化考评结果。

2. 依法登记分包合同并与其签订安全生产协议等文件、明确双方的安全生产责任和权利、义务

（1）签订合同的对象必须正确，与专业分包队伍不能签订劳务分包合同；同样，与劳务分包队伍不能签订专业分包合同。

（2）按照分包合同的造价与工程量内容，在安全生产协议与分包队伍进场安全生产总交底中应明确以下要求。

1）根据分包合同的造价、应明确：

① 专业分包队伍按合同中的造价，根据相应的配置标准要求提供相应数量的专职安全员进场。

② 劳务分包队伍按合劳务工程量以及施工过程中在场劳务人员人数（按50人以下配置1名专职安全员；50～200人配置2名专职安全员；200人以上配置3名及以上专职安全员且不得少于工程施工人员总人数的5‰的配备标准）提供相应数量的专职安全员进场。

2）在分包合同中应对安全生产、文明施工费用进行界定，明确数额、实施方以及操作流程。

3）在分包人进场安全生产总交底中应针对合同施工内容补充填写针对性的交底，专业分包队伍补充其承担的危大工程的风险与预防控制措施，劳务分包队伍补充其承担的作业工种的各类安全技术操作规程和相应的劳务作业过程中的风险与预防控制措施。

3. 对分包队伍实施管理的要点

（1）组织审核、审批分包单位的施工组织设计和专项施工方案：

1）专业分包单位与总包单位签订分包合同后，应根据合同界定的分包标的，组织相

关人员编制施工组织设计和专项施工方案，完成本单位内对该方案的审批流程后提交总承包单位审批。

2）总承包单位对专业分包单位提交的施工组织设计和专项施工方案按本单位的审批流程审核通过后再提交项目监理单位审核批准后方可实施。

3）在审批过程中如需有局部修改、完善的意见时必须对原方案进一步修改后再次提交审批方，直至审批通过。

4）在审批过程中如有原则性的重大修改意见则需重新编制，再进入下一步审批流程。

（2）确保分包单位进入项目部班组及从业人员的资格并进行针对性的安全教育培训和安全施工交底，形成双方签字认可的记录：

1）按分包合同的标的，审核建造师（项目负责人、技术负责人）的等级及专业的相符性，担任同类工程的业绩，建造师的资格证书和其市政公用施工企业项目负责人安全生产考核证（B证）的有效性。

2）审核分包单位派入的专职安全员数量和类型的相符性及其市政公用施工企业专职安全员安全生产考核证书（C证）的有效性。

3）审核现场所需特种作业人员的种类、数量以及其证件的有效性。

4）审核其提交的所有从业人员的实名制信息以及“三级安全生产教育”卡等有关资料，新冠疫情常态化管理期间，还应审核其行程码和健康码，确认其相符合和有效性后存档。

5）对分包单位的安全教育应贯穿于施工全过程，方式可多种多样，安全施工交底可在每一项分部分项工程施工前实施，应突出针对性，做好完整、有效的记录。

6）分包单位内部的安全教育培训与安全施工交底应由其自行实施，总包单位要关注并督促其实施，必要时可索取其有关记录存档。

（3）对分包单位进场的物质、设施、设备的安全状态进行验收：

1）每一支分包队伍进场时总包单位都应该对其带入施工现场的物资、设施、设备的安全状态进行验收。

2）应建立一家一册的进场物资、设施、设备的清单。

3）由施工、材料、设备、安全等相关岗位人员按其职责组织相关专业人员开展投入使用前的安全验收。

4）验收内容概括为安全性、可靠性、相符性（是否符合相关的技术质量标准）等方面。

5）填写验收表，建立验收台账。

6）安全验收的目的是确保符合安全使用的物资、设施、设备进入现场，并将不合格品清退出场。

（4）对分包单位的安全生产、文明施工费用的使用情况进行监督、检查：

1）在分包合同中应明确分包单位应提取的安全生产、文明施工费用的金额、内容以及使用要求。

2）分包单位每月底将当月安全生产、文明施工费用使用情况报总包项目部审核批准。

3）项目部负责安全生产、文明施工费用管理岗位人员按职责对分包单位上报的安全生产、文明施工资金使用的报表进行现场及票据等资料核验，以确认其真实性和相符性。

4）申报表经项目经理批准后，由财务部门核发给分包单位。

（5）对分包单位的安全生产、文明施工的管理活动进行监督、检查、定期考核：

1）项目部各管理岗位人员按其安全生产职责开展对分包单位的安全生产、文明施工的管理活动进行监督、检查，并按月做好记录。

2）项目副经理每月组织各管理岗位人员对当月承担施工任务的分包单位的安全生产、文明施工活动进行汇总，之后作出讲评。

3）项目部每月对分包单位的安全生产标准化贯标活动作出优良、合格、不合格结论，建立相关记录，按要求登录当地政府行业主管部门的有关网站。

4）分包合同履行完毕后，总包项目部应对分包单位现场施工安全管理状况进行评价，并就结果与分包单位及时沟通，同时报总承包公司相关部门备案，作为总承包公司年度评比“合格分承包商”的重要依据之一。

（三）安全技术交底

（1）施工前项目部的技术负责人应组织相关岗位人员依据风险控制措施要求，组织对专业分包单位、施工作业班组安全技术交底并形成双方签字的交底记录。

（2）安全技术交底的内容应包括：

1）施工部位、内容和环境条件。

2）专业分包单位、施工作业班组应掌握的相关现行标准规范、安全生产、文明施工规章制度和操作规程。

3）资源的配备及安全防护、文明施工技术措施。

4）动态监控以及检查、验收的组织、要点、部位和节点等相关要求。

5）与之衔接、交叉的施工部位、工序的安全防护、文明施工技术措施。

6）潜在事故应急措施及相关注意事项。

（3）施工要求发生变化时应对安全技术交底内容进行变更并补充交底。

（四）安全验收

（1）项目部应依据资源配置计划和风险控制措施，对现场人员、实物、资金、管理及其组合的相符性进行安全验收。

（2）安全验收应分阶段按以下要求实施：

1）施工作业前，对安全施工的作业条件验收。

2）危大工程、其他重大危险源工程以及设施、设备施工过程中，对可能给下道工序造成影响的节点进行过程验收。

3）物资、设施、设备和检测器具在投入使用前进行使用验收。

4）建立必要的安全验收标识。未经安全验收或安全验收不合格，不得进入后续工序或投入使用。

（3）总包项目部应在作业班组或专项工程分包单位自验合格的基础上，组织相关职能部门（或岗位）实施安全验收，风险控制措施编制人员或技术负责人应参与验收。对于特种设备在必要时，应根据规定委托有资质的机构检测合格后，再组织实施安全验收。

（五）安全检查、整改和复查

1. 施工安全检查内容

安全检查应包括施工全过程中的资源配置、人员活动、实物状态、环境条件、职业健康、管理行为等内容。

2. 施工安全检查方法

（1）实行总承包施工的，应在分包项目部自查的基础上，由总包项目部组织实施。

（2）项目部可将安全检查分为综合安全检查、专项安全检查、季节性安全检查、特定条件下的安全检查、事故隐患排查及安全巡查等。

（3）从时间安排上可将安全检查分为日、周、月检查。

（4）各类安全检查大致的检查时间、内容与出席人员的组成：

1）综合安全检查可每月组织一次，由项目经理（或项目副经理、项目技术负责人）带领，组织项目部各职能部门（或岗位）负责人参加，对项目现场当时施工的资源配置、人员活动、实物状态、环境条件、职业健康、管理行为等进行全方位的安全检查。

2）专项安全检查可在特定的时间段进行，也可与季节性安全检查一并实施。专项安全检查内容比较专一，可由项目部各职能部门（或岗位）负责人组织专业人员实施。诸如：施工用电、基坑工程、高处作业、卫生防疫等专项检查。

3）季节性安全检查顾名思义是随特定季节开展的专项安全检查。诸如：夏秋季的防暑降温、防食物中毒（食品安全）、防台防汛；冬季的防冻保暖、防跌（滑）等安全检查，可由项目部专职安全、劳动保护岗位人员组织相关分包队伍、班组人员实施。

4）特定条件下的安全检查，可随国家、地方及企业各上级主管部门的具体要求进行，带有较明显的形势要求。诸如：每年六月份“全国安全月”，国家党、政府换届“二会”期间专项环境卫生、文明施工整治，重大事故、疫情发生后的专项安全检查等等。由项目负责人组织实施。

5）专业分包队伍、班组每日开展安全巡查，活动由分包队伍负责人、班组长实施。

6）项目部每周开展一次安全巡查活动，由项目部指定当周安全值岗人员组织实施。

7）项目部所属上级企业每月开展一次安全巡查活动，由企业分管安全生产负责人或安全主管部门负责人组织实施。

3. 安全检查后的整改和复查

项目部对检查中发现的安全隐患，应落实相关职能部门（或岗位）、分包单位、班组实施整改，整改告知单上应明确整改时间、人员和措施要求并分类记录，作为安全隐患排查的依据。对检查中发现的不合格情况，还应要求被查方采取纠正并预防同类情况再次发生的措施。对于外来的整改要求，项目部应及时向提出整改要求的相关方反馈整改情况和结果。整改的有效性应经提出整改要求的相应方复查确认，通过后方可进行后续工序施工或使用。

4. 安全检查标准的选用

应选用中华人民共和国行业标准《市政工程施工安全检查标准》CJJ/T 275—2018。

（六）动态监控

（1）项目部应依据风险控制要求，对易发生生产安全事故的部位、环节的作业活动实施动态监控。

（2）动态监控方式应包括旁站监控、远程监控等。

（3）由项目部副经理、技术负责人负责安排施工、安全、技术、设备等岗位人员落实各自安全生产职责范围内的监控人员；监控人员应熟悉相关专业的操作规程和施工安全技术并持本单位培训合格考核证上岗，配备人数应满足实际需要。

（4）监控人员发现重大险情（或险兆）以及违反风险控制措施要求的情况时，应立即制止，必要时可责令暂时停止施工作业，组织作业人员撤离危险区域并向项目经理报告。

（七）应急和事故处理

市政公用施工企业应当按照《生产经营单位生产安全事故应急预案编制导则》GB/T 29639—2020编制符合本公司生产经营活动特点的综合应急预案、专项应急预案和现场处置方案；全面领导公司所辖范围内生产安全事故应急处置工作。

（1）项目部应急预案的编制应当遵循以人为本、依法依规、符合实际、注重实效的原则，以应急处置为核心，明确应急职责，规范应急程序，细化保障措施。

应急预案的编制应当符合下列基本要求：

1）有关法律、法规、规章和标准的规定。

2）本地区、本公司、本项目部的安全生产实际情况。

3）本项目工程的重大危险源和危险性较大分部分项工程分析情况。

4）应急组织和人员的职责分工明确并有具体的落实措施。

5）有明确、具体的应急程序和处置措施并与本项目部应急能力相适应。

6）有明确的应急保障措施，能够满足本工程应急工作需要。

7）应急预案基本要素齐全、完整，应急预案附件提供的信息准确。

8）应急预案的内容与本地区、本公司相应应急预案相衔接。

（2）由本项目技术负责人任组长，吸收有关职能部门与岗位人员组成编制工作小组，结合专项施工方案前期的重大危险源和危险性较大分部分项工程辨识与评估，参照本公司综合应急预案、专项应急预案和现场处置方案文本并结合本工程、本项目实际，细化制定本项目部的综合应急预案、专项应急预案和现场处置方案。

（3）项目经理应依据应急预案，结合现场实际，配备应急物资器材和应急救援队伍，开展事故应急预案的培训与演练。

1）应急物资器材（包含应急救援队伍）的配置应在本工程项目所包含的危大工程和重大危险源基础上进行详细的实地调查，分析归纳整理。针对主体结构发生事故险情（险兆）时、事故发生后抢险时、各类作业人员发生特定伤亡时这三阶段抢险所需的各类应急物资器材，大体上可分三类资源配置与储备：

① 项目部本身有能力配置的资源储备。

② 上级公司与行业系统可借用、依靠的资源储备。

③ 邻近工程所在地的社会资源储备。

2）建立资源储备单位清单，包括类别、名称、数量、贮储地点、联系电话等并建立经常性的沟通与联络。

3）应急预案的培训与演练应突出针对性，尤其是应考虑发生突发性的重大险情（险兆）时的培训与演练，并在安全资金中预留演练的费用。

（4）在事故应急预案演练或应急抢险实施后，项目部应对事故应急预案的可操作性和有效性进行评价，必要时进行修订。

（5）本项目工程发生事故（险兆）或新冠肺炎人员感染时，项目部应当第一时间启动应急响应，按照预案要求组织力量进行救援，并按照规定将事故（险兆）信息及应急响应启动情况报告上级公司，再由上级公司报告项目工程所在地县级以上人民政府应急管理部门和其他负有安全生产监督管理职责的部门。项目部的应急抢险活动应在公司应急预案框架内实施。

（6）事故发生后，项目部应配合公司和有关安全生产监督管理部门查清事故原因，处理责任人员、教育从业人员，吸取事故教训，落实整改和防范措施。

（八）考核与奖惩

（1）总承包项目部应建立本工程项目部的安全生产考核和奖惩办法：

1）对分包项目部应在工程承包合同或安全生产协议书条款中明确按总包安全生产考核和奖惩办法进行。

2）对各管理层人员可在安全生产责任制交底书上确认。

（2）总承包项目部和分包项目部应根据安全生产考核奖惩办法，分别对各自的职能部门（或岗位）施工班组安全生产职责的履行情况进行考核。

（3）项目部应根据安全生产职责履行情况考核的结果，依据安全生产考核奖惩办法及时实施奖励或惩罚。

（九）项目安全管理体系的审核和改进

为了检验项目部安全生产管理体系的有效性有必要对其实施审核和改进。

（1）项目部应定期分类汇总安全检查中发现的问题，排查、确定多发和重大安全隐患，制定纠正和预防的措施，进行专项治理。

（2）项目部应委托具有资格的人员组成审核组，在各重要施工阶段对安全生产管理体系建立和运行的符合性、有效性进行审核。

1）审核分内部审核和外部审核两种，项目部所属公司负责实施内部审核，审核机构受委托实施外部审核。审核机构应具有独立的法人资格。

2）建设行政主管部门、公司、项目部及其他相关方，在下列情况下宜委托审核机构对项目部进行外部审核：

① 项目部管理能力不足。

② 项目部及其所属公司审核能力不足。

③ 工程特殊，需要外部提供技术支持。

④ 工程发生特殊意外情况，如项目安全生产事故频发或发生较大及以上事故等。

3）审核组对审核发现的不合格及相应的不符合审核准则的事实应进行处置，并提出改进要求。包括分析原因，制定、实施并跟踪验证相应的纠正措施。项目部按具体要求实施整改。

4）内部审核应出具审核报告，外部审核通过应出具认证证书，报告和证书的有效期不大于 12 个月。

5）每个施工现场安全管理体系审核不应少于一次，审核通过后，该项目应定期进行监督审核。监督审核与前一次审核的时间间隔一般不宜大于 6 个月。当项目安全管理体系发生重大变化时应重新进行审核。

6）审核过程应记录清晰，资料完整。

7）公司应掌控下属工程项目部的安全管理体系审核情况，酌情作为对其安全考核的依据之一。

（十）资料与记录

（1）项目部安全管理体系应形成文件并予以传达沟通，运行过程应留有相应的资料和记录，作为监督、检查、考核的主要依据。

（2）安全管理体系资料和记录应实行项目总承包负责制。

（3）项目负责人应明确专人负责安全管理体系运行资料的收集、归纳、整理、记录的管理。项目各岗位人员应独立负责本岗位安全职责范围内的安全资料与记录，按资料管理的要求，及时送达负责项目安全资料与记录的专人归档。

（4）安全管理体系资料和记录应包括策划、实施、审核、改进等相关资料和记录。

（5）安全策划的资料和记录应包括：

1）安全管理目标内容包括生产安全事故控制目标量化指标，安全生产达标、评优目标等。

2）危险性较大分部分项工程清单，项目部（含专业分包方）施工组织设计及专项施工方案及审批资料。

3）安全生产责任制度，安全管理制度、安全管理组织架构及考核奖惩办法与记录。

4）资源配置计划。

（6）实施的资料和记录应包括：

1）安全管理责任履职记录。

2）风险管控的交底、检查、整改、过程验收、应急预案演练等。

3）生产安全事故管理档案，对发生的所有生产安全事故及事件进行登记处理。

4）资源管控相关资料，包括安全教育，资源的进场验收，设施、设备与物资的目录清单，实施汇总。安全防护、文明施工、环境保护、职业健康、卫生防疫、安全生产责任保险、文明施工措施费用使用等安全资料。

（7）审核资料应包括：

1）审核技术。

2）审核记录、不合格报告及整改回复等。

3）内审报告，外审认证证书。

（8）改进资料应包括：

1）日常各类安全检查整改记录。

2）审核整改完善的资料与记录。

3）管理体系阶段性评估资料。

4）公司、项目部分析总结报告。

（9）安全管理体系和审核的资料与记录应符合以下要求：

1）记录完整、及时、真实有效、字迹清楚、签章规范，不得随意涂改。

2）伴随施工现场安全生产及管理同步形成。

3）根据安全生产管理组织体系实行分级、分类保管。

4）采用信息化管理技术。

5）附有各类相关清单目录，收集汇总表，审核审批表。

（10）公司应建立管理体系审核档案，对项目安全管理体系的内审报告、外审认证证书、审核报告进行保存及分析。

附表：

1）××项目部安全生产资金计划

2）××项目部××年度安全生产教育培训计划

附表1　××项目部安全生产资金计划　　表2K320143-1

单位：

序号	内容		计划金额（元）	备注
一	文明施工与环境保护	安全警示标志牌		
		各类图板		
		企业标志		
		场容场貌		
		材料堆放		
		消防器材		
		垃圾清运		
二	临时设施	现场办公生活设施		
		施工现场临时用电		
三	安全物资	工作服等劳防用品		
		防暑降温费用和物资等		
		安全帽、安全带、安全围挡、安全网、救生衣（圈）、绝缘胶鞋等		
四	安全教育培训			
五	安全生产责任保险费			
六	职业健康安全检查费			
七	现场应急预案配置物资和演练费用			
八	其他（卫生防疫费用等）			
九	合计			

附表2　××项目部××年度安全生产教育培训计划　　表2K320143-2

月份	培训教育内容	备注
一	元旦后的节后安全教育	1）各类安全管理人员与特种作业人员的外送教育培训可按证书上具体日期执行； 2）经常性的安全教育可在每个月实施，一般每周一次； 3）新进场人员的安全教育可在当日进场时进行； 4）危险性较大的分部分项工程的安全教育与交底可在该项目工程开始实施前进行； 5）其他安全教育可随时穿插实施； 6）特殊状态（如新冠肺炎）下的安全教育可按政府有关规定实施
二	春节的节前、节后安全教育	
三	春季的防流感、职业健康卫生安全教育	
四	清明节节前、节后安全教育；清明节雨期安全用电教育	
五	“五一”节前、节后安全教育	
六	全国安全生产宣传月各类安全活动和安全宣传教育	
七 八 九	1）防汛、防台安全教育 2）高温期防中暑安全宣传教育 3）高温期防食物中毒、饮食安全的安全宣传教育 4）“十一”节前安全教育	
十	“十一”节后安全教育	
十一	“一一·九”防火安全宣传教育	
十二	1）元旦前安全教育 2）冬季防冻安全教育	

2K320150 明挖基坑与隧道施工安全事故预防

2K320151 防止基坑坍塌、淹埋的安全措施

本条简要介绍防止基坑坍塌、淹埋的相关规定。

一、明挖基坑安全控制特点

（一）基坑工程安全风险

基坑工程施工过程中的主要风险是基坑坍塌和淹埋，防止基坑坍塌和淹埋是基坑施工的重要任务。

（二）基坑开挖安全技术措施

1. 基坑边坡和支护结构的确定

根据土的分类和力学指标、开挖深度等确定边坡坡度（放坡开挖时），或根据土质、地下水情况及开挖深度等确定支护结构方法（采用支护开挖时）。

基坑工程施工，首先要保证基坑的稳定。放坡开挖时，基坑的坡度要满足抗滑稳定要求；采用支护开挖时，支护结构类型的选择，既要保证整个支护结构在施工过程中的安全，又要能控制支护结构及周围土体的变形，以保证基坑周围建筑物和地下设施的安全。

2. 基坑周围堆放物品的规定

（1）支护结构施工与基坑开挖期间，支护结构达到设计强度要求前，严禁在设计预计的滑裂面范围内堆载；临时土石方的堆放应进行包括自身稳定性、邻近建筑物地基和基坑稳定性验算。

（2）支撑结构上不应堆放材料和运行施工机械，当需要利用支撑结构兼做施工平台或栈桥时，应进行专门设计。

（3）材料堆放、挖土顺序、挖土方法等应减少对周边环境、支护结构、工程桩等的不利影响。

（4）基坑开挖的土方不应在邻近建筑及基坑周边影响范围内堆放，并应及时外运。

（5）基坑周边必须进行有效防护，并设置明显的警示标志；基坑周边要设置堆放物料的限重牌，严禁堆放大量的物料。

（6）建筑物周围 6m 以内不得堆放阻碍排水的物品或垃圾，保持排水畅通。

（7）开挖料运至指定地点堆放。

3. 做好地下水控制设计，确保基坑开挖期间的稳定

地下水是引起基坑事故的主要因素之一。实践表明，多数发生的基坑事故都与地下水有关。地下水对基坑的危害与土质密切相关，当基坑处于砂土或粉土地层时，在地下水作用下，更容易造成基坑坡面渗水、土粒流失、流沙，进而引起基坑坍塌。

当场地内有地下水时，应根据场地及周边区域的工程地质条件、水文地质条件、周边环境情况和支护结构与基础形式等因素，确定地下水控制方法。当场地周围有地表水汇流、排泄或地下水管渗漏时，应对基坑采取保护措施。

地下水的控制方法主要有降水、截水和回灌等几种形式。这几种形式可以单独使用，也可以组合使用。地下水控制设计应满足基坑坑底抗突涌、坑底和侧壁抗渗流稳定性验算的要求及基坑周边建（构）筑物、地下管线、道路等市政设施沉降控制要求。当降水可能

对上述市政设施造成危害或对环境造成长期不利影响时，应采用截水、回灌等方法控制地下水。地下水回流水源的水质不应低于目标含水层的水质。

4. 控制好边坡

无支撑放坡开挖的基坑要控制好边坡坡度，有支撑基坑开挖时要控制好纵向放坡坡度。基坑采用无支撑放坡开挖时，应随挖随修整边坡，并不得挖反坡。有支撑基坑在开挖过程的临时放坡也应重视，防止在开挖过程中边坡失稳或滑坡酿成事故。

5. 严格按设计要求开挖和支护

基坑开挖应根据支护结构设计、降（排）水要求确定开挖方案。开挖范围及开挖、支护顺序均应与支护结构设计工况相一致。实践证明，很大一部分基坑事故是未按设计方案施工引起的。基坑挖土要严格按照施工组织设计规定进行。软土基坑必须分层均衡开挖。支护与挖土要密切配合，严禁超挖。发生异常情况时，应立即停止挖土，并应立即查清原因且采取措施，正常后方能继续挖土。基坑开挖过程中，必须采取措施防止碰撞支撑、围护桩、降水井或扰动基底原状土。

软土地区基坑开挖还受到时间效应和空间效应的作用。因此，在制定开挖方案时，要尽量缩短基坑开挖卸荷的尺寸及无支护暴露时间，减少开挖过程中的土体扰动范围，采用分层、分块的开挖方式，且使开挖空间尺寸及开挖支护时限能最大限度地限制围护结构的变形和坑周土体的位移与沉降。

6. 精心量测，及时分析监测数据

基坑失稳破坏一般都有前兆，具体表现为监测数据的急剧变化或突然发展。因此，进行系统的监测，并对监测数据进行及时分析，发现工程隐患后及时修改施工方案，对保证基坑安全有重要意义。

二、基坑工程的防坍塌安全管理

城市轨道交通工程基坑属于超过一定规模的危大工程，必须严格执行《危险性较大的分部分项工程安全管理规定》（中华人民共和国住房和城乡建设部令第37号）及相关要求。防范基坑施工坍塌是确保施工过程安全的主要内容。

（一）构建基坑防范坍塌体系

（1）建设单位牵头构建基坑、隧道防范坍塌体系，细化任务分工，认真组织实施，层层压实责任，强化各参建单位的责任落实。

（2）组织开展重点项目科技攻坚，推广应用城市轨道交通工程创新技术；推动危险性较大的分部分项工程和关键工序的机械化施工水平，促进“机械化换人、自动化减人”；新技术、新工艺、新材料、新设备的应用，应有认证、鉴定、评估或推广证书。

（3）各地宜针对地质条件和工程特点，细化基坑防坍塌具体措施要求。

（4）加强培训教育，将基坑防坍塌技术管理要求纳入培训内容，提升防范坍塌意识和技术管理水平。

（5）严格执行地下水控制措施，落实控制效果，加强止水帷幕和帷幕注浆止水效果检测，避免带水作业，及时封堵涌水，必要时采用地层回灌、跟踪补偿注浆等措施，确保地下水控制处于安全状态。

（6）应充分考虑各种非施工因素停工带来的不利影响，提前采取设计、施工应对措施。

（7）建设单位应在基坑开挖前，组织勘察、设计、施工、监理、第三方检测等单位，结合水文地质情况和周边建（构）筑物、管线情况进行现状调查，形成现状调查报告并分析评估，研究制定相关保护措施。

（二）完善基坑施工防范暴雨措施

（1）暴雨易导致基坑积水，若疏浚不及时，易诱发坍塌风险。

（2）施工现场应确保场地排水系统排水能力满足规范要求，定期检查，确保无淤积、堵塞等现象。抽排水设施管（孔）口应设置防水倒灌措施。雨期，通往基坑的所有可能进水管（口）应进行可靠封堵。并设专人检查，及时疏浚排水系统，确保施工现场排水畅通。

（3）避免在汛期进行新建线与既有线相接部位的开洞连通施工；若必须在汛期施工，应制定汛期施工保障措施。

（4）基坑（竖井、斜井）、车站出入口等周边挡水墙强度、相对高度应满足防汛要求，并定期检查挡水墙完好性，及时修补处理。

（5）雨期开挖基坑（槽、沟）时，应注意边坡稳定，应加强对边坡坡脚、支撑等的处理，暴雨期间应停止土石方作业。

（6）汛期前，应做好周边河流、管线渗漏情况摸排，对隐患部位及时进行处理。汛期施工时，应落实值班巡查制度，加强监测，与气象、防汛等部门建立防汛联动机制，及时掌握气象、水文等信息。根据当地防汛预警等级要求，及时启动防汛应急预案。

三、基坑工程防坍塌的安全管理行为

（一）建设单位

（1）建设单位落实质量安全首要责任，确保工期、造价合理，保障工程施工资金到位，安全文明费用专款专用，全面履行质量安全管理职责。

（2）建设单位牵头构建勘察、设计、施工、监理、监测、检测等参建单位共同参与、各负其责的基坑、隧道防坍塌管理体系，明确参建各方管理责任，督促落实防坍塌措施，加强各阶段组织衔接与工作协调，加强对参建各方的履约管理。组织开展典型事故案例和工程风险技术分析。

（3）建设单位及时提供真实、准确、完整的工程相关资料（气象水文和地形地貌资料，工程地质和水文地质资料，施工现场及毗邻区域内建（构）筑物、地下管线等周边环境资料），强化地质风险防控，提升信息化管理水平，逐步实现关键部位监测自动化，督促监测数据实时上传，关键工序管理数据实时记录。建设单位可委托第三方咨询机构进行风险评估。

（二）勘察、设计单位

（1）勘察单位应完善不良地质地区勘察细则，建立地下水动态勘察机制；按照《住房和城乡建设部办公厅关于印发〈城市轨道交通工程地质风险控制技术指南〉的通知》（建办质〔2020〕47号）中的相关要求做好断层及其破碎带、淤泥、流砂、孤石、水囊、岩溶（溶洞）、地下障碍物等不良地质探查评估，针对不良地质、地质变化复杂区段及坍塌风险较大的地区开展专项勘察；勘察报告中应揭示不良地质条件，对因故未能探明的地层区段或位置，应向设计、施工单位交底并说明对工程施工可能造成的影响。

（2）勘察单位随工程进展和工程位置变更，结合现场条件，及时完成补勘工作，对无法实施的钻孔应采用物探等手段探测地层岩性、地质构造等地质条件；加强勘察钻孔封堵及标识检查验收，杜绝钻孔未封堵或封堵不密实现象。

（3）设计单位应按照法律法规和工程建设强制性标准进行设计，开展风险辨识、分析、跟踪和设计服务。

（4）设计单位应根据工程自身、不良地质、周边环境和自然灾害等坍塌风险，深化工程风险设计；加强基坑围护结构、隧道支护结构方案审查；完善动态设计及配合制度，研究工程应急设计。

（5）设计应充分考虑工程地质和水文地质特性，在符合国家标准、行业标准和地方标准规定前提下，结合工程实际，科学合理地选择重要设计参数、计算方法和计算模型并严格复核，保证足够的结构强度安全系数和稳定性安全系数。

（6）设计宜量化地面沉陷影响范围，结合实际情况制定合理的监测项目、频率和预警控制值；对于不良地质段及关键部位，应将深层沉降监测列为必测项目。

（三）施工单位

（1）施工单位负责施工阶段的坍塌风险辨识、分析评价和动态管控，排查治理坍塌隐患，建立应急制度，完善应急措施。

（2）施工单位应配备相关专业人员，对施工过程中的地质风险进行日常巡查，评估现场风险状况，及时采取处置措施。

（3）施工单位应严格按照设计文件、施工方案及相关技术标准进行施工，深入辨识工程自身、不良地质、周边环境和自然灾害等可能造成的坍塌风险，明确风险等级和管控措施，形成风险分析报告并进行专家评审。

（4）施工单位应当对工程周边环境进行核查。按照《城市轨道交通工程监测技术规范》GB 50911—2013 有关规定，做好工程自身监测和地表水、地下水位监测工作。按照《危险性较大的分部分项工程安全管理规定》（中华人民共和国住房和城乡建设部令第 37 号）、《关于实施危险性较大的分部分项工程安全管理规定有关问题的通知》（建办质〔2018〕31 号）编制施工监测方案并组织实施；做好施工场地地面硬化，完善排水设施；加强工程邻近海域、河流、湖泊、渡槽等巡视排查；对于不良地质段及有可能发生地质变化的区段，施工单位必须组织开展超前地质探测。

（5）基坑、隧道工程施工方案的编制、审批、专家论证及实施、验收等应符合《危险性较大的分部分项工程安全管理规定》（中华人民共和国住房和城乡建设部令第 37 号）相关规定。施工方案的编制论证应将防坍塌作为重点内容之一。

（6）开工前应详细核查施工区域周边地下管线情况，做好废弃管线排查并与管线产权单位会签确认。施工过程中应随时检查地下管线渗漏水情况，发现地面出现沉降、开裂、渗涌水等情况应及时启动应急预案并协调会商相关部门妥善处理。

（7）施工单位应采用探地雷达法等先进适用方法对施工影响范围内的地下空洞及疏松体、管线渗漏等进行探测，由专业工程师对探测结果进行分析、验证、评估。

（四）监理单位

（1）监理单位应按照法律法规、标准、设计文件和合同要求配备专业监理人员，应当结合危大工程专项施工方案编制监理实施细则，并对危大工程施工实施专项巡视检查。监理实施细则应包括基坑、隧道防坍塌有关内容，严格按监理规划及实施细则进行监理。

（2）按照工程建设强制性标准要求，审查施工组织设计中的安全技术措施、专项施工方案，监督施工单位按施工方案组织施工，做好施工期间重要工序旁站、巡视等工作。

（3）监理单位应检查施工监测点布置和保护情况，比对分析施工监测和第三方监测数据及巡视信息。发现异常及时向建设、施工单位反馈并督促施工单位采取应对措施。

（4）监理过程中发现施工单位未按专项施工方案施工的，应当要求其进行整改；情节严重，可能存在坍塌风险的，应当要求其暂停施工并及时报告建设单位。

（五）咨询、监测、检测单位

（1）第三方咨询机构出具的风险评估报告应真实准确，并根据工程进展及时修正或再评估；开展安全风险管理和现场巡查工作，按规定及时发布预警。

（2）第三方监测单位应按相关规范和监测方案开展监测工作，并对监测成果负责；分析监测数据，发现异常情况及时向建设单位报告，按规定发布预警。推进信息化管控，关键部位监测项目研究推动自动化监测，实时上传监测数据。

（3）检测单位按照委托合同，采用适宜的检测设备，及时开展地层疏松、空洞等检测，发现问题及时上报。

四、基坑工程施工坍塌防范

（一）一般规定

（1）对围护结构侵限、止水帷幕渗漏、支撑或锚杆（索）轴力超标或松弛、监测值达到红色预警、地下水控制失效、周边建（构）筑物倾斜或产生裂缝等情况处置过程中，设计单位应参与并提出应急保障措施。

（2）采用连续墙作为围护结构的，拐角处连续墙不得采用“一”字型结构，连续墙接缝处宜采用旋喷桩、预留注浆管等止水措施。连续墙接缝处宜“先探后挖”，发现渗漏及时注浆堵漏，连续墙接缝渗漏治理方案应纳入危大工程管理。

（3）加强围护结构施工质量检测，采用声波透射法、钻芯法、低应变法等方法对围护桩、连续墙等围护结构进行完整性检测。

（4）宜采用声呐、超声波、光纤维、电位差等方法对围护结构（含止水帷幕）进行渗漏水检测。

（二）施工准备阶段

（1）基坑工程设计前必须调查地质水文、周边环境及地下管线等情况，严禁情况不明开展设计工作；基坑围护结构设计选型应与地质情况匹配；应保证围护结构坚固可靠，嵌入深度满足稳定性和强度要求，确保基坑围护结构止水措施到位。

（2）基坑工程设计应进行坍塌风险辨识、分析，编制风险清单并制定相应措施，计算围护（支撑）体系内力和变形，结合当地工程经验判断设计成果合理性。

（3）基坑施工必须有可靠的地下水控制方案，邻河道、湖泊基坑应做好防汛措施，应在确保地下水得到有效控制的前提下开挖。

（4）基坑施工前应按照相关规定编制专项施工方案并组织专家论证，确保按照经审查合格的设计文件和方案组织实施，做好方案交底，严禁擅自改变施工方法。

（5）围护结构施工前，做好地上及地下建（构）筑物、管线等周边环境调查和变形监测点布设等工作。

（三）施工阶段

（1）基坑开挖前应组织开展关键节点施工前安全条件核查，包括钻孔、成槽等动土作业和土方开挖施工，重点核查可能出现渗漏的围护体系施工质量。未经安全条件核查或条件核查不合格的，不得开挖施作。

（2）土方开挖时严格遵循自上而下分层分段进行，严格控制开挖与支撑之间的时间、空间间隔，严禁超挖；软弱地层支撑应采用钢筋混凝土支撑等加强措施；应先撑后挖，采用换撑方案时应先撑后拆；支撑不到位严禁开挖土体；严格换撑、拆撑验收，严禁支撑架设滞后、违规换撑、拆撑。

（3）基坑内土坡坡度和支护方法应符合施工方案规定，基坑开挖分层分段时，应做好超前降水、排水，确保坑内土体安全坡度，基坑分段分期开挖时，必须保证临时隔离结构及支护的工程质量。对周边环境要求严格的地区，可采用伺服式钢支撑。

（4）钢支撑架设必须设置防坠落装置；钢支撑架设时严格按规范要求分级施加预应力，做好钢支撑预应力锁定，钢支撑出现应力损失应及时查明原因并进行应力补偿。

（5）基坑分段开挖长度应符合施工方案要求。基坑开挖见底后尽早施作底板结构，确保基底及时封闭，严禁长距离、长时间暴露。

（6）严格控制基坑边堆载，不得超过设计文件和施工方案规定允许值；加强设备、车辆管理，车辆通行尽量远离基坑，严禁重型机械在基坑边长时间停放；应对基坑两侧的不对称荷载进行专项风险分析。

（7）基坑（槽）开挖后应及时进行地下结构和安装工程施工，基坑（槽）开挖或回填应连续进行。施工过程中应随时检查坑（槽）壁稳定情况。

（8）应防止地表水流入基坑（槽）内造成边坡塌方或土体破坏，基坑施工时应做好坑内和地表排水组织，调查基坑周边的管网渗漏情况，避免地表水流入基坑或给水排水管网渗漏、爆管。场地周围出现地表水汇流、排泄或地下水管渗漏时，应组织排水，对基坑采取保护措施。

（9）采用爆破施工时，应编制专项方案，防止爆破震动影响边坡及周边建（构）筑物稳定，并符合当地管理部门要求。

（10）基坑工程应按照设计文件规定进行支撑轴力、围护结构变形、地下水位、地面沉降等监控量测，监控量测数据超过预警值应科学分析并及时处置，超过控制值时应分析查明原因并制定有效处置措施，未采取处置措施前，严禁组织后续施工。

五、应急响应

（1）各地城市轨道交通建设主管部门以及工程参建各方要根据险情类型、部位、级别、影响范围等实际情况，定期进行基坑、隧道防坍塌事故应急培训。

（2）建设单位应组织由勘察、设计、施工、监理、监测、检测等各方参与的基坑防坍塌演练，提高应急处置实效，完善应急联动机制，督促各方落实应急措施。

（3）施工单位应建立健全生产安全事故应急工作责任制，根据自身工程特点和内容，编制基坑防坍塌专项应急预案和现场处置方案，建立应急抢险队伍，配备必要的应急救援装备和物资并进行经常性维护保养；作业人员进入有限空间作业应做好防范坍塌措施。

（4）基坑防坍塌应急演练应突出重点、讲究实效，确保受训人员了解应急预案内容，明确个人职责，熟悉响应程序，掌握突发情况应急处置技能。

（5）建设、施工单位与工程周边产权单位建立联动机制，发生坍塌事件，第一时间通知影响区范围内的房屋、管线产权单位，及时启动应急响应，保证社会人员安全。

（6）险情发生后建设单位应按程序报告险情并组织现场抢险，协调有关工程专家及应急抢险队伍、设备进场。建设、施工单位应防止事态扩大，尽量避免事故次生灾害和衍生灾害发生。

（7）勘察设计单位应配合做好地质水文勘察、险情分析，参与制定、优化重大险情应急抢险实施方案。第三方监测单位应配合做好抢险期间险情发生部位的加密监测工作。

六、应急预案与保证措施

（一）应急预案

（1）制定具有可操作性的基坑坍塌、淹埋事故的应急预案可以防患于未然，可以最大限度地减小事故发生的概率，防止事态的恶化，减轻事故的后果。

（2）建立完备的应急组织体系，编制有针对性的应急预案；配备足够的应急物资，包括袋装水泥、土袋草包、临时支护材料、堵漏材料等；准备好注浆设备、抽水设备等，并准备一支有丰富经验的应急抢险队伍，保证在紧急状态时可以快速调动人员、物资和设备，并根据现场实际情况进行应急演练。

（3）做好信息化施工工作，严禁编造监测数据，以便及早发现坍塌、淹埋和管线破坏事故的征兆。如果基坑即将坍塌、淹埋时，应以人身安全为第一要务，及早撤离现场。

（二）抢险支护与堵漏

（1）围护结构渗漏是基坑施工中常见的多发事故。在富水的砂土或粉土地层中进行基坑开挖时，如果围护结构或止水帷幕存在缺陷，渗漏就会发生。如果渗漏水主要为清水，一般及时封堵不会造成太大的环境问题；而如果渗漏造成大量水土流失则会造成围护结构背后土体沉降过大，严重的会导致围护结构背后土体失去抗力，造成基坑倾覆。

（2）有降水或排水条件的工程，宜在采用降水或排水措施后再对围护缺陷进行修补处理。围护结构缺陷造成的渗漏一般采用下面方法处理：在缺陷处插入引流管引流，然后采用双快水泥封堵缺陷处，等封堵水泥形成一定强度后再关闭导流管。如果渗漏较为严重直接封堵困难时，则应首先在坑内回填土封堵水流，然后在坑外打孔灌注聚氨酯或双液浆等封堵渗漏处，封堵后再继续向下开挖基坑，具体见图 2K320151-1、图 2K320151-2。

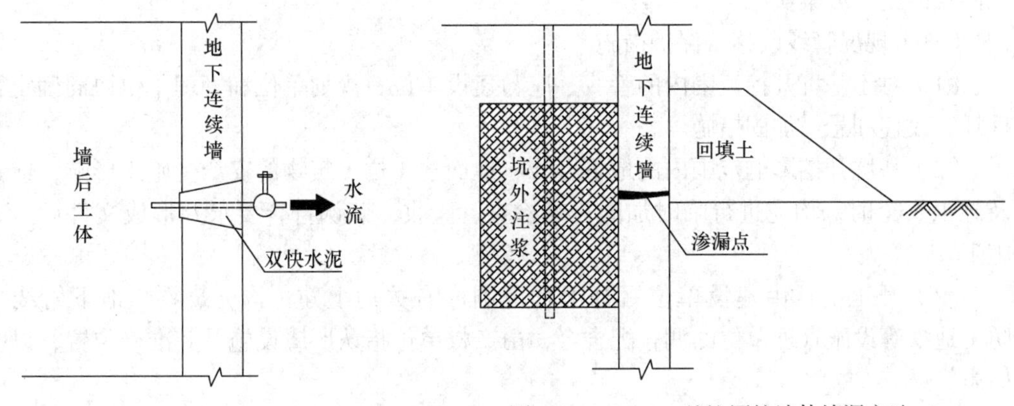

图 2K320151-1 基坑围护墙体堵漏方法一

图 2K320151-2 基坑围护墙体堵漏方法二

（3）基坑支护结构出现变形过大或较为危险的“踢脚”变形时，可以采用坡顶卸载，适当增加内支撑或锚杆，被动土压区堆载或注浆加固等处理措施。

（4）基坑出现整体或局部土体滑塌时，应在可能条件下降低土中水位并进行坡顶卸载，加强未滑塌区段的监测和保护，严防事故继续扩大。

（5）基坑坍塌或失稳征兆已经非常明显时，必须果断采取回填土、砂或灌水等措施，然后再进一步采取应对措施，以防止险情发展成事故。

2K320152　开挖过程中的地下管线的安全保护措施

市政公用工程施工中损伤地下管线的事故时有发生，本条以基坑（槽）工程为例简要介绍基坑开挖过程中针对管线保护应采取的安全技术措施。

一、施工准备阶段

（一）工程地质条件及现况管线调查

（1）进场后应依据建设方所提供的的工程地质勘察报告、基坑开挖范围内及影响范围内的各种管线、地面建筑物等有关资料，查阅有关专业技术资料，掌握管线的施工年限、使用状况、位置、埋深等数据信息，以及掌握建（构）筑物结构的基础、结构形式等情况。

（2）对于资料反映不详、与实际不符或在资料中未反映管线真实情况的，应向规划部门、管线管理单位查询，必要时在管理单位人员在场情况下进行坑探，查明现状。

（3）将调查的管线、地面（地下）建（构）筑物的位置埋深等实际情况按照比例标注在施工平面图上，并在现场做出醒目标志。

（4）分析调查、坑探等资料，作为编制施工保护方案和采取安全保护措施的依据。

（二）编制施工保护方案

（1）必须对施工过程中地下管线、地面建（构）筑物可能出现的安全状态进行分析，识别重要危险因素，评价其危险程度，制定应对中、高度危险因素的安全技术措施。

（2）对于重要的地下管线、地面与地下建（构）筑物必须进行基坑开挖工况影响分析，确定影响程度，以便在施工措施中确定合理的基坑支护、开挖方法，确保施工过程中管线及各种构筑物的安全。

（3）保护方案需要经建设单位、监理单位同意后执行，并严格按照建设单位、监理单位同意的施工方案实施。

（三）现况管线改移、保护措施

（1）对于基坑开挖范围内的管线，应与建设单位、规划单位和管理单位协商确定管线拆迁、改移和悬吊加固措施。

（2）基坑开挖影响范围内的地下管线、地面建（构）筑物的安全受施工影响，或其危及施工安全时，均应进行临时加固，经检查、验收，确认符合要求并形成文件后，方可施工。

（3）开工前，由建设单位召开工程范围内有关地上建（构）筑物、地下管线、人防、地铁等设施管理单位的调查配合会，由产权单位指认所属设施及其准确位置，设明显标志。

（4）在施工过程中，必须设专人随时检查地下管线、维护加固设施，以保持完好。

（5）观测管线沉降和变形并记录，遇到异常情况必须立即采取安全技术措施。

二、应急预案与抢险组织

（1）施工前，必须制定应急预案和有效安全技术措施。

（2）建立应急组织体系，配备应急抢险的人员、物资和设备，组织体系应保证在紧急状态时可以快速调动人员、物资和设备，并根据现场实际情况进行应急演练。

（3）出现异常情况，应立即通知管理单位人员到场处理、抢修。

2K320153 喷锚暗挖法施工安全措施

本条主要从喷锚暗挖法工作井和暗挖隧道施工两个方面介绍喷锚暗挖法施工的安全控制措施。

一、工作井施工

（一）作业区安全防护

（1）在施工组织设计中应根据设计文件、环境条件选择工作井位置。设计无要求时，应对工作井结构及其底部平面布置进行施工设计，满足施工安全的要求。

（2）施工机械、运输车辆距工作井边缘的距离，应根据土质、井深、支护情况和地面荷载等因素经验算确定，且其最外着力点与井边距离不得小于1.5m。

（3）井口作业区必须设置围挡，非施工人员禁止入内，并建立人员出入工作井的管理制度。

（4）工作井不得设在低洼处，且井口应比周围地面高30cm以上，地面排水系统应完好、畅通。

（5）不设作业平台的工作井周围必须设防护栏杆，护栏高度不低于1.2m，栏杆底部50cm应采取封闭措施。

（6）井口2m范围内不得堆放材料。

（7）工作井内必须设安全梯或梯道，梯道应设扶手栏杆，梯道的宽度不应小于1.0m。

（二）工作井土方开挖

（1）工作井邻近各类管线、建（构）筑物时，开挖土方前应按施工组织设计规定对管线、建（构）筑物采取加固措施，并经检查符合规定，形成文件，方可开挖。

（2）采用先开挖后支护方法时，应按施工组织设计的规定由上至下分层进行，随开挖随支护。支护结构达到规定要求后，方可开挖下一层土方。

（3）人工开挖土方吊装出土时，必须统一指挥。土方容器升降前，井下人员必须撤至安全位置；当土方容器下降落稳后，方可靠近作业。

（4）工作井开挖过程中，施工人员应随时观察井壁和支护结构的稳定状态。发现井壁土体出现裂缝、位移或支护结构出现变形等坍塌征兆时，必须停止作业，人员撤至安全地带，经处理确认安全方可继续作业。

（三）工作井锚喷混凝土支护

（1）在Ⅳ、Ⅴ级围岩中进行锚喷支护时，应遵循以下原则：

1）锚喷支护必须紧跟开挖面。

2）喷射作业过程中应设专人随时观察围岩变化情况，确认安全。

（2）安装钢筋（或型钢）拱架和挂网应与挖掘方式紧密结合，每层拱架应及时形成闭合框架。

（3）锚杆作业过程中应设专人监护支护结构的稳定状态，发现异常必须立即停止作业，人员撤至安全地带，待采取安全技术措施、确认支护结构稳定后，方可继续作业。

（四）工作井口平台、提升架及井架安装

（1）工作井口平台、提升架及井架必须按施工中最大荷载进行施工设计。提升架及井架应支搭防护棚。

（2）工作井口平台、提升架及井架支搭完成，必须经过专项检查、负荷能力检验，确认符合施工设计要求并形成文件后，方可投入使用。

（五）工作井垂直运输

（1）提升设备及其索、吊具、吊运物料的容器、轨道、地锚等和各种保险装置，使用前必须按设备管理的规定进行检查和空载、满载或超载试运行，确认合格并形成文件。使用过程中每天应由专职人员检查一次，确认安全且记录，并应定期检测和保养。检查、检测中发现问题必须立即停机处理，处理后经试运行合格方可恢复使用。

（2）工作井运输应设专人指挥，协调井上、井下作业人员的配合关系。

（3）使用电葫芦运输应设缓冲器，轨道两端应设挡板。

（4）使用卷扬机运输，其安装、操作方法必须符合规程要求。卷扬机地锚应埋设牢固，卷扬机与基础或底架的连接应牢固。钢丝绳在卷筒上的安全圈数不应少于3圈，其末端固定应牢固、可靠。

（5）使用吊桶（箱）运输时，严禁人员乘坐吊桶（箱），吊桶（箱）速度不超过2m/s。

（6）提升钢丝绳必须有生产企业的产品合格证，新绳在悬挂前必须对每根绳的钢丝进行试验，确认合格并形成文件后，方可使用。库存超过1年的钢丝绳，使用前应进行检验，确认合格并形成文件后方可使用。

二、隧道施工

（一）开挖

（1）在城市进行爆破施工，必须事先编制爆破方案，且由专业人员操作，报城市主管部门批准并经公安部门同意后方可施工。

（2）隧道开挖应连续进行，每次开挖长度应严格按照设计要求、土质情况确定。严格控制超挖量。停止开挖时，对不稳定的围岩应采取临时封堵或支护措施。

（3）同一隧道内相对开挖（非爆破方法）的两开挖面距离为2倍洞跨且不小于10m时，一端应停止掘进，并保持开挖面稳定。

（4）两条平行隧道（含导洞）相距小于1倍洞跨时，其开挖面前后错开距离不得小于15m。

（5）隧道内应加强通风，在有瓦斯的隧道内进行爆破作业必须遵守《煤矿安全规程》（由国家安全生产监督管理总局令第87号发布，并经《应急管理部关于修改〈煤矿安全规程〉的决定》中华人民共和国应急管理部令第8号修正）的有关规定。

（二）喷射混凝土初期支护

（1）隧道在稳定岩体中可先开挖后支护，支护结构距开挖面不宜大于5m；在不稳定岩土体中，支护必须紧跟土方开挖工序。

（2）钢筋格栅拱架就位后，必须支撑稳固，及时按设计要求焊（栓）接成稳定整体。

（3）初期支护应预埋注浆管，结构完成后及时注浆加固，填充注浆滞后开挖面距离不得大于5m。

（三）超前导管与管棚

（1）围岩自稳时间小于支护完成时间的地段，应根据地质条件、开挖方式、进度要求、使用机械情况，对围岩采取锚杆或小导管超前支护、小导管周边注浆等安全技术措施。当围岩整体稳定难以控制或上部有特殊要求时可采用管棚支护。

（2）钻孔中遇到障碍，必须停止钻进作业，待采取措施并确认安全后方可继续钻进，严禁强行钻进。

（四）现浇混凝土二次衬砌

（1）现浇混凝土二次衬砌在隧道初期支护变形稳定后进行。初期支护临时支撑的拆除严格按设计要求分段进行。

（2）钢筋绑扎中，钢筋拱架呈不稳定状态时，必须设临时支撑架。钢筋拱架未形成整体且稳定前，严禁拆除临时支撑架。

（3）模板及其支撑体系应进行施工设计。其强度、刚度和稳定性应满足施工阶段荷载的要求，并制定支设、移动、拆除作业的安全技术措施。模板及其支撑体系支设完成后，应进行检查、验收，确认合格并形成文件后方可浇筑混凝土。

（4）使用模板台车和滑模时，应进行专项设计，规定相应的安全操作细则。

（5）浇筑侧墙和拱部混凝土应自两侧拱脚开始，对称进行。每仓端部和浇筑口封堵模板必须安装牢固，不得漏浆。作业中应配备模板工监护模板，发现位移或变形必须立即停止浇筑，经修理、加固，确认安全后方可恢复作业。

（五）监控量测与施工信息反馈

详见 2K317023 条。

（六）监测数据超出预警标准或现场出现异常的处理方法

立即按规定预警并启动应急方案，进行工程抢险。

2K320160 城市桥梁工程施工安全事故预防

2K320161 桩基施工安全措施

本条主要介绍沉入桩和混凝土灌注桩施工安全控制要点及技术措施。

一、避免桩基施工对地下管线的破坏

（一）开工前应采取的安全措施

（1）通过调查、详勘掌握桩基施工地层内各种管线，包括上水、雨水、污水、电力、电信、煤气及热力等管线资料以及各管线距施工区域距离。

（2）现场做好管线拆迁改移或保护工作。

（3）现场准确标识，以便桩位避开地下管线，施工中做好监测工作。

（二）施工安全保证措施

（1）沉入桩施工安全控制主要包括：桩的制作、桩的吊运与堆放和沉入施工。

（2）混凝土灌注桩施工安全控制涉及施工场地、护筒埋设、护壁泥浆、钻孔施工、钢筋笼制作及安装和混凝土浇筑。

二、沉入桩施工安全控制要点

（一）桩的制作

1. 混凝土桩制作

（1）预制构件的吊环位置及其构造必须符合设计要求。吊环必须采用未经冷拉的HPB300级热轧钢筋制作，严禁以其他钢筋代替。

（2）钢筋码放应符合施工平面布置图的要求。码放时，应采取防止锈蚀和污染的措施，不得损坏标牌；整捆码垛高度不宜超过2m，散捆码垛高度不宜超过1.2m。

（3）加工成型的钢筋笼、钢筋网和钢筋骨架等应水平放置。码放高度不得超过2m，码放层数不宜超过3层。

2. 钢桩制作

（1）露天场地制作钢桩时，应有防雨、雪设施，周围应设护栏，非施工人员禁止入内。

（2）剪切、冲裁作业时，应根据钢板的尺寸和质量确定吊具和操作人数，不得将数层钢板叠在一起剪切和冲裁；操作人员双手距刃口或冲模应保持20cm以上的距离，不得将手置于压紧装置或待压工件的下部，送料时必须在剪刀、冲刀停止动作后作业。

（3）气割加工应符合《焊接与切割安全》GB 9448—1999有关规定。气割加工现场必须按消防部门的规定配置消防器材，周围10m范围内不得堆放易燃易爆物品。操作者必须经专业培训，持证上岗。

（4）焊接作业现场应按消防部门的规定配置消防器材，周围10m范围内不得堆放易燃易爆物品。操作者必须经专业培训，持证上岗。焊工作业时必须使用带滤光镜的头罩或手持防护面罩，戴耐火防护手套，穿焊接防护服和绝缘、阻燃、抗热防护鞋；清除焊渣时应戴护目镜。

（5）涂漆作业场所应采取通风措施，空气中可燃、有毒、有害物质的浓度应符合《涂装作业安全规程 涂漆工艺安全及其通风净化》GB 6514—2008的有关规定。

（二）桩的吊运、堆放

（1）钢桩吊装应由具有吊装施工经验的施工技术人员主持，吊装作业必须由信号工指挥。

（2）预制混凝土桩起吊时的强度应符合设计要求，设计无要求时，混凝土强度应达到设计强度的75%以上。

（3）桩的吊点位置应符合设计或施工组织设计规定。

（4）桩的堆放场地应平整、坚实、不积水。混凝土桩支点应与吊点在一条竖直线上，堆放时应上下对准，堆放层数不宜超过4层。钢桩堆放支点应布置合理，防止变形，并应采取防滚动措施，堆放层数不得超过3层。

（三）沉桩施工

（1）在施工组织设计中，应根据桩的设计承载力、桩深、工程地质、桩的破坏临界值和现场环境等状况选择适宜的沉桩方法和机具，并规定相应的安全技术措施。

（2）沉桩作业应由具有经验的技术工人指挥。作业前指挥人员必须检查各岗位人员的准备工作情况和周围环境，确认安全后方可向操作人员发出指令。

（3）振动沉桩时，沉桩机、机座、桩帽应连接牢固，沉桩机和桩的中心应保持在同一轴线上。用起重机悬吊振动桩锤沉桩时，其吊钩上必须有防松脱的保护装置，控制吊钩下降速度与沉桩速度一致，保持桩身稳定。

（4）射水沉桩时，应根据土质选择高压水泵的压力和射水量，并应防止急剧下沉造成桩机倾斜。高压水泵的压力表、安全阀、输水管路应完好。压力表和安全阀必须经检测部门检验、标定后方可使用。施工中严禁射水管对向人、设备和设施。

（5）沉桩过程中发现贯入度发生突变、桩身突然倾斜、桩头桩身破坏、地面隆起或桩身上浮等情况时应暂停施工，经采取措施确认安全后方可继续沉桩。

三、钻孔灌注桩施工安全控制要点

（一）场地要求

施工场地应能满足钻孔机作业的要求。旱地区域地基应平整、坚实；浅水区域应采用筑岛方法施工；深水河流中必须搭设水上作业平台，作业平台应根据施工荷载、水深、水流、工程地质状况进行施工设计，其高程应比施工期间的最高水位高 700mm 以上。

（二）钻孔施工

（1）施工场地应平整、坚实，非施工人员禁止进入作业区。

（2）不得在高压线下施工。施工现场附近有电力架空线路时，施工中应设专人监护，确认钻机的安全距离在任何状态下均符合表 2K320161 的规定。

高压线线路与钻机的安全距离表 **表 2K320161**

电压	1kV 以下	1～10kV	35～110kV
安全距离（m）	4	6	8

（3）钻机的机械性能必须符合施工质量和安全要求，状态良好，操作工持证上岗。

（4）钻机运行中作业人员应位于安全处，严禁人员靠近或触摸旋转钻杆；钻具悬空时严禁下方有人。

（5）钻孔过程中应检查钻渣，与地质剖面图核对，发现不符时应及时采取安全技术措施。

（6）钻孔应连续作业。相邻桩之间净距小于 5m 时，邻桩混凝土强度达 5MPa 后，方可进行钻孔施工；或间隔钻孔施工。

（7）成孔后或因故停钻时，应将钻具提至孔外置于地面上，保持孔内护壁泥浆的高度防止塌孔，孔口采取防护措施。钻孔作业中发生塌孔和护筒周围冒浆等故障时，必须立即停钻。钻机有倒塌危险时，必须立即将人员和钻机撤至安全位置，经技术处理并确认安全后方可继续作业。

（8）采用冲抓钻机钻孔时，当钻头提至接近护筒上口时，应减速、平稳提升，不得碰撞护筒，作业人员不得靠近护筒，钻具出土范围内严禁有人。

（9）泥浆沉淀池周围应设防护栏杆和警示标志。

（三）钢筋笼制作与安装

（1）加工好的钢筋笼应水平放置，堆放场地平整、坚实。码放高度不得超过 2m，码放层数不宜超过 3 层。

（2）钢筋笼长度较大、影响起重吊装安全时，允许分段制作加工。

（3）应根据钢筋质量、钢筋骨架外形尺寸、现场环境和运输道路等情况，选择适宜的运输车辆和吊装机械。

（4）钢筋笼吊装机械必须满足要求，并有一定的安全储备。分段制作的钢筋笼入孔后进行竖向焊接时，起重机不得摘钩、松绳，严禁操作工离开驾驶室；骨架焊接完成，经验收合格后方可松绳、摘钩。

（5）孔口焊接作业时，应在护筒外搭设焊接操作平台，且应支垫平整。

（四）混凝土浇筑

（1）浇筑水下混凝土的导管宜采用起重机吊装，就位后必须临时固定牢固方可摘钩。

（2）浇筑水下混凝土，漏斗的设置高度应依据孔径、孔深、导管内径等确定。

（3）提升导管的设备能力应能克服导管和导管内混凝土的自重以及导管埋入部分内外壁与混凝土之间的黏滞阻力，并有一定的安全储备。

（4）浇筑混凝土作业必须由作业组长指挥。浇筑前作业组长应检查各项准备工作，确认合格后方可发布浇筑混凝土指令。

（5）浇筑水下混凝土过程中，必须采取防止导管进水、阻塞、埋管、塌孔的措施。

（6）灌注过程中，应注意观察管内混凝土下降和孔内水位升降情况，及时测量孔内混凝土高度，正确指挥导管的提升和拆除。

2K320162　模板支架和拱架施工安全措施

对于城市桥梁工程模板的支架，其施工安全风险较大，本条简要介绍桥梁工程中模板支架（简称模板支架）的搭设与拆除的安全措施。

一、施工前准备阶段

（一）一般规定

（1）支架、脚手架应由具有相关资质的单位搭设和拆除。

（2）作业人员应经过专业培训、考试合格，持证上岗，并应定期体检，不适合高处作业者，不得进行搭设与拆除作业。

（3）进行搭设与拆除作业时，作业人员必须戴安全帽、系安全带、穿防滑鞋。

（4）起重设备应经检验符合施工方案或专项方案的要求。

（5）模板支架、脚手架的材料、配件符合有关规范、标准规定。

（二）方案与论证

（1）施工前应根据构筑物的施工方案选择合理的模板支架形式，在专项施工方案中制定搭设、拆除的程序及安全技术措施。

（2）当搭设高度和施工荷载超过有关规范或规定范围时，必须按相关规定进行设计，经结构计算和安全性验算确定，并按规定组织专家论证。

二、模板支架、脚手架搭设

（一）模板支架搭设与安装

（1）模板支架应严格按照获准的施工方案或专项方案搭设和安装。

（2）模板支架支搭完成后必须进行质量检查，经验收合格并形成文件后方可交付使用。

（3）施工中不得超载，不得在支架上集中堆放物料。

（4）模板支架使用期间，应经常检查、维护，保持完好状态。

（二）脚手架搭设

（1）脚手架应按规定采用连接件与构筑物相连接，使用期间不得拆除；脚手架不得与模板支架相连接。

（2）作业平台上的脚手板必须在脚手架的宽度范围内铺满、铺稳。作业平台下应设置水平安全网或脚手架防护层，防止高空物体坠落造成伤害。

（3）脚手架必须设置斜道、安全梯等攀登设施；攀登设施应坚固，并与脚手架连接牢固。

（4）严禁在脚手架上拴缆风绳、架设混凝土泵等设备。

（5）脚手架支搭完成后应与模板支架一起进行检查验收并形成文件后方可交付使用。

三、模板支架、脚手架拆除

（1）模板支架、脚手架拆除现场应设作业区，其边界设警示标志并由专人值守，非作业人员严禁入内。

（2）模板支架、脚手架拆除采用机械作业时应由专人指挥。

（3）模板支架、脚手架拆除应按施工方案或专项方案要求由上而下逐层进行，严禁上下同时作业。

（4）严禁敲击、硬拉模板、杆件和配件。

（5）严禁抛掷模板、杆件、配件。

（6）拆除的模板、杆件、配件应分类码放。

2K320163 箱涵顶进施工安全措施

本条介绍了箱涵施工在穿越铁路、道路、桥涵和管线等构筑物时应采取的安全措施和防护措施。

一、施工前安全措施

（一）现场踏勘调查

（1）在铁路的路基下顶进，为确保列车安全通行与安全施工，在编制施工组织设计前应掌握客、货车辆运行状况，车辆通过次数、车辆间隔和运行速度、股道数量、间距和高程，线路及道岔种类和使用性质。

（2）在公路、城市道路路基下顶进，为确保交通安全与施工安全，在编制施工组织设计前应掌握路面结构、交通情况，特别是了解路基中埋设的地下管线、电缆及其他障碍物等情况。

（3）了解线路管理部门对施工的要求和施工期间交通疏导和机车限速的可行性。

（二）人员与设备

（1）作业人员进行安全技术培训，经考核合格后上岗。

（2）作业设备进行性能和安全检查，符合有关安全规定。

（3）现场动力、照明的供电系统应符合有关安全规定。

二、施工安全保护

（一）铁道线路加固方法与措施

（1）小型箱涵，可采用调轨梁或轨束梁的加固法。

（2）大型即跨径较大的箱涵，可用横梁加盖、纵横梁加固、工字轨束梁或钢板脱壳法。

（3）在土质条件差、地基承载力低、开挖面土壤含水量高，铁路列车不允许限速的情况下，可采用低高度施工便梁方法。

（二）路基加固方法与措施

（1）采用管棚超前支护和水平旋喷桩超前支护方法，控制路基变形在安全范围内。

（2）采用地面深层注浆加固方法，提高施工断面上方的土体稳定性。

（三）管线迁移和保护措施

（1）施工影响区的重要管线（水、气、电）应尽可能采取迁移措施。

（2）无法迁移的管线可采用暴露管线和支架等保护措施。

（3）编制应急措施并备有相关材料和机具。

三、施工安全保护措施

（一）施工区域安全措施

（1）限制铁路列车通过施工区域的速度，限制或疏导路面交通。

（2）设置施工警戒区域护栏和警示装置，设置专人值守。

（3）加强施工过程的地面、地上构筑物、地下管线的安全监测，及时反馈、指导施工。

（二）施工作业安全措施

（1）施工现场（工作坑、顶进作业区）及路基附近不得积水浸泡。

（2）应按规定设立施工现场围挡，有明显的警示标志，隔离施工现场和社会活动区，实行封闭管理，严禁非施工人员入内。

（3）在列车运行间隙或避开交通高峰期开挖和顶进；列车通过时，严禁挖土作业，人员应撤离开挖面。

（4）箱涵顶进过程中，任何人不得在顶铁、顶柱布置区内停留。

（5）箱涵顶进过程中，当液压系统发生故障时，严禁在工作状态下检查和调整。

（6）现场施工必须设专人统一指挥和调度。

2K320170 市政公用工程职业健康安全与环境管理

2K320171 职业健康安全管理体系的要求

一、基本要求

（1）市政公用工程施工企业应建立并保持职业健康安全管理体系和疫情防控体系，项目部是企业在生产经营活动第一线的施工实体，应严格贯彻执行本企业的职业健康安全方针和疫情防控具体要求，保证企业职业健康安全总目标和改进职业健康安全绩效的承诺得到实现。

（2）项目部应按照本企业职业健康安全管理体系和工程所在地疫情防控的要求，针对本工程施工的特点，通过策划制定本项目的职业健康安全、卫生防疫管理模式并付诸实施，通过全过程的检查和纠正措施，分阶段开展管理评审，达到持续改进的目的。

（3）项目部的职业健康安全管理应严格贯彻执行本企业职业健康安全管理方针和工程所在地疫情防控的要求，并应符合以下要求：

1）适合本项目的职业健康安全风险的性质和规模。

2）遵守有关现行职业健康安全法规、疫情防控规定和接受其他各方面要求的承诺。

3）传达到全体员工，使其认识各自的职业健康安全和疫情防控义务。

4）形成文件，实施并保存。

（4）在施工安全风险识别、重大危险源和危险性较大的分部分项工程确立的基础上，结合与职业健康安全有关的国家（行业）及地方的法律、法规、标准和其他要求及本工程的特点，策划、建立本项目职业健康安全目标。目标应符合企业职业健康安全管理方针，并不得低于本企业职业健康安全目标。

（5）制定并保持本项目的职业健康安全管理方案。管理方案中具体措施可与劳动保护、职业病防治、疫情防控相结合。方案应包含形成文件的：

1）为实现目标所赋予本项目部有关职能和层次的职责和权限。

2）实现目标的方法（措施）和时间表：应定期并且在计划的时间间隔内对职业健康安全管理方案进行评审，并随运行条件的变化适时进行方案修订。

二、职业健康安全管理方案的实施

（一）配置职业健康安全设施

（1）识别本工程项目的安全技术方面的设施：

市政工程可从以下几个方面进行识别：

1）各类市政工程施工机械及电器设备等传动部分的防护装置及安全装置。

2）电刨、电锯、砂轮等小型机具上的防护装置，有碎片、屑末、液体飞出及有裸露导电体等处所安设的防护装置。

3）各类起重机上的各种防护装置。

4）市政公用工程工地上为安全而设的信号装置以及在操作过程中为安全而设的信号装置。

5）锅炉、压力容器、压缩机械及各种有爆炸危险的机器设备的安全装置和信号装置。

6）各种运输机械上的安全启动和迅速停车装置。

7）电器设备的防护性接地或接零以及其他防触电设施。

8）施工区域内危险部位所设置的标志、信号和防护设施。

9）在高处作业时为避免工具等物体坠落伤人以及防人员坠落而设置的工具箱或安全网。

10）防火防爆所必需的防火间距、消防设施等。

11）在水上作业时为避免作业人员坠落水中淹溺而设置的安全绳（带）、安全网、防护栏、救生衣（圈）、船等防护装置与设施。

12）在有毒有害作业环境中为避免人员中毒而设置的监测装置和防护用品。

（2）策划本项目职业卫生方面的设施：

可以从以下几个方面考虑：

1）为保持空气清洁或使温度符合职业卫生要求而安设的通风换气装置和采光、照明、空调设施。

2）为消除粉尘危害和有毒物质而设置的除尘设备及消毒设施。

3）防治辐射、热危害的装置及隔热、防暑、降温设施。

4）为改善劳动条件而铺设的各种垫板。

5）为职业卫生而设置的原材料和加工材料消毒的设施。

6）为减轻或消除工作中噪声及振动而设置的设施。

7）为消除有限空间空气含氧量不达标或有毒有害气体超标而设置的设施。

8）为消除土地扬尘对环境影响而设置的空中喷雾、地面洒水、地表覆盖的设施。

9）夜间施工为防止工地照明对周边造成光污染的设施。

（3）策划本项目生产性辅助设施：

可以从以下几个方面考虑：

1）专为职工工作用的饮水设施。

2）为从事高温作业或接触粉尘、有害化学物质或毒物作业人员专用的淋浴设备。

3）更衣室或存衣箱，工作服洗涤、干燥、消毒设备。

4）男女卫生间。

5）食物的加热设备。

6）为从事高温作业等工种工人修建的倒班休息室。

7）设置供作业人员吸烟的定点吸烟设施。

（4）建立本项目部的职业健康安全设施清单。

（5）对本项目部的职业健康安全设施进行落实并实施安全验收，确定完好、安全、有效后方可投入使用。

（6）在专项安全检查和日常安全巡查中对本项目部的职业安全设施进行检查，发现缺损立即加以补充与维护。

（7）随着国家、行业对职业健康安全方面的要求的提高，同步加以改进与完善。

（二）职业健康安全体系与安全管理体系的融合

（1）在安全管理体系文件中加入职业健康安全培训的内容与要求。

根据本项目部员工现有职业健康安全意识和能力水平与其所处的层次和职能的需要之间的差距，确定各类人员的培训内容。主要包括以下方面：

1）职业健康安全意识。

2）职业健康安全方针与目标。

3）职业健康安全法规和其他要求。

4）职业健康安全知识和技能。

5）本项目的职业健康安全风险和各层次、各岗位的职业健康安全职责。

6）重要岗位或对安全生产重大影响岗位的特殊要求。

7）特种作业人员所需的特定内部或外部培训要求。

8）应急准备和响应方面的作用和职责。

9）新员工、转岗员工，分包（含劳务分包）方人员的必要培训。

（2）建立项目部职业健康安全文件，并对各类资料进行控制。

（3）在项目部安全管理体系应急预案中加入职业健康安全管理的内容与要求，预防和减少可能随之引发的疾病和伤害。

（4）在项目部安全管理体系的审核和管理评审中加入职业健康安全内容。

（三）职业健康检查规范的执行

为保护劳动者健康权益，项目部应定期将本项目部有关员工送往职业健康检查机构进行职业健康检查。

（1）由本公司与有资质的职业健康检查机构签订委托协议书，并统一组织劳动者进行职业健康检查。

（2）由职业健康检查机构依据相关规范，结合本公司市政公用工程施工企业的特点，明确应当检查的项目和周期。

（3）公司应如实提供职业健康检查所需相关资料，并承担检查费用。

（4）项目部应妥善安排时间让有关员工按公司的检查计划去职业健康检查机构接受相关检查。

（5）公司应建立员工职业健康检查档案，并妥善保存。

三、疫情防控安全管理方案的实施

一旦工程所在地发生疫情，项目部应当认真学习并了解传染源的名称、传播和感染的方式、所在地政府卫生防疫部门和上级公司的具体要求，针对本工程可能造成的危害和影响，制定相应的安全管理方案和措施。下面以新冠肺炎疫情防控管理方案为例进行介绍：

（一）配置新冠肺炎疫情防控安全设施

一旦市政工程项目所在地发生疫情，项目部应按照工程所在地的卫生防疫部门和上级公司的有关要求，根据项目部的具体情况配置对应的安全设施。

（1）项目部应当按照市政工地人员数量设置符合要求的临时隔离区域，房间数量可按照不低于每 50 人 1 间的比例标准设置，且不得少于 2 间，并设置独立卫生间等设施。

（2）临时隔离区应当符合工程所在地防疫要求，确保不会对作业区、办公区和生活区产生影响。

（3）确因场地条件无法安排临时隔离区域的，项目部应积极会同建设单位共同落实市政工地外的隔离用房。

（二）加强市政工程工地现场防疫管理

（1）市政工地门口、施工作业区、办公区、生活区、卫生间及废物处理场地、公共空间（通道、室外场地）、临时隔离区等施行分区划片管理。尽可能划小片区单元管理，做好各片区物理隔断。加强施工作业区、办公区的室内、公共区域、地下空间等的预防性消杀，注重集中生活区、临时隔离区的防疫管理，增加公共卫生间和浴室消杀频次。

（2）隔离区应当配置专职工作人员管理，采用不接触配餐方式由防护到位的专人负责定点为临时隔离人员配送三餐和饮用水。

（3）加强施工作业区的安全生产管理，可落实分组管理、分时作业、分区活动措施。实施作业网格化，划分施工现场作业区域，优化施工组织计划，明确每日每班组每作业区域的工作内容。施工现场不同班组之间做到无接触换班。

（4）加强生活区的食宿管理，可做好日常生活管理。人员住宿应当按照同办公室、同作业区、同班组等安排宿舍居住，最大限度减少不同宿舍的人员集聚及流动。采取外订餐方式的，应当由餐饮企业配送员配送至市政工地门口，再由市政工地安排统一配送至宿舍用餐。

（5）加强市政工地现场会议管理，尽量采用视频、电话等线上方式，必须集中召开的会议，参会人员做好个人防护，严格控制会议频次、时间、规模。

（三）加强市政工地现场人员防疫管理

（1）市政工地所有人员实行实名制健康管理，做到“一人一档”。从居住地正常返岗人员，进场前居住所在楼栋 7d 内应无阳性病例，且 7d 内不属于密接人员。进场当日须持有48h核酸阴性证明和健康码绿码，现场抗原检测须为阴性。抗原检测阴性的人员设置2d静默观察期，落实独立住宿卫生条件，每日做好抗原检测，48h开展1次核酸检测。返岗人员在静默期内核酸、抗原检测无异常情况方可进入市政工地。

（2）因方舱医院（或临时隔离用房）项目建设回流的务工人员及方舱“三保”人员，其撤离安置、健康管理等按照当地有关要求执行。核酸阳性出舱人员返岗要求参照上述规定执行。

（3）因工作需要在市政工地间流动的人员，严格实施流出市政工地和流入市政工地“点对点”管理。上述流动人员由流入市政工地项目部通过工地实名制登记系统办理转入手续，流出市政工地应当做好离场人员的核酸检测，检测结果为阴性即可离场。进场后设置2d静默观察期，落实独立住宿卫生条件，每日做好抗原检测，48h开展1次核酸检测。静默期内核酸、抗原检测无异常情况方可进入市政工地。

（4）市政工地实行封闭管理，原则上不进不出。各类人员应当做到不聚集、不扎堆、不聚餐，减少前往封闭、空气不流通的公共场所和人员密集场所。施工作业区与集中生活区分处两地的，落实“两点一线”管理。

（5）临时到访人员必须持48h内核酸阴性证明和健康码绿码，待现场抗原检测阴性后进场，按照事项（职责）在固定路线和工作区域开展工作，市政工地应当由专人接待。施工现场餐厨人员、后勤服务人员、保安保洁人员、物资采购等外勤人员应当相对集中居住并与作业生产人员分开，降低交叉感染风险。

（6）做好每日健康监测和登记。准确登记现场全部人员的健康情况。市政工地出入口及施工现场、生活区出入口等部署场所码或数字哨兵，必须落实专岗专人，实现24h不间断值守并负责进入人员体温检测及健康码、行程码等信息核对。坚持全体人员每日抗原检测，并严格执行属地街镇核酸检测安排。项目部应当组织做好市政工地核酸检测工作，指定专人每日汇总人员健康排查情况，于每日上午12点前将市政工地全部人员健康情况上报项目（法人）单位、行业主管部门。一旦出现核酸或者抗原检测异常，应当第一时间切断传播源，并按相关规定处置。

（四）加强物流管理和生活防疫物资储备

（1）各类物资要完成防疫消杀后方可进入市政工地，并设置专用路线和固定场所。各类物资进场后实行无接触配送管理，安排固定人员做好接收、装卸、贮存、拆封、消杀等工作，在配送完毕后人员应当尽快离场。

（2）市政工地应当做好疫情防控物资储备，安排专人负责落实，应当实时精准掌握建筑工地人员物资需求，及时采购生活物资和防疫物资。其中抗原检测试剂、体温检测仪、消毒液、防护口罩、免洗洗手液、防护服、防护眼镜、一次性医用手套等防疫物资做到“储备充足、随用随调”。

（3）加强市政工地生活垃圾、污染口罩、防护服等垃圾的集中管理、分类存放、定时消毒、清运处理。对核酸或者抗原检测异常人员、密接人员等在隔离转运前的垃圾由属地区政府（或功能区管委会）按照医疗废物处置要求安全处理，其他垃圾按生活垃圾处理。

（五）做好应急和安全处置预案

（1）项目部应当会同参建单位建立疫情应急处置机制，制定疫情应急处置方案，日常加强应急演练，确保市政工地人员熟悉疫情防控应急各项措施流程。要统筹抓好市政工地疫情防控和安全生产，对深基坑、高处作业、起重机械、操作平台、临时用电等进行检查、维保和调试，确保满足建筑工地安全生产条件。

（2）市政工地人员核酸或者抗原检测异常时，应当第一时间向属地政府（或功能区管委会）疫情防控部门、行业主管部门、行业工程安全质量监督机构报告，将相关人员立即安排至单人单间临时隔离安置，最大限度控制扩散和外溢。积极配合做好流行病学调查、医学观察、密接排查，对现场进行全面消杀，并对密接人员采取相应的临时隔离措施。建立核酸检测阳性人员属地联络转运机制和通道，按照“逢阳必转、日报日清”原则完成核酸检测阳性人员转运，核酸检测阳性人员及密接人员应当在24h内完成转运隔离。

（3）市政工地出现核酸检测阳性情况，在保证市政工地安全生产的情况下有序停工，按照属地疫情防控要求进入静默管理。在核酸检测阳性人员及密接人员完成转运后的7d内进行全员健康观察，健康观察期无异常的，经属地疫情防控部门现场核查后方可重新申请复工。市政工地出现流调密接、次密接等突发事件时，涉疫人员所在班组及交叉作业区相关人员立即隔离并暂停作业，经项目部研判并经属地疫情防控部门同意后，其他班组可以继续施工。

2K320172 环境管理体系的要求

一、基本要求

（1）市政公用施工企业应建立并保持环境管理体系，项目部是企业在生产经营活动第一线的施工实体，应严格贯彻执行本企业的环境管理方针，保证企业环境管理总目标和改进环境安全绩效的承诺得到实现。

（2）项目部应按照本企业环境管理体系的要求，针对本工程施工的特点，通过策划制定本项目的环境管理模式并付诸实施；通过全过程的检查和纠正措施，分阶段开展管理评审，达到持续改进的目的。

（3）项目部的环境管理应严格贯彻执行本企业环境方针，并应符合以下要求：

1）符合项目部对本工程环境管理愿景和期望达到的绩效。

2）与项目部的其他管理（如质量、安全、职业健康安全、文明施工）相协调。

3）满足国家、行业、工程所在的社区、企业、街道等相关方的要求。

4）当地或区域的特定条件。

5）污染预防和持续改进的承诺。

6）遵守与环境因素有关的适用法律、法规和其他要求。

（4）组织对本工程环境因素进行识别，判别其影响程度，并针对本工程施工的全过程展开评估。可以从以下方面进行考虑：

1）向空气的排放——扬尘、噪声、光、废（毒）气污染。

2）向水体的排放——泥浆、废水、废油等污染。

3）向土壤的排放——建筑垃圾、废水、废油等污染。

4）施工现场原本存在的受污染的土壤和地下水。

5）对地方或社区的环境问题的互相影响。

在识别与评估的基础上确定本工程重要环境因素并进行评价。建立本项目环境目标，目标要符合企业环境方针并不得低于本企业环境目标。

（5）制定并保持本项目环境管理方案。管理方案中的具体措施可与文明施工专项措施紧密结合。

二、环境管理方案的实施

（1）识别本工程施工全过程各个阶段对本工程与周边环境可能造成的危害与影响因素。

（2）列出对环境有影响的施工过程和废弃物，诸如施工过程中施工机械与车辆所产生的噪声、扬尘、废气、废水（浆）、建筑垃圾等种类与大致数量清单。

（3）推广绿色施工，项目部应从以下几方面开展工作：

1）应组织编制本项目现场建筑垃圾减量化专项方案，明确建筑垃圾减量化目标和项目部领导班子与各岗位的职责分工，提出源头减量，分类管理，就地处置，排放控制的具体措施。

2）应结合工程加工、运输、安装方案和施工工艺等要求，细化节点构造和具体做法。优化施工组织设计，合理确定施工工序，推行数字化加工和信息化管理。实现精准下料精细管理，降低建筑材料损耗率。

3）应严格按设计要求控制进场材料和设备的质量。严把施工质量关，强化各工序质量管理，减少因质量问题导致的返工或修补，加强对已完工工程的成品保护，避免二次损坏。

4）提高临时设施和周转材料的重复利用率。施工现场办公用房、宿舍、围挡、大门、工具棚、安全防护栏杆等尽可能采用重复利用率高的标准化设施。诸如：采用工具式脚手架和模板支撑体系，应用铝模板，金属防护网，通道板，拼装式道路板等周转材料。

5）应充分考虑施工用消防立管、消防水池、照明线路、道路、围挡等与永久性设施的结合利用，减少因拆除临时设施产生的建筑垃圾。

6）应建立建筑垃圾分类收集与存放管理制度，实行分类收集、分类存放、分类处置。严禁将危险废物和生活垃圾混入建筑垃圾。

7）应充分利用混凝土、钢筋、模板、废沥青混凝土、珍珠岩保温材料等余料，在满足质量需求的前提下，实行循环利用。

8）应实时统计并监控建筑垃圾产生量，及时采取针对性措施降低建筑垃圾排放量，可以采用现场泥沙分离，泥浆脱水预处理等工艺，减少工程渣土和泥浆排放量。

9）应尽可能采用有利于环境综合保护的施工新技术和新工艺。大幅度减少因工程施工产生的噪声、弃土、废水等对周边道路、空气、绿化、居民等环境的影响（例如，采用非开挖管线施工技术代替开槽埋管，可以大幅度削减因破碎旧路面导致的噪声，减少大量开挖产生的弃土、扬尘，减少因排管需要而产生的绿植移栽和复原工作等）。

（4）在专项安全检查与日常安全巡查中对防止（或减少）环境污染的各类设施和措施进行针对性检查，发现问题立即加以整改。

（5）随着国家、行业、社区对环境保护的标准和要求的提高，同步加以改进与完善。

（6）在安全管理体系文件中加入环境管理培训的内容与要求。

根据项目部员工现有环境管理意识和能力水平与其所处的层次和职能的需要之间的差距，确定各类人员的培训内容。主要包括以下方面：

1）环境管理意识。

2）环境管理方针与目标。

3）环境管理法规和其他要求。

4）环境管理知识和技能。

5）本项目的环境管理风险和各层次、各岗位的环境管理职责。

6）重要岗位或对环境管理重大影响岗位的特殊要求。

7）应急准备和响应方面的作用与职责。

8）新员工、转岗员工，分包（含劳务分包）方人员的必要培训。

（7）建立项目部环境管理文件，并对各类资料进行控制。

（8）在项目部安全管理体系应急预案中加入环境管理内容与要求，预防和减少可能随之引发的环境污染与伤害。

（9）在项目部安全管理体系的审核和管理评审中加入环境管理内容。

2K320180 市政公用工程竣工验收备案

2K320181 工程竣工验收要求

本条介绍了市政公用工程施工质量验收程序与依据，以及竣工验收要求。

一、施工质量验收规定

（一）施工质量验收程序

（1）检验批及分项工程应由专业监理工程师组织施工单位项目专业质量（技术）负责人等进行验收。

（2）分部（子分部）工程应由总监理工程师组织施工单位项目负责人和项目技术、质量负责人等进行验收。

对于涉及重要部位的地基与基础、主体结构、主要设备等分部（子分部）工程，其勘察、设计单位工程项目负责人也应参加验收。

（3）单位工程完工后，施工单位应组织有关人员进行自检，总监理工程师应组织各专业监理工程师对工程质量进行竣工预验收，对存在的问题应由施工单位及时整改。整改完毕后，由施工单位向建设单位提交工程竣工报告，申请工程竣工验收。

（4）单位工程中的分包工程完工后，分包单位应对所承包的工程项目进行自检，并应按标准规定的程序进行验收。验收时，总包单位应派人参加。分包单位应将所分包工程的质量控制资料整理完整后，移交总包单位并应由总包单位统一归入工程竣工档案。

（5）建设单位收到工程竣工报告后，应由建设单位（项目）负责人组织施工（含分包单位）、设计、勘察、监理等单位（项目）负责人进行单位工程验收。

（二）施工质量验收基本规定

（1）检验批的质量应按主控项目和一般项目验收。

（2）工程质量的验收均应在施工单位自行检查、评定合格的基础上进行。

（3）隐蔽工程在隐蔽前应由施工单位通知监理单位进行验收并应形成验收文件，验收合格后方可继续施工。

（4）参加工程施工质量验收的各方人员应具备规定的资格。单位工程的验收人员应具备工程建设相关专业中级以上技术职称并具有5年以上从事工程建设相关专业的工作经历，参加单位工程验收的签字人员应为各方项目负责人。

（5）涉及结构安全和使用功能的试块、试件以及有关材料，应按规定进行见证取样检测。对涉及结构安全、使用功能、节能、环境保护等重要分部工程，应进行抽样检测。

（6）承担见证取样检测及有关结构安全、使用功能等项目的检测单位应具备相应资质。

（7）工程的观感质量应由验收人员现场检查，并应共同确认。

二、质量验收合格的依据与退步验收规定

（一）质量验收合格的依据

1. 检验批

（1）主控项目的质量经抽样检验合格。

（2）一般项目中的实测（允许偏差）项目抽样检验的合格率应达到80%，且超差点的最大偏差值应在允许偏差值的1.5倍范围内。

（3）主要工程材料的进场验收和复验合格，试块、试件检验合格。

（4）主要工程材料的质量保证资料以及相关试验检测资料齐全、正确；具有完整的施工操作依据和质量检查记录。

2. 分项工程

（1）分项工程所含的验收批质量验收全部合格。

（2）分项工程所含的验收批的质量验收记录应完整、正确；有关质量保证资料和试验检测资料应齐全、正确。

3. 分部（子分部）工程

（1）分部（子分部）工程所含分项工程的质量验收全部合格。

（2）质量控制资料应完整。

（3）分部（子分部）工程中，地基基础处理、桩基基础检测、梁板混凝土强度、混凝土抗渗抗冻、预应力混凝土、回填压实等的检验和抽样检测结果应符合设计要求及相关专业质量验收规范规定。

（4）外观质量验收应符合要求。

4. 单位（子单位）工程

（1）单位（子单位）工程所含分部（子分部）工程的质量验收全部合格。

（2）质量控制资料应完整。

（3）单位（子单位）工程所含分部（子分部）工程有关安全及使用功能的检测资料应完整。

（4）主体结构试验检测、抽查结果以及使用功能试验应符合相关规范规定。

（5）外观质量验收应符合要求。

（二）质量验收不合格的处理（退步验收）规定：

（1）经返工返修或经更换材料、构件、设备等的检验批，应重新进行验收。

（2）经有相应资质的检测单位检测鉴定能够达到设计要求的检验批，应予以验收。

（3）经有相应资质的检测单位检测鉴定达不到设计要求，但经原设计单位核算认可能够满足结构安全和使用功能要求的检验批，可予以验收。

（4）经返修或加固处理的分项工程、分部（子分部）工程，虽然改变外形尺寸但仍能满足结构安全和使用功能要求，可按技术处理方案文件和协商文件进行验收。

（5）通过返修或加固处理仍不能满足结构安全或使用功能要求的分部（子分部）工程、

单位（子单位）工程，严禁验收。

三、竣工验收

（一）竣工验收规定

（1）单项工程验收。是指在一个总体建设项目中，一个单项工程已按设计要求建设完成，能满足生产要求或具备使用条件，且施工单位已自验合格，监理工程师已初验通过，在此条件下进行的正式验收。

（2）全部验收。是指整个建设项目已按设计要求全部建设完成，并符合竣工验收标准，施工单位自验通过，总监理工程师预验认可，由建设单位组织，有设计、监理、施工等单位参加的正式验收。在整个项目进行全部验收时，对已验收过的单项工程可以不再进行正式验收和办理验收手续，但应将单项工程验收单作为全部工程验收的附件而加以说明。

（3）办理竣工验收签证书，竣工验收签证书必须有建设单位、监理单位、设计单位及施工单位的签字方可生效。

（二）工程竣工报告

（1）由施工单位编制，在工程完工后提交建设单位。

（2）在施工单位自行检查验收合格基础上，申请竣工验收。

（3）工程竣工报告应包含的主要内容：

1）工程概况。

2）施工组织设计文件。

3）工程施工质量检查结果。

4）符合法律法规及工程建设强制性标准情况。

5）工程施工履行设计文件情况。

6）工程合同履约情况。

2K320182　工程档案编制要求

本条简要叙述工程档案编制的有关要求。

一、工程资料管理的有关规定

（一）基本规定

（1）工程资料的形成应符合国家相关法律、法规、工程质量验收标准和规范、工程合同规定及设计文件要求。

（2）工程资料应为原件，应随工程进度同步收集、整理并按规定移交。

（3）工程资料应实行分级管理，分别由建设、监理、施工单位主管负责人组织本单位工程资料的全过程管理工作。

（4）工程资料应真实、准确、齐全，与工程实际相符合。对工程资料进行涂改、伪造、随意抽撤或损毁、丢失等，应按有关规定予以处理；情节严重者，应依法追究责任。

（二）分类与主要内容

（1）基建文件：决策立项文件，建设规划用地、征地、拆迁文件，勘察、测绘、设计文件，工程招标投标及承包合同文件，开工文件、商务文件，工程竣工备案文件等。

（2）监理资料：监理管理资料、施工监理资料、竣工验收监理资料等。

（3）施工资料：施工管理资料、施工技术文件、物资资料、测量监测资料、施工记录、验收资料、质量评定资料等。

（4）竣工图。

（5）竣工验收文件：工程竣工总结，竣工验收记录，相关财务文件，声像、缩微胶片、电子档案。

二、施工资料管理

（一）基本规定

（1）施工合同中应对施工资料的编制要求和移交期限作出明确规定；施工资料应有建设单位签署的意见或监理单位对认证项目的认证记录。

（2）施工资料应由施工单位编制，按相关规范规定进行编制和保存；其中部分资料应移交建设单位、城建档案馆分别保存。

（3）总承包工程项目，由总承包单位负责汇集，并整理所有有关施工资料；分包单位应主动向总承包单位移交有关施工资料。

（4）施工资料应随施工进度及时整理，所需表格应按有关法规的规定认真填写。

（5）施工资料，特别是需注册建造师签章的，应严格按有关法规规定签字、盖章。

（二）提交企业保管的施工资料

（1）企业保管的施工资料应包括：施工管理资料、施工技术文件、物资资料、测量监测资料、施工记录、验收资料、质量评定资料等全部内容。

（2）企业保管的施工资料主要用于企业内部参考，以便总结工程实践经验，不断提升企业经营管理水平。

（三）移交建设单位保管的施工资料

（1）竣工图表。

（2）施工图纸会审记录、设计变更和技术核定单。开工前施工项目部对工程的施工图、设计资料进行会审后并按单位工程填写会审记录；设计单位按施工程序或需要进行设计交底的交底记录；项目部在施工前进行施工技术交底，并留有双方签字的交底文字记录。

（3）材料、构件的质量合格证明。原材料、成品、半成品、构配件、设备出厂质量合格证；出厂检（试）验报告及进场复试报告。

（4）隐蔽工程检查验收记录。

（5）工程质量检查评定和质量事故处理记录，工程测量复检及预验记录、工程质量检验评定资料、功能性试验记录等。

（6）主体结构和重要部位的试件、试块、材料试验、检查记录。

（7）永久性水准点的位置、构造物在施工过程中测量定位记录，有关试验观测记录。

（8）其他有关该项工程的技术决定；设计变更通知单、洽商记录。

（9）工程竣工验收报告与验收证书。

三、工程档案编制与管理

（一）资料编制要求

（1）工程资料应采用耐久性强的书写材料。

（2）工程资料应字迹清楚，图样清晰，图表整洁，签字盖章手续完备。

（3）工程资料中文字材料幅面尺寸规格宜为 A4 幅面（297mm×210mm）。图纸宜采用国家标准图幅。

（4）工程资料的纸张应采用能够长期保存的韧力大、耐久性强的纸张。图纸一般采用蓝晒图，竣工图应是新蓝图。计算机出图必须清晰，不得使用计算机出图的复印件。

（5）所有竣工图均应加盖竣工图章，竣工图章尺寸应为：50mm×80mm。

（6）利用施工图改绘竣工图，必须标明变更修改依据；凡施工图结构、工艺、平面布置等有重大改变，或变更部分超过图面 1/3 的，应当重新绘制竣工图。

（7）不同幅面的工程图纸应按《技术制图 复制图的折叠方法》GB/T 10609.3—2009 统一折叠成 A4 幅面，图标栏露在外面。

（二）资料整理要求

（1）资料排列顺序一般为：封面、目录、文件资料和备考表。

（2）封面应包括：工程名称、开竣工日期、编制单位、卷册编号、单位技术负责人和法人代表或法人委托人签字并加盖公章。

（3）目录应准确、清晰。

（4）文件资料应按相关规范的规定顺序编排。

（5）备考表应按序排列，便于查找。

（三）项目部的施工资料管理

（1）项目部应设专人负责施工资料管理工作。实行主管负责人责任制，建立施工资料员岗位责任制。

（2）在对施工资料全面收集基础上，进行系统管理、科学地分类和有秩序地排列。分类应符合技术档案本身的自然形成规律。

（3）工程施工资料一般按工程项目分类，使同一项工程的资料都集中在一起，这样能够反映该项目工程的全貌。而每一类下，又可按专业分为若干类。施工资料的目录编制，应通过一定形式，按照一定要求，总结整理成果，揭示资料的内容和它们之间的联系，便于检索。

2K320183 工程竣工备案的有关规定

本条介绍市政公用工程竣工备案的有关规定。

一、竣工验收备案基本规定

（一）竣工验收备案的依据

（1）《房屋建筑和市政基础设施工程竣工验收备案管理办法》（中华人民共和国住房和城乡建设部令第 2 号）于 2009 年 10 月 19 日颁布执行。

（2）《房屋建筑和市政基础设施工程竣工验收规定》（建质〔2013〕171 号）于 2013 年 12 月 2 日颁布执行。

（3）《建设工程质量管理条例》（国务院令第 279 号）于 2000 年 1 月 30 日发布起施行，2019 年 4 月 23 日第二次修订。

（二）竣工验收备案的程序

（1）经施工单位自检合格并且符合《房屋建筑和市政基础设施工程竣工验收规定》的要求方可进行竣工验收。

（2）由施工单位在工程完工后向建设单位提交工程竣工报告（详见 2K320181 条），申请竣工验收并经总监理工程师签署意见。

（3）对符合竣工验收要求的工程，建设单位负责组织勘察、设计、施工、监理等单位组成的专家组实施验收。

（4）建设单位必须在竣工验收 7 个工作日前将验收的时间、地点及验收组名单书面通知负责监督该工程的工程质量监督机构。

（5）建设单位应当自工程竣工验收合格之日起 15d 内，提交竣工验收报告，向工程所在地县级以上地方人民政府建设行政主管部门（备案机关）备案。

（6）备案机关收到建设单位报送的竣工验收备案文件，验证文件齐全后，应当在工程竣工验收备案表上签署文件收讫。工程竣工验收备案表一式两份：一份由建设单位保存；另一份留备案机关存档。

（7）工程质量监督机构，应在竣工验收之日起 5 个工作日内，向备案机关提交工程质量监督报告。

（8）列入城建档案馆档案接收范围的工程，城建档案管理机构按照建设工程竣工联合验收的规定对工程档案进行验收，验收合格后必须出具工程档案认可文件。

二、工程竣工验收报告

（一）工程竣工验收报告由建设单位提交

（二）报告主要内容

（1）工程概况。

（2）建设单位执行基本建设程序情况。

（3）对工程勘察、设计、施工、监理等单位的评价。

（4）工程竣工验收时间、程序、内容和组织形式。

（5）工程竣工验收鉴定书。

（6）竣工移交证书。

（7）工程质量保修书。

（8）工程质量评估报告。

（9）质量检查报告。

（10）工程竣工报告。

（11）施工许可证。

（12）施工图设计文件审查意见。

（13）验收组人员签署的工程竣工验收意见。

（14）法规、规章规定的其他有关文件。

三、竣工验收备案应提供资料

（一）基建文件

（1）规划许可证及附件、附图。

（2）审定设计批复文件。

（3）施工许可证或开工审批手续。

（4）质量监督注册登记表。

（二）质量报告

（1）勘察单位质量检查报告：勘察单位对勘察、施工过程中地基处理情况进行检查，提出质量检查报告并经项目勘察及有关负责人审核签字。

（2）设计单位质量检查报告：设计单位对设计文件和设计变更通知书进行检查，提出质量检查报告并经设计负责人及单位有关负责人审核签字。

（3）施工单位工程竣工报告。

（4）监理单位工程质量评估报告：由监理单位对工程施工质量进行评估，并经总监理工程师和有关负责人审核签字。

（三）认可文件

（1）城乡规划行政主管部门对工程是否符合规划设计要求进行检查，并出具认可文件。

（2）消防、环保、技术监督、人防等部门出具的认可文件或准许使用文件。

（3）城建档案管理部门出具的工程档案资料验收文件。

（四）质量验收资料

（1）单位工程质量验收记录。

（2）单位工程质量控制资料核查表。

（3）单位（子单位）工程安全和功能检查及主要功能抽查记录。

（4）市政公用工程应附有质量检测和功能性试验资料。

（5）工程使用的主要建筑材料、建筑构配件和设备的进场试验报告。

（五）其他文件

（1）施工单位签署的工程质量保修书。

（2）竣工移交证书。

（3）备案机关认可需要提供的有关资料。

2K320184　城市建设档案管理与报送的规定

本条介绍市政公用工程资料档案管理和报送的基本要求。

一、向城建档案馆报送工程档案的工程范围

（1）工业、民用建筑工程：含住宅小区内的市政公用管线等。

（2）市政公用基础设施工程：

1）城镇道桥隧工程：

城镇道路：含广场、停车场、地下人行过街道等。

城市桥梁：含人行天桥、高架桥、人行过街桥、涵洞等。

城市隧道：车行、人行等非轨道交通隧道。

2）城市地下管线工程：

给水管线：含生活给水、消防给水、工业给水、中水等管道、沟道。

排水管线：含雨水、污水、雨污合流、工业废水等管道、沟道。

燃气管线：含煤气、天然气、液化石油气等输配管道。

供热管线：含水热、汽热等管线。

3）轨道交通工程：

地铁车站、车辆段、停车场、控制中心和区间隧道等。

城市轻轨交通车站、车辆段、停车场、控制中心和区间等。

4）场（厂）站工程：

给水场站：含取水头部、水源井、净水厂、加压站等设施。

排水场站：含处理场站、排水泵站、出水口等设施。

燃气厂站：含气源厂、储配站、调压站、供应站等。

供热厂站：供热厂、供热站等。

垃圾处理站、垃圾填埋场等。

（3）园林建设、风景名胜建设工程。

（4）市容环境卫生设施建设工程。

（5）城市防洪、抗震、人防工程。

（6）军事工程档案资料中，除军事禁区和军事管理区以外的穿越市区的地下管线走向和有关隐蔽工程的位置图。

二、城市建设工程档案管理的有关规定

（一）有关规定

（1）城建档案管理机构应对工程文件的立卷归档工作进行指导和服务，并按规范的要求对建设单位移交的建设工程档案进行联合验收。

（2）当地城建档案管理机构负责接收、保管和使用城市建设工程档案的日常管理工作。

（二）城市建设档案的报送

《建设工程文件归档规范》GB/T 50328—2014（经中华人民共和国住房和城乡建设部公告 2019 年第 306 号修订）要求：

（1）列入城建档案管理机构接收范围的工程，建设单位在工程竣工验收备案前，必须向城建档案管理机构移交一套符合规定的工程档案。

（2）停建、缓建建设工程的档案，可暂由建设单位保管。

（3）对改建、扩建和维修工程，建设单位应组织设计、施工单位对改变部位据实编制新的工程档案，并应在工程竣工验收备案前向城建档案管理机构移交。

（4）当建设单位向城建档案管理机构移交工程档案时，应提交移交案卷目录，办理移交手续，双方签字、盖章后方可交接。

（三）城市建设工程档案组卷

（1）应分专业按单位工程，分为基建文件、施工文件、监理文件和竣工图分类组卷。

（2）场站房屋建设和内部设备安装，应按建筑安装工程的要求组卷。

（3）基建文件、监理文件、施工文件组卷时，应根据文件的内容、资料的分类、数量的多少组成一卷或多卷。

2K330000　市政公用工程项目施工相关法规与标准

2K330000
看本章精讲课
配套章节自测

2K331000　市政公用工程项目施工相关法律规定

2K331010　城市道路管理有关规定

2K331011　道路与其他市政公用设施建设应遵循的原则

（1）城市供水、排水、燃气、热力、供电、通信、消防等依附于城市道路的各种管线、杆线等设施的建设计划，应与城市道路发展规划和年度建设计划相协调，坚持“先地下、后地上”的施工原则，与城市道路同步建设。

（2）承担城镇道路设计、施工任务的单位，应当具有相应的资质等级，并按照资质等级承担相应的城镇道路设计、施工任务。

2K331012　占用或挖掘城市道路的管理规定

（1）因工程建设需要占用、挖掘道路，或者跨越、穿越道路架设、增设管线设施，应当事先征得道路主管部门的同意；影响交通安全的，还应当征得公安机关交通管理部门的同意。未经市政工程行政主管部门和公安交通管理部门批准，任何单位或者个人不得占用或者挖掘城镇道路。

大范围施工等情况，需要采取限制交通的措施，或者作出与公众的道路交通活动直接有关的决定，应当提前向社会公告。

（2）因特殊情况需要临时占用城镇道路的，须经市政工程行政主管部门和公安交通管理部门批准，方可按照规定占用。

经批准临时占用城市道路的，不得损坏城市道路；占用期满后，应当及时清理占用现场，恢复城市道路原状；损坏城市道路的，应当修复或者给予赔偿。

（3）因工程建设需要挖掘城镇道路的，应当持城镇规划部门批准签发的文件和有关设计文件，到市政工程行政主管部门和公安交通管理部门办理审批手续，方可按照规定挖掘。

（4）未按照批准的位置、面积、期限占用或者挖掘城镇道路或者需要移动位置、扩大面积、延长时间，未提前办理变更审批手续的，由市政工程行政主管部门或者其他有关部门责令限期改正，可处以 2 万元以下的罚款；造成损失的，应当依法承担赔偿责任。

（5）施工作业单位应当在经批准的路段和时间内施工作业，并在距离施工作业地点来车方向安全距离处设置明显的安全警示标志，采取防护措施；施工作业完毕，应当迅速清除道路上的障碍物，消除安全隐患，经道路主管部门和公安机关交通管理部门验收合格，符合通行要求后，方可恢复通行。

（6）对未中断交通的施工作业道路，应当由公安机关交通管理部门负责加强交通安全监督检查，维护道路交通秩序。

（7）未经批准，擅自挖掘道路、占用道路施工或者从事其他影响道路交通安全活动的，由道路主管部门责令停止违法行为，并恢复原状，可以依法给予罚款；致使通行的人员、车辆及其他财产遭受损失的，依法承担赔偿责任。

（8）道路施工作业或者道路出现损毁，未及时设置警示标志、未采取防护措施，或者应当设置交通信号灯、交通标志、交通标线而没有设置或者应当及时变更交通信号灯、交通标志、交通标线而没有及时变更，致使通行的人员、车辆及其他财产遭受损失的，负有相关职责的单位应当依法承担赔偿责任。

2K331020　城市绿化管理有关规定

2K331021　保护城市绿地的规定

（1）任何单位和个人都不得擅自改变城市绿化规划用地性质或者破坏绿化规划用地的地形、地貌、水体和植被。

（2）任何单位和个人都不得擅自占用城市绿化用地；占用的城市绿化用地，应当限期归还。因建设或者其他特殊需要临时占用城市绿化用地，须经城市人民政府城市绿化行政主管部门同意，并按照有关规定办理临时用地手续。

2K331022　保护城市的树木花草和绿化设施的规定

（1）任何单位和个人都不得损坏城市树木花草和绿化设施。

（2）砍伐城市树木，必须经城市人民政府城市绿化行政主管部门批准，并按照国家有关规定补植树木或者采取其他补救措施。

2K332000　市政公用工程项目施工相关标准

2K332010　城镇道路工程施工及质量验收的有关规定

2K332011　城镇道路工程施工过程技术管理的基本规定

（1）城镇道路施工中必须建立安全技术交底制度，并对作业人员进行相关的安全技术教育与培训。作业前主管施工技术人员必须向作业人员进行详尽的安全交底，并形成文件。

（2）城镇道路施工中，前一分项工程未经验收合格严禁进行后一分项工程施工。

（3）人机配合土方作业，必须设专人指挥。机械作业时，配合作业人员严禁处在机械作业和走行范围内。配合人员在机械走行范围内作业时，机械必须停止作业。

（4）沥青混合料面层不得在雨、雪天气及环境最高温度低于5℃时施工。

2K332012 城镇道路工程施工开放交通的规定

（1）热拌沥青混合料路面应待摊铺层自然降温至表面温度低于50℃后，方可开放交通。

（2）水泥混凝土路面抗弯拉强度应达到设计强度，并应在填缝完成后开放交通。

（3）当面层混凝土弯拉强度未达到1MPa或抗压强度未达到5MPa时，必须采取防止混凝土受冻的措施，严禁混凝土受冻。

（4）铺砌面层完成后，必须封闭交通并应湿润养护，当水泥砂浆达到设计强度后方可开放交通。

2K332020 城市桥梁工程施工及质量验收的有关规定

2K332021 城市桥梁工程施工过程质量控制的规定

根据《城市桥梁工程施工与质量验收规范》CJJ 2—2008第23.0.2条规定，施工中应按下列规定进行施工质量控制，并进行过程检验、验收：

（1）工程采用的主要材料、半成品、成品、构配件、器具和设备应按相关专业质量标准进行验收和按规定进行复验，并经监理工程师检查认可。凡涉及结构安全和使用功能的，监理工程师应按规定进行平行检测或见证取样检测并确认合格。

（2）各分项工程应按《城市桥梁工程施工与质量验收规范》CJJ 2—2008进行质量控制，各分项工程完成后应进行自检、交接检验，并形成文件，经监理工程师检查签认后，方可进行下一个分项工程施工。

2K332022 城市桥梁工程施工质量验收的规定

根据《城市桥梁工程施工与质量验收规范》CJJ 2—2008第23.0.3条规定，工程施工质量应按下列要求进行验收：

（1）工程施工质量应符合《城市桥梁工程施工与质量验收规范》CJJ 2—2008和相关专业验收规范的规定。

（2）工程施工应符合工程勘察、设计文件的要求。

（3）参加工程施工质量验收的各方人员应具备规定的资格。

（4）工程质量的验收均应在施工单位自行检查评定的基础上进行。

（5）隐蔽工程在隐蔽前，应由施工单位通知监理工程师和相关单位进行隐蔽验收，确认合格后，形成隐蔽验收文件。

（6）监理应按规定对涉及结构安全的试块、试件、有关材料和现场检测项目，进行平行检测、见证取样检测并确认合格。

（7）检验批的质量应按主控项目和一般项目进行验收。

（8）对涉及结构安全和使用功能的分部工程应进行抽样检测。

（9）承担见证取样检测及有关结构安全检测的单位应具有相应的资质。

（10）工程的外观质量应由验收人员通过现场检查共同确认。

2K332030 地下铁道工程施工及质量验收的有关规定

2K332031 喷锚暗挖法隧道施工的规定

采用喷锚暗挖法施工隧道应密切注意：隧道喷锚暗挖施工应充分利用围岩自承作用，开挖后及时施工初期支护结构并适时闭合，当开挖面围岩稳定时间不能满足初期支护结构施工时，应采取预加固措施。

工程开工前，应核对地质资料，调查沿线地下管线、各构筑物及地面建筑物基础等，并制定保护措施。

隧道开挖面必须保持在无水条件下施工。采用降水施工时，应按有关规定执行。

隧道采用钻爆法施工时，必须事先编制爆破方案，报城市主管部门批准，并经公安部门同意后方可实施。

隧道施工中，应对地面、地层和支护结构的动态进行监测，并及时反馈信息。

2K332032 地下铁道工程施工质量验收的规定

根据《地下铁道工程施工质量验收标准》GB/T 50299—2018 的规定，地下铁道工程质量验收应注意：

（1）采用明挖法施工结构的质量验收应包括基坑围护、地基处理、结构部分。

（2）采用盖挖法施工的结构应包括围护结构、铺盖体系、地基处理、主体结构和内部结构部分。

（3）采用矿山法修建的结构质量验收应包括地层超前支护及加固、土石方工程、初支结构、钢筋混凝土主体结构工程、附属结构工程部分。

（4）降水工程的降水井验收应符合下列规定：

1）所用材料已完成进场检验，规格、型号应符合设计文件要求。

2）井的深度、井径、管井沉砂厚度应符合设计文件要求。

3）轻型井点降水工程的抽水系统不应漏水、漏气。

4）井的出水量应符合设计文件或地下水位降低的要求。

5）降水井的平面位置和数量应符合设计文件要求。

（5）集水明排工程应检查排水沟的断面、坡度以及集水坑（井）数量。

（6）地下防水工程应按设计文件要求确定的防水等级进行验收，并应符合下列规定：

1）地下车站、区间机电设备集中区段的防水等级应为一级，不应有渗漏，结构表面应无湿渍。

2）区间隧道及连接通道附属的结构防水等级应为二级，顶部不应有滴漏，其他部位不应有漏水，结构表面可有少量湿渍。

（7）采用明挖法、矿山法和盖挖法施工的结构或隧道，防水层施工、验收完成前，应保持地下水位稳定在施工作业面以下 0.5m。

2K332040　给水排水构筑物工程施工及质量验收的有关规定

2K332041　给水排水构筑物工程所用材料、产品的规定

根据《给水排水构筑物工程施工及验收规范》GB 50141—2008 第 1.0.3 条的规定，给水排水构筑物工程所用的原材料、半成品、成品等产品的品种、规格、性能必须满足设计要求，其质量必须符合国家有关标准的规定；接触饮用水的产品必须符合有关卫生性能要求。严禁使用国家明令淘汰、禁用的产品。

2K332042　水池气密性试验的要求

根据《给水排水构筑物工程施工及验收规范》GB 50141—2008 第 9.3.1 条规定，水池气密性试验应符合下列要求：

（1）需进行满水试验和气密性试验的池体，应在满水试验合格后，再进行气密性试验。

（2）工艺测温孔的加堵封闭、池顶盖板的封闭、安装测温仪、测压仪及充气截门等均已完成。

（3）所需的空气压缩机等设备已准备就绪。

根据该规范第 9.3.5 条规定，水池气密性试验合格标准：

（1）试验压力宜为池体工作压力的 1.5 倍。

（2）24h 的气压降不超过试验压力的 20%。

2K332050　给水排水管道工程施工及质量验收的有关规定

2K332051　给水排水管道工程施工质量控制的规定

根据《给水排水管道工程施工及验收规范》GB 50268—2008 第 3.1.15 条，给水排水管道工程施工质量控制应符合下列规定：

（1）各分项工程应按照施工技术标准进行质量控制，每分项工程完成后，必须进行检验。

（2）相关各分项工程之间，必须进行交接检验，所有隐蔽分项工程必须进行隐蔽验收，未经检验或验收不合格不得进行下道分项工程。

2K332052　给水排水管道沟槽回填的要求

根据《给水排水管道工程施工及验收规范》GB 50268—2008 第 4.5.1 条规定，沟槽回填管道应符合以下要求：

（1）压力管道水压试验前，除接口外，管道两侧及管顶以上回填高度不应小于 0.5m；水压试验合格后，应及时回填沟槽的其余部分。

（2）无压管道在闭水或闭气试验合格后应及时回填。

2K332053　给水排水管道内外防腐蚀技术要求

管体的内外防腐层宜在工厂内完成，现场连接的补口按设计要求处理。

水泥砂浆内防腐层可采用机械喷涂、人工抹压、拖筒或离心预制法施工。

工厂预制时，在运输、安装、回填土过程中，不得损坏水泥砂浆内防腐层。

管道端点或施工中断时，应预留搭茬。

水泥砂浆抗压强度应符合设计要求，且不低于30MPa。

采用人工抹压法施工时，应分层抹压。

水泥砂浆内防腐层成形后，应立即将管道封堵，终凝后进行潮湿养护；普通硅酸盐水泥砂浆养护时间不应少于7d，矿渣硅酸盐水泥砂浆不应少于14d；通水前应继续封堵，保持湿润。

2K332060 城镇供热管网工程施工及质量验收的有关规定

2K332061 供热管道焊接施工单位应具备的条件

根据《城镇供热管网工程施工及验收规范》CJJ 28—2014第5.7.4条和第5.7.5条规定，焊接施工单位应符合下列规定：

（1）有负责焊接工艺的焊接技术人员、检查人员和检验人员。

（2）有符合焊接工艺要求的焊接设备且性能稳定可靠。

（3）有保证焊接工程质量达到标准的措施。

（4）焊工应持有效合格证，并应在合格证准予的范围内焊接。施工单位应对焊工进行资格审查，并按规范规定填写焊工资格备案表。

2K332062 直埋保温接头的规定

根据《供热工程项目规范》GB 55010—2021第4.1.16条和《城镇供热管网工程施工及验收规范》CJJ 28—2014第5.4.9条、第5.4.10条、第5.4.14条、第5.4.16条、第5.4.17条规定，直埋保温管接头的保温和密封应符合下列规定：

（1）现场保温接头使用的原材料在存放过程中应根据材料特性采取保护措施。

（2）接头保温的结构、保温材料的材质和厚度应与预制直埋管相同。

（3）接头保温的工艺应有合格的检验报告。

（4）接头保温施工应在工作管强度试验合格、沟内无积水、非雨天的条件下进行，当雨、雪天施工时应采取保护措施。

（5）当管段被水浸泡时，应清除被浸湿的保温材料后方可进行接头保温。

（6）接头处的钢管表面应干净、干燥。

（7）有监测系统的预制保温管，监测系统应与管道安装同时进行；在安装接头处的信号线前，应清除保温管两端潮湿的保温材料；接头处的信号线应在连接完毕并检测合格后进行接头保温。

（8）接头外护层安装完成后，应对外护层进行气密性检验并应合格；气密性检验应在接头外护管冷却到40℃以下进行；气密性检验的压力应为0.02MPa，保压时间不应少于2min，压力稳定后应采用涂上肥皂水的方法检查，无气泡为合格。

（9）应采用发泡机发泡，发泡后应及时密封发泡孔。

（10）接头的保温层应与相接的保温层衔接紧密，不得有缝隙。

（11）接头外观不应出现过烧、鼓包、翘边、褶皱或层间脱离等缺陷。

（12）管道在穿套管前应完成接头保温施工，在穿越套管时不得损坏直埋热水管的保温层及外护管。

2K332070 城镇燃气输配工程施工及质量验收的有关规定

2K332071 钢管焊接人员应具备的条件

根据《特种设备焊接操作人员考核细则》TSG Z6002—2010第三条和第二十九条规定，焊接人员应具备下列条件：

承担燃气钢质管道、设备焊接的人员，应持有《特种设备作业人员证》，且在证书的有效期及合格范围内从事焊接工作。间断焊接作业超过6个月，再次上岗前应复审抽考。年龄超过55岁的焊工，需要继续从事燃气钢质管道、设备焊接作业，根据情况由发证机关决定是否需要进行考试。

2K332072 聚乙烯燃气管道连接的要求

根据《燃气工程项目规范》GB 55009—2021第5.1.23条和《聚乙烯燃气管道工程技术标准》CJJ 63—2018第5.1.2条规定，聚乙烯管材与管件、阀门的连接应采用热熔对接或电熔连接方式，不得采用螺纹连接或粘接，不得采用明火加热连接；聚乙烯管材与金属管道或金属附件连接时，应采用钢塑转换管件连接或法兰连接，当采用法兰连接时，宜设置检查井；聚乙烯管材、管件和阀门的连接在下列情况下应采用电熔连接：

（1）不同级别（PE80与PE100）。

（2）熔体质量流动速率差值大于等于0.5g/（10min）（190℃，5kg）。

（3）焊接端部标准尺寸比（*SDR*值）不同。

（4）公称外径小于90mm或壁厚小于6mm。

2K332080 工程测量及监控量测的有关规定

2K332081 工程测量主要技术的有关规定

《工程测量标准》GB 50026—2020第4.2.1条规定了水准测量的主要技术要求，参见表2K317012-8的规定；第4.2.5条及第4.2.6条规定的数字、光学水准仪观测的主要技术要求，参见表2K317012-6及2K317012-7的规定。

2K332082 监控量测主要技术的有关规定

基坑工程监测，应符合下列规定：

（1）基坑工程施工前，应编制基坑工程监测方案。

（2）应根据基坑支护结构的安全等级、周边环境条件、支护类型及施工场地等确定基坑工程监测项目、监测点布置、监测方法、监测频率和监测预警值。

（3）基坑降水应对水位降深进行监测，地下水回灌施工应对回灌量和水质进行监测。

（4）逆作法施工应进行全过程工程监测。

基坑工程监测数据超过预警值，或出现基坑、周边建（构）筑物、管线失稳破坏征兆时，应立即停止基坑危险部位的土方开挖及其他有风险的施工作业，进行风险评估，并采取应急处置措施。

基坑工程的现场监测应采取仪器监测与现场巡视检查相结合的方法。

2K333000　二级建造师（市政公用工程）注册执业管理规定及相关要求

2K333001　二级建造师（市政公用工程）注册执业工程规模标准

市政公用工程执业工程规模标准见表2K333001。

注册建造师执业工程规模标准（市政公用工程）　表2K333001

工程类别	项目名称	规模			备注
		大型	中型	小型	
城市道路	路基工程	城市快速路、主干道路基工程不小于5km，单项工程合同额不小于3000万元	城市快速路、主（次）干道路基工程2～5km，单项工程合同额1000万～3000万元	城市次干道路基工程小于2km，单项工程合同额小于1000万元	含城市快速路、城市环路，不含城际间公路
城市道路	路面工程	高等级路面不小于10万m^2，单项工程合同额不小于3000万元	高等级路面5万～10万m^2，单项工程合同额1000万～3000万元	次高等级路面，单项工程合同额小于1000万元	含城市快速路、城市环路，不含城际间公路
城市公共广场	广场工程	广场面积不小于5万m^2，单项工程合同额不小于3000万元	广场面积2万～5万m^2，单项工程合同额1000万～3000万元	单项工程合同额小于1000万元	含体育场
城市桥梁	桥梁工程	单跨跨度不小于40m；单项工程合同额不小于3000万元	单跨的跨度20～40m；单项工程合同额1000万～3000万元	单跨跨度小于20m；单项工程合同额小于1000万元	含过街天桥
地下交通	隧道工程	内径（宽或高）不小于5m或单洞洞长不小于1000m，单项工程合同额不小于3000万元	内径（宽或高）3～5m，单项工程合同额1000万～3000万元	内径（宽或高）小于3m，单项工程合同额小于1000万元	含地下过街通道；小型工程不含盾构施工
地下交通	车站工程	单项工程合同不小于3000万元	单项工程合同小于3000万元	—	小型工程不含车站工程
城市供水	供水厂	日处理量不小于5万t，单项工程合同额不小于3000万元	日处理量3万～5万t，单项工程合同额1000万～3000万元	日处理量小于3万t，单项工程合同额小于1000万元	含中水工程，加压站工程
城市供水	供水管道	管径不小于1.5m，单项工程合同额不小于3000万元	管径0.8～1.5m，单项工程合同额1000万～3000万元	管径小于0.8m，单项工程合同额小于1000万元	含中水工程，本表中的管径为公称直径*DN*

续表

工程类别	项目名称	规模			备注
		大型	中型	小型	
城市排水	污水处理厂	日处理量不小于5万t，单项工程合同额不小于3000万元	日处理量3万～5万t，单项工程合同额1000万～3000万元	日处理量小于3万t，单项工程合同额小于1000万元	含泵站
	排水管道工程	管径不小于1.5m，单项工程合同额不小于3000万元	管径0.8～1.5m，单项工程合同额1000万～3000万元	管径小于0.8m，单项工程合同额小于1000万元	含小型泵站，本表中的管径为公称直径*DN*
城市供气	燃气源工程	日产气量不小于30万m^3，单项工程合同额不小于3000万元	日产气量10万～30万m^3，单项工程合同额1000万～3000万元	日产气量小于10万m^3，单项工程合同额小于1000万元	—
	燃气管工程	高压以上管道，单项工程合同额不小于3000万元	次高压管道，单项工程合同额1000万～3000万元	中压以下管道，单项工程合同额小于1000万元	
	储备厂（站）工程	设计压力大于25MPa或总贮存容积大于1000m^3的液化石油气或大于400m^3的液化天然气贮罐厂（站）或供气规模大于15万m^3/d的燃气工程，单项合同额不小于3000万元的工程	设计压力2.0～2.5MPa或总贮存容积500～1000m^3的液化石油气或200～400m^3的液化天然气贮罐厂（站）或供气规模5万～15万m^3/d的燃气工程，单项合同额不小于1000万～3000万元的工程	设计压力小于2.0MPa或总贮存容积小于500m^3的液化石油气或小于200m^3的液化天然气贮罐厂（站）或供气规模小于5万m^3/d的燃气工程，单项合同额小于1000万元的工程	含调压站、混气站、气化站、压缩天然气站、汽车加气站等
城市供热	热源工程	产热量不小于250t/h或供热面积大于30万m^2，单项工程合同额不小于3000万元	产热量80～250t/h或供热面积10万～30万m^2，单项工程合同额1000万～3000万元	产热量小于80t/h或供热面积小于10万m^2，单项工程合同额小于1000万元	—
	管道工程	管径不小于500mm，单项工程合同额不小于3000万元	管径200～500mm，单项工程合同额1000万～3000万元	管径小于200mm，单项工程合同额小于1000万元	本表中的管径为公称直径*DN*
生活垃圾	填埋场工程	日处理量不小于800t，单项工程合同额不小于3000万元	日处理量400～800t，单项工程合同额1000万～3000万元	日处理量小于400t，单项工程合同额小于1000万元	填埋面积应折成处理量计
	焚烧厂工程	日处理量不小于300t，单项工程合同额不小于3000万元	日处理量100～300t，单项工程合同额1000万～3000万元	日处理量小于100t，单项工程合同额小于1000万元	—
交通安全设施	交通安全防护工程	单项工程合同额不小于500万元	单项工程合同额200万～500万元	单项工程合同额小于200万元	含护栏、隔离带，防护墩
机电系统	机电设备安装工程	单项工程合同不小于1000万元	单项工程合同额500万～1000万元	单项工程合同额小于500万元	—
轻轨交通	路基工程	路基工程不小于2km，单项工程合同额不小于3000万元	路基工程1～2km，单项工程合同1000万～3000万元	路基工程小于1km，单项工程合同额小于1000万元	不含轨道铺设

续表

工程类别	项目名称	规模			备注
		大型	中型	小型	
轻轨交通	桥涵工程	单跨跨度不小于40m，单项工程合同额不小于3000万元	单跨的跨度20～40m，单项工程合同额1000万～3000万元	单跨跨度小于20m，单项工程合同额小于1000万元	不含轨道铺设
城市园林	庭院工程	单项工程合同额不小于1000万元	单项工程合同额500万～1000万元	单项工程合同额小于500万元	含厅阁、走廊、假山、草坪、广场，绿化、景观
	绿化工程	单项工程合同额不小于500万元	单项工程合同额300万～500万元	单项工程合同额小于300万元	

从表2K333001可以看出，市政公用工程专业二级注册建造师可以担任单项工程合同额3000万元（交通安全防护工程小于500万元、机电设备安装工程小于1000万元、庭院工程小于1000万元、绿化工程小于500万元）以下的市政工程项目的项目负责人，且执业的工程范围与一级注册建造师基本相同，这就对二级注册建造师提出了很高的要求，同时指出了努力方向：

1. 要对自己不懂的工程类别加紧理论学习和工程实践经验的积累

现代市政公用工程大多为综合性工程，在一个主要工程类型的项目中，往往含有其他类型的小型工程。例如：在泵站工程项目中含有小型的机电设备安装工程，建设单位希望你一起做。这时，应抓住机会，学习和积累机电设备安装的施工和管理经验，以便将来可以承接中型的机电设备安装工程。通过类似这样的途径，可以不断地扩展自己的执业工程范围，以适应市场的需求，提高自己的执业竞争力。

2. 要瞄准一级注册建造师的执业工程规模标准，努力提高自己的执业能力

与一级注册建造师的执业工程规模标准相比，二级注册建造师的差距不光是造价上的区别，更重要的在于工程结构与工程时空规模上的差别，这种差别有时候是十分巨大的。需要明白这些差别，在工作中虚心向一级注册建造师学习，努力提高自己的专业理论知识和施工管理水平，争取早日成长为优秀的一级注册建造师。

2K333002 二级建造师（市政公用工程）注册执业工程范围

市政公用专业注册建造师的执业工程范围包括：城镇道路工程、城市桥梁工程、城市供水工程、城市排水工程、城市供热工程、城市地下交通工程、城市供气工程、城市公共广场工程、生活垃圾处理工程、交通安全设施工程、机电设备安装工程、轻轨交通工程、园林绿化工程。

1. 城镇道路工程

城镇道路工程的术语来自《中华人民共和国工程建设标准体系－城乡规划、城镇建设、房屋建筑部分》。城镇道路工程包括城市快速路、城市环路、城市主干路、次干路的建设、养护与维修工程。

2. 城市桥梁工程

城市桥梁工程术语来自《中华人民共和国工程建设标准体系－城乡规划、城镇建设、

房屋建筑部分》和《城市桥梁设计规范》。城市桥梁工程包括立交桥、跨线桥、人行天桥、地下人行通道的建设、养护与维修工程。

3. 城市供水工程

城市供水工程术语来自《中华人民共和国工程建设标准体系－城乡规划、城镇建设、房屋建筑部分》和《城镇供水场运行、维护及其安全技术规程》。城市（镇）供水工程（含中水工程）包括水源取水设施、水处理厂（含水池、泵房及附属设施）和供水管道（含加压站、闸井）的建设与维修工程。

4. 城市排水工程

城市排水工程术语来自《中华人民共和国工程建设标准体系－城乡规划、城镇建设、房屋建筑部分》和《城镇给水排水工程专用标准》。城市排水工程包括水处理厂（含水池、泵房及附属设施）、城市排洪、排水管道（含抽升站、检查井）的建设与维修工程。

5. 城市供热工程

城市供热工程术语来自《中华人民共和国工程建设标准体系－城乡规划、城镇建设、房屋建筑部分》和《城镇供热管网工程施工及验收规范》。城市供热工程包括热源、管道及其附属设施（含储备场站）的建设与维修工程，不包括采暖工程。

6. 城市燃气工程

城市燃气工程术语来自《中华人民共和国工程建设标准体系－城乡规划、城镇建设、房屋建筑部分》和《城镇燃气输配工程施工及验收规范》。城市燃气工程包括气源、管道及其附属设施（含调压站、混气站、气化站、压缩天然气站、汽车加气站）的建设与维修工程，但不包括长输管线工程。

7. 城市地下交通工程

城市地下交通工程术语来自《中华人民共和国工程建设标准体系－城乡规划、城镇建设、房屋建筑部分》和《地下铁道工程施工及验收规范》。城市地下交通工程包括地下铁道工程（含地下车站、区间隧道、地铁车厂与维修基地）、地下过街通道、地下停车场的建设与维修工程。

8. 城市公共广场工程

城市公共广场工程术语来自《中华人民共和国工程建设标准体系－城乡规划、城镇建设、房屋建筑部分》和《城市公共交通站、场、厂设计规范》。城市公共广场工程包括城市公共广场、地面停车场、人行广场和体育场的建设与维修工程。

9. 生活垃圾处理工程

生活垃圾处理工程术语来自《中华人民共和国工程建设标准体系－城乡规划、城镇建设、房屋建筑部分》和《生活垃圾卫生填埋处理技术规范》。生活垃圾处理工程包括城市垃圾填埋场、焚烧厂及其附属设施的建设与维修工程。

10. 交通安全设施工程

交通安全设施工程术语来自《中华人民共和国工程建设标准体系－城乡规划、城镇建设、房屋建筑部分》。交通安全设施工程包括城市交通工程中的隔离、防撞设施、隔声、消声设施的建设与维修工程。根据行业意见，将此部分与土建工程分开单列。

11. 机电设备安装工程

机电设备安装工程术语来自《中华人民共和国工程建设标准体系－城乡规划、城镇建设、房屋建筑部分》。机电设备安装工程指市政公用工程的场（厂）站的机电系统，含机械设备（施）、电器、自控等系统的建设与维修工程。根据行业意见，与其专业场（厂）站土建分开单列。

12. 轻轨交通工程

轻轨交通工程术语来自《中华人民共和国工程建设标准体系 - 城乡规划、城镇建设、房屋建筑部分》和《轻轨交通工程施工及验收规程》。轻轨交通工程通常与地下铁道工程统称为城市轨道交通工程，考虑到轻轨交通工程的线下工程与城市桥梁工程类似，有别于地下铁道工程，根据行业意见单列。

13. 园林绿化工程

园林绿化工程术语来自《中华人民共和国工程建设标准体系 - 城乡规划、城镇建设、房屋建筑部分》和《园林绿化工程施工及验收规范》。按照原建设部城建司意见，将楼房、古建筑列入建筑工程专业范围，将园林绿化工程纳入市政公用工程专业。

2K333003 二级建造师（市政公用工程）施工管理签章文件目录

一、注册建造师签章的法规规定

（1）担任建设工程施工项目负责人的注册建造师对其签署的工程管理文件承担相应责任。注册建造师签章完整的工程施工管理文件方为有效。

（2）注册建造师有权拒绝在不合格或者有弄虚作假内容的建设工程施工管理文件上签字并加盖执业印章。

（3）担任建设工程施工项目负责人的注册建造师在执业过程中，应当及时、独立完成建设工程施工管理文件签章，无正当理由不得拒绝在文件上签字并加盖执业印章。

（4）担任工程项目技术、质量、安全等岗位的注册建造师，是否在有关文件上签章，由企业根据实际情况自行规定。

（5）建设工程合同包含多个专业工程的，担任施工项目负责人的注册建造师，负责该工程施工管理文件签章。

（6）分包工程施工管理文件应当由分包企业注册建造师签章。分包企业签署质量合格的文件上，必须由担任总包项目负责人的注册建造师签章。

（7）修改注册建造师签字并加盖执业印章的工程施工管理文件，应当征得所在企业同意后，由注册建造师本人进行修改；注册建造师本人不能进行修改的，应当由企业指定同等资格条件的注册建造师修改，并由其签字并加盖执业印章。

（8）因续期注册、企业名称变更或印章污损遗失不能及时盖章的，经注册建造师聘用企业出具书面证明后，可先在规定文件上签字后补盖执业印章，完成签章手续。

二、市政公用工程注册建造师签章文件填写要求

1. 文件填写

文件名称下方的左侧“工程名称”，填写工程的全称，应与工程承包合同的工程名称一致。文件名称下方的右侧，与工程名称同一行的“编号”应填写本工程文件的编号。编号由项目施工企业确定。

表格中“致 ×× 单位”，应写该单位全称，例如：致北京某某工程咨询公司。

表格中的工程名称应填写工程全称，并与工程合同的工程名称一致。

表格中工程地址，应填写清楚，并与工程合同一致。

表格中分部（子分部）、分项工程必须按专业工程的规定填写。

表中若实际工程没有其中一项时，可注明“工程无此项”或填写“无”。

审查、审核、验收意见或者检查结果，必须用明确的定性文字写明基本情况和结论。

表格中施工单位是指某某工程项目经理部。

表格中施工项目负责人是指受聘于企业担任施工项目负责人（项目经理）的市政公用工程注册建造师。

2. 填写示例

市政公用工程　　　　**CK102**

施工组织设计报审表

工程名称：×× 轨道交通 2 号线东延伸工程 2 标　　　　编号：××-××-××

施工组织设计报审表
致：×× 轨道交通建设咨询有限公司（监理单位） 我方已根据施工合同的有关规定完成了 ×× 轨道交通 2 号线东延伸工程 2 标工程施工组织设计（方案），并经我单位上级技术负责人审查批准，请予以审查。 附：×× 轨道交通 2 号线东延伸工程 2 标工程施工组织设计（方案） 施工单位（章）×× 公司 ×× 轨道交通 2 号线 东延伸工程 2 标项目经理部 施工项目负责人（签章）××× ×× 年 ×× 月 ×× 日
专业监理工程师审查意见： 专业监理工程师（签章） 年　月　日
总监理工程师审核意见： 项目监理机构（章） 总监理工程师（签章） 年　月　日

注：本表也可用作施工方案报审表。

3. 签章应规范

表格中凡要求签章的，应签字并盖章。例如施工项目负责人（签章），应签字同时盖上注册执业建造师的专用章。

在配套表格中“施工项目负责人（签章）处”签章。